급진과학으로 본

유전자, 세포, 뇌

GENES, CELLS AND BRAINS:

The Promethean Promises of the New Biology

by Hilary Rose and Steven Rose

First published by Verso 2012

급진과학으로 본

유전자 세포 뇌

누가 통제하고
누가 이익을 보는가

힐러리 로즈 · 스티븐 로즈 지음
김명진 · 김동광 옮김

바다출판사

차례

서문

굴레에서 벗어난 프로메테우스?

그리스 신화 속 프로메테우스는 진흙을 빚어 최초의 인간을 만들어내고 신들로부터 불을 훔쳐 인류에게 전해준 티탄족이다. 그 대가로 그는 말뚝에 묶여 낮에는 독수리에게 간을 쪼아 먹히고, 밤에는 다시 간이 자라는 형벌을 받았다. 메리 셸리Mary Shelley는 이 신화에 근거해 자신의 소설에서 괴물을 만들어낸 빅터 프랑켄슈타인 박사를 **현대판 프로메테우스**라고 불렀다. 여기서 그녀의 소설에 나오는 프로메테우스는 신이 아니라 과학자였다. 그러나 프랑켄슈타인은 자신이 창조해낸 바로 그 존재에 혐오감을 느낀 나머지 도망치고 말았다. 왜 그랬을까? 그는 숭고한 의도에 따라 일에 착수했고, 새로 등장한 전기과학을 이용해 죽은 조직으로부터 생명을 빚어냈다. 그가 설명했듯이 "나는 마치 발작과도 같은 열정적 광기 속에서 이성적 존재를 창조해냈고, 나의 힘이 닿는 한 그 존재에게 행복과 안녕을 보장할 의무가 있었다." 괴물은 프랑켄슈타인에게 거부의 대가, 자신이 창조해낸 괴물에게 사랑을 주지 않고 도덕적 책임을 회피한 대가를 알려준다. "내 속에는 당신이 일찍이 보지 못했던 사랑이 있소. 내 속에는 결코 피해갈 수 없는 분노가 있소. 그중 하나에서 만족을 찾지 못한다면, 나는 다른 하나에 탐닉할 것이오."

오늘날 전 지구적으로 부유한 소수의 삶을 설명하고 개선하고 조작하고 변형하기 위해 생의학biomedicine과 생명공학을 융합시키는 프로메테우스적 요구는 그 어느 때보다 높아지고 있다. 이는 사실상 이미 일상적인 예측과 담론의 일부로 자리 잡았다. 진화 이론은 인류의 기원을 설명하고, 유전체학genomics은 유사성과 차이점을 정의하며, 유전자 치료와 줄기세포 치료는 질병을 치유하거나 예방할 뿐 아니라 몸과 마음의 능력을 향상시키고, 신경과학은 행동을 예측하고 의식을 설명하고 뇌조직 이론brain organization theory을 통해 젠더의 차이를 다시금 본질에 따른 것으로 설명해주겠다며 나서고 있다. 유전학genetics은 이번에는 점잖은 의도를 가지고 — 결과는 그렇지 않겠지만 — 사람들 사이의 차이를 다시 인종으로 설명하려 애써왔다.

이 과정에서 생명과학은 거대한 생명기술과학biotechnoscience으로 변모했고, 과학기술, 대학, 생명공학 회사, 일명 '빅파마Big Pharma'로 불리는 거대 제약회사 사이의 경계는 흐려졌다. 지식은 지적재산이 되었다. 기술과학은 디지털화를 통해 전 지구적 경제 내에서 그것의 일부로 일어나고 있고, 과학의 중심지는 유럽-아메리카에서 중국, 싱가포르, 인도 등 아시아의 신흥 대국으로 뻗어가고 있다. 이러한 변화는 거대 제약회사를 포함해 벤처 자본, 생명공학 회사, 감시와 통제에 이해관계를 가진 국가, 그리고 언제나 그랬듯 군대가 주도했고, 아울러 생명 그 자체를 재구성하고 더 나아가 만들어내려는 새롭고 중요한 세력들도 등장했다. 하버드 대학교의 생물학자들이 만든 온코마우스Oncomouse(인간의 암에 잘 걸리도록 유전적으로 변형시켜 암 연구에 쓰이는 생쥐로 1988년 동물로는 최초로 특허가 허용되었다 — 옮긴이)는 문화와 자연 사이의 고정된 경계가 재구축되고 있음을 보여주는 상징이 되었다. 듀폰이 이 생명체에 대한 특허를 보유하고 있지만, 온코마우스는 자연의 산물도 아니요, 문화의 산물도 아니다. 문화/자연이라는 신조어를 통해서만 생명이 만들어지고 또 탄생하는 멋진 신세계인 21세기의 생명기술과학을 제대로 설명할 수 있다.

이어질 장들에서 우리는 유전체학, 재생의학, 신경과학 — 책 제목에 나오는 유전자, 세포, 뇌에 관한 — 과 같은 생명기술과학의 서사가 어떻게 전개되는지를 추적하면서 이를 21세기의 전 지구적 신자유주의 경제 및 문화 속에서 살펴볼 것이다. 유전체학은 생명과학의 역사에서 가장 야심만만하고 값비싼 프로젝트인 인간 유전체의 DNA 서열분석에서 시작되었다. 1990년대에 국제적 인간유전체프로젝트Human Genome Project(HGP)가 시작되던 시점에는 대규모 DNA 데이터뱅크를 설립하는 계획이 이미 마련되고 있었다. 전체 인구의 건강 기록을 DNA와 연결시키고, '질병 유전자'를 찾아내 맞춤의학을 발전시키기 위해서였다. 이것이 신약의 형태로 돌파구를 만들어낼 거라는 희망은 유전자 서열분석가들이 생명사회적 존재로서 인간이 갖는 엄청난 복잡성 — 진화의 역사와 사회의 역사 모두에 의해 형성된 — 을 깨닫는 데 실패하면서 허물어지고 말았다. 유전체학이 그 자신의 역사, 특히 우생학과 떼려야 뗄 수 없이 얽힌 연결고리를 극복하는 것 역시 쉬운 일이 아니었다. 유전학의 희망이 잦아들자 새로운 전망이 등장했다. 절름발이를 걷게 하고 소경이 눈을 뜨게 한다는 인간 배아줄기세포의 거의 마술과도 같은 잠재력이 그것이었다. 줄기세포 다음으로는 신경과학의 약속이 이어졌다. 아프고 병든 마음을 낫게 하는 치료법으로서, 또 인간의 정체성을 구축하는 문화로서 말이다. 유전자가 곧 우리Genes'R'us에서 뉴런이 곧 우리Neurons'R'us로 넘어가는 데 20년밖에 걸리지 않았다.

이것은 새로운 영역이며, 새로운 위협과 새로운 약속을 모두 담고 있다. 우리 두 사람이 속한 세대는 복지국가가 완전 고용과 안전 제공을 약속했던 호황기 때 성장했다. 그러나 당시는 핵폭탄의 그림자가 드리웠던 시기이기도 했고, 핵전쟁의 가능성은 이처럼 언뜻 안전해 보이는 일상에 불안감을 안겨주었다. 핵전쟁에서 우리가 완전한 절멸을 모면한다 하더라도 그것이 미칠 유전적 영향은 앞으로 수 세대에 걸쳐 나타날 터였다.

격동의 1956년에는 스탈린주의를 비난한 흐루쇼프의 비밀 연설과 소련의 헝가리 침공이 동시에 일어났다. 이 사건들은 서유럽의 공산주의 역사에서 가장 큰 위기를 촉발했다. 영국에서만 1만 명의 당원이 공산당을 탈당했다. 바로 그 해에 수에즈 위기가 터졌다. 유서 깊은 제국주의 열강인 영국과 프랑스가 마지막 백인 식민지 개척자인 이스라엘과 공모해 이집트를 침공한 것이다. 그들은 대중의 반응을 완전히 잘못 예상했다. 영국에서는 좌파나 노동조합, 교회뿐 아니라 노동당 내 우파까지도 즉각적이고 분노에 차 반대했다. 이러한 소요 속에서 새로운 종류의 정치를 추구하는 신좌파가 탄생했다. 올바른 노선의 해설이 아니라 사상 논쟁을 위한 장소로서 신좌파 클럽들이 우후죽순처럼 생겨났다. 동일한 실험 정신은 신좌파와 평화주의자의 동맹을 낳았고, 이로부터 최초의 신사회운동 조직인 핵군축운동Campaign for Nuclear Disarmament(CND)이 성장했다.

이 책을 쓴 우리 두 사람은 이러한 새로운 운동의 일부로서, 그에 수반된 논쟁, 시위, 행진 속에서 처음 만났다. 옥스퍼드가 100번지의 나이트클럽이라는 어울리지 않는 건물에 위치한 런던 신좌파 클럽에서였다. 사회

과학자와 자연과학자가 함께 글을 쓰는 것은 매우 드문 일이다. 둘 모두 복잡성 및 우연성과 씨름해야 한다는 공통점이 있지만, 인식론적 차이에 신경을 써야 하고 과학 분야 간의 위계 역시 계속 거슬리는 요소였다. 우리의 경우 일을 좀더 복잡하게 만드는 요소는 아마도 우리가 이성애적 관계로 함께 살고 있다는 점일 것이다. 페미니즘의 도움에도 불구하고 "죽은 세대의 전통이 살아 있는 사람들의 뇌를 악몽처럼 짓누른다"는 것을 우리는 너무나도 잘 알고 있다.

우리는 사회정의와 민주주의에 대한 신념을 공유하고 있고, 마르크스주의 사상에서 영향을 받았으며, 수많은 사회적·문화적 투쟁에 참여했고, 생물계(생명 그 자체와 같은)에 대한 연구와 사회적인 것에 대한 연구의 관계를 놓고 논쟁을 벌였다. 이를 통해 우리 중 한 사람(힐러리)은 초기부터 몸의 물질성을 인지하게 됐고, 다른 한 사람(스티븐)은 사회적인 것의 실재성을 깨닫게 됐다. 그럼에도 우리의 생각이 짧았음을 깨닫게 된 것은 공동으로 집필한 첫 번째 책《과학과 사회Science and Society》(1969)를 출간한 이후였다.[1] 그 책에는 '사회 속의 과학과 과학 속의 사회Science in Society and Society in Science'라는 제목을 붙여야 했다. '과학'은 '사회'로부터 분리된 것이 아니라 그것의 일부이기 때문이다.

누가 이득을 얻는가?

'누가 이득을 얻는가Cui Bono?' 마르크스가 던진 유명한 질문이다. 현재의 심대한 위기 속에서 누가 자본주의와 오늘날의 자본주의적 기술과학으로부터 정치적·경제적으로 이득을 얻느냐는 질문은 그 어느 때보다 큰 반향을 낳고 있다. 1퍼센트에 해당하는 은행가들에게 그 답은 자명하다. 그러나 나머지 99퍼센트에게는? HGP, 거대한 DNA 바이오뱅크, 줄기세포 연구, 신경과학의 대대적 성장의 주된 수혜자는 과연 누구인가?

과학—물질계와 생물계에 관한 지식—은 한때 사회와 문화에서 생겨나 그것의 일부를 이루지만, 그것과 독립된 것으로 간주되었다. 마르크스와 엥겔스는 과학을 사회에 내재된 진보적 힘으로 간주하면서, 동시에 그것이 생산하는 지식은 자본주의 계급의 이해관계와 이데올로기를 반영하는 것으로 인식했다. 이러한 분석은 신생 국가 소련에서 열정적으로 수용되었고, 1931년에 런던에서 열린 국제과학사대회에 소련 대표단으로 참석한 보리스 헤센Boris Hessen은 현대 물리학을 이루는 주춧돌 중 하나에 도전함으로써 새로운 세대의 젊은 과학자들—대공황 때 노동계급이 겪은 고통을 보며 이미 급진화돼 있던—에게 충격을 주었다. 그의 논문 「뉴턴의 '프린키피아'의 사회경제적 기원」은 난해하기 짝이 없는 이 수학적 저술과 거기서 공식화된 물리학이 17세기의 신흥 중상주의적 자본주의의 요구에 부응해 발전했다고 주장했다.[2]

헤센으로부터 영감을 받은 사람들 중에는 결정학자이자 만물박사인 데스먼드 버널Desmond Bernal이 있었다. 그가 1939년에 출간한 《과학의 사회적 기능Social Function of Science》은 과학의 사회적 관계 운동의 근간을 이룬 저작이 되었다.[3] 버널은 과학 그 자체는 사회적으로 진보적이지만 자본주의 생산양식 속에서 왜곡되어왔다고 믿었다. 노동계급을 위한 진정한 과학—프롤레타리아 과학이자 그것이 지닌 잠재력이 완전히 해방된 과학—은 오직 사회주의 속에서만 실현될 수 있었다.

이러한 프롤레타리아 과학의 전망은 1940년대에 쇠퇴의 길을 걸었다. 이 시기에 소련에서는 부정직한 농학자 트로핌 리센코Trofim Lysenko가 스탈린의 비호 아래 '부르주아 유전학'을 공격하였고, 그 결과 소련 유전학(과 수많은 유전학자들)은 몰락했다.[4] 이처럼 실험실에 냉전이 개입하기 시작하자, 버널은 서유럽의 다른 공산주의 과학자들처럼 과학은 중립적 탐구이며 사회가 이를 이용하거나 오용하는 것이라는 보수적인 과학 이데올로기로 후퇴했다. 그는 군사 목적 연구와 비군사 목적 연구에 배분된 예산 사이의 엄청난 불균형에 정치적 시선을 돌리는 대신, 여러 해에 걸친 '평화를 위한 과학' 운동을 시작했다. 그렇다고 버널이 과학의 사회적 관계라는 이론적 질문을 완전히 포기한 것은 아니었다. 그의 가장 훌륭한 저작이자 가장 덜 실증주의적인 저작은 그 이후에 출간되었다. 1952년에 발표한 소책자《마르크스와 과학Marx and Science》이 바로 그것이다.[5]

급진과학운동의 부상

과학의 정치적 정체성을 다시금 묻게 된 계기는 베트남전쟁에 대한 전지구적 반대였다. 반전운동의 한 갈래에는 자신들이 속한 분야가 가난한 소작농 사회를 상대로 한 극악무도한 전쟁에 동원되고 있다는 데 도덕적 공분을 느낀 생물학자들이 포함돼 있었다. 군사 과학자들은 식물 호르몬에 관한 연구를 재가공해 고엽제를 생산하는 데 사용했다. 고엽제는 베트남의 숲, 작물, 민중을 겨냥한 새로운 생태-학살eco-genocidic 무기였다.[6] 1960년대 말이 되자 자신들의 과학을 '오용'하는 것에 대한 생물학자들의 분노가 주요 학술지 지면으로, 캠퍼스 시국토론으로, 실험실 점거(특히 일본과 이탈리아)로, 거리 시위로 폭발했다. 이러한 분노로부터 새로운 급진과학운동Radical Sceince Movement이 출현했다. 이 운동은 어떤 이들에게는 대항문화의 일부로, 다른 어떤 이들에게는 신좌파의 일부로 간주되었다. 새로운 운동은 과학의 중립성이라는 이데올로기에 도전했고, 과학의 민주화와 민중을 위한 과학 건설을 요구하고 나섰다.

이 운동은 유동적인 형태를 보였고, 항상 국제적으로 연결돼 있었지만 그것이 속한 각 나라의 맥락에 따라 형성되었다. 마르크스주의 전통이 강했던 이탈리아에서는 실험실 점거라는 대담한 행동주의와 더불어 이론적 강점을 갖춘 운동이 나타났다. 물리학자 마르셀로 치니Marcello Cini(신좌파 선언 그룹의 지도부였다)는 과학의 상품화에 비판을 가했고, 철학자 지오반니 베를링구에르Giovanni Berlinguer ― 이탈리아 공산당 지도자 엔리코 베를링구에르의 동생 ― 의 응답을 이끌어냈다.[7] 동일한 쟁점들은 급진자유주의 그룹인 로타 콘티누아Lotta Continua와 포테레오페라이오Potere Operaio도 논의했다.

프랑스 과학자들도 뒤지지 않았다. 1968년 5월 봉기 동안 파리의 실험실들은 텅 비어 있었다. 이탈리아와 마찬가지로 프랑스 과학자들 역시 마르크스주의에 정통했다. 물리학자 장-마르크 레비 르블롱Jean-Marc Levy Leblond은 과학의 이데올로기와 과학 내의 이데올로기라는 이중의 이데올로기에 대해 글을 썼다.[8] 물리학자 모니크 쿠투레-체르키Monique Couture-Cherki와 과학사회학자 릴리안 스텔린Liliane Stehelin은 과학에 내재한 성차별주의에 문제를 제기했다. 전자는 여성의 배제를 비판했고, 후자는 과학의 남성중심적 이데올로기 ― 과학자가 되려 애쓰는 여성이 남자처럼 되어야 하는 상황 ― 를 폭로했다.[9]

반면 미국과 영국에서는 젊은 세대의 과학 활동가들 중 마르크스주의나 과학의 사회적 관계 운동의 역사에 친숙한 사람이 거의 없었다. 미국에서는 1965년에 발표된 존슨 대통령의 베트남전 확전 선언에 대한 반대가 캘리포니아에 기반을 둔 '사회적·정치적 행동을 위한 과학자와 엔지

니어Scientists and Engineers for Social and Political Action'와 동부 연안에 위치한 '민중을 위한 과학Science for the People'에서 시작되었다. 학생들은 대학이 군대와 맺은 일련의 연구 계약에 반대하는 운동을 전개했고, 아이젠하워가 군산복합체military-industrial complex라고 이름붙였던 것이 이제는 미국의 대학들과 불가분의 관계로 뒤엉킨 군산학복합체military-industrial-scientific complex가 되었음을 알게 되었다. 생물학자들은 과학적 인종주의에 맞선 투쟁에서 중요한 역할을 했고, 이에 대한 강력한 반박으로 소책자《사회적 무기로서의 생물학Biology as a Social Weapon》을 공동으로 집필했다.[10] 고생물학자 스티븐 제이 굴드Stephen Jay Gould나 유전학자 리처드 르원틴Richard Lewontin—두 사람 모두 마르크스주의자였다—같은 개인들은 일류 생물학자이자 탁월한 논객이기도 했다.

한편 전 지구적 여성해방운동은 여성 과학자들의 의식을 예리하게 가다듬고 있었고, 특히 저술가와 활동가로 급진과학운동에 이미 관여하고 있던 생물학자들에게서 그런 경향이 두드러졌다. 이러한 운동들은 과학계의 관행이었던 여성 차별을 공격했고, 여성은 본질적으로 열등한 성이라는 나쁘고 편향된 생물학에 담긴 문화적 주장의 해악을 비판했다. 심리학자 에델 토바크Ehtel Tobach, 분자생물학자 리타 아르디티Rita Arditti, 생화학자 루스 허버드Ruth Hubbard, 생리학자 루스 블레이어Ruth Bleier는 가부장적 과학에 도전하는 토대가 되는 저작들을 출간했다.[11]

1969년에는 두 명의 젊고 정치적으로 활동적인 분자생물학자가 새로운 전선을 열었다. 이번에는 분자생물학의 진전이 환경과 인간에 제기하는 위험에 관한 것이었다. 하버드 대학교의 분자유전학자 존 벡위드John Beckwith와 제임스 샤피로James Shapiro는 유전자(박테리아의 젖당 오페론)를 처음으로 분리해낸 사실을 보고한《네이처Nature》논문의 선임 저자들이었다.[12]

그러나 벡위드와 샤피로는 자신의 과학기술적 성취를 자랑스럽게 내세우는 대신, 이 기회를 이용해 이 연구에 수반되는 위험을 널리 알리려 했다. 특히 그들은 DNA를 변형함으로써 유전자를 조작할 가능성(DNA 재조합)과 변형된 박테리아가 환경 속으로 유출돼 식물, 동물, 인간에게 예기치 못한 결과를 빚을 위험에 주목했다.

그들은 분자유전학이 현대 사회에 생물계를 조작할 수 있는 전례 없는 힘을 제공하고 있다고 주장했다. 프로메테우스적으로 생각하면 이는 인간에게 혜택(과 수익)을 제공할 수 있지만, 비관적으로 생각한다면 심각한 위협이 될 수도 있다. 결국 벡위드와 샤피로의 경고는 새로운 생명공학이 제기하는 위험에 관한 대중의 불안이 서서히 고조되는 데 영향을 주었다. 이에 대응해 국립보건원National Institutes of Health(NIH)은 재조합DNA자문위원회Recombinant DNA Advisory Committee를 설립했고, 영국에서도 이를 본떠 윌슨 행정부가 유전자조작자문그룹Genetic Manipulation Advisory Group을 신속하게 구성했다. 하버드 대학교가 위치한 케임브리지 시의 의회는 충분한 증언을 들은 뒤 시 경계 내에서 그러한 연구를 금지하도록 요청했다. 이러한 대중의 불안과 적대감에 직면하자, 선도적 분자생물학자들은 점차 우려를 표하게 되었다. 그들이 환경에 대한 위험을 걱정했는지, 아니면 분자생물학의 미래를 걱정했는지는 불분명했지만 말이다.

이에 따라 1974년에 폴 버그Paul Berg(얼마 후 DNA 연구의 공로를 인정받아 노벨상을 받는다)는 캘리포니아 주 아실로마에서 유전학 연구자들로 구성된 독특한 학술회의를 소집했다. 학술회의에서는 유전자변형에 대한 자발적 일시중지moratorium와 함께, 유출 가능성을 방지하기 위한 봉쇄 시설에 관한 지침을 제안했다. 아울러 이 회의는 과학자들이 연구의 상업적 잠재력을 논의하는 기회로도 활용되었다. 그 뒤를 이어 1976년에는 재조합 DNA 기술의 개척자인 허버트 보이어Herbert Boyer가 벤처 자본가 로버트 스완슨Robert Swanson과 힘을 합쳐 캘리포니아에 최초의 새로운 생명공학 회사인 제넨테크Genentech를 설립했다. 유전학자-기업가의 시대가 도래한 것이다.

영국에서도 베트남전쟁 반대를 계기로 급진과학운동이 시작되었다. 1967년에는 스티븐 로즈Steven Rose를 포함한 생물학자들이 대학 반전 집회에서 미국 군대가 생태학살 고엽제와 최루가스를 치사량에 이를 정도로 사용하는 것을 공격하고 있었다. 힐러리 로즈Hilary Rose는 고엽제를 피해 남베트남으로 떠난 베트남 사람들을 상대로 실시한 설문조사에서 고엽제가 암과 기형아 출산을 야기하고 있을 가능성(나중에 사실로 확인되었다)을 일찍이 제기했다.[13] 또 다른 조사에서는 영국이 1960년대 말 북아일랜드 민족주의자들의 반란을 진압하기 위해 사용한 최루가스의 영향을 연구했다. 이 연구는 최루가스가 젊고 건강한 시위자들에게 미치는 영향은 대수롭지 않지만, 어린이와 노약자에게는 상당한 신체적 고통을 야기한다는 사실을 밝혀냈다. 이처럼 비군사적 맥락에서 쓰이는 최루가스는 성공한 군중 통제 기술이라기보다 그 자체로 정치적인 목표였다.

과학의 사회적 관계 운동을 시작한 구舊 좌파 과학자들—'평화를 위한 과학' 세대—은 젊은 활동가들을 환영했고, 그중에서도 특히 자연과학자들이 환대를 받았다. 처음에 그들은 새로 만들어진 영국과학의사회적책임협회British Society fot Social Responsibility in Science(BSSRS)에 힘을 보탰다. 그러나 운동이 새로운 비위계적 조직 형태와 과학의 비중립성을 지향하게 되자 그들은 점차 떨어져나갔다.

미국에서와 마찬가지로 1970년대 중반이 되자 운동의 남성 중심성에 분노한 영국의 페미니스트들은 이로부터 떨어져나가 독자적인 그룹을 만들었다. 브라이턴여성과과학동인(同人)Brighton Women and Science Collective은

《현미경을 통해 본 앨리스Alice Through the Microscope》를 출간했고,[14] 런던 그룹은 BSSRS의 잡지 《민중을 위한 과학Science for People》의 여성 특집호를 만들었으며, 또 다른 그룹들은 새로운 재생산기술에 대한 오랜 비판을 시작했다.[15] 그럼에도 영국 신좌파의 중심인물들과 무엇보다 그 핵심 간행물인 《뉴 레프트 리뷰New Left Review》는 물리학자에서 소설가로 전향한 C. P. 스노C. P. Snow가 그 유명한 '두 문화'로 이름 붙인 것에 갇혀 있었다. 《뉴 레프트 리뷰》는 문화로서, 또 자본주의의 부단한 혁신 추구에 통합된 생산력으로서 과학을 무시했다. 《뉴 레프트 리뷰》의 주요 이론가인 페리 앤더슨Perry Anderson은 버널의 기여를 '공상'이자 '잘못된 과학'으로 간주했고, "국제적 광풍이 처음 몰아닥쳤을 때 산산 조각나버렸다"며 깎아내렸다.[16]

신생 조직인 BSSRS는 20세기 전반에 맹위를 떨쳤던 과학에 관한 이론적 논쟁에서 대체로 비켜나 있었다. 대신 이 조직은 행동주의 — 산업재해, 지능지수(IQ), 식품안전, 환경오염에 관한 운동 — 를 촉진했고, 지역 공동체와 과학자를 한데 묶어주는 '과학상점science shop'을 세웠다. 이와는 별개로 과학사가인 로버트 영Robert Young을 중심으로 하는 《급진과학저널Radical Science Journal》은 운동의 이론적 간행물로 스스로를 자리매김했다. 영은 과학이 그것의 사회적 관계로 환원될 수 있다고 주장했고, 그럼으로써 역사적·사회학적 상대주의에 더해 존재론적·철학적 상대주의를 제안했다. 이 견해는 랄프 밀리번드Ralph Miliband와 존 사빌John Savile이 창간한 《사회주의 연감Socialist Register》에서 비판적 실재론자들의 맹렬한 도전을 받았다.[17] 과학 지식의 사회적 생산에 몰두하는 새로운 이론적 경향은 학계 안팎에서 핵심 관심사로 떠올랐다. 급진과학운동에 관여해온 몇몇 자연과학자와 사회과학자 들은 이러한 관심을 전문화했고, 과학기술에 대한 사회적 연구라는 점점 커지고 있는 국제적 학문 공동체의 일원이 되었다.

녹색운동의 부상

1962년 레이첼 카슨Rachel Carson의 책 《침묵의 봄Silent Spring》은 합성화학 살충제가 환경에 미치는 영향을 국제적인 정치 의제로 올려놓았다.[18] 카슨은 거의 혼자 힘으로 위험에 대한 새로운 사회적·정치적 의식을 일깨우고 새로운 녹색운동을 자극했다. 이후의 운동들은 — 환경주의자들이 나무를 껴안고 유전자변형 작물을 파괴한 것처럼 — 거의 전 지구적인 규모에서 현란하게 전개되었고, 각국 정부와 생명공학 회사들이 대응에 나서게 만들었다. 반면 생의학 기술과학에 대한 반대는 상대적으로 잠잠했다.

생의학의 유전자화에 대한 반대에 앞장선 것은 1970년대 독일의 녹색당이었다. 그들은 유럽의 녹색당 중에서 환경주의자, 마르크스주의자, 페미니스트, 교회를 포괄하는 가장 폭넓은 기반을 갖고 있었다. 유럽인, 특히 독일인은 유전학을 활용해 '기형'을 가진 태아를 찾아낼 거라는 전망에서 우생학의 망령을 떠올렸다. 마찬가지로 많은 페미니스트는 새로운 재생산 기술로 인해 가부장적 과학기술이 여성의 몸을 지배하는 힘이 더욱 커진다고 보았다. 반대 운동을 전 지구적으로 이끌었던 것은 재생산기술과 유전공학에 저항하는 페미니스트 국제네트워크Feminist International Network of Resistance to Reproductive and Genetic Engineering였다. (당시 지금보다 더 진보적이었던) 유럽의회는 독일 녹색당으로부터 자극을 받아 유럽집행위원회European Commission의 인간 유전체학 프로그램을 가로막는 데 성공을 거두었다. 프로그램의 명칭에 들어간 예측의학Predictive Medicine이라는 단어에서 무심코 본심이 드러났던 것이다. 집행위원회는 '예측'이라는 도발적 개념을 빼고 프로젝트를 다시 포장했고, 1990년대가 되면 유럽 HGP가 본 궤도에 올랐다.

《침묵의 봄》이 출간되고 30년이 지난 뒤에 베버주의 사회학자인 울리히 벡Ulrich Beck은 자신의 위험사회 이론을 발전시켰다. 위험사회에서는 자연과 사회에 대한 이처럼 새로운 위험이 사회적 불안정이라는 낡은 위험 — 그의 관점에서는 복지국가에서 해소된 — 을 대체한다.[19] 벡의 가정은 독일의 강건한 비스마르크식 복지국가에는 들어맞을지 모르지만, 빠른 속도로 복지가 후퇴하고 있는 다른 국가들에는 잘 적용되지 않는다. 이러한 국가들에서 새로운 위험은 낡은 위험을 대체하기보다는 그것과 합세한다. 그러나 많은 사회학자에게 벡의 이론이 갖는 우아함은 너무나 매혹적이어서, 그들은 이것이 유효한지를 확인하지 않았다.

과학 지식 생산 체계의 변화

생의학적 환원주의와 기술낙관주의가 뒤섞인 오늘날 과학과 기술, 순수과학과 응용과학, 대학 및 산업 연구와 군사 연구 사이의 역사적 구분은 이제 미약하게 남아 있을 뿐이다. 생명기술과학 연구자들은 컨설턴트로서, 기업가로서, 회사의 이사와 주주로서 이들 사이를 매끄럽게 움직인다. 어떤 연구자들은 과학자나 자본가 그 어느 쪽으로 불러도 크게 무리가 없다. 거시정치경제와 지식 생산 과정 모두에서 이러한 변형이 나타나면서 생명과학자들의 가치도 변화를 겪었다. 과거에 그들은 대체로 '이해관계에서 벗어나' 있었다. 다시 말해 자연의 존재들에 대한 지식에 초점을 맞추고 있었다는 것이다. 그들은 인정받기를 원했고 노벨상을 꿈꿨을 수도 있지만, 좀더 일상적으로는 적당한 봉급과 안정된 연금에 만족했다. 어느 노벨상 수상자의 들뜬 표현처럼 돈을 산더미처럼 벌어들이는 것, 유명 과학자가 되는 것, 대중과학 저술에서 엄청난 성공을 거두는 것, 개인적인 텔레비전 시리즈를 찍는 것, '이해관계'를 갖는 것 등은 모두 이 새로운 세계를 구성하는 일부분이다. 이제 재물의 신은 실험실에서 환영받는 존재가 되었다.

이러한 탈脫 이해관계의 상실은 주요 학술지에서 자주 논의되는 문제가 되었다. 상업적 비밀은 공유될 수 없다. 연구자들은 하나의 대학 실험실에서 다른 실험실로 생물 표본을 넘겨주었다는 이유로 소송을 당하고 있다. 박사과정 학생들이 하나의 프로젝트에서 여러 달 동안 연구를 한 후 특허에 맞닥뜨려 연구를 계속할 수 없음을 알게 되는 경우도 있다. 경쟁은 한때 학문 연구 공동체를 특징지었던 협력의 가치를 약화시켰다. 연구 논문과 연구비 신청서를 심사하는 것은 새로운 어려움을 낳고 있다. 심사위원의 상업적 이해관계가 평가를 받는 과학자의 이해관계와 상충할 경우 어떻게 이해관계에서 벗어난 심사가 이뤄질 수 있겠는가? 학술지들은 저자들이 이해관계를 공개하도록 강제함으로써 기준을 유지하려 분투하고 있지만, 이를 규제하기란 쉬운 일이 아니다.

학술지들 또한 금전적 이해관계에 얽매여 있다. 대다수 학술지들은 상업적 회사들이 소유하고 있다. 일급 학술지인 《네이처》는 맥밀런 사의 소유물이며, 거대한 영국-네덜란드 출판사 리드-엘제비어는 가장 권위있는 학술지 수백 종을 펴내고 있다. 《사이언스Science》는 소유주인 미국과학진흥협회American Association for the Advancement of Science에 수익을 안겨준다. 이러한 학술지들을 구독해야 하는 대학 도서관들은 비용 문제로 힘겨워하고 있다. 공개 접속이 가능한 공공과학라이브러리Public Library of Science 같은 일련의 경쟁 상대들이 생겨났지만, 여기에 논문을 실으려면 과학자들 자신이 돈을 내야 한다. 그 결과 가난한 국가나 재정이 취약한 기관에서 연구하는 과학자들은 이제 학술지를 읽을 수는 있지만 그곳에 논문을 실을 가능성은 여전히 미약하다.

과학자 공동체의 규범과 가치의 중요성에 대한 재발견은 과학사회학과 과학사를 로버트 머튼Robert Merton의 명제로 얼마간 되돌려놓았다. 머튼의 명제는 20세기 중반까지 이 분야를 지배했지만, 1970년대 이후에는 대체로 포기되었다. 머튼은 과학의 문화적 구조가 과학적 객관성을 보장하는 방식에 관심이 있었다. 다시 말해 과학자들 개개인이 가진 가치보다는 하나의 제도로서 과학이 가진 가치에 관심이 있었던 것이다. 과학자 개개인은 다른 사람들보다 더 윤리적이지도, 덜 윤리적이지도 않다는 그의 관점은 오늘날 당연한 것으로 간주되지만, 당시에는 놀라운 것이었다. 그러나 머튼이 결정적으로 중요하다고 보았던 것은 과학자 공동체가 공유하는 규범이었다.

그는 네 가지 핵심 가치를 찾아냈다. 과학자들은 인정을 받는 대가로 자신들의 발견을 협력적으로 공유한다는 **공유주의**communalism(처음에 머튼은 이를 공산주의communism라고 불렀지만, 다분히 분명한 이유로 곧 이 용어를 순화시켰다), 주장들은 비인격적 방식으로 평가되어야 하고 국적, 인종, 종교와 같은 지위 문제는 배제해야 한다는 **보편주의**universalism, 모든 과학적 주장들은 과학자 공동체의 면밀한 검토를 받아야 한다는 **조직된 회의주의**organized scepticism, 마지막으로 과학자들은 개인의 물질적 이득에 영향을 받지 않으며 그들이 받는 보상은 동료들의 인정에 있다고 가정하는 **탈이해관계**disinterestedness가 그것이었다.

오늘날 지적재산에 대한 태도는 공유주의를 침식하고 있으며, 머튼이 애초 제시한 공산주의 개념과도 정면으로 대립한다. 보편주의는 새로운 사회정의나 새로운 정체성 운동 등으로 다양하게 불리는 운동에 포위되었다. 이러한 새로운 운동들은 지금까지 배제된 정체성들을 정치체제 속에 집어넣는 것을 정의의 문제로 간주하고 싸워왔다. 이러한 투쟁에서는 아래로부터 나온 지식의 중요성이 그 핵심적인 일부로 강조된다. 여기서 아래로부터 나온 지식은 처음에 계급에서 유래한 지식으로 이해됐지만 나중에는 젠더나 인종에서 유래한 지식도 가리키게 되었다. 입장이론standpoint theory은 1930년대 마르크스주의자들이 프롤레타리아 과학을 요구한 데서 기원했고, 이어 훨씬 뒤인 1960년대에는 과학 급진주의자들의 '민중을 위한 과학' 요구와 다시 얼마 뒤인 1980년대에는 페미니스트 과학, 흑인 과학, 이슬람 과학에 대한 요구가 나타났다.

페미니스트 입장이론가에는 미국의 정치학자 낸시 하트속Nancy Hartsock, 철학자 샌드라 하딩Sandra Harding, 영국의 사회학자 힐러리 로즈가 있었다.[20] 그들의 뒤를 이어 미국의 흑인 사회학자 퍼트리샤 힐 콜린스Patricia Hill Collins가 나타나 흑인 페미니스트와 흑인 페미니즘 사상의 독특한 위치를 지적했다. 도나 해러웨이Donna Haraway가 정의한 이 모든 '위치 지어진 지식situated knowledge'은 자연과학의 중립성과 객관성 모두에서 그것이 주장해온 보편주의를 위협했다. 위치 지어진 지식은 인문학과 사회과학의 정교함과 복잡성을 증가시켰지만 자연과학에는 어려움을 가져왔다.

조직된 회의주의는 여전히 남아 있지만, 너무나 많은 기술과학이 산업기밀에 가려져 있어 데이터의 공개적 공유와 토론이 불가능하며, 거대 제약회사가 자체 신약 시험에서 나온 부정적이거나 불편한 데이터를 너무나 많이 숨기는 현실 속에서 이 역시 제약을 받고 있다. 탈이해관계도 마찬가지로 더는 보장될 수 없다. 과학자 공동체의 규범과 가치들은 의심의 여지 없이 변화를 겪었고, 그것이 심화되면서 머튼이 과학의 오랜 문화적 구조로 지탱된다고 믿었던 객관성이 곤경에 빠지게 되었다. 과학사가 스티븐

섀핀Steven Shapin은 자신이 쓴 '후기 근대적 소명(과학)의 도덕적 역사'에서 탈이해관계가 학문 연구에서 후퇴하고 있지만, 일부 민간 생명공학 연구소에는 여전히 존재한다고 쓰고 있다.[21] 머튼이 오늘날 살아 있다면, 세계화 시대의 기술과학 도래와 함께 과학의 문화적 구조와 그 규범이 너무나 근본적인 변화를 겪은 지금, 객관성의 보장은 어떻게 되었는가 하는 질문을 분명 던질 것이다.

그러나 머튼의 명제는 오직 학문적 과학에만 초점을 맞추었다는 점에서, 심지어 처음 제안되었을 때부터 이미 문제가 있었다. 학문적 과학은 과학이라는 빙산에서 수면 위로 보이는 일각에 불과했고, 이는 지금도 그러하다. 그 아래에서 진행되는 일은 눈에 보이지 않으며 종종 가장 큰 부분을 차지한다. 심지어 머튼주의 패러다임이 정점에 달했던 1960년대에도 영국의 과학 연구 중 70퍼센트 이상은 산업체나 군대가 수행했다. 산업연구소 내에서의 규범과 가치를 탐구한 보기 드문 연구인 《과학 노동자The Scientific Worker》(리즈 대학교의 과학사가 제리 라베츠의 박사과정 학생이었던 노먼 엘리스가 수행한)는 산업연구소에 머튼 규범이 부족함을 알아냈다. 섀핀을 그토록 몰두하게 만든 베버적 의미의 소명은 존재하지 않았다. 산업 연구자들이 했던 일은 그저 하나의 직업—비록 흥미롭고 상당히 좋은 보수를 받는 직업이긴 했지만—이었다. 이러한 과학자들은 프롤레타리아 내부의 고숙련 계층에 속했다.

이처럼 간단한 설명만 보더라도 사회가 어떻게 과학을 얻게 되고 과학이 어떻게 성장하는가 하는 문제가 고전적 과학철학자들이 우리에게 믿으라고 한 것보다 훨씬 더 어지러움을 알 수 있다. 심지어 1970년대까지도 '대담한 추측과 논박'을 통해 과학이 성장한다는 카를 포퍼Karl Popper의 관점—물리학 분야의 휘그주의 역사Whig history(과거는 현재를 향한 필연적인 진보의 연속이라고 보는 역사 서술의 관점으로, 과학사에서는 현재의 과학으로 이어지는 성공한 이론과 실험의 연쇄에 초점을 맞추고 실패했거나 막다른 지점에 다다른 이론은 무시하는 관점을 가리킨다 — 옮긴이)에 주로 기반을 둔 — 이 과학철학 분야를 지배했고, 거기 내포된 과학을 추켜세우는 이미지는 자연과학자들에게 크게 환영을 받았다. 그러나 이러한 내적 접근internalist 과학사의 관점은 과학이 발전하고 형성되는 사회 세계를 고려하지 않았다. 맨해튼 프로젝트와 그것의 결말인 히로시마와 나가사키 폭격을 무시한 것은 물리학의 성장에 내포된 정치적 차원을 못 본 척한 것 이상의 함의를 지니고 있었다. 1945년 이후 수십 년 동안 미국, 유럽, 소련, 이후 일본에서는 새로운 냉전의 군사적 요구에 자극을 받아 정부와 산업체의 연구 개발 관련 지출이 기하급수적으로 증가했다(이 수치는 1980년대에 들어 비로소 GDP의 1.7~2퍼센트 내외로 안정되었다). 이처럼 수십 년의 성장을 거치는 동안 과학 예산을 통제하고 우선순위를 지시한 것은 임명된 전문가통치expertocracy였다. 대체로 국가의 지원을 받되 국가와 정부는 대학과 학문적 과학 연구로부터 일정한 거리를 유지해야 한다는 오래된 전통에도 불구하고 말이다. 여기서 요점은 이후에 토머스 쿤Thomas Kuhn과 파울 파이어아벤트Paul Feyerabend가 이끌었던 포퍼주의 이론에 대한 수정과 공격을 추적하는 것이 아니라, 자연과학자들 — 그중에서도 자신들의 영웅적 프로젝트를 추구하기 위해 많은 돈을 요구했던 물리학자들 — 이 결정적으로 중요한 자원을 확보하게 된 경위를 이해하는 데 있다. 국가, 산업체, 군대의 요구는 어떻게 과학의 방향을 형성했는가?

세계화 — 공간적 · 시간적 거리가 사실상 소멸하면서 나타난 산업, 금융, 정치, 정보, 문화의 세계화 — 는 20세기와 21세기 생명공학의 성장에서 중심을 이룬다. 과학기술 발전에서 비롯된 위험사회 현상이 그것의 사회적 이론화를 앞질렀던 것처럼 세계화 역시 마찬가지다. 이는 경제학자 아마티아 센Amartya Sen이 우리에게 일깨워준 바와 같다. 센이 상정하는 시간 규모는 더 길고, 지리적·문화적 차이의 범위는 더 크다. 그는 동양에서 훨씬 더 일찍 시작된 세계화가 장기지속longue durée 기간을 거치며 서양으로 이동했다고 지적한다. 그러나 브라질, 싱가포르, 인도, 중국이 기술과학 역량을 과시하면서 미국 주도의 세계화는 현재 종말을 고하고 있다. 지난 5년 동안 중국은 영국과 미국을 추월해 세계에서 가장 규모가 크고 빠른 유전체 서열분석 산업을 운영하게 되었다.

유전체학은 정보학informatics 혁명이 없었다면 불가능했을 것이다. 그런데 정보학 그 자체는 무엇보다 전 지구적 도달 수단을 얻고자 한 미국 군대의 노력으로 추동되었다. 20세기 말이 되자 지구상에는 외딴 지역이 사라졌고, 팀 버너스-리Tim Berners-Lee의 민간 월드와이드웹과 미국 군대가 개발한 인터넷의 결합으로 가능해진 변화가 삶의 모든 측면들을 포괄하게 되었다. (오늘날 중국은 유전체학뿐 아니라 사이버전쟁에서도 경쟁 대열에 끼어들었다.) 이러한 혁명은 생명과학에 힘을 불어넣어 대학과 산업체 사이에 위치한 새로운 공간에서 새로운 잡종적 형태를 만들어냈다. 과학기술의 오랜 분야들이 변형을 거쳐 융합되었고 잡종성이 빠르게 확산됐다. 기밀 유지를 전제조건으로 하는 산업연구소들이 점차 대학 캠퍼스에 자리 잡게 되었고, 대학 교수가 만든 회사가 가까운 곳에 편리하게 위치할 수 있도록 과학 공원도 만들어졌다.

현대 분자생명공학은 단백질과 유전자 서열을 즉석에서 비교 분석하고, 화학 구조를 설계하고, 널리 분산된 연구센터에서 발표한 논문과 특허들을 검색하는 정보기술 능력에 전적으로 의존한다. 정보학은 DNA 바이오뱅크의 국제적 확산을 뒷받침했고, 바이오뱅크가 점점 더 큰 데이터의 원천을 필요로 하자 점차 전 지구적인 지식 구조가 촉진되고 있다. 세계화

시대에 생의학 정보는 생물계 그 자체와 마찬가지로 상품화되고 있다.

세계화는 거대 제약회사의 성공에도 핵심적인 역할을 한다. 상위 20개 회사의 연간 총매출액을 합치면 4,000억 파운드에 이르며, 그 범위도 전 세계에 미쳐 연구 활동과 임상시험 장소를 계속 옮기고 있다. 서구에서 임상시험 비용이 증가하고 유사한 약으로 치료를 받은 적이 없는 피험자를 찾기가 어려워지면서, 제약회사들은 임상시험을 가난한 나라로 외주를 주고 있다. 신자유주의 경제를 받아들이고 내부 투자를 유치하려 하는 동유럽 국가들은 이를 환영해왔다. 예를 들어 에스토니아는 자국의 교육받고 과학친화적인 국민이 신약 시험에 이상적이라고 광고하고 있다. 인간 재생산에 관한 연구는 민감한 윤리적·정치적 사안들과 결부돼 있어 인간 배아줄기세포에 대해 연구할 장소를 찾는 문제를 복잡하게 만든다. 여기서는 규제가 거의 혹은 전혀 없는 국가나 분명한 윤리적 규제가 있지만 부담이 크지 않은 국가가 대안으로 부각되고 있다.

영국은 이 분야에서 기술적·상업적으로 우위를 점하고자 하는 욕망에 이끌려 후자를 선택했다. 미국에서는 연방 정책과 주州 정책이 갈등을 빚고 있다. 부시 행정부 시절에는 연방 자금으로 인간 배아줄기세포 연구를 하는 것이 불법이었지만, 주 정부나 민간 회사는 뭐든 원하는 연구를 할 수 있었다. 캘리포니아 주는 인간 배아줄기세포 연구를 허용했을 뿐 아니라 연구자들 스스로 유용하게 쓸 수 있는 것보다 더 많은 자금을 할당했다. 텍사스 주는 한술 더 떠서 줄기세포 클리닉을 허용했지만, 연방 정부가 절차에 대한 승인을 거부하고 있다. 그리고 민간 연구에서는 인간개체복제 reproductive cloning에 아무런 제약도 없다. 오바마가 부시의 금지 조치를 해제했지만, 이후 이어진 법정 다툼으로 불안정한 환경이 계속되고 있다.

기술과학의 민주화?

과학의 민주화라는 정치적 프로젝트는 세 차례의 물결로 나타났다. 첫 번째로 나타난 1930년대의 과학의 사회적 관계 운동은 냉전과 리센코의 부정직한 과학 때문에 좌초하고 말았다. 두 번째 물결은 1960년대와 1970년대의 급진과학운동이었다. 이는 민주주의와 책임성을 요구하며 분출한 거대한 사회운동의 일부로, 전문성에 대한 무조건적 존중을 거부했다.

신좌파운동과 급진과학운동에 투신했던 우리는 민주화가 가능하다고 믿었고, 우리 세대가 과학기술을 포함한 여러 제도들을 꿰뚫는 기나긴 행진을 시작했다고 생각했다. 과학의 민주화를 위해서는 과학자들 자신부터 인구 집단을 더 잘 대표할 필요가 있었고—무엇보다 남성과 백인이 압도적 다수를 차지하는 현실을 바꿔야 했다—과학 정책 결정 과정도 민주적으로 개방되어야 했다. 과학기술을 비롯한 제도들은 1960년대 세대들의 가치가 그 속으로 침투하면서 분명 변화를 겪었다.

페미니즘은 과학기술 제도가 더 많은 여성들을 포괄하도록 강제했고, 페미니즘적 가치를 가진 여성들의 존재는 그 자체로 이러한 과정을 더 확장했다. 그 결과 예전에는 생의학이 인류의 보편적 대표로 남성의 몸에 초점을 맞추면서 여성은 오직 재생산과 심리학의 맥락에서만 고려했다면, 이제는 그와 다른 주기를 지닌 여성의 몸도 연구되고 있다. 한때 사랑과 배려의 은유로만 여겨졌던 여성의 심장은 이제 남성의 심장과 나란히 연구되는 물질적 기관이 되었다. 세계화로 인해 유럽과 미국의 대형 연구소들은 다국적·다문화적으로 변모했지만, 자국의 유색인종 시민들에게는 문호를 크게 개방하지 않았다.

세 번째 물결은 1980년대 초 독일 녹색당과 함께 시작됐다. 유전자변형

작물로 상징되는 유전공학은 녹색당이 세우려 애쓰던 새로운 정책을 부정하는 것으로 여겨졌다. 녹색당의 창당 발기인 중 상당수가 1968년 세대였고, 그들의 무지개 연대가 독일의 나치 과거 및 그것이 표방한 우생학적 과학과 급진적 대결 구도를 이뤘다는 사실을 기억해둘 필요가 있다. 이와 함께 녹색당은 과학에 대한 신뢰의 문제를 제기했고 그에 대한 해답으로 민주주의를 정치 의제에 올려놓았다. 이 점은 나중에 벡이 다시 지적했다.

과학에 대한 대중의 불신이 커지고 이에 따라 연구 자금에 영향을 받을 가능성을 우려한 런던왕립학회는 1985년에 유전학자 월터 보드머Walter Bodmer 경이 좌장을 맡은 대중의과학이해위원회Committee on Public Understanding of Science(COPUS)를 설립했다. 위원회의 입장과 그것이 시작한 프로그램은 만약 대중이 과학을 더 잘 이해한다면 이를 더 많이 신뢰할 것이라는 명제에 입각해 있었다. 이러한 일방통행 속에서 과학지식은 다른 모든 형태의 지식보다 우월한 것으로 상정되었고, 과학자가 해야 할 일은 진리를 제시한 후 대중이 경청하고 배우고 신뢰하게 만드는 것이 되었다. 그처럼 권위주의적 방식으로 접근해선 더 많은 지식과 더 회의적인 태도를 지닌 20세기 후반의 대중을 설득하지 못할 수 있다는 사실을 엘리트 과학자들은 이해하지 못했다.

영국에서는 일련의 추문이 터지면서 전문가통치 자문 과정을 다른 발언들에 개방해 변화시키려는 정부의 의지가 탄력을 받게 되었다. 소해면상뇌증(BSE) 혹은 광우병, 앨더하이 아동병원과 브리스톨 병원의 추문, 홍역-볼거리-풍진(MMR) 삼중 백신이 자폐증을 유발할 수 있다는 주장은 모두 과학에 대한 대중의 불신을 강화시켰다. '과학은 권력에 진실을 말한다science speak truth to power'는 오랜 주장은 점차 의심의 대상이 되었다. 대학의 과학자는 여전히 산업체나 정부에서 일하는 과학자보다 신뢰받았지만 심지어 이곳도 서서히 신뢰를 잃고 있었다.

여기에 더해 경제사회연구회Economic and Social Research Council(고등교육 및 연구에 대한 공공자금 지원을 담당하는 영국의 일곱 개 연구회 중 하나로 경제 및 사회 분야를 담당한다—옮긴이)의 '대중의 과학 이해' 프로그램은 과학 관련 사안에서 전문가의 조언만 구할 때의 한계를 지적하며 직접 경험을 갖춘 일반인들의 전문성에 의지하는 것의 중요성을 강조했다.[22] 이러한 연구들 중에는 체르노빌에서 온 방사능 낙진의 위험에 대한 컴브리아 농업 공동체의 이해를 다룬 브라이언 윈Brian Wynne의 연구, 인근 화학 공장의 위험에 대한 지역 공동체의 이해를 다룬 앨런 어윈Alan Irwin의 연구, 유전병 환자들을 다룬 힐러리 로즈의 연구 등이 포함돼 있었다. 이에 따라 처음에는 학계에서, 이어 정책 영역에서 자문 제공 과정에 대중을 '참여시킬' 필요성이 유럽과 영국 모두에서 논의되었다.

과학의 민주화에서 처음 세 차례의 물결은 (사회와 자연에 책임을 지는 과학을 만들고자 하는 시도의 일부로) 아래로부터 나타났다. 이에 따라 자본주의 국가 정부들이 비전문가들을 정책자문 과정에 끌어들이는 '대중 참여' 정책을 수용하면서 민주화 운동가들은 부분적인 승리를 거두었다. 정부의 관점에서 볼 때 이는 신뢰를 회복하기 위한 방법이었다. 영국에서는 앞서 크게 갈채를 받았던 혁신적 전례가 있었기 때문에 대중 참여 통로를 개방하기가 조금 더 쉬웠다. 최초의 시험관 아기 탄생이 야기한 도덕적 위기를 관리하기 위해 이후 길게 이어진 자문 과정에서, 당시 보수당 정부는 자문 과정과 심지어 규제 과정에 '일반인들'을 포함시키는 모델로서 기능할 수 있는 새로운 제도를 만들어냈다. 바로 인간수정배아관리국Human Fertilisation and Embryology Authority(HFEA)이었다. 1997년에 집권한 노동당 정부는 유럽의 이웃 국가들보다 과학 관련 추문이 잦은 데 대처하기 위해 대중을 자문 과정에 끌어들이는 동일한 목표를 가진 세 개의 기구를 신설했다. 농업환경생명공학위원회Agriculture and Environment Biotechnology Commission, 인간유전학위원회Human Genetics Commission(HGC), 식품표준국Food Standards Agency(FSA)이 그것이었다.

영국 상원 과학기술특별위원회가 2000년에 발표한 보고서《과학과 사회Science and Society》는 일반인 참여라는 측면에서 정점을 이루었다. 위원회는 과학과 사회의 관계가 결정적으로 중요한 단계에 이르렀다고 주장했다. 권위에 대한 전반적인 의문 제기 및 신뢰의 결여가 나타났고, 과학 연구가 정부나 산업체로부터 '독립적'인 것으로 보이지 않는 경우에는 과학의 목표에 대한 의심도 생겨났다. 위원회는 영국에 널리 퍼져 있는 정부와 제도의 비밀주의 문화가 문제를 더 악화시키고 있다고 지적하면서, 싱크탱크인 데모스Demos가 **속이 훤히 보이는 과학**See-through Science이라고 이름붙인 것을 요청했다. 여기서 자문과 의사결정 과정은 '공개성 추정presumption of openness'(별도의 규정이 없는 경우에는 그 과정을 공개해야 한다는 원칙 — 옮긴이)을 받아들였다.[23] 연구회에서 볼 때 이는 거의 혁명에 가까운 것이었다. 특히 그중 가장 역사가 오래된 의학연구회Medical Research Council(MRC)는 사실상 20세기 내내 비공개 회의를 열어왔다. 그러나 MRC에게 혁명적이었던 이러한 변화가 실제로 거둔 민주주의의 증진은 어느 정도였는가?

인간배아줄기세포 연구에 관한 결정처럼 상업적·윤리적으로 민감한 결정이 필요할 때 정부는 언제든 상당히 손쉽게 신설 기구들을 우회할 수 있었다. 장관들에게는 여전히 위원회와 별개로 직속 자문위원을 임명할 권리가 있었다. 그들은 줄기세포 연구와 관련해 이런 권리를 행사했고, 그럼으로써 영국이 이 분야에서 앞서가는 국가가 되는 길을 열었다. 유전자변형 식품에 관한 전국적 자문 과정으로 진행되어 잘못된 결론에 도달한 '유전자변형 국가GM Nation' 행사가 있은 후 농업환경생명공학위원회는 폐지되었다. 2010년의 연립 정부는 한술 더 떠 이른바 '독립위원회 일소'의 일환으로 FSA와 HGC를 장관 직속 위원회로 개편함으로써 대중 참여를 포기했다. 대중 참여는 고조기를 넘어 빠른 속도로 쇠퇴하고 있었다.

새로운 불안정 속의 과학

의사결정 과정에 대중을 참여하도록 해 과학에 대한 신뢰를 회복하려는 이러한 실험들이 진행되는 와중에도, 정부는 복지국가 정치경제에서 신자유주의 정치경제로 넘어가려는 작업을 열성적으로 연이어 추진하고 있었다. 생산 과정을 여러 국가에 분산시켜 비용을 최소화하고 수익을 최대화할 수 있는 초국적 기업의 부상이 조직화된 노동자들에 대한 공격과 합쳐지면서 복지국가의 토대 그 자체가 무너지기 시작했다. 1970년대의 위기에서 예견되었던 결과는 이후 수십 년간 더욱 가속되었고, 세계화, 집단주의 이데올로기의 약화, 다문화주의의 성취에 대한 공격이 여기 일조했다.

복지국가가 서서히 소멸하면서 99퍼센트가 느끼는 안전에 대한 감각은 허물어지고 불안정이 커졌다. 붕괴 이후 그러한 불안정에서 영향을 받지 않는 것은 아주 부유한 사람들뿐일 것이다. 점점 더 강력해지는 통제 정책의 새로운 시대가 유럽 전역에 도래했다. 연구의 우선순위는 EU가 수십억 유로를 들여 추진 중인 프레임워크프로그램Framework programme을 통해 점차 결정되고 있다. 생의학 기술과학이 엄청난 건강 증진을 가져올 거라는 정치적 수사가 난무하지만, 오늘날 과학기술 정책의 주된 목표로 공공연하게 내세워지는 것은 부의 창출이다.

사회적 불안정은 환경 파괴의 위험과 시민적 자유에 대한 공격으로 더욱 심화돼왔다. 이는 국가가 9·11에서 마드리드와 런던의 열차 폭탄 공격(이는 이라크와 아프가니스탄의 난국에 맞선 소위 예방적 전쟁에서 직접 유래한 예견된 결과였다)에 이르는 도시 테러와 사회적 저항의 심화에 대응하면서 나타났다. 이러한 비대칭적 전쟁에 동원된 기술은 유럽과 미국 도시들의 치안 유지에 다시 투입되고 있다.[24] 군사이론가들이 저강도 작전low-intensity operation이라고 이름 붙인 활동에서 가장 필요한 것은 정보다. 상업적인 디지털 데이터 수집은 널리 알려져 있으며 CCTV 카메라의 확산도 눈에 띄게 나타나고 있다. 대부분의 사람들이 이에 무감각해진 반면, 젊은이들은 공공연하게 저항한다. 그들은 자기 방어 수단으로 모자 달린 옷을 입고 경찰에 대한 역감시의 한 형태로 카메라폰을 이용한다.

상대적으로 덜 주목받고 있는 신생 기술들은 정보기술과 생명공학, 전자공학과 생물계의 융합을 중심에 두고 만들어지고 있다. 먼저 나온 것은 홍채인식 같은 생체 표지였는데, 오늘날 공항의 보안 장치에서 흔히 볼 수 있다. 안면인식 기술에 많은 연구 투자가 이뤄졌음에도 아직 성과를 거둔 것은 별로 없다. 그러나 자국 시민들에 대한 국가의 정보 요구는 상업적 거래와 도시간 이동을 단순히 기록하는 정도를 훌쩍 넘어섰다.

오늘날 첨단 기술로 구현된 제러미 벤덤Jeremy Bentham의 파놉티콘은 우리의 쇼핑 습관, 거리에서의 이동, 생체 치수를 관찰, 기록하는 것을 넘어 우리의 생의학 데이터(특히 DNA)를 수집하고 있다. 전 세계에서 가장 큰 영국의 범죄자 DNA 데이터뱅크는 유럽사법재판소에 의해 규모가 축소됐지만, DNA 정보가 포함된 국가보건서비스National Health Service(NHS)의 전자건강기록은 더 큰 보건의료 사안들에 초점을 맞춘 법률의 일부로 포함되면서 아무도 모르는 새 상품화되었다. 신경기술과학도 이에 뒤질세라 뇌를 스캔해서 마음, 기억, 의도성을 읽고 조작할 수 있다는 약속을 내놓고 있다. 열성적 지지자들은 뇌파계electroencephalograph(EEG)와 기능성자기공명영상functional magnetic resonance imaging(fMRI)을 써서 살아 있는 뇌의 활동을 들여다봄으로써 잠재적 사이코패스, 범죄자, 테러리스트가 범죄를 저지르기 전에 찾아낼 수 있다고 주장한다. 신경과학 회의론자들은 이러한 주장에 의문을 제기하고 있지만, 그럼에도 이러한 연구에는 점점 더 많은 자금이 주어지고 있다. 미국 군대가 그런 후원 기관 중 하나다.

정체성과 생의학 기술과학

근대 이후 생명과학은 '인간의 본성'을 정의함에 있어 권위를 주장해왔고 또 그런 권위를 부여받아왔다(이러한 일반적 진술 속에는 인간의 몸과 뇌에 대해 위계적으로 질서화된 차이를 각인해온 생물학의 길고도 개탄스러운 역사가 포함돼 있다). 찰스 다윈Charles Darwin 이후 문화로서의 과학은 우리의 정체성 감각에 대한 설명을 추구해왔다. 인간 유전체의 서열분석을 이끄는 분자생물학자들은 완성된 유전체가 인간의 정체성을 구성하는 것이라고 되풀이해 주장했다. 과학사가 도나 해러웨이는 '유전자가 곧 우리'라는 표현을 써서 이를 풍자했다.

1990년 HGP의 출범과 2003년의 마감을 전후한 요란한 홍보는 유전자 결정론과 프로메테우스적 약속의 시대가 왔음을 알렸다. 유전자 담론이 언론 매체를 가득 메웠고, 우리 모두는 유전자가 조종하는 굼뜬 로봇이라는 주장을 내세운 리처드 도킨스Richard Dawkins의 화려한 문체는 이를 더욱 부추겼다. 이제 행위 능력은 인간에게서 제거되어 유전자에 부여되었다. 좌파, 인종차별 반대론자, 페미니스트들은 그러한 생물학적 결정론과 싸웠지만, 케네디 상원의원의 아들 로버트와 같은 사람들이 자신이 술을 많이 마시는 것은 알코올중독 유전자 때문이라고 주장하고 유전학자 딘 해머가 동성애의 유전자 표지—즉시 게이 유전자라는 잘못된 이름이 붙여졌다—를 찾았다고 주장하는 것을 보면 문화의 유전자화는 이미 크게 진전돼 있다. 범죄성에서 충동구매에 이르는 모든 것에 대한 유전자들이 이내 그 뒤를 이었다. 21세기의 첫 10년이 끝난 시점에서 행동유전학자들은 유전자가 성적 취향, 여성의 수줍음, 남성의 폭력성에서 투표 의도, 왕실에 대한 존중, 배터시Battersea(런던 남부의 자치구—옮긴이)의 거리 미술, 신자유주의 경제의 필연성에 이르는 모든 것에 책임이 있다고 주장해왔다.

그러한 주장들은 대체로 무비판적인 언론매체에 의해 증폭되어 대중문화로 진입했다. 이런 유전자, 저런 유전자를 끊임없이 얘기하는 일상적 유전자 담론이 작동하기 시작했고, 유전자는 DNA 가닥으로 이루어져 있다는 사실을 이제 누구나 알게 되면서 은유가 본 궤도에 올랐다. 유전자는 BMW 자동차의 설계 속에서, 캐머런이 이끄는 보수당 정부의 핵심 가치 속에서, 가장 최근에는 푸틴 정부 하의 러시아인들에게서도 찾을 수 있는 것이 되었다. 푸틴은 2012년 대통령 취임 연설에서 "우리는 승리의 민족입니다. 그것은 우리의 유전자, 우리의 유전 암호 안에서 대대로 이어져왔습니다"라고 선언했다. 이제 불변의 가치에 호소하는 상상 가능한 거의 모든 맥락에서 유전자의 은유를 들먹이지 않는 정치인이나 언론학자를 찾는 것 자체가 어려운 일이 되었다.

신경과학도 그에 못지않은 모습을 보여왔다. 자아, 사랑, 의식을 뇌의 특정 영역에 위치한 것으로 설명하는 그들의 주장—일종의 내적 골상학이라고 할 만한—은 일련의 대중서에서 상세하게 제시되고 있다. 조지프 르두Joseph Ledoux는 《시냅스 자아The Synaptic Self》를, 안토니오 다마지오Antonio Damasio는 《데카르트의 오류Descartes' Error》를 각각 썼다.[25] 신경미학 교수인 세미르 제키Semir Zeki는 낭만적 사랑이 뇌의 피각putamen과 섬엽insula에서 일어나는 신경 활동의 산물이라고 주장한다. 그런가 하면 프랜시스 크릭Francis Crick은 《놀라운 가설The Astonishing Hypothesis》에서 우리가 인간으로서 갖는 의도성과 행위 능력은 환상이며, '실재'에 있어 우리는 뉴런 다발에 불과하고, 우리의 의식은 뇌의 전장claustrum 속에, 자유의지는 전대상구anterior cingulate sulcus 속에 갇혀 있다고 주장한다.[26] 장-피에르 샹제Jean-Pierre Changeaux는 《뉴런 인간Neuronal Man》을 썼는데,[27] 언어의 지시 능력에 관한 현재의 감수성에 따르면 '뉴런 인간'은 앞뒤가 안 맞는 표현처럼 보인다. 그러나 가장 최근에 《본질적 차이The Essential Difference》라는 책에서 이를 주장한 사람은 사이먼 배런코언Simon Baron-Cohen이었다. 그는 뉴런 여성과 뉴런 남성이 모두 존재하며 이들 간의 차이는 태아의 뇌에 작용한 호르몬에 의해 고정되었다고 주장한다.[28] 그러한 본질주의적 주장들은 거기 사용된 방법론뿐 아니라 그 밑에 깔린 전제 때문에 강하게 비판을 받아왔다. 가장 최근에는 새로운 세대의 페미니스트 신경과학자 두 사람이 이를 비판했다. 코델리아 파인Cordelia Fine의 《젠더의 망상Delusions of Gender》과 레베카 조던-영Rebeca Jordan-Young의 《브레인 스톰BrainStorm》이 그 책들이다.[29]

장-폴 샤르트르Jean-Paul Sartre는 반세기도 더 전에 그런 주장들을 거부했다. "인간의 본성 같은 것은 없다. …… 인간은 스스로 만들어가는 존재일 뿐이다." 시몬 드 보부아르Simone de Beauvoir는 《제2의 성》에서 '여성으로 태어나는 것이 아니라 여성이 되는 것'이라고 주장했다. 한나 아렌트

Hannah Arendt는 '인간의 조건'—오늘날 많은 사람들은 인간의 조건들이라는 복수형을 선호하겠지만—에 대해 언급했다. 《브뤼메르 18일Der 18te Brumaire des Louis Napoleon》에서 마르크스는 이렇게 썼다. "인간은 자기 자신의 역사를 만들지만, 자기 마음대로 만들지는 않는다. 그들은 자신들이 선택한 상황 아래서가 아니라 이미 존재하는 상황 아래서 역사를 만든다." 그러나 이 진술은 확장될 필요가 있다. 여성과 남성 모두의 행동을 제약하는 '이미 존재하는 상황'에는 마르크스가 언급한 인류의 역사와 현재의 사회적 조건뿐 아니라 그와 동시대를 살았던 다윈이 주장한 것처럼 인간의 생물학 그 자체의 역사도 포함되기 때문이다. 19세기 사회 이론과 생물학 이론의 두 거인은 (마르크스가 역사 진보의 단계들을 믿었고 다윈이 진보에 대한 희망을 다소간 품고 있었다는 예외를 빼면) 급진적 미결정론자들이었다. 우리는 그러한 미결정성을 공유한다. 인간은 자기 자신의 역사를 만들 수 있지만, 그들의 체현된 사회적 존재와 사회 속에 파묻힌 생물학적 존재 모두를 포함하는 상황 속에서 그렇게 한다.

21세기 분자화된 생명과학의 지배적 목소리는 그러한 복잡성을 좋아하지 않으며 단순한 생물학적 서사 속으로 후퇴한다. 그들의 담론은 본질주의적이면서 동시에 프로메테우스적이다. 그들은 인간의 본성을 고정된 것으로 보면서, 동시에 생명기술과학이 지닌 실제 힘과 상상된 힘을 통해 인간의 삶을 바꿔놓을 수 있다고 주장한다. 이는 이어지는 장들에서 우리가 비판적으로 검토할 쟁점들이다. 먼저 HGP에서 시작해보자.

1

소규모 유전학에서 거대 유전체학으로

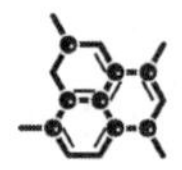

인간 유전체의 서열분석을 향한 놀랍도록 짧은 10여 년의 행진을 막 시작하던 1992년에, 프로젝트의 핵심 발기인 중 한 사람인 유전학자 월터 길버트Walter Gilbert는 주머니에서 반짝거리는 CD 한 장을 꺼내 청중들에게 보여주면서 이렇게 선언했다. "얼마 후면 이렇게 말할 수 있을 겁니다. '여기 인간이 들어 있습니다. 이게 바로 나예요.'"[1] 길버트의 멋진 연기는 HGP에 대한 대중의 지지와 열광을 얻어내려는 다른 지도적 분자생물학자들의 운동에 반향을 일으켰다. HGP는 인간의 유전체를 구성하는 30억 개 뉴클레오티드nucleotide의 서열분석을 위한 야심찬 국제적 시도로, 30억 달러의 비용—뉴클레오티드 하나에 1달러—이 들 것으로 예상되었다. 분자생물학자들이 캘리포니아에서 혹은 런던의 현대미술연구소Institute for Contemporary Arts에서 이러한 연극적 장치를 얼마나 자주 활용했는지는 중요하지 않은 듯했다. 매혹된 청중 앞에서 CD를 꺼내 보이면서 이것이 인간의 생명 그 자체라고 말하는 것은 멋진 비유였다. 1990년대의 첨단 기술 사회를 살아가는 청중에게 너무나도 익숙했던 CD는 HGP가 예고하는 생의학 연구의 분자화와 디지털화의 통합을 상징하는 존재였다. 인간 유전체학은 인간의 본성에 대한 새로운 정의와 함께 그러한 본성을 고치고 심지어 다시 설계하는 새로운 프로메테우스적 힘을 동시에 제공해주었다.

이중나선: 성취와 배제

이것은 케임브리지에 기반을 둔 생물학자 프랜시스 크릭과 짐 왓슨Jim Watson이 오늘날 유명해진 DNA의 이중나선 구조를 규명한 1953년 이후 이어진 대장정의 결과였다. 그들은 DNA가 뉴클레오티드(혹은 염기)라는 네 개의 작은 분자 아데닌(A), 시토신(C), 구아닌(G), 티민(T)의 거대한 연쇄로 이루어져 있다고 설명했다. 당시 런던의 킹스칼리지에서는 생물물리학자 모리스 윌킨스Mourice Wilkins와 엑스선 결정학자 로잘린드 프랭클린Rosalind Franklin도 DNA 구조에 관한 연구를 하고 있었다. 그들이 속한 연구 부서장이 관리를 잘못한 탓에, 두 사람은 동일한 연구 과제를 각자 따로 부여받아 씨름하고 있었다. 윌킨스는 자신이 연구 책임자라고 생각했고, 프랭클린의 결정적인 데이터를 케임브리지에 있던 크릭과 왓슨에게 전해주었다. 그녀는 자신이 알지도 못하고 동의하지도 않은 상태에서 자신이 찍은 DNA 결정의 사진이 '공유되고'—좀더 직설적으로 표현하면, 도둑맞고—있다는 사실을 모르고 있었다.

《네이처》에 실린 크릭과 왓슨의 선구적인 논문은 다음과 같은 문장으로 끝난다. "우리는 앞서 가정한 [특정한] 구조가 유전물질의 가능한 복제 메커니즘을 의미한다는 것을 놓치지 않았다."[2] 이 문장과 함께 DNA의 역사는 막을 올렸다. 세계의 과학 공동체는 즉각 이것이 생명과학에 갖는 중요성을 깨달았지만, 대중의 관심은 거의 전무했다. 언론은 그것의 중요성을 이해하지 못했고, 생명과학자들이 과장에 과장을 보태며 HGP의 탄생을 알린 확성기 과학megaphone science의 수행 요령을 배운 것은 그로부터 수십 년이 지난 뒤였다.

DNA를 대중적 무대로 끌어올린 것은 그로부터 15년 후에 출간된 왓슨의 책《이중나선The Double Helix》이었다. 책이 나온 것은 프랭클린이 죽고 1962년에 세 사람이 노벨상을 공동 수상한 뒤의 일이었다. 세 사람이 노벨상 시상식에서 수락 연설을 할 때, 이미 고인이 된 동료의 기여를 언급한 사람은 아무도 없었다. 왓슨의 책은 케임브리지에 있던 두 사람의 오만과 야심, 경쟁 의식, 개인적 지위 다툼, 허가받지 않은 데이터 취득, 그리고 선배 과학자인 프랭클린 — 그녀의 결정적인 엑스선 기술 덕분에 모델을 만들 수 있었다 — 에게 적절하게 처신하지 못한 그 자신의 총체적 무능력까지 모든 것을 뻔뻔스럽게 드러냈다. 많은 과학자는 이 책이 과학에 오명을 안겨주었다고 믿었고, 그럼으로써 과학사에 대한 지식이 아닌 잃어버린 황금기에 대한 희구를 드러냈다. 그들은 과거 숱하게 벌어졌던 격렬한 분쟁들에 대한 기억을 지워버렸다. 그중 대표적인 것으로 미적분학의 발명 우선권을 둘러싼 뉴턴과 라이프니츠의 싸움이 있다. 이 사례에서 뉴턴은 왕립학회 회장으로서 이 문제에 판결을 내리기 위한 위원회를 소집했고, 거기서 나올 예측 가능한 결론의 초안을 직접 작성하기까지 했다. 왓슨이 과학의 훌륭한 명성을 더럽혔다는 비난은 별로 설득력이 없었던 것이, 학술회의장에서 연구자들 사이에 오가는 잡담이 그러한 갈등을 유쾌하게 전해주기 때문이다. 왜 X의 실험실에서 나온 결과는 에누리해서 받아들여야 하는지, 혹은 왜 과학자 Y는 숙적 Z가 우선권 선점을 위해 그들의 논문 출간을 지연시킨 심사위원이었다고 믿게 되었는지 같은 이야기들 말이다. 이러한 시각에서 보면 왓슨은 오직 과학자들만이 알고 있어야 할 사실을 대중에게 알려줌으로써 자기편을 저버린 것이다. 윌킨스는 자서전에서 당시 자신과 크릭이 왓슨을 고소하려는 생각까지 했다고 적었다(왓슨이 '정직한 짐'으로 알려지게 된 것은 그에게 별로 위안이 못되었다).[3] 그러는 동안 그다지 '순수'하다고 할 수 없는 과학의 내부 작동에 관한 왓슨의 책은 날개 돋친 듯 팔려나갔다.

프랭클린이 입었던 피해는 이제 공공연하게 알려져 상징적 차원에서 정정되었지만—런던의 킹스칼리지에 새로 들어선 건물 하나는 프랭클린-윌킨스관으로 명명되었다—그처럼 부당한 일이 어떻게 밝혀지게 되었는지는 상대적으로 덜 알려져 있다. 엑스선 결정학자 도널드 세이어Donald Sayre와 결혼한 작가 앤 세이어Anne Sayre는 프랭클린의 친한 친구였다. 그녀와 그녀의 남편, 그리고 많은 동료 결정학자는 프랭클린에 대한 왓슨의 부당하고 모욕적인 대접에 크게 분노했다. 이러한 네트워크에 의지해 세이어는 1975년에 프랭클린에 대한 전기를 출간했다.[4] 초기 페미니스트 운동은 이 이야기를 프랭클린의 남성 동료들이 체계적으로 그녀의 기여를 축소시켰고 윌킨스가 사실상 그녀의 엑스선 사진을 훔쳤다는 명백한 증거로 받아들였다. 이러한 주장을 접한 윌킨스는 크게 낙심했고, 런던의 여성과 과학 그룹에 속한 회원 한 사람에게 자신이 정말 그랬다고 생각하느냐고 묻기도 했다. 왓슨은 프랭클린을 까다로운 성격에 자신이 찍은 사진의 이론적 중요성을 알아볼 능력도 없는 인물로 그려냈다. 오직 이론적 마인드를 가진 사람들(즉 그 자신이나 크릭 같은 남성들)만이 그 일을 해낼 수 있었다. 여기에 더해 왓슨은 그녀의 외모에 대해 불쾌하고 성차별적인 언급을 덧붙였다. 프랭클린이 실은 매우 우아하게 옷을 입었고 파리의 연구소에서 일한 후부터 패션에 관심을 갖게 되었다고 지적한 것은 두 번째 전기 작가인 브렌다 매독스였다.[5] 그러나 그녀가 옷을 입는 미적 감각은 분명 그것을 알아볼 수 있는 왓슨의 능력 — 그것을 높이 평가하는 능력은 말할 것도 없고 — 을 넘어서 있었다. 왓슨 자신은 "페미니스트가 있을 최선의 장소는 다른 누군가의 실험실"이라는 언급을 통해 불길에 기름을 끼얹었다. 얄궂은 것은 그가 무심코 과학계 내부의 제도화된 성차별주의를 드러냄으로써 페미니스트 과학 비평을 더욱 북돋았다는 사실이다.

소규모 과학, 거대과학

1950년대에 왓슨이 공언했던 포부는 노벨상이었고, 아직 특허나 수익은 아니었다. 그의 연구는 대학에 기반을 두고 있었고, 하나의 강력한 기술 — 엑스선 회절 — 과 마분지나 주석판을 잘라 만든 네 가지 염기 A, C, G, T의 모델에 의존했다. 데렉 드 솔라 프라이스Derek de Solla Price의 용어를 빌리자면, 당시 유전학은 소규모 과학Little Science이었다.[6] 소규모 과학은 자본 대 노동의 비율이 낮았다. 실험실 연구는 시약의 합성에서 장비 제작까지, 또 용액을 피펫으로 빨아올리는 것에서 실험 후에 유리 용기들을 세척하는 것까지 직접 손을 써서 하는 숙련 작업이었다. 논문의 저자는 종종 한 사람이었고 많아야 두세 명 정도였다.

이후 수십 년 동안 유전학과 분자생물학은 돌이킬 수 없이 거대과학Big

Science으로 변모했다. 유전체 전체를 분석하는 유전체학이 도래하기 위해 인간 유전학과 분자생물학의 융합이 요구되었고, 이는 새로운 정보학의 힘을 빌려야만 가능했다. 이러한 새로운 질서와 함께 자본-노동 비율도 역전되었다. 장비 제작과 시약 생산은 전문 회사들에 외주를 맡겼고, 실험실에서의 연구는 자동화되었다. 오늘날의 서열분석 실험실에는 크고 황량한 공간 안에 실험대를 따라 가정용 전자레인지만 한 크기의 동일한 기계들이 일정한 간격으로 늘어서 있다. 실험복을 입은 기술자들이 조용히 기계를 돌보는 동안 연구자들은 자기 사무실에 앉아서 출력된 결과를 판독한다. 과학자와 기술자가 공간을 서로 차지하려 각축을 벌이던 1950년대의 분주하고 부산한 실험실에서 이보다 더 멀어진 공간은 찾을 수 없을 것이다.

거대한 서열분석 실험실에서 나오는 논문들은 때로 저자가 수백 명에 달하며, 심지어 연구소 전체가 포함되기도 한다. 지식은 지적재산이 되었고 특허로 출원되어야 한다. 연구 투자는 규모가 너무 커져서 언론이 이야기를 다뤄줄지 말지를 운에 맡길 수 없게 되었다. 이제 보도자료는 선임 연구자들이 대학의 홍보 부서와 함께 신중하게 공들여 작성한다. 한편 논문이 실린 학술지 또한 그 논문의 영향력을 증폭시켜 권위 있는 학술지로서의 지위를 강화하려 한다. 이를 위해 학술지들은 먼저 논문을 온라인에 사전 출간하며, 이어 과학 기자가 작성한 요약문을 제공해 논문이 해당 분야에 어떤 중요성을 가지며 보건의료와 부의 창출에 어떤 기여를 할 수 있는지를 설명한다. 과학 커뮤니케이션의 이러한 새로운 관행들은 지식이 지적재산으로 변모하는 시장에서 해당 연구가 좀더 유리한 위치를 점할 수 있게 한다. 주요 신문에는 모두 과학 담당 기자가 있는데도, 보도자료를 그대로 전재한 '판박이' 기사를 쓰는 것이 언론매체의 관행이 되었다.

이렇게 되면 언론계에 몸담은 과학 기자들은 비판적 역할을 다하지 못하고 확성기 과학의 일부가 되고 만다.

한편 연구는 물리적으로 또 재정적으로 대학에서 벗어나 자회사나 그것을 넘어 이동하고 있다. 거대 제약회사는 처음에는 하이픈이 붙었다가 나중에는 한때 유명했던 명칭들을 지워버리는 합병을 통해 덩치를 불려왔다. 버로우즈 웰컴Burroughs Wellcome은 그냥 웰컴Wellcome이 되었다가 다시 글락소-웰컴Glaxo-Wellcome이 되었고, 지금은 복합기업 글락소스미스클라인GlaxoSmithKline이 되어 웰컴이라는 명칭은 런던에 기반을 둔 거대 자선재단에만 남게 되었다. 이러한 혁명을 부채질한 것은 많은 사람들이 품은 기대였다. 생명기술과학이 유전자 진단을 가능케 할 것이고, 이것이 다시 유전자 치료에서 신약에 이르는 임상적 개입으로 순조롭게 이어질 거라는 기대 말이다. 생의학 연구 혁신을 실험실에서 임상으로 옮겨놓는 과정에서 널리 알려진 온갖 문제들은 과장광고의 홍수 속에 묻혀버렸다. 이 과정에서 지도적 생물학자와 유전학자 들은 기업가가 되었고, 실험실의 매끄럽고 성공적인 운영뿐 아니라 자신들이 보유한 채권과 주식의 가치에도 이해관계를 갖게 되었다.

다른 문화적 가치를 지닌 완전히 새로운 이해당사자들이 진입하면서 생명과학의 생산 시스템 전체에 나타난 이러한 변화는 왓슨 자신의 경력에서도 잘 드러나고 있다. 1990년대에 미국 분자생물학의 유력 기관 중 하나인 콜드스프링하버Cold Spring Harbor의 소장을 맡고 있던 왓슨은 연구소에 속한 연구자 중 한 사람인 팀 털리Tim Tully로부터 기억력을 향상시킬 수 있는 유망한 분자를 새로 발견했다는 소식을 듣게 되었다. 그는 과학적 가능성에 흥분했을 뿐 아니라 그에 못지않게 특허와 '엄청난' 돈벌이라는 전망에 대해서도 기뻐했다고 털리는 적었다. (유전체학의 서사에서 종종 인용되는 왓슨의 신랄한 언사는 이정표이자 촉매 역할을 하고 있다.) 그러자 새로운 생명기업가 중 한 사람인 털리는 민간 회사를 분사시키고, 거기서 일하기 위해 콜드스프링을 떠났다. 털리는 언론매체의 요란한 찬사를 받으며 힘을 얻었고, 잠시 동안이지만 저명한 과학자가 되었다. 그러나 그가 발견한 분자에 대한 희망이 스러지면서 이 회사는 거창한 희망과 당장 이용 가능한 벤처 자본을 가지고 시작한 수많은 창업 회사들처럼 파산하고 말았다. 나중에 그의 프로젝트가 잿더미에서 불사조처럼 재등장해 자금을 재차 융통하고 캘리포니아에 다시 자리를 잡았다는 사실은 세계화 속에서 생명기술과학이 겪는 놀라운 부침을 잘 보여주고 있다.

초기 연구를 특징지었던 힘겨운 단계적 분석이 대규모의 재정 지원을 요하는 로봇 기기 도입과 거대한 컴퓨터로 대체된 이와 같은 변화가 없었다면 HGP는 상상할 수도 없었을 것이다. 언젠가 왓슨이 원숭이 무리도 할 수 있을 거라고 비꼬았던 반복적 작업은, 이전 같았으면 수천 명의 숙련 기술 인력이 수십 년간 달라붙었어야 했겠지만, 이제는 불과 몇 주나 며칠 만에 기계로 마칠 수 있게 되었다. 심지어 1990년대와 금세기 초의 초고속 기술마저도 지금은 오래전 기억처럼 보일 정도이다.

이러한 과학의 변화에 결정적인 단계 중 하나는 1980년 미국 대법원이 내린 판결이었다. 제너럴일렉트릭General Electric에서 일하던 미생물학자 아난다 차크라바티Anada Chakrabarty는 박테리아의 유전자를 변형해 석유를 분해할 수 있게 — 그래서 유출된 석유를 청소할 수 있는 잠재력을 갖게 — 만든 후 이에 대한 특허를 출원했다. 미국 특허청은 처음에 특허 심사관 다이아몬드의 명의로, 살아 있는 생명체는 특허를 받을 수 없다는 이유를 들어 특허 신청을 거부했지만, 나중에 대법원이 이를 뒤집었다. (20년 후 미국의 하급심 판결에서 다이아몬드 대 차크라바티 판결을 사실상 뒤집었지만, 이것이 특허 분쟁을 종식시킬 가능성은 매우 낮다. 너무나 많은 돈이 걸려 있기 때문이다.)

같은 해 미국 의회는 연방정부가 지원한 연구에서 나온 발명과 제품에 대한 지적재산권을 대학에 부여하는 베이-돌 법Bayh-Dole Act을 통과시켰다. 이 두 가지 결정은 수문을 열어젖혔다. 이제 무엇이든 특허 출원이 가능해 보였다. 곤충이든 온코마우스(하버드 대학교에서 암 연구를 위해 설계하고 조작한)처럼 만들어낸 동물이든, 심지어 DNA 가닥이든 간에 말이다. 최초의 유전자 특허(유전자를 조작한 이스트에서 인슐린을 만드는)는 같은 해에 생명공학 회사 제넨테크Genentech에 주어졌다. 비만과 그 결과인 당뇨병이 거의 대유행처럼 번지는 상황에서 이 특허가 갖는 중요성은 자명하다. 베이-돌과 다이아몬드-차크라바티는 한때 이해관계에서 벗어나 있었던 과학이 대단히 큰 이해관계를 가진 과학으로 변형된 것을 나타내는 쌍둥이 표지다. 오늘날 HGP와 그 후속 프로젝트에서 서열분석을 하는 지도적 과학자들에게 노벨상을 궁극의 상징적 업적으로 하는 과학적 명망은 여전히 중요하다. 그러나 오늘날에는 돈이 명망에 못지않게 중요해졌고, 지적재산의 통제, 특허, 그리고 엄청난 수익을 가져올 기기의 도입, 생명공학 회사, 제약회사와의 연계 가능성과 뒤엉켜 있다. 이처럼 새로운 과학의 잡종적 생산 시스템은 과거의 그것과 근본적으로 다르다.

지도 작성인가, 서열분석인가?

DNA는 개체와 종의 삶에서 두 가지 서로 구분되는 기능을 한다. 왓슨과 크릭이 곧장 알아차린 것처럼, DNA의 이중나선 구조가 풀리면 각각의 나선 가닥이 반대쪽 가닥을 만들 수 있는 주형 구실을 해서 두 개의 동일한 DNA 분자를 만들어낸다. 이는 DNA 가닥 속에 암호화돼 있는 유전 정보가 생식 과정에서 한 세대에서 다음 세대로 전달되는 것을 가능하게 한다. 두 번째 기능은 DNA가 세포 경제 속에서 하는 중심적 역할이다. A, C, G, T의 독특한 서열로 쓰인 암호는 중간 매개체인 RNA(DNA와 유사한 분자)를 거치며 세포에 의해 해독되어 단백질의 합성을 지시한다. 왓슨과 크릭의 논문이 출간된 시점에서는 하나의 유전자가 하나의 특정한 단백질에 대한 암호를 담고 있다고 가정되었다. 크릭은 이를 분자유전학의 중심 가설Central Dogma — 'DNA는 RNA를, RNA는 단백질을, 단백질은 우리를 만든다' — 이라고 불렀다. 그는 DNA를 정보 고분자informational macromolecule로 묘사했고, DNA에서 단백질로 정보가 흐르는 것이 일방향 정보 전달이라고 보았다. 이를 가장 간명하게 설명한 것 역시 크릭이다. "일단 정보가 단백질 속으로 들어가게 되면 다시 빠져나올 수 없다." 분자생물학자들은 DNA 서열을 알게 되면 유전의 메커니즘을 이해하는 데서 그치지 않고 이에 개입해 세포 대사와 유전 모두를 조작할 수 있는 열쇠를 얻게 될 거라고 믿었다. 그러나 1970년대에 서열분석은 어마어마한 기술적 문제를 제기했다. 이에 대해 좀더 유망한 접근법인 지도 작성mapping이 있었다.

인간의 경우 유전자를 구성하는 DNA는 몸 속 모든 세포의 핵 안에 있는 23쌍의 염색체 속에 위치해 있다. 쌍을 이루는 염색체 중 하나는 부모 중 어느 한쪽에서 물려받은 것이다. 염색체를 현미경으로 보면 그 특징적 생김새 때문에 하나하나 식별할 수 있다. 염색체 한 쌍은 남녀 간에 차이가 있다. 여성은 두 개의 X 염색체를 가지고 있지만 남성은 X 염색체, Y 염색체를 하나씩 갖고 있고, 나머지 쌍들은 1번에서 22번까지 번호가 매겨져 있다. 유전자가 염색체상에서 어디에 위치하는지를 표시하는 지도 작성 기법은 염색체가 DNA로 이뤄져 있다는 사실이 알려지기 훨씬 전에 초파리 연구—유전학자들이 오랜 기간 동안 선호해온 생명체—에서 이미 개척되었다. 인간의 염색체에서 유전자 지도를 작성하고 확인하는 작업은 기술적으로 훨씬 더 어렵지만, 1970년대에 질병과 연관된 유전자를 찾는 데 임상적 관심이 커지면서 높은 연구 우선순위를 점하게 되었고, 상당수 질병 관련 유전자들이 염색체의 특정 지역에서 지도로 만들어졌다.

크릭이 중심 가설을 정식화한 이후 수십 년 동안, 그가 내세운 구호의 우아한 명료성은 눈에 띄게 흐릿해졌다. 정보의 흐름이 그가 상상했던 것에 비해 훨씬 덜 일방향적이었을 뿐 아니라, 단백질 합성 암호를 담은 유전자는 인간 유전체의 DNA에서 작은 부분—2퍼센트 미만—을 차지할 뿐이라는 사실이 분명해졌다. 분자생물학자들은 유전체에 있는 DNA의 나머지 98퍼센트를 경멸하듯 '쓰레기junk'라고 불렀다. 이 부분은 거의 혹은 전혀 생물학적 기능을 하지 않는 것으로 여겨졌기 때문이다. 그렇다면 HGP가 제안한 것처럼 유전체 전체의 서열분석을 할 이유가 무엇이 있겠는가? 서열의 많은 부분이 '쓰레기'라면 말이다. 그러나 이 용어에는 심각한 오해의 소지가 있는 것으로 밝혀졌고, 다음 장에서 설명하겠지만 HGP가 내세운 '생명의 책'으로서의 희망도 크게 타격을 받았다. 그러나 HGP의 추진 여부를 놓고 숙고하던 시점에서, 임상에 희망을 제공하고 미래의 특허 가능성을 높였던 것은 쓰레기 DNA가 아니라 유전자였다.

대략 7000가지의 질병이 멘델 법칙에 따라 유전된다. 이 중에는 전 세계적으로 겨우 몇 가족에만 영향을 주는 극히 드문 질병도 있고, 유럽의 신생아 3000명 중 한 명에게 영향을 주는 낭포성섬유증cystic fibrosis이나 더 심각한 경우로 흑인 신생아 100명 중 두 명에게 영향을 주는 겸상적혈구sickle cell처럼 흔한 질병도 있다. 이러한 질병들은 수많은 유전자들 중 하나에 영향을 주어 이를 필요로 하는 생화학적 경로를 교란시키는 단일 돌연변이를 통해 전달된다. 어떤 질병들에서 돌연변이 유전자는 우성이다. 다시 말해 (대립인자allele라 불리는) 한 개의 사본만 있어도 질병을 유발하는데 충분하다는 말이다. 반면 다른 질병들에서 유전자는 열성으로, 양쪽 부모에서 물려받은 두 개의 사본이 있어야 질병이 발현된다. 어떤 사람이 유전자의 동일한 사본 두 개를 갖고 있으면 동형 접합homozygous이라 하고, 그중 하나만 갖고 있으면 이형 접합heretozygous이라고 한다. 여기에 더해, 어떤 증상(색맹 같은)이나 질병(뒤셴 근이영양증 같은)은 XX 여성이 보유한 열성 유전자에 의해 전달되지만 오직 XY 남성에서만 발현된다.

전 세계의 실험실들이 그러한 질병 연관 유전자들을 쫓고 있었다. 목표는 간단했다. 일단 유전자가 발견되면(혹은 적어도 지도가 만들어지면), 진단 내지 선별을 위한 (특허 가능한) 검사를 고안할 수 있어야 했다. 이는 생명공학 회사들에 매우 큰 수익을 안겨줄 수 있다. 유방암에 걸릴 소인을 높이는 BRCA1 유전자는 미국에 위치한 미리어드제네틱스Myriad Genetics가 1990년에 확인하고 1994년에 복제했다. 이 회사는 국제 시장에 BRCA1의 특허를 출원했고, 이후 여러 해 동안 검사 1건당 3000달러의 비용을 청구해 큰 수익을 올릴 수 있었다. 프랑스에서는 미리어드가 자사 검사의 근거로 삼고 있는 DNA 서열의 유효성에 도전해 특허를 우회해버렸다. 그들은 프랑스인의 DNA 서열이 그것과 다르다고 했다. 다른 유럽 국가들은 특허의 유효성을 받아들여 미리어드가 청구하는 비용을 부과했다. 아울러 2010년에는 미국시민자유연맹American Civil Liberties Union이 특허에 도전해 성공을 거두었다. 여기 걸린 돈의 규모를 감안하면 법적 투쟁은 다이아몬드-차크라바티의 경우와 마찬가지로 계속될 가능성이 높다. 21세기로 접어들며 생명 특허의 윤리성은 계속 의문시되고 있다.

그러한 검사를 넘어서면 유전자 치료의 전망이 놓여 있다. 돌연변이 유전자를 제대로 기능하는 유전자로 대체하는 것이다. 처음에는 급성장한 생명공학 산업의 미래가 여기 달린 것처럼 보였다. 그러나 치료는 진단보다 훨씬 더 어려운 것으로 드러났다. 성인이나 심지어 어린아이를 대상으로 체세포 유전자 치료(이는 치료받은 환자의 몸에만 영향을 주며 자녀에게 유전되지는 않는다)를 통해 유전자를 대체하는 기술은 기술적으로 어렵고 건강에 해로우며 윤리적으로 문제가 있는 것으로 밝혀졌다.

그럼에도 1970년대와 80년대에 대다수의 인간 유전학자와 그 후원자들에게 유전자 지도 작성은 미래로 가는 길처럼 보였다. 이 분야에서 가장 앞서간 것은 프랑스의 연구 그룹인 인간다형질연구소Centre for the Study of Human Polymorphisms(CEPH)였다. 유전학자 다니엘 코엔Daniel Cohen이 이끄는 이 그룹은 정부 지원금의 뒷받침을 받고 있으며, 프랑스근이영양증협회French Muscular Dystrophy Association의 도움으로 텔레톤telethon이라는 크게 성공한 대중 모금 행사를 열어 자금을 지원받고 있다. 이러한 성공에 힘입어 파리 인근에 비영리조직 제네톤Généthon이 설립되었다. 이곳에서는 1990년대 초에 다른 어떤 연구팀보다도 앞서 21번 염색체의 지도를 만들어냈다.

지도 작성이 서열분석보다 단지 더 나은 전략처럼 보였던 것만은 아니었다. 이는 훨씬 더 쉬운 것으로 판명될 가능성이 높았다. 암호에서 A, C, G, T가 나오는 순서를 해독하는 기법은 수작업에 의존했고 대단히 노동집약적이었다. 이 기법을 개발한 사람은 케임브리지에 있는 의학연구회 산하 분자생물학연구소Laboratory of Molecular Biology(LMB) — 크릭과 왓슨도 이곳에서 연구한 적이 있다 — 의 프레더릭 생어Frederick Sanger였다. 생어는 인슐린 단백질의 서열분석으로 1958년에 이미 노벨상을 받은 적이 있었고, 1960년대부터 처음에는 RNA, 이후 DNA의 뉴클레오티드 서열을 해독하는 방법을 고안해냈다. 그의 분석 방법을 이어받은 후예들은 오늘날 모든 자동화된 서열분석 방법의 기초를 이루고 있다. 기본적으로 생어의 방법은 먼저 DNA의 순수한 표본을 준비해서 이를 짧은 가닥들로 자르고 크기에 따라 나눈 후 개별 가닥의 서열을 분석하는 데 의지한다. 마지막으로 컴퓨터 알고리듬을 써서 짧은 서열들을 한데 꿰어 맞춰 원래 DNA의 전체 가닥에 있던 염기 순서를 해독한 결과를 제공한다. 생어가 이 방법을 완성하고 박테리오파지(박테리아를 감염시키는 바이러스)에 있는 4만 8500개의 염기서열을 발표하는 데는 15년의 시간이 걸렸다. 1980년에 그는 이 작업의 공로를 인정받아 두 번째 노벨상을 받았는데, 이번에는 미국의 분자생물학자 폴 버그, 월터 길버트와 공동으로 수상했다. 두 사람은 유전학을 오늘날과 같은 거대과학으로 바꿔놓는 과정에서 지도적 역할을 수행할 터였다.

생어가 만든 돌파구는 다수의 소규모 서열분석 프로젝트를 위한 길을 열어주었다. 이후 HGP의 역사를 염두에 둘 때 가장 중요했던 것은 아마도 LMB에 있던 생어의 동료 시드니 브레너Sydney Brenner가 착수한 프로젝트일 것이다. 초기에 크릭과 함께 연구하기도 했던 브레너는 1960년대 중반에 20년 후의 HGP만큼이나 가망이 없어 보였던 프로젝트를 시작했다. 그는 DNA 이후의 중대한 생물학적 돌파구는 단순한 다세포생물을 하나 선택해서 그것의 해부학, 행동, 유전학에 관해 가능한 모든 것을 알아내는 데서 나올 거라고 믿었다. 그는 길이가 1밀리미터 정도 되고 체내의 세포가 959개밖에 안 되는 작은 선충류인 예쁜꼬마선충C. elegans을 선택했다. 이를 시시하게 여긴 생물학자들은 브레너의 프로젝트가 과학사를 통틀어 가장 지루한 연속 전자현미경 프로젝트이며, 그가 주위에 불러모은 많은 박사과정 학생과 박사후연구원은 포드주의 공장의 조립 노동자나 다름없는 존재라고 폄하했다. 그러나 브레너에게는 다행스럽게도, MRC가 그의 전망을 공유하고 연구에 자금을 대주었다. 1980년대가 되자 그는 젊은 동료 중 한 사람인 존 설스턴John Sulston에게 선충의 DNA에 있는 1억 개의 염기서열을 분석하는 작업을 맡겼다. 설스턴의 숙련과 끈기, 여기에 LMB 그 자체의 명성이 더해지면서, 그의 실험실은 웰컴재단Wellcome Trust에서 대대적으로 지원한 HGP의 영국 지분에서 중요한 구심점이 되었다. (종교 문제 기자인 앤드류 브라운이 설스턴의 연구에 관한 책 제목을 《태초에 선충이 있었다In the Beginning Was the Worm》라고 붙인 것도 무리가 아니었다.)[7] 오늘날 생의학을 지원하는 세계 최대의 자선 재단인 웰컴이 HGP에서 주요 행위자로서 맡은 역할은 유전체학에 대한 일회성 개입으로 그치지 않았다. 웰컴은 이후의 대규모 발전에 대해서도 지원을 계속해 그 틀을 형성했고, 특히 영국 바이오뱅크 설립에 중요한 역할을 했다(6장을 보라). 현재 웰컴재단은 영국의 생명공학에 의제를 설정하고 정부와 MRC가 그 뒤를 따르도록 강제함으로써 1930년대에 생화학 발전의 틀을 형성한 록펠러재단(이에 대해서는 다음 장에서 다룰 것이다)과 흡사한 역할을 하고 있다.

인간의 유전체는 생어의 박테리오파지보다 6000배, 브레너의 선충보다 30배나 더 길기 때문에, 다시 한번 많은 생물학자들은 유전체 전체의 서열분석이 과학적 가치가 의심스러운 일이라고 생각했다. 그래서 서열분석이 계속 진행되는 동안에도 이는 지도 작성보다 우선순위가 낮았다. 유럽, 일본, 미국의 몇몇 대학 연구소들은 국제적이지만 아직은 비공식적인 협력관계를 맺어 특정한 인간 염색체의 해독 작업을 나눠 맡았다. 1980년대 말에 처음에는 미국 NIH의 제임스 윈가든James Wyngaarden이, 나중에는 런던에 기반을 둔 임페리얼암연구기금Imperial Cancer Research Fund(현재는 영국암연구재단Cancer Research UK으로 이름을 바꿨다)의 이사장인 유전학자 월터 보드머가 주도해 이러한 노력들을 조율하는 국제기구인 인간유전체기구Human

Genome Organization(HUGO)가 생겨났다. 서열분석 프로젝트가 주도권을 장악하게 된 것은 HGP가 출범한 이후였다.

HGP의 상상력

HGP의 기원과 그것의 궁극적 성공에 관한 이야기는 전례 없는 과장광고, 기관들 간의 경쟁의식, 수익 전망, 기술적 탁월성, 과학의 오만이 서로 만나 빚어낸 이야기다. 가장 먼저 인간 유전체 전체의 서열분석을 제안한 분자생물학자 중에는 노벨상 수상자이자 캘리포니아의 소크연구소 Salk Institute(폴리오 백신을 발명한 조나스 소크Jonas Salk의 이름을 땄다) 소장인 레나토 둘베코Renato Dulbecco가 있었다. 둘베코는 명성을 얻기 위한 거창한 프로젝트를 찾고 있었던 것이 아니라, 닉슨 대통령이 선포한 암과의 전쟁에 관여하면서 이런 생각을 갖게 되었다. 유전자 서열분석이 효과적인 암 치료법에 대한 가장 현실적인 가능성을 제공해준다는 그의 주장은 사람들의 상상력을 사로잡았다. 서열분석은 국제 분자생물학 공동체에서 뜨거운 주제가 되었다.

프로젝트를 위한 자금을 끌어들이려는 노력을 처음 기울인 사람은 로버트 신샤이머Robert Sinsheimer였다. 그는 기능을 가진 DNA 가닥을 합성해낸 선구적 업적으로 갈채를 받았던 분자유전학자로(그의 업적을 설명한 보도자료에는 '실험실에서의 생명 창조에 가장 근접했던 사건'이라고 썼다), 급성장 중인 생명공학 산업의 초기 주도자 중 한 사람이었다. 1985년 캘리포니아 대학교의 소규모 캠퍼스 중 하나인 산타크루즈의 총장이던 그는 자기 학교의 지위를 높이기 위한 대규모 연구 프로젝트를 추진했다. 결국 그가 떠올린 것은 유전체 프로젝트였고, 부유한 후원자에게 서열분석에 자금을 대도록 설득하려 했지만 이 제안은 실패로 돌아갔다. 여기에 들어갈 자금은 개인 후원자가 충족시킬 수 있는 수준을 훨씬 뛰어넘었고, 캘리포니아 주 시스템에 속한 대학들 간의 제도적 알력 탓에 최종적으로 사망 선고를 받았다.

그러나 이러한 실패에도 신샤이머의 프로젝트는 월터 길버트에게 또 다른 접근법을 시도하도록 영감을 불어넣었다. 길버트는 유전학자-기업가라는 새로운 부류의 과학자 중에서도 가장 두드러진 인물이었다. 그의 경력은 하버드에서 그가 설립한 회사 바이오젠Biogen으로, 그리고 — 바이오젠이 파산한 후에는 — 다시 하버드로 매끄럽게 움직여왔다. 길버트는 산타크루즈의 제안에 열의를 보였고, 인간 DNA의 해독을 생물학의 '성배聖杯'로 처음 그려낸 사람도 그였다. 이것은 나중에 서열분석가들이 자신들의 작업에 과도하게 덧칠한 기독교적 은유 중 하나가 되었다. 1986년에 길버트는 이 일을 해내기 위한 특수 목적 회사 — 게놈 사Genome Corporation — 를 설립하겠다고 선언했다. 그러나 그 역시 필요한 30억 달러의 거금을 끌어들이는 데 실패했고, 게놈 사는 흔적도 없이 사라지고 말았다.

유전체 연구를 상업화하려는 길버트의 노력은 종종 HGP의 기원에 관한 서사에서 제외되어 왔다. 유전학자들은 때때로 이러한 최초의 시도에 대해 가벼운 기억상실증을 보인다. 그들은 상업적으로 오염되지 않은 공공 부문에서 시작하는 서술을 더 선호하는 듯하다. 그러나 미국에서 두 개의 주요 연방 지원 기관이 등장한 것은 이러한 예비 시도들이 실패한 이후의 일이었다. 거대 기구로 성장한 NIH의 지원은 충분히 예상할 수 있었다. 그러나 에너지부Department of Energy는 이 분야와 일견 거리가 있어 보이는 기관이어서 상당히 놀라움을 자아냈다. 에너지부의 기원은 원자무기 개발과 이후 민간 핵발전에 대한 감독 임무를 맡은 1940년대까지 거슬러 올라간다. 에너지부의 임무에는 히로시마와 나가사키를 황폐화시킨 원자폭탄 피해 생존자들에 대한 지속적 연구도 포함됐고, 특히 그들의 방사선 노출이 후손들에게 미치는 의학적·유전적 결과가 그 대상이었다. 1980년대까지 이뤄진 생존자들에 대한 연구는 정책 결정자들을 만족시킬 만큼 충분히 명료한 결과를 산출하지 못하고 있었다. 그 결과 에너지부의 신임 생의학 연구 부서장은 부서의 미래를 보장하기 위해 새로 거대한 유전학 프로젝트가 필요하다고 보았다. 저명하지만 눈치 없는 한 유전학자는 냉소를 담아 이를 '남아도는 폭탄 제작자들을 위한 프로젝트'라고 불렀다.

생물학 역사상 최초의 거대과학 프로젝트를 위한 대중적·정치적 지지—그리고 자금 지원—를 얻어내고 유지하는 것이 우선순위로 부각되었다. 결국 HGP가 진행되는 기간 내내 과학자들이 구사하는 수사는 계속해서 희망과 과장광고를 뒤섞었고, 앞뒤 가리지 않고 자신들의 프로젝트를 '불의 발견'이나 '바퀴의 발명'에 비유하기도 했다. 과학자들은 이제 자신들의 주장을 부풀려줄 언론매체를 필요로 하지 않았고, 역사의 판단은 고사하고 실험실에서의 시험 결과조차 기다리지 않았다. 생화학자 대니얼 코쉬랜드Daniel Koshland가 HGP의 출범을 축하하며 쓴 1989년 《사이언스》 사설에서는 분명 자제력을 거의 엿볼 수 없다.

> 유전체 프로젝트가 과학에 주는 이득은 분명하다. 조울증, 알츠하이머, 정신분열증, 심장병은 아마도 모두 돌연변이에 기인할 것이며, 낭포성섬유증보다는 정체를 밝히기가 한층 더 어렵다. 그러나 이러한 질병들은 오늘날 수많은 사회 문제의 근원에 자리 잡고 있다. 정신병의 비용, 그것이 야기하는 다양한 시민적 자유의 문제, 개인이 겪는 고통, 이 모든 것은 돌봄이 아닌 예방을 포함하는 조기 해법을 요구하고 있다. 현재와 같이 이러한 사람들—이들 중 상당수는 노숙자 신세인데—을 계

속 수용 시설에 넣거나 무시하는 것은 백신 연구를 희생해가며 폴리오 희생자들에게 철폐iron lung(근육의 마비로 정상적인 호흡이 불가능한 사람에게 사용하는 인공호흡기의 일종으로, 환자의 목 아래 몸 전체를 탱크에 넣고 음압을 걸어서 폐를 부풀게 하는 방법을 사용한다—옮긴이)를 제공하는 것과 다를 바가 없다.[8]

코쉬랜드의 전망은 서열분석가들이 생의학 연구를 실험실에서 임상으로 성공리에 이동시키는 작은 문제를 덜어주는 정도를 훨씬 뛰어넘었다. HGP에 대해 그가 제시한 서정적 확언은 단순히 질병을 줄이는 것을 넘어 노숙자 문제에 대한 해법까지 제시한 것이다. 그러나 이것이 '예방'을 통해 어떻게 성취될 수 있는지에 대한 그의 설명은 다름 아닌 우생학의 부활로 가는 문을 열어 놓는다. 이에 대해서는 4장에서 논의할 것이다.

당시 미국 기술영향평가국Office of Technology Assessmenet에 근무하며 사태를 조망할 수 있었던 로버트 쿡-디건Robert Cook-Deegan은 에너지부의 서열분석 제안을 놓고 빚어진 부처간 내부 갈등을 매우 상세하게 기술했다. 이는 결국 에너지부와 NIH가 함께 지원하는 공동 프로젝트에 대한 합의로 귀결되었다.[9] 프로젝트 전체를 이끌 책임자가 필요했는데, 쿡-디건이 서술하고 있는 것처럼 왓슨이 주목받는 자리로 슬쩍 끼어들었다. 이는 존 설스턴이 예상했던 바였다. 그는 왓슨이 유전학 분야 전체의 방향을 좌우할 권력을 추구하는 인물이라고 보았다. HGP 책임자로 임명된 것을 공표하는 기자회견 자리에서 왓슨은 프로젝트의 사회적 함의에 어떻게 대처하려 하는가 하는 질문을 받았다. 이 문제에 관해 사전에 고려를 해보지 않은 상황에서, 왓슨은 즉석에서 결단해 NIH-HGP 예산의 5퍼센트를 윤리적·법적·사회적 함의ethical, legal and social implications(ELSI) 연구를 위해 할애하겠다고 선언했다. 이후 여러 해 동안 ELSI에서 나온 엄청난 자금은

HGP가 생명과학의 발전에 영향을 준 것만큼이나 인문학과 사회과학의 발전에도 영향을 미치게 된다.

그러나 왓슨의 재임 기간은 채 4년도 가지 못했다. NIH 원장 버나딘 힐리와의 공개적인 의견 대립, 그리고 부인의 주식 보유를 둘러싼 이해 상충 문제로 인해 사임했기 때문이다. 그의 후임자는 유전학자이자 독실한 기독교 신자(흔히 볼 수 있는 조합은 아니다)로 잘 알려진 프랜시스 콜린스Francis Collins였다. 그는 자서전에서 자신이 이 임무를 맡기 전에 어떻게 기도를 했는지 쓰고 있다.[10] 1993년에 책임을 넘겨받은 콜린스는 프로젝트를 다시 조직했다. 유전체는 이제 10년에 걸쳐 협력적인 국제적 노력(실제로는 미국과 영국이 주도하는)을 통해 서열분석이 이뤄질 것이었다. 미국 바깥의 주요 센터는 웰컴과 MRC의 지원을 받아 케임브리지에 마련된 전담 연구소인 생어 센터Sanger Centre(지금은 생어 연구소Sanger Institute로 이름을 바꿨다)에 기반을 둔 설스턴의 그룹이 있었다.

HGP의 의도는 소수의 익명 개인들의 DNA로부터 개인적 차이를 최대한 제거해서 공통의 서열을 얻어내는 것이었다. DNA의 일부분이 완성되면 데이터는 NIH의 국립생명공학정보센터National Center for Biotechnology Information에 위치해 공개 접속이 가능한 무료 데이터베이스인 진뱅크GenBank에 예치되었다. 이것은 '인류에게 주어진 선물'이라는 설스턴의 진심 어린 믿음에도 불구하고, 자금 지원 기관들에게 이 정책은 고결한 이상주의가 아니라 성급한 특허 출원이 혁신의 속도를 늦춰 제약산업의 신약 개발을 방해할 수 있다는 우려에서 나온 것이었다. 따라서 그들에게 문제는 특허 출원 그 자체가 아니라 성급한 특허 출원이었다. 이런 식으로 방대한 공공 보조금은 가치 있는 결과를 낳게 되고, 거대 제약회사에, 결국에는 영국과 미국 주식회사에 이득을 가져다줄 터였다.

벤터의 등장

그러나 조심스러운 협상을 통해 공공 자금 지원을 받고 국제적 노동분업을 이뤄내려 했던 계획은 젊고 지독하게 야심적이며 대단한 재능을 가진 과학자가 무대에 등장하면서 이내 산산 조각나고 말았다. 생화학자에서 분자생물학자로 변신한 J. 크레이그 벤터J. Craig Venter(당시에는 NIH에서 일하고 있었다)는 전통적 서열분석가들이 제시한 느린 방법론적 접근법을 거부했다. 그는 먼저 자신이 발현서열꼬리표expressed sequence tag(EST)라고 부른 창의적인 기법을 써서 유전체 속에 파묻힌 유전자들을 찾아내는 빠른 방법을 제안했고, 이 방법을 논문으로 발표하려 했다. 꼬리표는 자연에서 그저 발견되는 것이 아니라 인공적으로 합성한 것이었기 때문에, 그가 속한 NIH는 이에 대해 특허를 출원하고 싶어 했다. 이 방법을 공공 영역에 남겨두는 쪽을 선호했던 벤터는 특허 출원에 반대했지만 NIH는 아랑곳하지 않고 일을 진행했고, 1991년에 벤터 팀이 발견한 347개의 EST에 대해 특허가 출원됐다.

이어 벤터는 한층 빠른 서열분석 방법 — 샷건 서열분석shotgun sequencing — 을 제안했다. 이는 DNA를 생어의 원래 절차에서 했던 것보다 훨씬 짧은 길이로 조각낸 후 대형 컴퓨터의 힘을 빌려 서열을 재조립하는 것이었다. 설스턴과 여타 과학자들은 이 방법을 조롱했고, 이렇게 하면 오류로 가득 찬 서열을 얻게 된다고 주장했다. 그러나 왓슨은 벤터의 샷건 접근법을 마음에 들어 했고, 그에게 대규모 연구비 신청서를 내도록 독려했다. 하지만 벤터가 자서전에서 밝힌 바에 따르면, 왓슨은 여기에 자금을 지원하도록 위원회를 설득하는 데 네 번 연속 실패했다(혹은 설득하려 들지 않았다).

운이 없어서였을까, 아니면 뭔가 협잡이 끼어든 탓일까? 어쨌든 두 사람이 충돌한 것은 이번이 처음이 아니었다. 벤터의 경력 초창기에 왓슨은 그의 연구 결과 중 하나를 두고 이렇게 논평한 적이 있었다. "그게 모든 걸 설명해주는군. 자네는 생화학자야." 벤터는 처음에 이것이 칭찬인 줄 알았다고 털어놓았다. 생화학자와 분자생물학자 사이에서 지적 패권을 놓고 전개되어온 오랜 다툼을 몰랐기 때문이다. 생화학은 역사가 더 깊은 분야였고, 생화학자들은 왓슨과 크릭처럼 물리학과 공학에서 온 신참들이 자신들의 영역을 침범하는 것에 — 특히 생화학자들이 풀지 못한 문제를 그들이 풀기 시작했을 때 — 반대했다. 1953년에 왓슨과 크릭이 DNA 논문을 발표하자, 지도적 DNA 연구자 어윈 샤가프Erwin Chargaff가 그들이 "면허증도 없이 생화학을 하고 있다"며 공격한 것은 많은 사람들의 기억에 남아 있다. 1970년대가 되자 이제 처지가 바뀌었다. 이제 매혹적인 과학은 분자생물학이었고, 그저 생명의 화학에 불과한 생화학은 구식 학문으로 변모하고 있었다. (다음 장에서 논의하겠지만, 수십 년이 지나자 다시 한번 처지가 바뀌었다. 분자생물학자들은 생화학을 재발견했고, 이를 단백질체학proteomics으로 다시 명명했다.)

자신의 야심적인 목표를 충족하는 데 필요한 자금 부족에 좌절하고 대규모 연구비 신청서를 작성하는 골치 아픈 업무에 싫증이 난 벤터는 민간 부문에 눈을 돌렸다. 1992년에 취한 첫 번째 행동은 유전학연구소The Institute for Genetic Research(TIGR)라는 새 연구소를 설립한 것이었다. 이는 휴먼게놈사이언스Human Genome Sciences(HGS) 사를 통해 자금을 지원받은 비영리기관이었다. 신약의 발견과 마케팅을 주로 하는 HGS는 예전에 에이즈 연구자였다가 주요 기업가로 변신한 윌리엄 해즐틴William Haseltine이 설립한 회사였다. (젊었을 때 해즐틴은 베트남전쟁 반대 급진주의자였고, 《전자 전쟁터The Electronic Battlefield》라는 제목의 소책자와 슬라이드쇼를 통해 미국 군대가 새로 개발한 자동화된 무기 시스템을 폭로했다. 벤터는 베트남에 주재한 위생병이었고, 전장에서 자신이 치료했던 부상을 보면서 충격을 받고 더 강인해졌다. 그가 대학으로 돌아와 연구에 몰두하게 된 것도 이 경험 때문이었다.) HGS는 TIGR의 데이터를 가장 먼저 요구할 권리를 가졌고, 해즐틴이 뭐든 유망해 보이는 결과를 특허로 출원할 시간을 주기 위해 데이터는 여섯 달 뒤에야 발표할 수 있었다. 이제 공공 프로젝트와 민간 프로젝트 사이의 경주를 위한 무대가 마련되었고, 경주는 점차 쌍방간에 독설이 가득한 공격이 오가는 양상을 띠었다. 벤터는 설스턴과 휘하 팀을 깃털펜으로 작업하던 중세 수도사에 비유했고, 설스턴과 콜린스는 벤터를 오만한 카우보이로 보았다. 1995년에 TIGR이 요란한 선전과 함께 다른 대학 연구자들보다 앞서 간단한 박테리아 헤모필루스 인플루엔자Haemophilus influenzae의 완전한 서열 — 길이가 염기 200만 개에 달하는 — 을 발표했을 때에도 관계는 개선되지 않았다.

그러나 1998년에 벤터는 한층 더 유혹적인 기회를 잡았다. 이때까지도 공공 프로젝트는 인간 염기서열의 4퍼센트를 분석하는 데 그치고 있었다. 그는 TIGR의 책임을 분자생물학자 클레어 프레이저Clare Fraser(당시 벤터의 부인이었다)에게 맡기고 새로운 회사 셀레라지노믹스Celera Genomics의 회장이 되었다. 이 회사는 공공 프로젝트인 HGP에 대한 민간 경쟁자로 9억 5000만 달러의 자본금을 끌어들여 설립한 회사였다. 셀레라는 샷건 서열 분석을 활용해 공공 프로그램의 10분의 1 비용(그러니까 대략 3억 달러)과 절반의 시간만 들여 서열을 완성하겠다고 공언했다. 셀레라의 서열 또한 익명의 개인 다섯 명의 DNA에서 얻을 예정이었지만, 얼마 안가 DNA 중 많은 부분은 벤터 자신의 것이라는 사실이 공공연한 비밀이 되었다. 셀레라는 프로젝트에서 얻어진 인간의 염기서열이 개인 간의 차이를 거기 맞춰보는 준거점이 아니라 모든 인류를 대표하는 합의점으로 간주해야 한다고 가정했다. 벤터는 그가 선택한 DNA 기증자들에 관해 공표하면서 다시 한번 공공 프로젝트의 경쟁자들을 곤혹스럽게 만들었고 자신의 선전 기술을 과시했다.

자신의 목표를 달성하기 위해 그는 속도를 필요로 했고, 셀레라는 속도를 생명으로 내세웠다. 셀레라는 규모가 더 큰 과학기기 제조업체 그룹인 PE(나중에 어플레라Applera로 이름을 바꿨다)의 자회사였는데, PE의 또다른 자회사인 어플라이드바이오시스템스Applied Biosystems(ABI)에서 일하던 벤터의 전 동료 마이크 헌카필러Mike Hunkapiller가 생어의 방법을 변형해 서열분석의 속도를 엄청나게 높였다. ABI는 서열분석기sequenator라는 이름의 자동화된 서열분석 기계를 만들었고, 셀레라는 컴퓨터의 귀재들을 뽑아 헌카필러의 기계들이 서열을 생성해내는 대로 여기서 얻어진 짧은 서열들을 서로 맞출 수 있는 프로그램을 개발하게 했다.

벤터의 행동에 당황하고 분노한 공공 서열분석가들은 어쩔 수 없이 작업 속도를 높여야 했다. 때로 유전체학 분야의 권력 기관으로 불리는 웰컴의 대대적인 재정적 개입이 없었더라도 공공 프로젝트가 끝까지 추진될 수 있었을지는 결코 분명치 않다. 콜린스와 설스턴 팀은 벤터의 샷건 방법은 피했지만, 그들 역시 헌카필러의 서열분석기에 눈을 돌렸다. 그들은 서열분석기를 대량으로 구입했고, 자체 프로그래머들을 뽑아 기계에서 출력 결과가 나오는 즉시 데이터를 공공 영역에 배포했다. 그러나 이러한 배포는 벤터에게도 도움을 주었다. 그는 공공 프로젝트의 데이터를 자기 회사의 서열과 합칠 수 있었던 반면, 공공 서열분석가들은 벤터의 서열에 접근할 수 없었기 때문이다. 이는 과학자-기업가에게 비밀주의가 특허 출원만큼 유용할 수 있음을 증명해 보였다.

이들의 분쟁을 대충 얼버무리기 위한 선전과 함께 — 시간이 지나면서 분쟁에 대해 다룬 언론의 달갑지 않은 논평은 점점 더 늘어났다 — 2000년에 경주는 무승부로 선언되었다. 이어 두 개의 유전체 '초안'이 공공 프로젝트는《네이처》에, 민간 프로젝트는《사이언스》에 각각 발표되었다. 콜린스와 벤터를 양옆에 배석시킨 빌 클린턴Bill Clinton 대통령과 아무도 배석시키지 않고 화상으로 연결된 토니 블레어Tony Blaire 수상은 공동 기자회견을 열어 인류에 주어진 이 새로운 선물을 공표했다. 설스턴은 기자회견에 참석하지도 못하고 블레어가 언급하지도 않아 기분이 상했다. 클린턴은 콜린스가 써준 대본대로 염기서열을 '신이 생명을 창조한 언어'로 지칭했고, 블레어도 이런 정서에 공감했을 것이다. 서열을 발표한《네이처》논문의 맺음말은 1953년 왓슨과 크릭의 논문을 반향해 이렇게 끝난다. "우리는 인간 유전체에 대해 더 많은 것을 알게 될수록 탐구할 것이 더 많아진다는 것을 놓치지 않았다."[11] 이처럼 대서양 양쪽에서 벌인 연극적인 (그리고 다소 성급한) 기자회견을 둘러싼 외교술과 책략이 끝나자 공공 컨소시엄은 다시 업무에 복귀했고, 2003년에 서열분석의 '최종' 완성을 선언하며 HGP를 공식 종료했다.

이러한 책략은 벤터의 자서전에 즐겁게 묘사된 것을 보면 알 수 있듯, 설스턴이나 콜린스보다는 벤터의 취향에 더 잘 부합했다.[12] 그러나 벤터는 자신의 진정 프로메테우스적인 야심과 함께 흥행사 기질 — 그런 야심을 실현시키기 위한 밑천 확보에 필수적인 — 도 분명하게 드러냈다. 2007년에 그는 자신의 유전체 전체에 대한 서열 해독을 마치고 이를 공공 영역에 올려놓은 최초의 개인이 되었다. 충분히 예상할 수 있겠지만, 두 번째 인물은 짐 왓슨이었다. 콜린스 역시 자신의 유전체 일부를《생명의 언어The Language of Life》에서 논하고 있다.[13] 과학계에서 이해관계에 얽매이지 않은 과학 연구를 오랫동안 지켜온 노벨위원회가 2002년 노벨상을 벤터가 아닌 설스턴에게(브레너와 로버트 호르비츠가 공동 수상했다), 그것도 인간 유전체가 아니라 선충 유전체에 대한 공로를 인정해 수여하기로 한 것은 이해할 만한 일이다. 인공생명 합성 시도를 통해 생물학의 적용 범위를 넓히려는 시도를 계속하고 하는 벤터와 연구소에서 은퇴한 후 맨체스터에 과학윤리혁신연구소Institute for Science, Ethics and Innovation를 열고 유전자 특허 반대 운동을 하고 있는 설스턴은 서로 극과 극을 달리는 인물들이다. 인간 유전체 경주를 다룬 설스턴의 책은 벤터의 자서전과 문체에서 극명한 차이를 보였다.[14] 그러나 21세기 생명 기술과학의 지배적 목소리는 설스턴이 아닌 벤터에게서 나왔다.

인간 유전체 다양성 프로젝트

인간 유전체의 복잡성이 드러나자 사람들은 깜짝 놀랐다. 이는 적어도 부분적으로 유전체가 35억 년 진화 역사의 산물이라는 사실이 갖는 중요성을 서열분석가들이 인식하지 못한 탓이었다. 클린턴-블레어의 기자회견이 있은 후 10년도 채 지나지 않아 다른 여러 포유류의 유전체 서열이 해독되었다. 인간의 염기서열이 우리의 진화적 이웃인 침팬지의 염기서열과 당황스러울 정도로 흡사하다는 점과 인간과 침팬지는 누가 봐도 다르다는 점을 나란히 놓고 보면, 길버트의 주장에도 인간의 본질이 무엇이든 그것이 CD로 구울 수 있는 DNA 암호 속에 묻혀 있는 것은 아니라는 사실이 부각될 따름이었다. 그보다는 훨씬 더 많은 것이 필요했다.

HGP의 과학적 가정은 가령 고릴라의 유전체와 대비해서 인간의 유전체를 연구할 때, 상대적으로 적은 사람들로부터 얻은 DNA 시료를 합쳐서 연구하면 된다는 것이었다. 개인들의 문화적 정체성이나 분명한 신체적 차이는 인간을 대표하는 유전체에 대한 연구에서 이론적 문제를 제기하지 않았다. 말하자면 그들이 누구인지는 중요하지 않았다. 그러나 인간들 각각은 고유한 존재이기 때문에(심지어 일란성 쌍둥이조차도 완전히 똑같지는 않다), 그들의 개별 유전체 역시 고유하다. 이는 서열분석가들에게 골치 아프지만 해결 가능한 문제를 제기했다. 유전자에서 특히 암호가 들어 있지 않은 영역에 나타나는 근소한 차이를 다루는 문제인데, 주로 DNA 알파벳에서 단일 문자의 변화로 나타나며 단일염기다형성single nucleotide polymorphism(SNP, '스닙'이라고 발음한다)으로 불린다. 셀레라와 그 자신을 홍보하는 솜씨가 좋았던 벤터는 HGP의 이러한 핵심 가정을 완전히 받아들였으면서도, 인종과 젠더가 다양한 다섯 명의 DNA를 연구에 이용함으로써 미국 인구의 다양성을 추켜세웠을 뿐 아니라 사실상 찬양했다. 그가 분석한 서열이 실린《사이언스》해당 호의 표지는 다섯 명의 다양성을 상징하는 이상화된 초상으로 꾸며진 반면, 공공 프로젝트의 서열을 실은《네이처》는 수천 개의 얼굴을 추상화해 재현함으로써 보편성을 상찬했다. 벤터는 나중에 자신의 유전체가 서열분석 작업에 얼마나 들어갔는지 설명하면서 또 한번 재미를 보았다. 반면 공공 유전체 서열분석가들은 익명의 기증자들을 이용했고, 그래서 벤터의 능숙한 다문화주의 찬양을 함께할 기회를 놓치고 말았다.

인간유전체다양성프로젝트Human Genome Diversity Project(HGDP)는 오랜 시간에 걸친 인간의 진화와 차이에 초점을 맞추어 HGP가 제공하는 '대표' 유전체를 넘어서려는 시도였다. 비록 HGP와 나란히 진행하며 이를 보완하는 프로젝트로 제안되었고, 처음에는 동일한 후원기관에 지원을 요청하긴 했지만, HGDP는 별개의 프로젝트였다. 여기서 견인차 역할을 한 사람은 이탈리아계 미국인 인간집단유전학자인 루이기 루카 카발리-스포르차Luigi Luca Cavalli-Sforza였다. 그는 1970년대에 되살아난 과학적 인종주의에 대해 과학적 측면의 반대를 제기해서 월터 보드머와 함께 크게 유명세를 탔던 인물이다(이는 4장에서 다룬다). 그러나 그처럼 사회운동이 폭발적으로 전개되는 와중에도, 인종주의 과학을 나쁜 과학으로 비판한 과학자들이 인간의 행위 능력에 대한 민권운동의 주장을 꼭 받아들였던 것은 아니었다. 과학이 위로부터 발언한다면 사회운동은 아래로부터 발언한다. HGDP의 경우 이러한 이해의 실패로 인해 아주 심각한 혼란 상태로 빠져들고 말았다.

카발리-스포르차는 인간 진화의 역사에 오랫동안 관심을 가져왔고, 특히 지리적으로 갈라져 고립된 인구집단 간의 유전적 연속성과 차이점에 대한 연구가 지난 20만 년 동안의 유전자 흐름과 인류 이주의 패턴을 밝혀줄 것으로 생각했다. 이를 탐구할 수 있는 가장 좋은 방법은 고립된 집단들의 DNA를 연구하는 것이라고 확신한 그는 1991년에 이처럼 고립된 인구집단 간의 차이를 탐색하는 연구—HGP의 이상화된 보편성과는 다른—를 제안했다.[15] 그는 이러한 인구집단 중 일부가 사라지고 있는 것을 목격했고, 그로 인해 이것은 더욱 긴급한 작업이 되었다.

HGDP 제안은 이내 과학계 안팎에서 비판을 받게 되었다. 카발리-스포르차는 인종 개념을 단호하게 거부하고 대신 인구집단이라는 용어를 선호했다. 여기에는 선명한 경계와 단정적인 유전적 차이라는 개념이 담겨 있지 않았다. 그러나 조너선 마크스Jonathan Marks와 앨런 스웨드룬드Alan Swedlund 같은 인류학자는 이러한 제안 그 자체가 식민지 과거의 인종적 범주들을 되살려내는 데 기여한다고 주장했다.[16] HGDP 계획 팀에 인류학자는 아무도 포함되지 않았기 때문에, 고립된 인구집단을 파악하는 것은 간단한 일이라는 프로젝트의 핵심 가정에 내재된 약점을 비판하기란 너무나 쉬운 일이었다. 여기에 더해 비판자들은 그들이 연구하겠다고 제안한 토착 부족들이 아무런 이의제기 없이 과학자들이 시료를 채취하도록 그저 허용할 거라는 카발리-스포르차와 동료 유전학자들의 믿음에 도전했다.

유전학자들은 이러한 주장이 가진 힘을 뒤늦게 깨달았고 접근 경로를 확보하기 위해 인류학자들을 끌어들이려 애썼다. 그러나 그들은 인류학자들이 이미 자신들의 친족 관계 연구에 DNA 분석을 사용하고 있다는 사실을 묘하게도 깨닫지 못했다. 그러니 자신들이 중요한 역할을 맡을 것으로 기대한 연구에서 시녀 구실만 하게 된 것에 인류학자들이 분개한 것은 그리 놀라운 일이 아니다. 또한 과학적 문제도 있었는데, 카발리-스포르차가 연구하려 한 토착 인구집단은 전 세계 인구의 아주 작은 일부를 구성할 뿐이었다. 만약 유전자의 흐름을 연구하려 한다면 대도시 중심부에서 좀더 대표성이 높고 인종적으로 다양한 인구집단을 연구하는 편이 더 나을 것이다. 이는 1997년 인간 다양성 연구에 대한 검토에서 미국 국립연구회의 National Research Council가 확인해준 입장이기도 했다.

그러나 가장 극적인 도전은 과학 바깥에서, (NGO의 지원을 받은) 토착 부족들에게서 나왔다. 그들은 의견을 제시할 기회조차 얻지 못한 채 연구의 대상이 되고 자신들의 혈액이나 구강 상피세포로 연구의 재료를 제공하는 사람이 될 터였다. 페루의 외딴 부족인 하툰 퀘로Hatun Quero 공동체의 족장인 베니토 마차카 아파자Benito Machacca Apaza는 이렇게 말했다. "퀘로 부족은 자신의 역사, 그러니까 자신의 과거, 현재, 미래가 우리 잉카 문화임을 알고 있다. 우리 자신이 누구인지 알기 위해 유전학 연구 따위는 필요치 않다. 우리는 잉카인이고, 항상 그래 왔으며 앞으로도 항상 그럴 것이다."[17] HGDP 계획가들은 외딴 토착 부족에 초점을 맞추면서 유럽-아메리카인으로서 자신들의 정체성을 망각했고, 자신들의 계획이 대량학살과 노예제라는 특별한 역사를 가진 특정한 국가에서 일어나고 있다는 사실을 깨닫지 못했다. 그러나 과거 너무나 큰 고통을 겪었던 이들의 후손들—오늘날 정치적으로 적극성을 보이는—은 이를 기억했다. 아메리카 원주민들은 이제 HGDP의 고립된 다른 부족들과 상호 연대하는 토착민 국제 운동의 일부가 되었다.[18] 아메리카 원주민들은 자신들의 땅을 도둑질한 식민주의자들의 자손과 정치적·경제적 투쟁을 벌이고 있었다. 그들의 토지 권리 주장이 성공을 거둔 배경에는 최초 거주자인 그들의 조상이 토지를 개인이 아니라 집단으로 소유했다는 서사가 깔려 있었다. 그들의 기원 서사는 이제 그와 경합하는 유전학자들의 기원 서사—아메리카 원주민들이 베링 해협을 건너 알래스카를 따라 이주했다는—에 의해 직접적으로 위협을 받았다. 진화유전학자들에게 과학적 성공이었던 것이 부족들에게는 어렵게 싸워 얻은 토지 권리의 정당성을 박탈할 수 있었다.

토착 부족들에 초점을 맞춘 것을 보면 HGDP가 처음에는 노예제 후손들의 유전체에 관심이 없었음을 알 수 있다. 이는 선구적 흑인 대학인 하워드 대학교의 유전학자들에게 맡겨졌고, 그들은 유전자 표지와 SNP를 이용해 노예들이 납치된 아프리카의 지역—심지어 특정 마을까지—을 알아냈다. 그러나 토착 부족의 반대가 거세지면서 자신의 정체성을 내세우는 미국 흑인들은 HGDP가 자신들의 DNA를 인종차별적으로 배제했다고 공격했다. HGDP는 비판에 대응하기 위해 기존의 배제 정책을 뒤집었고, 백인 노예 소유주들과 아프리카 여성 노예들의 융합된 DNA 역사를 수집하기 시작했다. 그러나 이 과정에서 집단유전학의 개념은 인종주의적인 유전적 차이가 아니라 근친혼을 하는 고립된 인구집단에 대한 연구를 필요로 한다는 카발리-스포르차의 신념은 결정적인 타격을 입었다.

처음에 HGDP는 소규모 집단 구성원으로부터 얻은 DNA에 관심을 가지고 있었다. 가령 그들이 고립돼 있다고 보았던 아마존 열대우림 오지나 파푸아뉴기니의 외딴 지역에 거주하는 사람들처럼 말이다. 그러나 고립돼 있다는 이러한 집단들 중 상당수는 HGDP에 대한 반대에 힘을 합치는 방법을 찾아냈다. 그들의 반대는 예전에 휩쓸고 지나간 녹색 생물해적질biopiracy — 서구의 생명공학자들이 지역의 식물과 나무의 치료 특성에 관한 토착 치유자들의 지식을 훔쳐 특허로 출원한 사건 — 에 대한 경험에 근거를 둔 것이었다. 반대 진영은 HGDP가 사실상 생물해적질의 두 번째 물결에 해당하며, 이번에는 부족들 자신의 피를 목표로 하고 있다고 보았다. 조너선 마크스가 지적한 것처럼, 인류학자에게 피는 결코 단순한 피가 아니다. 과학에는 그저 연구 재료일 뿐이지만, 피는 상징적 가치를 가지고 있으며, 특히 비과학 문화에서 그렇다. 무엇보다 토착민들은 연구자들이 점차 소멸해가고 있는 자기 부족의 운명보다 자신들의 DNA에 더 신경을 쓰는 것처럼 보이는 데 화를 냈고 격렬한 분노를 표현하기도 했다. 그들에게는 판다나 나비 같은 멸종 위기종을 보호하는 것이 자신들을 보호하는 것보다 상위에 있는 것처럼 보였다. 아메리카 원주민 부족들과 HGDP 연구자들 간의 의견 교환이 진행되면서 양측에 대한 이해는 더 깊어졌지만, 프로젝트와 반대 진영 사이의 간극은 메울 수 없는 것으로 드러났다.

격렬한 윤리적 · 정치적 적대감에 직면하게 되자 HGDP에 대한 공공 자금 지원은 중단되었다. 그러나 카발리-스포르차는 독특한 인구집단으로부터 얻은 기존의 세포주들을 수집, 보관하는 계약을 프랑스의 CEPH와 맺었고, 그럼으로써 새로운 세포주를 수집하는 것에 대한 반감을 피할 수 있었다. 이제 유전지리학 프로젝트Genogeographic Project로 명칭이 바뀐 이 프로젝트는 민간으로부터 자금을 지원받아 재구성되었다. 후원 기관 중에는《내셔널 지오그래픽》잡지도 있었는데, 이 잡지는 서열분석을 통해 제공자의 조상을 알려준다며 시료를 제공할 자원자를 찾는 광고를 내고 있었다. 그러한 공여자들은 카발리-스포르차가 상상했던 고립된 집단에서 나오지 않을 것이 분명해 보였다.

2001년에는 공공 자금의 지원을 받는 국제적 다양성 프로젝트인 국제햅맵프로젝트International HapMap Project(IHMP)가 새롭게 제안되었다. 그러나 이번에는 훨씬 더 엄격한 윤리적 통제가 뒤따랐다. 다시 한번 이 계획은 유전체에서 암호가 들어 있지 않은 영역에 나타나는 차이—특히 SNP—를 가지고 다양성을 연구하는 것이었다. 많은 SNP는 유전체상 서로 가까운 곳에 한데 뭉쳐 있으며, 각각의 염색체 내에서 하나의 덩어리로 다음 세대에 전달된다. 이러한 덩어리들을 일배체형haplotype이라고 한다. 이와 같은 연관관계 덕분에 인구집단들 간의 차이를 들여다보기 위해 인간의 유전체에서 1000만 개로 추정되는 SNP의 유전자형을 모두 보지 않아도 된다. 일배체형 내에 있는 50만 개만 보면 충분하다. IHMP는 고립된 인구집단들을 들여다보는 HGDP의 접근법을 따르는 대신, 중국의 한족, 나이지리아 이바단의 요루바족, 도쿄의 일본인, 유타 주의 유럽인 후손(이 사례는 모르몬 교도들이 가진 계보에 대한 관심으로 설명할 수 있다) 등으로 자신들의 정체성을 내세우는 사람들의 시료를 수집했다. 프로젝트를 위해 훨씬 더 엄격한 윤리적 지침이 제안되었음에도 아메리카 원주민들은 또다시 협력을 거부했다. 햅맵이 자신들의 토지 권리를 위협할 가능성이 여전히 남아 있었기 때문이다.[19]

HGP 이후

인간 유전체에 있는 30억 개 뉴클레오티드의 서열을 분석해낸 것은 기술적 창의성의 승리였다. 이는 자동화와 컴퓨팅의 발전에 의지했고, 반대로 이를 촉진하기도 했다(벤터는 공공 프로젝트와 민간 프로젝트의 경주가 한창일 때 자신이 전 세계에 있는 비군사적 용도의 컴퓨팅 능력을 사상 최대 규모로 끌어모았다고 말했다). HGP는 애초 예상한 일정보다 앞당겨서 정해진 예산을 다 쓰지 않고 끝났지만, 오늘날 그러한 혁신 속도는 그 시간 규모와 비용에서 이미 까마득한 과거에 속한 것처럼 보인다. 혁신의 가속화는 컴퓨터의 성능이 2년마다 두 배로 증가한다는 유명한 무어의 법칙을 이미 능가했다. 거대한 병렬 서열분석기와 놀라울 정도로 향상된 데이터 처리가 연이어 등장하면서, 클린턴과 블레어의 기자회견이 있은 지 10년도 채 지나지 않아 누구든 돈만 있으면 불과 몇 주 만에 1만 달러의 비용으로 자신의 유전체 전체의 서열분석 결과를 얻을 수 있게 되었다. 속도는 갈수록 빨라지고 있다. 2012년에는 1000달러 게놈 시대가 눈앞에 다가왔고, 몇몇 회사들은 조만간 그 가격의 100분의 1 정도로 불과 몇 시간 만에 서열분석을 끝낼 수 있을 거라고 예상하고 있다. 새로운 프로젝트도 진행되고 있다. 하나는 1000명의 유전체 서열을 완전히 분석하는 것이고, 두 번째로 2010년에 출범한 인간변이체프로젝트human variome project(HVP)는 인간의 질병과 연관된 모든 유전적 차이를 밝히는 것을 목표로 하고 있으며, 오스트레일리아에 본부를 두고 주로 중국에서 자금을 대고 있다.

HGP는 부를 창출하는 원천이었다. 심지어 생명공학 회사들이 프로젝트에서 수익을 거두는 데 어려움을 겪을 때조차도 그랬다. 바텔 연구소가 수행한 연구에 따르면 2010년 이전 15년 동안 미국 정부는 HGP와 연관

프로젝트들에 38억 달러를 지출했는데, 이는 다시 미국 경제에 7960억 달러를 안겨주었고 31만 개의 일자리를 창출했다.[20] 이러한 엄청난 액수에는 2440억 달러의 개인 수입이 포함돼 있다. 생명공학 회사 라이프테크놀로지파운데이션Life Technologies Foundation이 의뢰한 이 분석은 이러한 경제적 영향 전부가 유전체학에서 직접적으로 얻어졌다고 주장하지는 않았고, 다만 HGP에 의해, 또 셀레라가 이끌었던 민간의 노력에 의해 개발된 기술로부터 새로운 일자리가 생겨났고 여전히 동력을 얻고 있다고 했다.

이러한 부의 창출의 한 가지 측면은 '소매 유전체학retail genomics'으로 나타났다. 이는 아마도 인간 생명과학에서 헨리 포드의 모델 T에 해당한다고 할 수 있을 것이다. 2007년에 캘리포니아에 기반을 둔 회사 23앤드미23andme는 침 시료에 근거해 개인의 유전체 스캔을 제공하기 시작했다. 비판자들은 이를 비꼬아 '침전체학spitomics'이라고 부르기도 했다. 스캔은 완전한 서열을 제공해주지는 않지만, 회사의 투자 설명서에 따르면 최대 100가지 질병 — 심장병, 당뇨병, 일부 암 같은 만발성late onset 증상 — 에 대해 선별된 위험 관련 유전자들의 유무를 파악해낼 수 있으며 겉모습과 관련된 특징들을 예측하거나 조상을 추적할 수도 있다. 이 모든 것을 겨우 199달러(2011년 가격)에 얻을 수 있는 것이다. 이내 23앤드미의 모험적인 사업을 뒤따르는 몇몇 경쟁사가 등장했다. 여기에는 미국-아이슬란드 회사인 디코드deCode의 자회사 디코드미deCODEme도 포함돼 있는데, 이 회사의 운명은 나중에 5장에서 추적해볼 것이다. 23앤드미의 상품은 이것이 '구매자에게 힘을 주고 연구를 가속시킬' 것이라는 근거 아래 판매되고 있다. 불확실한 재정 상황 속에서 개인 유전체에 대한 마케팅은 그러한 몇몇 생명공학 회사들이 미래를 확보하려고 시도하는 수단이 되었다. 그러나 검사의 신뢰성, 재현 가능성, 유용성에 대해서는 폭넓게 비판이 제기되어왔다. 케임브리지에 있는 검은 머리의 심리학자로 인간 유전학의 사회적 측면에 광범한 연구 경험을 갖고 있는 마틴 리처즈Martin Richards는 직접 검사를 받아본 결과 자신은 금발로 나왔다고 발표를 해서 청중들의 폭소를 유발했다. 더 심각한 것은 네덜란드 에라스무스 대학교 연구팀의 보고에 따르면, 검사 결과가 크게 부정확한 예측을 제공하며 그 역시도 분석을 담당한 회사에 따라 차이를 보인다는 사실이다. 프랜시스 콜린스도 일부 검사에서 나타나는 유사한 불일치를 묘사한 바 있다. 그는 자신의 시료를 세 개의 다른 회사들에 보내서 결과를 비교해보았다. 그러나 전립선 검사는 위험과 연관된 단일 유전자가 없기 때문에(최소 157개의 유전자 변이가 이미 알려져 있다) 특히 신뢰도가 떨어진다. 또한 검사 결과들이 서로 일치하는 경우에도 위험 요인에 관해 콜린스가 받은 조언—살을 빼고 적당한 운동을 하고 기름기가 많은 생선을 섭취하라는 등—은 꼭 생의학 연구자가 아니더라도 웬만한 지식을 갖춘 중산층 미국인이면 이미 익숙할 법한 내용이었다. 전립선의 사례는 그러한 검사에 얽힌 또 하나의 문제를 드러낸다. 조기 개입이 질병의 예방에 어떤 도움이 된다는 증거가 없다는 것이다.[21] 그러한 비판들은 이와 같은 검사의 마케팅을 규제하거나 심지어 금지해야 한다는 요구로 이어졌고, '침전체학' 회사들이 지난 수년간의 험난한 재정 상황을 헤쳐나가는 데 도움을 주지 못했다. 23앤드미는 심각한 재정난에 빠졌고, 현재는 점차 그 영역을 확장해가고 있는 구글 밑에 피난처를 마련했다. 그럼에도 맞춤 유전체학 시장은 확장일로에 있는 듯하다. 태아기의 초음파 스캔이 아기 사진첩의 첫 번째 사진이 되어버린 요즘의 세태를 보면, 길버트가 내다본 'CD에 든 게놈'이 가족 사진첩의 정상적인 일부가 되는 것도 머지않아 보인다.

이처럼 엄청난 발전에도 HGP가 건강과 복지에 주는 이득에 관한 과장된 주장들은 결코 입증된 것이 아니라는 인식이 널리 퍼져 있다. 더 많은 유전적 위험 요인을 찾아냈고, 더 많은 확률적 예측 검사가 나온 것은 맞지만, 유전자 정보에 근거한 유전자 치료나 맞춤의료가 나오지는 못했다는 것이다. 그보다 더 열광적인 코쉬랜드의 기대에 대해서는 굳이 언급할 필요도 없다. 바텔 연구소가 낙관적으로 계산한 부의 규모와 달리, 이처럼 엄청난 공공 지원금이 아직 건강이나 심지어 의료에서도 애초 기대했던 결과를 낳지 못한 이유는 무엇일까? 유전체 결과 발표 10주년은 좀더 차분한 반성의 기회를 제공했다. 미국 국립인간유전체연구소National Human Genome Research Institute는 유전체학이 보건의료에 미치는 영향이 2020년 이후에야 나타나기 시작할 것으로 내다보았다. 《의료 속의 유전학Genetics in Medicine》의 편집인을 맡고 있는 제임스 에반스James Evans는 이렇게 말했다. "유전학을 의료 속에 억지로 밀어넣으려는 노력을 중단할 필요가 있다. … 유전체 기술이 의료의 혁명을 일으킬 거라는 거창한 선언을 듣고 있지만, 설사 그런 일이 일어난다고 해도 수십 년 이후에나 가능할 것이다."[22] 그는 이제 유전체학의 거품을 터뜨릴 때가 되었다고 말한다.

이러한 실패와 그 이유 중 일부는 HGP의 역사에서 핵심 인물 중 하나인 분자유전학자 에릭 랜더Eric Lander가 《네이처》에 발표한 10주년 기념 회고 논문에 잘 요약돼 있다.

> 2000년에 우리가 인간 유전체의 내용에 대해 갖고 있었던 지식은 놀라울 정도로 제한적이었다. 단백질 암호를 담은 유전자의 예상 개수는 크게 요동쳤다. 단백질 암호 정보는 조절 정보에 비해 훨씬 더 비중이 큰 것으로 여겨졌고, 조절 정보는 대체로 유전자 하나당 몇 개의 프로모터promoter(DNA 중에서 특정 유전자가 RNA로 전사되는 과정이 시작되는 영역 — 옮긴이)나 인핸서enhancer(DNA 중에서 인근에 있는 유

전자의 전사를 활성화시키는 영역—옮긴이)로 이뤄진 것으로 생각되었다. 암호를 담고 있지 않은 RNA의 역할은 대체로 몇몇 고전적인 세포 과정에 국한되었다. … 10년이 지난 지금 우리는 이 모든 진술이 틀렸음을 알고 있다. 유전체는 상상했던 것보다 훨씬 복잡하지만, 궁극적으로는 더 이해하기 쉬워질 것이다. 새로운 통찰 덕분에 유전체가 진화하고 기능하는 방식을 상상하는 것이 용이해졌기 때문이다.[23]

그럼에도 랜더는 여전히 낙관적이다. 지난 10년간 건강에 대한 이득이 비록—잘 봐줘도—느리게 실현되긴 했지만 유전학자들은 제대로 된 교훈을 배웠다는 것이다. 그는 앞으로 2형 당뇨병Type 2 disbetes(주로 40대 이상의 성인들이 걸리는 당뇨병 유형으로 비만이 주된 원인으로 꼽힌다—옮긴이)에서 암, 신장병, 정신질환에 이르는 흔한 질병들에 대해 더 나은 이해가 얻어질 것이고, 유전체 의학은 이미 '염기쌍에서 임상으로' 이동하고 있다고 보고 있다.

분자유전학자들이 생물학의 다른 영역들—대표적으로 진화, 다윈의 자연선택, 발달—을 무시해 문제를 자초하고 있다고 오랫동안 주장해온 생물학자들은 10년 전에는 받아들이지 않았던 사실을 이처럼 뒤늦게 깨달은 것에 전혀 놀라지 않을 터이다. 에른스트 마이어Ernst Mayr, 프란시스코 아얄라Francisco Ayala, 스티븐 제이 굴드, 리처드 르원틴 같은 대표적 진화생물학자와 집단유전학자, 앤 매클래런Anne McLaren 같은 발달생물학자, 심지어 사회생물학자 E. O. 윌슨까지도 이러한 종류의 분자 환원주의를 오랫동안 비판해왔다. 이러한 환원주의에서는 생명과학의 기획 전체가 구성 성분으로의 분해—자연을 좀더 작은 부분들로 분할하는 것—에 있다고 생각하며, 발달이나 행동 같은 높은 수준의 현상을 생화학과 같은 낮은 수준의 과학으로 설명하려 한다. 이는 미셸 푸코가 지적한 것처럼 유전체학이 생의학의 시선을 확장하고 심화했다기보다는 다음 장에서 탐구할 것처럼, 구성 성분으로 분해하는 기획이 생명체 그 자체 — 그것이 시간의 경과에 따라 사회-생태 시스템 전체와 맺는 연관관계(주어진 개체의 생활사와 종 전체의 진화의 측면 모두에서)는 차치하더라도 — 에 대한 시야를 잃어버린 결과였다. HGP의 발견들이 이러한 시각 속에 통합되지 못한다면 아무리 많은 부가 창출된다 하더라도 건강에 대한 좀더 폭넓은 이득은 잘해야 손에 잡힐 듯 말 듯한 상태로 남아 있을 것이고, 최악의 경우에는 그러한 분자화에 따른 자금 전용 탓에 오히려 더 나빠질 것이다.

그런데도 표준적인 분자생물학 교과서들은 생물학적 구조의 이러한 '높은 수준'을 계속해서 무시하고 있다. 랜더가 진화를 언급한 것은 왓슨 등이 쓴 엄청나게 영향력 있는 교과서 《유전자의 분자생물학Molecular Biology of the Gene》과 대조를 이룬다. 이 교과서는 '세상에 대한 멘델적 관점'이라는 장에서 다윈을 단 한 번 언급하고 있으며, 자연선택은 전혀 언급하고 있지 않다. 분자생물학자 브루스 앨버츠 등이 쓴 교과서 《세포의 분자생물학Molecular Biology of the Cell》도 분량이 1600쪽에 달하지만 자연선택은 한 번 언급하는 데 그치고 있다. 이 두 권의 교과서에서 볼 수 있는 것처럼 진화를 무시하는 경향은 여러 세대에 걸쳐 분자생물학자들의 환원주의 — 방법이나 철학 모두에서 — 를 형성해왔다. 크릭과 왓슨 이후로 분자생물학자들이 극도의 자신감을 보이는 믿음은 생명체를 분해하고 세포를 분해하는 것이야말로 생물계에 대한, 생명 그 자체에 대한 지식을 가져다준다는 것이다. 이는 원자물리학에서 아원자물리학으로 넘어간 것에 비견할 만한 움직임이다. DNA를 중핵에 둔 그들의 프로그램은 과학자들 사이에서뿐 아니라 이를 통해 정치인과 벤처 자본가, 연구 재단과 거대 제약회사 — 생명의 분자화 프로젝트에 결정적으로 중요한 자금을 제공하는 — 사이에서도 승리를 거두었다.

HGP는 단지 성공을 위해 분자 및 정보기술에 의존했던 것이 아니다. HGP는 살아 있는 생명체에 대한 강력한 환원주의적 관점에 의존하고 있으며, 생명의 본질에 대한 분자적·정보적 관점은 그것의 구상 그 자체에 이미 녹아들어 있다. 인간은 다른 생명체와 마찬가지로 그것을 이루는 분자 구성요소들로 환원하는 방식으로 이해되어야 한다. 이러한 구성요소, 그중에서도 으뜸가는 DNA는 정보 거대분자로 묘사된다. 분자생물학의 성장과 동시대에 일어난 컴퓨터 기술의 발전과 그에 수반된 정보 이론에 대한 요구는 단지 기술적 기기 장치와 컴퓨팅 능력만 제공한 것이 아니었다. 이는 아울러 데이터가 분석되고 이론이 만들어지는 조직화의 은유도 제공해주었다. 이를 가장 분명하게 표현한 사람은 언제나처럼 리처드 도킨스다. 그는 생명이 아날로그가 아니라 디지털이라고 주장한다. 정보 은유를 만들어낸 것은 크릭일지 모르지만, 이를 논리적 결론으로까지 밀고 간 사람은 도킨스다. 예를 들어 《눈먼 시계공The Blind Watchmaker》에서 자기도취적 우아함을 보여주는 한 구절을 보자. 여기서 그는 창문 밖으로 보이는 버드나무가 씨앗을 흩뿌리는 것을 생각한다. "DNA가 비처럼 떨어지고 있다. … 저기 바깥에 명령어들이 비처럼 떨어지고 있다. 나무를 성장시키고 보풀을 흩뿌리는 알고리듬들이 비처럼 떨어지고 있다. 이는 은유가 아니라 명백한 사실이다. 플로피디스크가 비처럼 떨어지고 있는 것만큼이나 더없이 명백한 사실이다."[24]

그가 10년쯤 뒤인 1990년대에 책을 썼다면, 길버트가 말한 CD가 비처럼 떨어지게 되었을 것이다. 이는 멋진 문구이며 읽기에도 즐겁다. 과학명문집에 들어가게 되었을 정도다. 그러나 수사를 배제하는 것을 선호하는 독자에게 이 문장들은 문제가 있다. 은유를 은유라고 하지 않고 다름 아닌 명백한 사실이라고 선언하는 것은 도킨스가 다른 책에서 그토록 반대했던 일종의 유사종교적 확실성의 냄새를 풍긴다. 크릭의 중심 가설은 일정한 사려분별을 갖춘 아이러니를 담아 선언되었지만, 도킨스는 아이러니 따위에는 관심이 없다. 대신 그는 DNA 망상(도킨스의 유명한 저작 《신이라는 망상 The God Delusion》의 제목을 패러디한 표현으로, 국내에는 《만들어진 신》이라는 제목으로 번역 소개됐다 — 옮긴이)이라는 명백한 사실을 고집한다.

이러한 망상이 생물학 이론과 HGP의 희망 및 과장광고에 치르게 한 대가는 다음 장에서 분명하게 드러날 것이다.

2

포스트-유전체 시대의 진화 이론

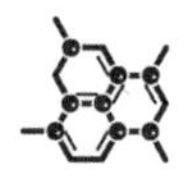

유물론과 《종의 기원》

유전학자이자 서열분석가인 에릭 랜더가 깨달은 것처럼, HGP가 인간의 본성에 관해 밝혀낼 수 있는 것 — 일반적으로든 구체적으로든 — 의 한계는 서열이 발표된 후 10년 동안 분명하게 드러났다. 프랜시스 콜린스는 23앤드미에 자신의 DNA 시료를 보내서 받은 위험 요인 목록이 별다른 가치가 없음을 알게 됐다. 1950년대 이래로 유전학의 틀을 지어온 패러다임이 무너지기 시작했다. 생명체의 발달이라는 맥락 안에 위치하지 않으면 DNA 서열은 무의미했고, 진화라는 맥락 안에 두지 않으면 인간과 침팬지의 염기서열이 거의 같다는 사실은 불가해한 것이 되었다.

그러나 여기서 필요한 것은 새로운 과학혁명이 아니라 분자에 대한 20

세기의 열광 속에서 상실된 생명과학의 중심적 사고방식을 복원하는 것이었다. 적어도 이러한 측면에서 보면, 카발리-스포르차의 프로젝트는 비록 그가 제안한 대상자에 의해 거부되고 인류학자들의 날카로운 비판을 받긴 했지만, 인간의 DNA 서열에서 나타나는 차이를 이주의 역사나 변화하는 문화와 연관시키는 데 초점을 맞추었다는 점에서 정확하게 이러한 상실을 인지하고 그에 대응하려 시도했다고 할 수 있다. 19세기에 생물학자들은 생명체의 유전과 발달을 단일한 과학의 두 가지 측면으로 이해했다. 다윈의 업적은 이 둘 모두를 자신의 진화 이론 속에 포용한 것이었다. 유전을 발달로부터 분리시킨 것은 20세기 초 멘델의 재발견과 현대 유전학의 탄생이었고, 이제 각각은 독특한 개념틀과 서로 다른 방법론을 갖추게 되었다. HGP가 밝혀낸 유전체의 복잡성과 그에 얽힌 수수께끼는 마침 새로운 천년기에 맞춰 이처럼 분리된 자매 분야들을 입에 착 달라붙는 '이보디보 evo-devo'라는 새로운 이름 아래 재통합하는 동력을 제공했다.[1]

이보디보의 시의 적절성을 이해하려면 먼저 그것이 분리되기 이전 시기로, 즉 《종의 기원》이 성공을 거둔 시점으로 잠시 되돌아갈 필요가 있다. 《종의 기원》이 출간된 1859년의 문화적 맥락에서는 점차 성장하던 물리주의적 유물론이 빅토리아 영국의 종교적 확실성과 나란히 — 대부분의 경우 큰 문제를 일으키지 않고 — 존재했다. 유전체학에 의한 인간 본질의 구성을 이해하고 해석하려면 17세기 근대과학의 탄생 이래 그 문화적 권위가 커진 이러한 유물론의 역사적 전통 속에 위치시키지 않으면 안 된다. "누구의 말에도 의지하지 말라Nullius in verba"는 왕립학회가 철학자들에게 근본적으로 제기한 도전이었고, 오직 새로운 과학 지식만이 — 그것이 가진 실험에 대한 신념, 그리고 가능한 한 수학적 형태로 제시되는 체계적으로 수집된 증거와 함께 — 진리를 만들어낼 능력이 있다고 주장했다. 이 과정에서 새로운 과학은 서구 문화의 중심을 이루어온 창조 이야기에 대안적인 유물론적 설명을 강력하게 제기하기 시작했다.

18세기 말에 독일의 프란츠 갈Franz Gall이 창안한 골상학은 정신적 속성을, 그리고 이탈리아의 생리학자 루이기 갈바니Luigi Galvani의 '동물 전기'는 생명 그 자체를 자연과학의 영역 안에서 설명하려 했다. 멀리 떨어진 콘월에서는 젊은 화학자 험프리 데이비Humphry Davy와 시인 새뮤얼 콜리지Samuel Coleridge가 평생의 우정을 맺었고, 전기가 곧 생명력이라고 본 데이비의 추측은 메리 셸리가 결코 잊을 수 없는 프랑켄슈타인의 괴물을 창조하는 데 밑바탕을 이뤘다. 그러나 1818년에 출간된 그녀의 책은 과학과 과학자들의 도덕 관념 부재에 극히 비판적이었다. 그녀는 괴물이 저지른 끔찍한 일들이 그의 신체적 외양에서 비롯된 것이 아니라 창조주가 그에게 사랑을 주지 않았기 때문이라고 보았다. 이러한 비판을 더 잘 인지한 이들은 주류 과학소설 분석가가 아니라 페미니스트였다. 자연과 인간 본성에 대한 자연철학자natural philosopher(이는 신조어 만들기를 좋아했던 옥스퍼드의 철학자 윌리엄 휴월William Whewell에 의해 과학자scientist로 다시 명명되었다)들의 이러한 유물론적 설명은 당시 공통의 문화를 공유하는 상대적으로 작은 집단이었던 빅토리아 지식인 사이에서 호응을 얻었다. 저 위쪽 요크셔 계곡에 살던 브론테 자매(그들의 남동생 브람웰은 아마도 술집에 있었을 테지만)는 뇌와 마음에 관한 가장 인기 있는 유물론적 설명이었던 골상학에 관한 강의를 듣기 위해 호워스의 목사관에서 가장 가까운 읍인 케일리로 수 마일을 걸어가곤 했다. 로체스터 씨와 제인의 두상에 관한 샬럿 브론테Charlotte Brontë의 생생한 묘사 속에서 우리는 작가의 펜으로 표현된 새로운 골상학을 읽어낼 수 있다.

셸리의 《프랑켄슈타인》은 베스트셀러가 됐지만, 생명과학에 굳건하게 뿌리를 내리고 있던 완전히 환원주의적인 유물론을 막을 수는 없었다.

1845년에 독일과 프랑스에서 떠오르던 네 명의 생리학자들 — 폰 헬름홀츠, 루트비히, 뒤 부아-레이몽, 브뤽 — 은 모든 신체 과정이 물리적·화학적 측면으로 설명될 수 있음을 입증하겠다는 서약을 주고받았다. 네덜란드의 생리학자 야콥 몰레스호트Jacob Moleschott는 이 견해를 좀더 강력하게 옹호하면서 "뇌는 마치 신장이 오줌을 분비하듯이 생각을 분비"하며 "천재성은 인燐이 작용한 결과"라고 주장했다.[2] 동물학자 토머스 헉슬리Thomas Huxley에게 마음은 마치 '증기기관차의 기적소리'와 같은 부수적 현상이었다. 그러나 인간의 기원과 본성에 대한 유물론적 설명에 지적·경험적 기반을 제공한 사람은 그 누구도 아닌 찰스 다윈이었다. 진화의 개념은 결코 드문 것이 아니었지만, 생명 그 자체에 대해 지적으로 만족스럽고 일관된 세속적 기원 이야기를 제공함으로써 서구 문화의 변형을 재촉하고 상징한 것은 바로《종의 기원On the Origin of Species》이었다. 그의 사촌 골턴이나 지지자 헉슬리처럼 대담한 소수파는 무신론을 받아들였지만, 다수의 사람들은 다윈 자신처럼 유물론적 견해를 가졌으면서도 아내 엠마나 자녀들처럼 교회에 계속 다녔다(반면 다윈은 사랑하는 딸 애니가 죽은 뒤부터는 교회 문턱을 넘지 않았다). 다윈의 급진적 세속성은 그의 지적 생활에 국한된 것이었다. 사교적인 측면에서 그는 전적으로 관습에 따랐다. 오늘날의 감수성에 따르면 이상해 보일지 몰라도, 그가 웨스트민스터 사원에 묻힌 것은 19세기 영국의 모순된 경향들에 부합하는 일이었다.

생물학자들이《종의 기원》이 나오기 적어도 75년 전부터 종의 고정성 관념에 의문을 제기해온 것은 분명한 사실이다. 그러나 그들은 진화적 변화에 대한 설득력 있는 이론을 찾아내지 못했다. 다윈은 자신이 우연히 토머스 맬서스Thomas Malthus를 읽으면서 "마침내 제대로 작동하는 이론을 얻었"음을 깨달았다고 자서전에 적었다.[3] 인구는 식량 공급을 앞지를 때까지 자연적으로 증가하며 이는 결코 멈출 수 없다는 멜서스의 이론은 사회의 약자가 곤경에 처하도록 내버려둬야 한다는 정치적 교의와 연관돼 있었다. 다윈은 이러한 교의를 '동물과 식물계 전체에 적용'한 것이었다. 맬서스는 사회의 약자가 곤경에 처하는 것을 정치적으로 옹호했다면, 다윈은 이를 탈정치화해 곤경에 처하는 것을 자연의 법칙으로 만들었다. 다윈의 명제는 간단하다. (1) 제한된 자원을 가진 환경 속에서 모든 생명체는 성체가 될 때까지 살아남을 수 있는 것보다 더 많은 자손을 낳는다. (2) 자손은 부모를 닮긴 하지만 그들 사이에는 작은 변이들이 존재한다. (3) 환경에 더 잘 적응한(부합하는) 그러한 변이들은 살아남아서 다시 번식할 가능성이 높다. (4) 따라서 그처럼 유리한 변이들이 유전된다면 이후의 세대들에 보존될 가능성이 높다. 이러한 과정에 '적자생존survival of the fittest'이라는 이름을 붙여 다윈 이론과 19세기의 자본주의, 제국주의 영국 사이의 관련성에 주의를 환기시킨 것은 영국의 저명한 박식가 허버트 스펜서Herbert Spencer였다. 그러나 다윈의 동료 생물학자들은 이 이론에 계속 불편함을 느꼈다. 유전자의 개념이 없는 상황에서 그처럼 더 적응한 변이들이 이후 세대들에 전달되는 분명한 메커니즘이 존재하지 않았기 때문이다. 다윈은 이 문제를 잘 알고 있었고 여생 동안 이를 해결하기 위해 씨름했다. 그는 결국 더 잘 적응한 형태의 전달을 책임지는 숨은 결정인자들이 혈류 속에 있는 '제뮬gemmule'에 실려 있다고 추측하는 데 그쳤다.

맬서스를 언급한 것을 빼면 다윈은 《종의 기원》에서 다른 사람들의 연구에 빚진 것을 인정하지 않았다. 초판에서 5판까지는 심지어 그의 할아버지 이래즈머즈 다윈Erasmus Darwin의 낭만적 진화관 — 식물도 사랑을 나눈다고 했던 스웨덴의 자연학자이자 위대한 종의 분류자인 린네의 영향을 받은 — 조차 언급하지 않았다. 개체의 노력을 통해 진화적 변화가 일어난다고 생각했던 프랑스의 저명한 선배 동물학자 장-밥티스트 라마르크Jean-Baptiste Lamarck에 대한 언급도 없었고, 19세기 전반기의 논쟁을 관통했던 진화 사상의 여러 경향들도 마찬가지였다. 대신 지속적으로 강조된 것은 '나의' 이론이었다. 그러나 다윈의 서재, 친교 관계, 방대한 서신들을 보면 그의 작업이 많은 자연철학자로부터 심대한 영향을 받았음을 알 수 있다. 그는 1872년에 나온《종의 기원》의 마지막 판에 '역사적 스케치'라는 서문을 추가해 자신이 선배들의 업적을 지워버렸다는 몇몇 논평가의 비판을 바로잡았다.

그러나 초판의 서론에서는 "종의 기원에 관해 나와 거의 정확하게 동일한 전반적 결론에 도달"했던 앨프리드 러셀 월리스Alfred Russel Wallace에 대해 정중한 감사를 표하고 있다. 월리스는 말레이 군도에서 표본 수집가로 일하다가 자신의 원고를 다윈에게 보내 출판을 부탁했고, 선수를 빼앗겼다고 생각한 다윈을 공황 상태로 몰아넣었다. 다윈의 오랜 친구로 영향력 있는 인물이었던 식물학자 조지프 후커Joseph Hooker와 지질학자 찰스 라이엘Charles Lyell은 1858년 린네 학회에서 월리스의 논문과 다윈의 논문을 동시에 발표하도록 주선했다. 월리스의 우선권 주장은 점잖게 옆으로 밀려났고, 사회적 약자였던 월리스는 더 힘이 센 다윈과 다투는 대신 감사와 존경만을 표시했다. 월리스의 논문은 다윈을 미친 듯한 집필 과정으로 몰아넣었고, 불과 몇 달 후에《종의 기원》을 이루는 '개요'(400쪽)가 완성되었다. 월리스의 사회주의와 시초-페미니즘proto-feminism은 정중하지만 단호하게 삭제되었다.[4]

마르크스와 엥겔스는 다윈에 관한 논평에서 그의 유물론을 '기계적'인 것이라고 하면서 자신들의 변증법적·역사적 유물론과 구분했다. 초자연적인, 그러니까 종교적인 믿음은 인간의 본성에 대한 생물학의 설명에서는 그저 불필요한 것이었다. 마르크스의 매우 다른 유물론 내에서 종교는 '억압받는 피조물의 한숨이자 심장 없는 세상의 심장으로, 마치 영혼 없는 상태의 영혼 같은 존재'로 이론화되었다. "이것은 인민의 아편이다." 두 가지 유물론보다 서로 더 멀리 떨어진 것은 상상하기 어렵다.《종의 기원》 출간 3년 후에 엥겔스에게 보낸 편지에서, 다윈이 맬서스에게 의지한 것을 알아본 마르크스는 과학학의 핵심 전제 하나 — 과학과 사회의 상호 형성 — 를 예견했다.

> 다윈이 짐승과 식물들 사이에서 노동 분업, 경쟁, 새로운 시장의 개방, '발명', 맬서스적인 '생존경쟁'이 판치는 영국 사회를 재발견한 것은 그야말로 놀라운 일일세. 이것은 홉스가 말한 만인에 대한 만인의 투쟁이고, 문명사회가 '지적 동물계'로 등장하는 헤겔의 현상학을 상기시키는군. 반면 다윈에게는 동물계가 문명사회로 등장했지.[5]

이것은 주류 생물학자들이 다윈의 진화 이론을 읽는 방식이 아니다. 다윈이 빅토리아 시대의 사회 질서를《종의 기원》속에 재생산한 것을 문제 삼는 대신, 마르크스와 엥겔스는 다윈이 자본주의 정치경제를 받아들이고 그에게는 자연 법칙에 필수적인 일부였던 성차별주의와 인종주의를 끌어안은 것을 읽어냈다. 반면 주류 생물학자들이 보기에 다윈 이론에 대한 진정한 독해는 중립적인 것이며 사회 질서와는 아무런 상관도 없다. 그들에게 진정한 독해는 자연 질서와 진화 이론이 그것에 던지는 함의를 꼼꼼하게 연구하는 것이다. 생물학자들에게 인간은 이러한 자연 질서의 일부이기 때문에, 비인간에 적용되는 이론은 인간에게도 적용된다. 이후 오늘날에 이르기까지 150여 년 동안 생물학자들은 다윈을 기초로 삼아 연구를 계속했고, 자연 일반에 대해, 좀더 구체적으로는 인간의 본성 — 우리의 기초적 생리 기능에서 인지능력, 감정, 믿음에 이르기까지 — 에 대해 유물론적 설명을 주장했다. 이후의 장들에서 논의하겠지만, 뇌뿐 아니라 마음, 더 나아가 의식 그 자체를 설명하려는 현재의 신경과학 프로젝트는 다윈의 근본 전제의 실현을 추구하고 있다.

다윈의 유산: 생명의 나무와 인종적, 성적 위계

《종의 기원》 초판 1200부는 출간 후 며칠 만에 매진되었고, 2판이 이미 준비 중에 있었다. 그러나 이러한 판매량은 19세기 자본주의의 최고 이론가인 허버트 스펜서에 비하면 아무것도 아니었다. 스펜서의 책은 그가 살아 있는 동안 주로 미국에서 100만 부가 넘게 팔려나갔다. 이제 '종'들은 신이 하늘과 땅을 갈라놓은 날과 일곱째 쉬는 날 사이의 짧은 막간에 독립적으로 창조된 것으로 여겨지지 않았다. 다윈에게 있어 종은 반 세기 전 윌리엄 페일리 목사의 유명한 주장처럼 지적으로 설계된 것이 아니라, 단일한 공통의 기원에서 진화해 오랜 지질학적 시간 동안 무작위적 변이에 따라 작동하는 선택에 의해 변형된 것이었다. 다윈에게 진화는 목적론적인 것이 아니었다. 신의 목적은 없었고, 미리 내다볼 수 있는 미래도 없었다. 다윈의 진화는 천문학자 존 허셜John Herschel에 따르면 그저 '뒤죽박죽 법칙'에 불과했다.

이 책은 큰 반향을 일으켰고, 종교적 반대에도 불구하고 진화 이론은 좀 더 폭넓은 문화의 일부가 되어가고 있었다. 스펜서에게 다윈의 자연선택은 왜 자유방임 자유주의가 난폭한 '생존경쟁struggle for existence'을 필요로 하는지에 대한 설명을 제공했다. 다윈은 스펜서의 작업을 추측에 근거한 것으로 치부했지만, 나중에 이 용어를 받아들였고 더 나중에는 그렇게 한 것을 후회했다. 대신 그가 러시아의 무정부주의자이자 생물학자인 표트르 크로포트킨Pyotr Kropotkin의 '생명투쟁struggle for life' — 단순한 생존이 아닌 상호 부조가 진화의 원동력을 이루는 — 을 받아들였다면 다윈주의에 담긴 자연화의 암울함을 피할 수 있었을 것이다. 진화에서 주된 원동력을 이루는 것은 경쟁뿐 아니라 협동 — 종 내에서, 또 종 간에 — 이기도 하다는 명제는 20세기의 진화 이론 대부분에서 숨은 이단 같은 대접을 받았다. 이 장 후반부에서 다루겠지만, 지금에 와서야 이는 주류 사고방식의 햇빛을 다시 보게 되었다.

다윈에게 진화는 종착점이 없는 지속적 과정이다. 자연선택은 존재의 대연쇄Great Chain of Being — 모든 살아 있는 생명체가 신이 정한 위계 속에 정렬된다는 개념으로 린네가 제안한 분류 체계에 도움을 주었다 — 라는 신학적 견해를 거부하긴 했지만, 진화는 여전히 진보하는 것으로, 즉 하등 생명체가 고등 생명체에 자리를 내주는 것으로 이해되었다. 다윈은 이를 수많은 가지가 있는 생명의 나무로 제시했고, 호모 사피엔스를 가장 높은 곳에 위치시켰다. (오늘날의 진화생물학자들은 현존하는 모든 종들이 동등하게 '진화했다'고 보는 덤불의 은유를 더 선호한다.) 또한 자연선택은 목표나 종착점이 없다는 그의 주장에도 불구하고, 그는 여전히 19세기의 사회 진보론자로 남아 있었고 《종의 기원》의 결론부에서 종이 진화함에 따라 나타날 미래의 멋진 문명에 대한 추측을 남겼다. "자연선택은 오직 개별 존재에 의해, 또 개별 존재의 이익을 위해 작동하기 때문에 모든 신체적·정신적 자질들은 완벽을 향해 나아가는 경향을 보일 것이다." 그러나 나중에 철학자 앙리 베르그송Henri Bergson에서 가톨릭 고생물학자 테야르 드 샤르댕Teilhard de Chardin에 이르는 진화 이론가들은 영어권의 전통이 거부했던 진화의 목적론을 다시 주장했다.

《종의 기원》은 이 이론이 인간에게 적용되는지에 대해서는 넌지시 암시만 했다. 그러나 초판이 나온 후 10년이 지난 1869년에 다윈의 사촌인 선구적 생물통계학자 프랜시스 골턴Francis Galton이 발표한 《유전적 천재 Hereditary Genius》는 20세기를 괴롭히게 될 우생학적 제안을 예견케 하는 책이었다(4장을 보라). 다윈은 골턴의 아이디어를 환영했고, 그에 기반해 2년 후 자신의 가장 도발적인 저서인 《인간의 유래와 성 선택The Descent of Man and Selection in Relation to Sex》을 내놓았다. 이 책에서 다윈은 유인원과 흡사한 인류의 기원을 마침내 인정했고, 인간의 차이를 진화적 틀 안에 위치시켰다. 그는 자신의 논증을 풍부하게 만들기 위해 많은 시간을 들여 영장류의 행동을 연구했고, 특히 런던 동물원에 홀로 있던 오랑우탄에 관심을 집중했다. 20세기에는 야생에 있는 영장류의 행동이 체계적으로 연구되기 시작했다. 이를 널리 알린 것은 아마도 탄자니아의 곰베에서 여러 해에 걸쳐 침팬지들의 행동을 관찰한 제인 구달Jane Goodall의 연구일 것이다. 이 연구는 자연 서식처에 있는 영장류 사회의 다양성, 풍부성, 복잡성을 잘 보여주었다. 동물행동학의 발전은 많은 것을 약속해주었지만, 갇혀 있는 유인원을 관찰해 '정상적인' 유인원의 행동을 유추해내는 연구 방식은 이후에도 계속되었다. 정부의 수석 과학자문위원이자 런던 동물원 원장이었던 저명한 해부학자 솔리 주커만Solly Zuckerman이 그런 인물들 중 하나였다. 그는 우리 안에 갇힌 영장류의 사회적 상호작용을 관찰해 영장류 사회의 타고난 폭력성, 성 행동, 위계 구조에 관한 결론을 이끌어냈다.

많은 동시대 사람들과는 달리 다윈은 인간 종의 기원이 단일한 것이라는 관점을 받아들였다. 《인간의 유래와 성 선택》에서 인류를 서로 구분되는 수많은 인종으로 나누고, 인종에 따른 피부, 눈, 머리카락 색깔의 차이를 상세하게 기술한 것은 사실이다. 그러나 다윈은 인류에게 단일한 기원이 있으며, 다양한 인종/이형異形들은 진화적 시간을 거치며 이러한 공통의 조상으로부터 분리돼 나온 것이라고 주장했다. 당대에 지배적이었던 복수 기원설—각각의 인종은 기원이 모두 다르다는—과의 이러한 차이는 생물학 이론에서 주요한 논쟁거리였다. 이 논쟁에 참여한 모든 사람들에게 인종이라는 개념은 전혀 문제가 없는 것으로 받아들여졌다. 대다수의 걸출한 인간 집단유전학자들이 '인종'은 인간 생물학에서 아무런 의미나 유용성도 없다고 주장한 것은 그로부터 한 세기가 지난 후였다. 1970년대에 부활한 과학적 인종주의의 도전을 받은 많은 유전학자들은 이것이 과학의 절차를 무시한 채 권위만을 주장하려 드는 사이비 생물학에 불과하다고 역설했다. 과학적으로 지탱 불가능한 과학적 인종주의는 사회적으로 유해한 것이었다.

영국 제국주의 세력이 절정에 달했던 시기 대다수 빅토리아 신사들과 마찬가지로, 다윈은 인종적 위계에 대한 믿음을 공유했다. 덜 진화되고 타락한 티에라델푸에고Tierra del Fuego의 야만인들—그가 1830년대에 비글호를 타고 떠난 긴 여행에서 보았던—에서부터 유럽의 고등 문명, 그중에서도 특히 영국의 정원인 켄트 주에 있는 자택 다운하우스에 이르는 위계가 그것이었다. 그는 여기서 더 나아가 진화적으로 열등한 흑인들은 백인들보다 진화에서 뒤처져 필연적으로 패배하게 될 거라고 주장했다. 그는 인류의 기원이 단일하다고 보았으면서도 고정된 인종적·성적 위계라는 대단히 19세기적인 관점에 매여 있었다. 그 결과 그는 노예제를 격렬히 싫어했음에도 그가 가진 인종 개념은 차이를 본질적인 것으로 만들어버렸고, 종 내부의 차이는 인종 간의 위계로 슬그머니 바뀌고 말았다.

다윈의 진화 이론에서 성 선택은 거의 자연선택만큼이나 중심을 이루는 개념이다. 단일한 종 내에서 양성의 차이를 설명해줄 뿐 아니라, 공작의 화려한 꼬리처럼 극단적이면서도 일견 적응의 결과가 아닌 것처럼 보이는 생명의 특징들 중 일부를 해명해주기 때문이다. 다윈은 성 선택이 동일한 종의 수컷과 암컷이 종종 외양과 크기가 다른 사실을 설명해준다고 주장했다. 수컷은 암컷을 차지하기 위해 경쟁한다. 수사슴처럼 싸움을 할 수도 있고, 공작처럼 화려함을 과시할 수도 있다. 그러면 암컷들은 가장 강하거나 가장 아름다운 수컷을 선택한다. 이는 암컷이 가장 매력적으로 여기는 수컷의 특성들이 재생산되고 선택될 수 있게 해준다고 그는 주장했다. 결국 하나의 종 안에서는 오직 수컷만이 힘과 아름다움이라는 자연의 기준을 충족시키기 위해 진화한다.

다윈은 아름다움이라는 개념을 놓고 고민했다. 공작의 꼬리에서는 이를 알아보기 쉽지만 수컷 칠면조의 목덜미에 늘어진 붉은 살에서는 그러기가 쉽지 않기 때문이다. 이 문제는 아름다움은 보는 이의 생각에 달린 것이라는 진부한 경구로 요약된다. 칠면조 암컷은 인간 관찰자와 다른 시각을 가질 수도 있다는 것이다. 오늘날의 생물학자들은 아름다움의 개념을 수컷의 화려한 부속지는 '좋은 유전자'를 나타낸다는 주장으로 대체했다. 성 선택은 진화 이론에서 핵심적인 특징 가운데 하나로 간주되며, 대중 저술, 특히 진화심리학자들의 저술은 이를 무비판적으로 받아들이고 있지만, 이를 경험적으로 입증하려는 시도들이 전적으로 성공을 거둔 것은 아니었다. 이뿐 아니라 암컷과 수컷이 모두 다른 잠재적 성 전략을 가지고 있다는 증거도 있다. 예를 들어 거대한 뿔을 가진 수사슴들이 싸움을 벌이는 동안, 암컷들은 무대 바깥에서 덜 자란 뿔을 가진 수컷들과 교미하는 쪽을 선택할 수도 있다.

인간으로 눈을 돌린 다윈은 전적으로 당대인들의 시각으로 남성과 여성의 차이를 보았다. 월리스의 경우에는 결코 성 선택을 받아들이지 않았고, 다윈이 유인원에서 얻은 관찰 결과를 인간으로 외삽하는 것에 대해서도 불편함을 드러냈다. 그는 영혼을 위한 자리를 남겨두고 싶어 했다. 그러나 다윈의 답변은 분명했다.《인간의 유래와 성 선택》에 나온 표현을 빌리면, 성 선택이 남성에게 가져온 결과는 "여성보다 더 용감하고, 호전적이고, 정력적이며 … 창의적 천재성이 더 많은 것이다. 남성의 뇌는 확연히 더 크며 … 여성의 골격 형성은 아이와 남성의 중간쯤이라고 한다." 그 결과 "남성은 결국 여성보다 우월해졌다." 남성이 이러한 특성들을 아들뿐 아니라 딸에게도 전해주는 것은 잘된 일이다. "그렇지 않았다면 마치 수컷 공작이 암컷 공작보다 장식 깃털에서 더 우월한 것처럼, 남성이 여성보다 더 우월해졌을 수도 있다."[6] 여기서 다윈은 골턴의 영향을 받은 듯 보인다. 골턴은 천재성이 전적으로 남성 계보를 통해 전달되며 여성은 단지 텅 빈 용기에 불과하다고 보았다. 다윈은 사촌의 남성중심주의를 공유했고, 동시대의 페미니스트 지식인들은 이를 놓치지 않았다.《인간의 유래》가 출간된 지 5년도 못되어 미국의 페미니스트 앙트와네트 브라운 블랙웰 Antoinette Brown Blackwell[7]은 진화 이론을 환영하면서도 다윈이 여성을 지워버린 데 불만을 토로했다. 여성이라는 이유로 자신이 생물학자로 훈련받지 못했음을 잘 알고 있던 그녀는 페미니스트 생물학자들이 더 잘 대비해서 다시 싸움에 뛰어드는 미래를 내다보았다. 앞으로 보겠지만, 그렇게 되는 데는 100년이 걸렸다.

현대적(혹은 신다윈주의적) 종합

20세기 초가 되자 진화의 개념은 지식인 공통의 문화 속으로 편입되었지만, 생물학자들 사이에서 자연선택 이론은 상당한 어려움을 겪고 있었다. 수십 년에 걸친 연구에도 다윈은 유리한 변화가 세대 간에 보존될 수 있는 메커니즘을 제시하지 못했다. 그러다가 그레고르 멘델Gregor Mendel의 연구가 수십 년 동안 무시된 후 1900년에 재발견되면서 다윈이 찾지 못했던 진화적 변화의 메커니즘을 제시했다. 멘델 연구의 재발견과 그것의 중요성에 대한 인식이 거의 동시에 일어나면서 유전학이 탄생했다. 유전학genetics이라는 용어는 새로운 과학을 지칭하기 위해 윌리엄 베이트슨William Bateson이 창안한 것이었다. 멘델은 완두콩의 색깔과 형태를 전달한다고 가정한 내적 요인을 '숨은 결정인자'라고 불렀다. 여기에 유전자gene라는 이름을 붙인 것은 덴마크의 식물학자 빌헬름 요한센Wilhelm Johannsen이었다. 유전자는 돌연변이가 가능한 것으로 밝혀졌다. 이는 새로운 변종—심지어 새로운 종—의 등장, 더 나아가 진화적 변화까지도 설명해주었다. 돌연변이가 없을 경우 유전자는 영속적이고 신체 변화로부터 영향을 받지 않으면서 모든 몸의 기능들을 결정하는 제1운동자unmoved mover였다. 멘델과 다윈의 메커니즘 사이에 화해를 이끌어낸 것은 1930년대에 수학적 정신을 가진 유전학자들인 영국의 존 버든 샌더슨 홀데인John Burdon Sanderson Haldane과 로널드 피셔Ronald Fisher, 그리고 미국의 수얼 라이트Sewall Wright의 작업이었다. 그들은 유전학과 자연선택을 한데 합쳐서 진화에서 수용되는 메커니즘으로 삼았다. 홀데인과 피셔는 이를 현대적 종합Modern Synthesis이라고 불렀고, 라이트는 신다윈주의neo-Darwinism라고 불렀다. 이러한 종합에서는 하나의 종 내에서 세대 간에 변이를 운반하는 것이 바로 유전자였다. 1950년대가 되자 진화의 공식적 정의는 "개체군 내에서 유전자 빈도의 변화"가 되었다. 생명체들은 설명에서 사라져버렸다. 중요한 것은 심지어 유전체도 아니고 서로 독립적으로 작동하는 개별 유전자였다. 서얼 라이트는 이러한 접근을 두고 '콩주머니 유전학beanbag genetics(초기 유전학에서 멘델 유전의 비율을 추적하기 위해 여러 색깔의 콩을 넣은 주머니를 사용한 데서 유래한 용어 — 옮긴이)'이라고 비꼬았다. 수학자들과는 달리 그의 실제 세계 현장 연구는 복잡성을, 또 발달 과정에서 유전자들의 상호작용을 더 잘 깨닫게 해주었다.

그러나 주류 유전학에서는 콩주머니가 승리를 거두었고, 이처럼 유전자를 그것이 담겨 있는 생명체보다 더 위에 두고 특권을 주자 생명과학에는 처참한 결과가 빚어졌다. 유전학적 전환은 '진화'라는 용어에서 그것이 애초 지니고 있었던 다윈 이전의 의미 중 하나 — 발달, 즉 어떤 생명체의 생활사가 전개되는 것 — 를 제거해버렸다. 발달생물학의 출발점은 유사성에 대한 연구다. 애벌레가 나비가 되는 변화에서부터 인간이 수정란에서 배아, 태아, 유아를 거쳐 성인이 되는 방식의 놀라운 일관성에 이르기까지 모든 생명체를 발생시키는 생물학적 과정을 다루는 것이다. 따라서 발달은 형태, 패턴, 총체성, 그리고 무엇보다도 시간을, 어떤 생명체의 생활사에 내포된 종 특유의 역동성을 강조한다. 동물행동학자 패트릭 베이트슨Patrick Bateson과 분자생물학자 피터 글루크먼Peter Gluckman이 설명한 것처럼, 발달 과정은 환경의 공격을 견딜 수 있도록 견고하면서 동시에 도전에 대응해 변화할 수 있도록 유연해야 한다.[8] 발달을 무시하게 되면 완고한 환원주의적 유전학은 생명체들 간의 차이 — 유전자 속에 암호화된 것으로 가정되는 — 에 대한 연구가 되어버린다.

발달생물학은 점차 분자적 수준으로 경도되는 유전학자들의 관심에서 영향을 덜 받았고, 1930년대에는 반환원주의를 의식적으로 표방한(그리고 엥겔스의 《자연변증법》이 재발견된 후로는 '변증법적'임을 내세운) '시스템' 생물학자들의 관심 대상이 되었다. 그들은 주로 케임브리지에 기반을 두고 있었고, 그중에는 발생학자이자 훗날 중국과학사가가 된 조지프 니덤Joseph Needham,[9] 수학자 랜슬럿 혹벤Lancelot Hogben, 수리생물학자 조지프 헨리 우저Joseph Henry Woodger, 발달생물학자 콘래드 홀 워딩턴Conrad Hal Waddington이 있었다.[10] 그러나 분자적 도구가 없던 그들의 연구 프로그램은 경험적 연구가 가능하지 않은 이론적인 것이었고, 환원주의적 접근에 경도된 록펠러 재단이 시스템 프로그램에 기반을 둔 연구소를 케임브리지에 세우겠다는 그들의 제안을 거부하고 나중에 분자생물학이 된 분야에 대규모 투자를 결정하면서 치명타를 맞았다. 이러한 1930년대 생물학자들을 사로잡았던 이론적 쟁점들이 다시 한번 연구의 초점으로 부각된 것은 근래 들어서의 일이었다. 비록 그들이 주장했던 좀더 폭넓은 철학적 틀은 제거돼버렸지만 말이다.

그러는 동안 유전학과 진화 이론의 종합은 점점 더 강력해졌다. 이는 1950년에 집단유전학자 테오도시우스 도브잔스키Theodosius Dobzhansky가 "진화의 견지에서 보지 않으면 생물학의 그 어떤 내용도 의미가 통하지 않는다"고 단언한 것에 잘 요약돼 있다.[11] 그때 이후로—특히 유전 물질인 DNA가 하는 역할이 발견된 이후로는 좀더 확실하게—신다윈주의의 승리는 보증된 것처럼 보였다. 그러나 진화의 과정과 종 분화의 메커니즘에 대해서는 여전히 중대한 논쟁이 진행되고 있다. 심지어 무엇이 진화하는가, 적응이란 무엇인가, 선택은 진화적 변화의 유일한 원동력인가 같은 가장 기초적인 쟁점에 대해서도 의문이 남아 있다. 그러나 앞선 장에서 논의한 것처럼 분자생물학자들은 이러한 문제들을 거의 완전히 무시하고 있으며,

1930년대의 현대적 종합에 내포된 환원주의 유전학의 개념들을 21세기 사회과학과 인문학으로 단숨에 옮겨 놓고 싶어 하는 사람들도 마찬가지다.

현대적 종합에서 새로운 종합으로

무엇이 진화하는가? 다윈과 그 후계자들에게 답은 자명했다. 진화하는 것은 생명체 혹은 이후 불리게 된 명칭에 따르면 표현형phenotype이다. 그러나 현대적 종합과 함께 생명체에서 그것의 유전자로 시선이 옮겨졌다. 진화생물학은 현장 연구—다윈과 월리스의 자연사—를 제쳐두고 수학적 모델링에 초점을 맞추었다. 이처럼 생명체를 텅 빈 껍데기로 만들어 버리는 것은 리처드 도킨스에서 절정에 달했다. 도킨스는 유전자를 생명체 내에 자리 잡고 이를 통제하는 능동적 '복제자replicator'로 묘사했고, 생명체는 유전자를 세대 간에 전달해주는 것을 유일한 기능으로 하는 수동적 '운반자vehicle'에 불과한 것으로 그려냈다.[12] 이 명제는《이기적 유전자The Selfish Gene》가 출간된 당시 많은 사람들에게 매력적이었지만—아마도 명제가 대단히 단순했기 때문일 것이다—그것이 지닌 우아함은 21세기 분자유전학이 밝혀낸 복잡성에 의해 잘못되었음이 밝혀졌다. 그럼에도 도킨스가 지지하는 유전자 결정론은 그의 책들이 계속 인기를 누리는 것에서 볼 수 있듯 여전히 영향력이 있다.

그러나 만약 중요한 것이 생명체가 아니라 유전자라면, 유전자를 다음 세대로 영속화시키는 메커니즘이면 무엇이든 충분할 것이다. 여기서 그 출처가 의심스러운 홀데인의 선술집 농담이 나왔다. 그는 두 명의 형제(각각 그의 유전자를 절반씩 갖고 있는)나 여덟 명의 사촌을 위해 자신의 목숨을 희생할 용의가 있다는 것이었다. 홀데인의 농담은 나중에 윌리엄 해밀턴에 의해 '친족 선택kin selection'으로 수학화되었고, 이는 에드워드 오스본 윌슨Edward Osborne Wilson의 《사회생물학: 새로운 종합Sociolbiology: The New Synthesis》의 이론적 기초를 제공했다. 이 책에서 윌슨은 행동 패턴을 포함하도록 진화 이론을 확장하면서, 자연선택은 사회적 종에서 유전적으로 가까운 친족의 재생산 성공 가능성을 높이는 행동을 선호한다고 주장했다.[13] 윌슨이 이러한 명제를 자신의 연구 주제인 개미에서 인간으로 외삽하면서 양성 사이의 자연적 분할에 대한 다윈의 관점을 거듭 천명하자 일대 소동이 일어났다. 하버드 대학교 교수를 지내며 다윈과 서신을 주고받았던 루이 아가시Louis Agassiz가 유사한 논증을 개진했을 때는 백인 남성의 타고난 우월성이 대학 안팎에서 문제없이 받아들여졌다. 그러나 《사회생물학》이 출간된 1975년은 페미니즘의 두 번째 물결이 정점에 있었고, 여성을 생물학으로 환원하는 것에 대한 반감이 가장 격렬한 시점이었다.

35명이 넘는 동료 학자들—이 중에는 윌슨의 하버드 대학교 동료 교수인 생물학자 루스 허버드, 집단유전학자 리처드 르원틴, 고생물학자 스티븐 제이 굴드도 있었다—이 공동으로 참여해 즉각 반박서 《사회적 무기로서의 생물학》을 내놓았다.[14] 이 책은 윌슨을 무신경한 유전자 결정론자로 비난하면서 계급과 젠더 사이에 자원을 놓고 벌어지는 권력과 통제의 기존 위계를 자연화하고 인종주의를 조장한다고 공격했다. 이러한 공격은 상당히 심각한 것이어서 학생들의 권장 도서 목록에는 '균형'을 맞추기 위해 두 책이 함께 포함되었다. (30년 후 하버드 대학교 총장 래리 서머스가 여성의 타고난 열등성에 관해 비슷한 언급을 했을 때, 그는 총장직을 내놓아야 했다. 아이비리그에서 젠더에 대한 생물사회적 이해는 페미니즘이 학술 연구와 사회운동으로서 압력을 가하면서 변화를 겪었다.)

《사회생물학》이 출간되고 불과 4년 후에 루스 허버드Ruth Hubbard는 다윈 이론의 남성중심성에 정면으로 도전장을 내밀었다. 그녀는 자신이 쓴 선구적 논문에서 **'오직 남성만이 진화했는가?'**라는 질문을 던졌다. 마침내 브라운 블랙웰의 희망을 실현시켜줄 페미니스트이자 훈련받은 생물학자가 나타난 것이다. 과학사가들이 그동안 다윈이 당연시한 사회적 가정들을 무시해왔거나 다윈주의와 사회다윈주의 사이에 중대한 차이가 있는가 하는 질문을 던지지 않았던 것은 아니었다. 그러나 허버드는 이제 다윈이 여성과 여성성, 남성과 남성성을 자연화한 방식에 주목했다. 그녀는 전형화된 젠더 특성에 따른 다윈의 이분법적 구분이 생명과학에서 아무 의심 없이 받아들여지면서 해로운 역할을 계속해왔다고 결론지었다.

이러한 이분법적 사고의 고전적 사례는 1968년에 출간된《수렵인 남성Man the Hunter》이라는 논문집이다.[15] 여기서 남성은 중심적인 식량 공급자로 그려졌고, 여성의 활동은 자세하게 다뤄지지 않은 채로 남았다. 1970년대에 여성운동과 함께 의식 변화가 태동하면서 나타난 페미니스트 민속지 설명들은 — 아마 쿵!Kung 부족에 대한 퍼트리샤 쿠퍼의 연구가 중심이 되어 — 반대로 주된 식량 공급자가 채집 활동을 하던 여성이었고 남성은 육류를 특별식으로 공급했다고 썼다. 아드리아네 질만Adrienne Zihlman은 이러한 인류학의 중심 이동을《채집인 여성Woman the Gatherer》에 실린 도전적 논문에서 요약했다.[16] 강력한 일련의 연구에 뒷받침된 이러한 도전은 새로운 합의에 도달했다. 오늘날 유목 사회는 지배관계가 아닌 상호관계를 인정해 수렵-채집인으로 불린다. 인류의 진화에서 지금까지의 남성 중심적 설명을 증거에 기반해 수정하고 있는 것은 페미니스트 인류학자들만이 아니다. 페미니스트 영장류학자들은 진화 서사에서 유인원의 중요성을 인식하면서도 이전의 현장 연구는 수컷에 과도하게 초점을 맞추었다는 사실을 알고 있었고, 새로운 증거를 수집하는 쪽으로 현장 연구의 방향을 틀었다. 진 알트만은 아동 연구에서 좀더 체계적인 데이터 수집 방법을 가져왔고, 암컷 영장류의 활동에 초점을 맞추었다. 그녀뿐 아니라 다른 영향력 있는 페미니스트 영장류학자들, 대표적으로 낸시 태너Nancy Tanner, 앨리슨 졸리Alison Jolly, 린다 마리 페디건Linda Marie Fedigan 등은 유인원에 대한 연구가 진화 서사의 재구축에 결정적으로 중요하다고 보았다. 여기에 랑구르 원숭이 연구로 유명한 사회생물학자 새라 허디Sarah Hrdy도 가세했다. 이 여성들은 과학의 중심 이동이라는 페미니스트 프로젝트를 놀라운 정도로 진척시켰고 비인간 암컷과 인간 여성을 이야기의 일부로 포함시켰다. 이는 1970년대의 페미니스트 운동이 페미니스트 생물학의 가능성에 대해 대체로 적대적이었고, 성차별적 과학 이데올로기에 의해 조장되고 선동된 남성의 사회경제적 권력을 주된 문제로 보고 있었기 때문에 쉬운 과제가 아니었다.

인류의 기원 문제를 둘러싼 전장戰場으로서 영장류 연구의 중요성을 깨달은 사람에는 영향력있는 저서 《영장류의 시각Primate Visions》을 쓴 페미니스트 과학사가 도나 해러웨이도 있었다.[17] 그녀가 보기에 자연에 대한 과학자들의 설명은 사회와 문화를 반영하고 구축한다. 1980년대 자연사박물관의 입체 전시물 — 여전히 **수렵인 남성**을 찬미하면서 여성의 활동은 요리와 육아로 국한시키고 있는 — 에 대한 그녀의 해체 작업은 페미니스트 민속지학자들의 비판을 반향한 것이다. 그러나 그녀의 영장류학 해체 작업은 페미니스트 영장류학자들 사이에 분노를 일으켰다. 그들은 자연과학자로서 자연에 대한 부적절한 설명을 좀더 적절한 설명으로 대체하는 데 — 혹은 좀더 직설적으로 말하자면, 오류를 진리로 대체하는 데 — 매진하고 있었다. 그들은 해러웨이의 해체주의가 자신들의 과학을 깎아내리고 수년에 걸친 끈기 있는 연구를 폄하하는 것이라고 보았다. 해러웨이의 자기 방어, 즉 자신의 설명을 비롯해 모든 설명들을 하나의 이야기로 간주한다는 해명은 분노를 가라앉히는 데 별로 도움이 되지 못했다. 이야기는 역사가들이면 몰라도 자연과학자들이 만들어내는 것은 아니었다. 과학에 대한 해체주의적 설명과 자연과학자들 사이의 이러한 긴장은 1990년대 중반에 과학전쟁Science Wars으로 터져 나왔지만, 그보다 앞선 시기의 페미니스트 논쟁에 나타난 견해 차이에서도 그 전조를 찾아볼 수 있다.《영장류의 시각》에 대해 영장류학자 앨리슨 졸리와 탈근대주의를 표방하는 그녀의 딸 마르가레타가 쓴 서평은 이러한 긴장을 잘 보여준다. 어머니는 이 책을 싫어했고 딸은 좋아했는데, 두 사람은 모두 페미니스트였다.[18]

진화 이론과 사라지는 유전자

《사회생물학》도,《이기적 유전자》도, 또 이에 대한 비판들도 유전자의 분자적 구성요소나 그것이 세포에 영향을 미치는 생화학적 과정을 언급하도록 요구하지 않았다. 윌슨, 도킨스, 그 외 동료 사회생물학 연구자들은 계속해서 '유전자'를 DNA라는 그것의 물질성과 무관하게 형식적 계산 단위로 간주했다. 유전자 담화가 절정에 달했던 1980년대와 1990년대에는 유전자가 모든 것을 설명할 수 있는 능력을 가진 것처럼 보였고—이타주의, 성적 선호, 나쁜 치아 외에도 원하는 것이면 뭐든 '그에 대한' 콩주머니 유전자가 존재할 수 있었다—이를 진화적 변화의 모델에 끼워맞출 수 있었다. 굴드와 르원틴이 통렬하게 지적한 것처럼, 이것은 '그럴듯한 이야기just-so story'에 불과했다.

유전자를 이론적 단위로 취급하는 접근법들은 새로운 분자유전학에 놀라울 정도로 무관심했고 지금도 그러하다. 대신 그들은 유전자를 단백질(더 나아가 세포와 생명체) 합성의 주형을 제공하는 DNA 단편으로 보는 1953년의 개념화에 집착한다. 유전자에서 일어난 돌연변이(서열에서 하나 혹은 그 이상의 뉴클레오티드 문자가 대체되거나 삭제된 것)는 그것이 암호화한 단백질의 구조를 바꿔놓을 것이고, 따라서 기나긴 영향의 연쇄에 의해 선택이 작동하는 표현형의 변화를 유발할 것이라고 가정되었다. 분자 실험실의 연구는 한동안 진화 이론가들의 예측과 완벽하게 맞아떨어진 것처럼 보였다. 1990년대 초반에 DNA를 신, 제1운동자, 세포 과정의 정보 전달자이자 통제자, 불멸의 영원한 생식질의 현대적 화신으로 그려낸 유전학의 신화를 유지시킨 것은 바로 이러한 상이었다.

그러나 에릭 랜더가 후회하듯 지적한 것처럼, 이처럼 단순한 분자적 상은 너무 좋아서 믿기 어려웠다. 이후 반세기 동안 최초의 우아한 명료성은 훨씬 더 복잡해졌다. 인간의 세포에는 10만 가지의 서로 다른 단백질이 있지만, HGP가 밝혀낸 바에 따르면 단백질 합성의 암호를 담고 있는 유전자는 2만여 개에 불과해 초파리와 거의 비슷하다. 유전체 안에 있는 30억 개에 달하는 A, C, G, T 중에서 98퍼센트 이상은 단백질 합성의 암호를 담고 있지 않다. 일부는 암호를 담은 유전자가 켜지는 시점을 조절하는 중요한 임무를 담당하지만, 앞선 장에서 언급했듯이 많은 부분은 '쓰레기 DNA'로 폄하되었다. 그러나 얼마나 많은 부분이 정말 쓰레기이고 얼마나 많은 부분이 현재 예상하지 못한 기능을 수행하는지는 벤터 등이 진행하고 있는 합성생물체 제조 시도—인공적으로 구축한 DNA 서열을 살아있는 세포에 집어넣는 식으로—의 결과에 따라 판가름 날 것이다.

일을 더 복잡하게 만드는 것은 단백질 합성 암호를 담고 있는 DNA 가닥들이 연속적인 서열로 배열돼 있지 않고 암호가 들어 있지 않은 다른 서열들 사이에 조각나 흩어져 있다는 점이다. 오늘날 분자유전학자들이 수명이나 비만'에 대한 유전자'의 발견을 보고할 때 그들은 명백하게 혼동을 가져오는 언어를 사용하고 있다. 그들이 가리키는 것은 좀더 정확하게 말하면 '하나의 유전자'가 아니라, 발달 과정에서 세포 메커니즘에 의해 하나로 꿰맞춰져 활성화되는 일군의 DNA 서열들이며, 이것이 해당 서열을 가진 개인이 더 오래 살거나 비만이 될 확률을 다소나마 높여 준다는 것이다. 따라서 분자생물학자들의 유전자는 진화 모델 제작자의 '계산단위' 유전자와 매우 다르다. 결국 분자생물학자들에게 생명의 근본 단위가 되는 '유전자'의 개념 — 20세기 초 물리학자들이 가졌던 원자 개념과 흡사하고 전성기에는 그것만큼 강력했던 — 은 이블린 폭스 켈러Evelyn Fox Keller가 《유전자의 세기The Century of the Gene》에서 주장한 것처럼 오래전에 그 유통기한을 지나버렸다.[19] 그럼에도 진화 이론가들의 담론은 여전히 DNA가 아니라 유전자에 맞추어져 있다. 그들에게 분자 메커니즘은 아무런 상관도 없으며 심지어 거대 이론화를 가로막는 장애물로 간주된다. 이러한 이중 궤적은 아직도 지속되고 있으며, 의심의 여지없이 연구 자금 대부분이 분자생물학자들에게 가고 있음에도 사회생물학 모델 제작자들의 책 판매량이나 그들이 대중문화에 미치는 영향은 굉장한 수준이다.

유전자와 발달: 후성유전학

인간 유전체 서열분석 이후 유전학의 개념이 바뀌면서 언제 어떤 유전자가 활성화될지를 통제하는 세포의 조절 과정이 발달에 결정적으로 중요하다는 사실이 분명해졌다. 세포의 활동을 결정하는 것은 DNA가 아니었다. 수정부터 성체에 이르는 발달 과정 동안 DNA의 어떤 단편을 활용해 어떤 단백질을 언제, 어떻게 만들 것인지 '선택'하는 것은 유전체가 담겨 있는 세포였다. 이러한 과정은 후성유전학epigenetics으로 알려져 있으며 — 이 용어는 1950년대에 와딩턴이 고안한 것이다 — 현재 분자생물학에서 가장 뜨거운 분야 중 하나다. 후성유전학은 두 가지 주된 문제들을 다룬다. 첫째, 인간의 몸 속 모든 세포에 들어 있는 2만 개의 유전자가 어떻게 각기 특유의 구조와 기능을 가지고 10만 가지 단백질 중 서로 다른 일부분을 담고 있는 250가지 서로 다른 세포 유형의 발생에 쓰일 수 있는가? 문제를 더욱 복잡하게 만드는 것은 서로 다른 세포 유형들이 태아의 질서정연한 발달 과정에서 서로 다른 시점에 '태어나' 앞으로 완전한 형태를 갖춘 아기가 될 적절한 부위로 이동해야 한다는 점이다. 둘째, 발달의 핵심 단계에서 일어나는 일견 소소한 환경적 사건들이 어떻게 발달 중인 생명체에 커다란 변화를 일으킬 수 있는가? 1950년대 말의 탈리도마이드 참사 — 당시 이 약은 태반 장벽을 통과하지 못할 거라는 가정 아래 유럽에서 임산부의 입덧 방지를 위해 광범하게 처방되었다 — 는 그처럼 소소한 환경적 개입을 무시한 대가를 지독한 형태로 보여주었다. 미국에서는 식품의약국Food and Drug Administration(FDA)의 프랜시스 켈시가 임상시험이 부적절했다고 판단하고 이 약에 허가를 내주지 않았고, 결국 미국 여성들을 보호하고 그들의 아기가 탈리도마이드Thalidomide(1950년대부터 1960년대까지 임부들의 입덧 방지용으로 판매된 약이다. 부작용으로 수많은 기형아가 태어났다 — 옮긴이)가 만들어낸 기형을 겪지 않을 수 있었다.

후성유전학 연구는 현란한 일련의 조절 과정을 드러내고 있다. 신호 분자 — 때로는 그 자체가 단백질이고 때로는 작은 분자로서, 일부는 각각의 세포 내에서 만들어지고 일부는 발달 중인 태아의 다른 영역으로부터 퍼져 나오는—가 스위치처럼 작용해 특정한 DNA 단편을 켜거나 꺼 특정 단백질이 발달 순서에서 적절한 시점에 합성될 수 있게 해준다. 이러한 스위치가 켜지거나 꺼지는 시점의 변화는 성체의 표현형에 엄청난 변화를 유발할 수 있고, 진화가 작용할 수 있는 새로운 변이들을 만들어낸다. 유전자는 더 이상 독립적으로 행동하는 것으로 여겨지지 않고, 서로 간에, 또 그것을 담고 있는 여러 층위의 환경과 지속적인 상호작용을 하는 것으로 생각된다. 따라서 일각에서 '후성유전체epigenome'라고 부르고 있는 것을 해석하려면 니덤, 와딩턴, 그 후계자들의 시스템 내지 변증법적 연구 프로그램으로 돌아가야 한다. 지금은 80년 전에 존재하지 않았고 거의 상상할 수도 없었던 분자생물학과 세포 영상 처리 도구들로 무장하고 있다는 것은 달라진 점이다.

이러한 이론적 틀에서는 다시 한번 유전자에서 발달 중인 생명체로 관심이 전환된다. DNA는 더 이상 세포를 통제하는 '정보 거대 분자'로 여겨지지 않으며, 발달 과정에서 세포가 활용하는 분자들의 망網과 그 상호작용의 일부로 간주된다. 결국 정보는 발달 과정 동안 그러한 과정에 의해 창출되는 것이다. 이것이 철학자 수전 오야마Susan Oyama가 제안한 발달 시스템 이론이며,[20] 사이버네틱스 이론가 움베르토 마투라나Humberto. Maturana와 생물학자 프란치스코 바렐라Francisco. Varela의 용어를 빌리면 자기생성autopoiesis이다.[21] 이러한 틀 안에서 생명체는 매 순간 기존 구조를 기반으로 삼아 새로운 구조를 만들어낸다. 살아 있는 생명체는 수동적 운반자로, 가장 중요한 복제자를 위한 단순한 전달자로 여겨지는 대신, 자기조직적이고 '목표를 추구하는' 존재로 간주된다. 생물학의 목표 추구 내지 목적률teleonomy 관념은 목적론 관념에 비해 확연히 약하다. 목적론 관념에는 행위 능력과 어떤 최종 지점을 향한 목적의식적 지향이라는 감각이 들어 있기 때문이다. 목적률은 합목적성의 외양을 주지만 실은 물리적·화학적 메커니즘의 결과인 과정을 가리킨다.

분자후성유전학에 담긴 다른 중요한 함의는 자연선택이 단지 성체뿐 아니라 생활사 전체에 대해서도 작용하는 것이어야 한다는 주장을 뒷받침해주었다는 데 있다. 다윈 자신은 이를 잘 이해하고 있었지만, 현대의 후계자들 중 많은 수는 생명체가 아닌 유전자에 시선이 머물면서 대개 이를 망각해버렸다. 예를 들어 영양이 더 빨리 뛸 수 있게 해서 포식자인 사자를 피할 수 있게 해주는 '유전자'를 상상해보라. 만약 동일한 유전자가 발달에도 영향을 주어 영양의 성숙 속도를 늦춰 어릴 때 잡아먹힐 가능성이 커진다면, 그것의 잠재적 이점은 불리한 점이 되어버린다. 도브잔스키의 말을 조금 바꿔보면, '발달의 견지에서 보지 않으면 진화의 그 어떤 내용도 의미가 통하지 않는다.' 오늘날 이는 이보디보로 재통합되고 있다. 와딩턴 학파와 가까운 발달생물학자 앤 매클래런Anne Maclaren(왕립학회의 해외 담당 이사이자 그 배타적 기관에서 임원이 된 최초의 여성)은 이렇게 간판을 바꿔 단 것에 대해 한마디 했다. "사실 우리는 그동안 내내 이보디보를 해왔어요."[22]

진화와 선택

후성유전학/이보디보가 진화 이론에 던지는 함의는 무엇인가? 선택은 어떤 개체군 내에 서로 다른 적합도를 갖는 다양한 형태의 표현형이 있을 때만 작동할 수 있다. 그러한 표현형의 차이는 특정한 DNA 서열에서 그것이 유전체 전체에서 점한 위치를 거쳐 생명체의 생리 기능, 해부학적 구조, 행동에 이르기까지 여러 조직화 수준에서 일어날 수 있다. 뿐만 아니라 인간의 몸 속에 2만 개의 유전자와 수조 개의 세포가 있음을 감안하면, DNA 서열상의 변화와 표현형의 변화가 반드시 일대일로 대응하는 것은 아님이 분명하다. 하나의 변화가 수많은 장기 시스템에 여러 효과를 미칠 수도 있고(발달 과정에서 세포들이 DNA를 여러 방식으로 활용하기 때문이다) 그러한 변화가 완전히 무시될 수도 있다. 세포들은 손상을 메우기 위해 많은 예비 메커니즘을 가져다 쓸 수 있는 회복력을 갖춘(베이트슨과 글루크먼의 용어를 빌리면 '견고한') 시스템이다. 정보가 DNA에서 RNA로, 다시 단백질로 일방향으로 흐른다는 크릭의 중심 가설은 완전히 사망 선고를 받았다.

따라서 유전자 빈도의 변화가 반드시 선택이 작용할 수 있는 표현형의 변화를 만들어내는 것은 아니다. 대신 그러한 DNA의 변화는 충분히 축적되어 갑작스러운 표현형의 변경을 야기할 때까지 생명체 속에 숨겨져 있을 수 있다. 이러한 분자 메커니즘은 화석 증거에 따르면 수백만 년 동안 안정이 유지되다가 빠른 진화적 변화의 시기가 뒤따른다는 나일스 엘드리지Niles Eldredge와 굴드의 관찰에 근거를 제공한다. 이것이 다윈의 점진주의를 신봉하는 정통 진화 공동체를 그토록 격분시켰고 굴드가 마르크스주의의 혁명 사상을 생물학에 끌고 들어왔다는 공격을 야기했던 단속평형punctuated equilibrium 이론이다(반대자들이 이를 두고 '움찔움찔 진화evolution by jerks'라고 조롱하자 단속평형론자들은 반대자들의 견해가 '슬금슬금 진화evolution by creeps'라며 맞받았다). 굴드의 비판자들은 한 세기 전에 다윈이 맬서스의 반동적 음울함을 생물학에 끌고 들어왔을 가능성이나 슬금슬금 진화를 페이비언 협회Fabian Society(점진주의적·개혁적 수단을 통한 사회주의를 정강으로 내세운 영국의 사회주의 조직—옮긴이)의 점진주의로 좀더 유쾌하게 읽을 수 있을 가능성을 무시하려 했다.

생명체와 환경

언론보도 혹은 유전학자들이 대중을 상대로 할 때, 종종 생명체와 환경은 항상 고정돼 있고 항상 이해 가능한 두 개의 뚜렷하고 분명한 실체로 언급된다. 진화 이론가들, 특히 실험생물학wet biology이나 동물행동학에 종사하는 이들에게 상황은 좀더 복잡하다. 생명체들은 박테리아처럼 언뜻 단순해 보이는 것조차도 고정된 환경에 수동적으로 반응하는 것이 아니라 주변 환경을 선택하고 변경한다. 대장균 한 마리를 컵에 넣고 설탕 용액을 한 방울 떨어뜨리면 세균은 설탕 쪽으로 헤엄쳐 가서 이를 소화시킨 후에 소화 과정에서 만들어진 노폐물을 피하기 위해 그곳에서 멀어질 것이다. 마찬가지로 리처드 르원틴이 지적한 것처럼[23] 세상의 어떤 특징이 관련된 환경을 이루는지는 생명체에 달려 있다. 박테리아는 너무 작기 때문에 주위에 있는 물 분자의 운동에 의해 끊임없이 타격을 받지만, 중력에 의한 영향은 별로 받지 않는다. 반면 배를 젓는 사람의 경우에는 물 분자의 운동과는 무관한 반면 연못 표면으로 배를 저어갈 때는 표면장력에 의해 부양된다.

생물학자들은 생명체와 그것을 담고 있는 생태계가 공생하며 진화하는 것으로 이해한다. 비버의 댐을 생각해보라. 비버 댐은 비버들이 도착하면서 짓기 시작해 미친 듯이 지어진다. 댐이 만들어지는 도중에도 댐과 그 뒤의 호수는 수많은 서식 동물들과 상호의존적 활동으로 가득찬 복잡한 생태계가 된다. 이러한 상호작용은 댐, 호수, 그곳에 서식하는 동물들이 댐의 생성을 통해 공진화함을 의미한다. 이는 인간과 그 공생자들의 경우에도 마찬가지다. 사람의 몸 속에는 사람 세포보다 사람이 아닌 세포(박테리아)가 더 많다는 생각을 하면 정신이 번쩍 든다.

이와 동시에 종 전체가 사라지는 급격한 환경 변화가 일어날 수도 있다. 이는 해당 종의 개체들이 재앙 이전의 조건에 얼마나 적응했는가와 무관하게 일어난다. 만약 인류가 환경 변화에 대응하지 못해 멸종한다면, 인간에 의존하고 있는 도시의 쥐 개체군과 에이즈 바이러스는 마찬가지로 사라질 것이다. 반면 린 마굴리스Lynn Margulis가 지적하는 것처럼 점균류는 계속 남아서 번성할 가능성이 가장 높은 생명체일 것이다. 인간의 종 우월성도 여기까지인 셈이다!

유전자 중심주의에 대한 좀더 깊은 수준의 거부는 에바 자블론카Eva Jablonka와 마리온 램Marion Lamb이 쓴 《네 가지 차원의 진화Evolution in Four Dimensions》에서 제시되고 있다.[24] 이 책은 라마르크식 유전이 현대 생물학과 양립 가능한 방식으로 재정립될 수 있는지, 만약 그렇다면 어떻게 그럴 수 있는지에 관한 오랜 논쟁에서 출발한다. 자연선택 아래서 유전자와 독립적으로 진화적 변화가 일어날 수 있을까? 자블론카와 램은 선택이 일어나는 복수의 층위 — 유전자 선택, 후성유전자 선택, 행동 선택, 그리고 인간의 경우 상징 선택 — 가 존재한다고 주장한다. 인간의 행동후성유전학은 뜨거운 새 연구 분야가 되고 있다.[25] 후성유전자 선택과 행동 선택의 사례들이 꿀벌과 쇠똥구리에서 큰가시고기와 뱀에 이르기까지 최근의 동물행동학 연구에 넘치고 있다.[26] 예를 들어 임신한 토끼에게 향이 강한 식품이 포함된 사료를 주고 새끼들을 키우는 동안에도 계속 먹게 하면, 어린 새끼들도 동일한 향을 선호할 것이며, 여러 세대에 걸쳐 자기 새끼들에게 그런 선호를 물려줄 것이다. 유전자가 변화할 필요 없이 말이다. 충분한 시간이 주어지면 우연한 돌연변이가 나타나 유전자가 그러한 표현형의 변화를 따라잡고 강화할 수 있다. 사회적으로 학습된 기술에 대해서도 같은 얘기를 할 수 있다. 고구마를 먹기 전에 씻는 법을 학습한 일본의 원숭이들에서 1950년대 영국의 가정집에 배달된 우유병의 알루미늄박 뚜껑을 열고 크림을 먹는 법을 학습한 푸른박새까지 그런 사례는 다양하다. 사회적으로 학습된 이러한 기술들도 원숭이와 박새 개체군에서 세대 간에 전달된다. 그러나 박새의 경우에는 1970년대에 알루미늄박 뚜껑이 붙은 우유가 사라지면서 그런 기술을 다시금 잃어버리고 말았다.

적응, 굴절적응, 우연성

그러나 가장 치열한 논쟁은 다윈을 괴롭혔던 동일한 문제를 여전히 건드리고 있다. 다윈은 자연선택이 진화적 변화의 유일한 메커니즘이 아님을 강조했다. 그가 보기에 성 선택은 생물계에서 일견 적응의 결과가 아닌 것처럼 보이는 많은 특징들을 설명해주었다. 서로 다른 갈라파고스 섬들에 서식하는 핀치의 유명한 사례에서 볼 수 있듯, 지리적 분리 역시 그런 메커니즘 중 하나다. 분리된 개체군들은 다른 적응 압력과는 별개로 우연이나 무작위 변이에 의해 점차 사이가 멀어질 것이다. 게다가 애당초 적응이 의미하는 바가 무엇인가? 극단적 다윈주의자들은 가령 달팽이 껍질의 줄무늬 패턴에서 볼 수 있는 모든 미세한 차이들도 적응의 결과라고 주장한다. 그처럼 경직된 적응주의는 다윈 사망 100주년을 맞아 1979년에 열린 학술회의에서 굴드와 르원틴의 유명한 공격을 받았다. 그들을 이를 '팡글로스 패러다임Panglossian paradigm(볼테르의 책《캉디드》에 나오는 등장인물의 이름을 딴 것으로, '무한히 낙천적인 패러다임' 정도의 의미다 — 옮긴이)'이라고 불렀다.[27] 그들은 생명체에서 일견 기능적인 것처럼 보이는 일부 측면들이 전혀 다른 특징에서 나온 우연적 결과일 수 있음을 지적했다. 그들이 든 예에 나오는 베네치아 산마르코 대성당의 돔형 지붕을 지탱하는 아치 사이의 스팬드럴(빈 공간)처럼 말이다. 스팬드럴은 훌륭한 모자이크로 뒤덮여 있어 마치 그것을 담기 위해 설계된 것 같은 착각을 주지만, 건축학적으로 이는 아무런 기능도 하지 않는다. 다윈주의의 용어로 말하자면 적응의 결과가 아닌 것이다. 달팽이 껍질의 줄무늬 패턴 같은 생물학적 특징도 마찬가지다. 언뜻 적응의 결과 같지만 실은 껍질 형성의 화학과 물리학의 우연한 결과이다. 굴드는 학술회의에서 자신에게 주어진 발표 시간의 많은 부분을 생물학 담론이 아닌 건축 담론에 할애해 적응주의 이론에 내재된 결정론을 공격하는 데 은유적으로 활용함으로써 많은 청중들을 화나게 했다. 굴드의 발표에 이어진 휴식 시간에 리버풀의 진화유전학자인 아서 케인Arthur Kane은 굴드가 마르크스주의자라고 비난했다. 그는 달팽이가 숲에 있는지 들판에 있는지에 따라 서로 다른 껍질 색깔이 달팽이를 효과적으로 위장해 개똥지빠귀라는 포식자로부터 보호해주기 때문에, 자신이 연구한 달팽이 껍질의 패턴에 나타나는 모든 측면은 적응적 기능을 가진다고 단언했다.

굴드와 엘리자베스 버바Elisabeth Vrba는 진화적 변화에 기여하는 또 다른 잠재적 요인에 굴절적응exaptation이라는 이름을 붙였다. 굴절적응은 생명체에서 애초 한 가지 기능을 위해 선택되었으나 나중에 다른 기능의 기반이 될 수 있는 특징을 말한다. 흔히 많이 드는 예가 깃털이다. 깃털은 작은 공룡들에서 체온 조절의 수단으로 진화한 것으로 믿어지고 있지만, 오늘날 조류의 조상들이 하늘을 날 수 있게 해주기도 했다. 굴드가 보기에 그러한 굴절적응은 진화 과정의 우연적 내지 우발적 성격—이 과정에서 복수의 메커니즘에 의존한다—을 나타내는 것이다. 만약 굴드가 반복해서 주장하는 것처럼, '진화라는 테이프를 되감아서' 선캄브리아 시대나 먼 옛

날의 다른 지질학적 시대로 돌려놓고 다시 틀면 인간과 같은 지각력이 있는 포유동물이 나타날 가능성은 극히 희박하다.[28] 다시 말해 진화의 미래는 예측 불가능하다.

이러한 제안은 좀더 경직된 결정론을 선호하는 극단적 다윈주의자들의 입맛에 맞지 않는다. 가장 신랄한 굴드의 비판자인 사이먼 콘웨이 모리스 Simon Conway Morris는 물리 및 화학 법칙에 어긋하지 않는 한 가장 잘 적응한 형태가 항상 등장할 거라고 주장했다.[29] 대략 35억 년 전에 생명이 지구상에 등장한 순간부터 의식을 가진 인간과 같은 무언가가 마침내 진화할 것임을 예측할 수 있었다는 것이다. 이러한 논증은 '인간중심 원리anthropic principle'를 주장하는 사람들의 그것과 묘하게 닮았다. 이에 따르면 우주 전체가 인간이 살기에 맞게 설계되어 있다. 인간이 우연히 출현할 가능성은 너무나 낮기 때문이다. 그러한 논쟁은 일차적으로 과거에 초점을 맞추고 있지만, 외계 생명, 지능, 인간과의 접촉에 관한 논의에서는 미래로도 확장되어 왔다.[30] 자연선택은 그러한 외계인이 지적인 인간형 생물일 것으로 예측하는가? 아니면 미결정성이 너무나 커서 진화의 결과로 나타날 생명 형태에 대해서는 아무런 예측도 할 수 없는가?

사회생물학에서 진화심리학으로

진화 이론 내에서 전개된 이러한 논쟁들은 진화의 은유가 생물학 영역 바깥으로 널리 퍼지는 것을 거의 막지 못했다. 특히 인간성에 대한 이론을 세울 때 사회적 측면을 최소한으로 약화시키고 제한하며 최악의 경우에는 아예 제거함으로써 결국 인간의 본성을 생물학으로 설명하려는 반복된 시도들에서 이를 잘 볼 수 있다. HGP에 대한 지원은 1980년대에 만개한 강력한 유전주의 문화에 의지했고 반대로 이를 부추기기도 했다. 유전자는 질병에 대해서뿐 아니라 행동에 대해서도 피할 수 없이 결정론적인 것으로 여겨졌다. 대처 전 총리가 사회 같은 것은 없으며 오직 개인과 그 가족들만 있을 뿐이라고—따라서 자신의 부를 자식들에게 물려주길 바라는 것은 자연스러운 일이라고—주장한 것이나, 앞서 서론에서 언급한 것처럼 로버트 케네디 2세가 자신의 알코올중독 문제를 유전적인 이유로 돌려버린 것도 그러한 맥락에서였다. 그러한 주장들은 범죄성에서 정치적·성적 취향, 인종적 편견, 왕실에 대한 존중까지 모든 것이 유전됨을 증명했다고 주장하는 연구 논문들의 급증으로 뒷받침되었다.

인간 유전체 서열의 발표를 둘러싼 연극적 장치를 배경으로 유전자는 유전체학에 자리를 내줬고 DNA는 자동차 광고에서 정치에 이르는 담화와 이미지에 스며들게 되었다. 좋은 설계는 BMW의 'DNA 속에' 있는 것으로 여겨졌고, 마찬가지로 영국 총리 데이비드 캐머런David Cameron에 따르면 가족의 가치는 보수당의 DNA 속에 들어가 있다고 했다. 그러나 철학자 대니얼 데닛Daniel C. Dennett과 인류학자 로빈 던바Robin Dunbar[31]가 보기에, 어떤 것이 'DNA 속에' 있다고 말하는 것은 BMW가 써먹은 DNA 서열의 은유적 이미지나 정치인 내지 기자들의 상투적 문구를 넘어서는 것이다. 진화와 DNA는 다윈이 공유했던 바로 그 유물론의 현대적 재천명 속에 녹아들어 있고, 여기서 인간의 마음 그 자체는 생화학적 뇌 과정의 부수적 표현에 불과한 것으로 축소된다. 천재성은 인이 작용한 결과라고 했던 몰레스호트나 마음은 '증기기관차의 기적소리'라고 했던 헉슬리처럼 말이다. 다윈은 《인간과 동물의 감정 표현The Expression of the Emotions in Man and Animals》과 《인간의 유래와 성 선택》에서 인간을 해부학적·생리학적 진화의 연속성 내에 위치시킴으로써 '정신 능력'을 인간의 생물학에 단단하게 고착시켰다. 그가 보기에 인간의 감정과 그 표현은 유인원과 흡사한 우리 조상이 가지고 있었던 것의 진화적 후손이었다. 오늘날에는 단지 감정뿐만 아니라 미술, 음악, 윤리 규약과 같은 인간 문화의 산물까지도 유전자에 기반을 둔 자연선택 과정의 결과라는 주장이 나오고 있다. 여기서 그것의 원인이 되는 유전자의 발견은 유전체학의 몫이며 그것의 골상학적 위치를 파악하는 것은 신경과학의 임무다.

다윈이 맬서스에게 진 빚은 진화 이론의 변종들이 생물학과 사회과학 및 인문학 사이의 경계를 다시 그리려 하면서 한때 문화의 일부였던 것이 점차 자연화되는—심지어 스스로 자연화되는—식으로 되돌아오고 있다. 오늘날 우리는 진화 윤리학, 진화 정신과학 및 의학, 진화 미학, 진화 경제학, 진화 문학비평을 갖고 있으며, 심지어 진화 우주론까지 있다. 이러한 문화적 식민화는 걸출한 지도자들이 이끌고 있다. E. O. 윌슨은《사회생물학》에서 겸손하게 제안했다. "사회학과 여타 사회과학, 그리고 인문학은 현대적 종합 안에 포함되기를 기다리고 있는 생물학의 마지막 분과라고 해도 지나친 말은 아닐 것이다." 몇 년 후에 그는 덜 겸손한 태도로 '통섭consilience'이라는 개념을 제안했다. 이는 곧 사회과학과 인문학을 생물학과 물리과학에 종속시킬 것을 요구하는 일원화된 인식론이다. 사회생물학에 헌신하는 소수의 사회과학자들은 일종의 학문적 자살이나 다름없는 행위를 한 셈이다.

허버트 스펜서가 모든 분과 학문들을 진화라는 하나의 근본 법칙으로 환원해 과학 지식의 통일을 추구한 것처럼, 대니얼 데닛은 다윈의 자연선택을 물질적·지적 생활의 모든 측면을 먹어치우는 '보편 산universal acid'—그 속에서 덜 적합한 이론이나 인공물이 더 적합한 후손들로 대체되는 — 으로 그려낸다.[32] 철학자 데이비드 헐David Hull은 과학 이론의 역사 그 자체를 자연선택이 추동하는 진화적 과정으로 볼 수 있다고 주장했다. 인류학자인 리처슨과 보이드는 동일한 논증을 써서 구석기 시대 도구들의 디자인이 변화하는 과정을 그려냈다.[33]

이러한 전제들과 해밀턴의 친족 선택 명제 위에 1970년대 사회생물학이 가장 최근에 모습을 바꾼 형태인 진화심리학evolutionary psychology의 임무가 놓여 있다. 진화심리학은 진화가 오직 경쟁에 의해서만 추동된다는 스펜서의 견해로 되돌아간다. 이는 현대적 종합의 전성기에는 억압되었으나 오늘날 다시 목소리를 내고 있는 수많은 강력한 논증들을 무시한다. 엘리엇 소버Elliott Sober와 데이비드 슬론 윌슨David Sloan Wilson[34]에서 마틴 노왁Martin Nowak[35]에 이르는 수많은 진화생물학자와 철학자 들은 어떤 집단이나 종의 구성원 — 유전적으로 밀접하게 연관된 개체들에 국한되지 않는 — 사이의 협동과 종 간의 공생 관계가 적어도 경쟁만큼 강력한 선택적 변화의 메커니즘임을 보였다. (최근에 E. O. 윌슨은 그동안의 생각을 완전히 바꿔서 집단선택의 가능성을 받아들였고, 그러면서 그의 이전 책들에 나타난 경직된 친족 선택주의를 거부해 리처드 도킨스로부터 짜증 섞인 공격을 받았다.[36])

인간이 진화한 종이라는 가정에는 모든 생물학자들이 동의하지만, 진화심리학자들은 여기서 더 나아가 '인간 본성'이 홍적세에 고정되어 그 이후로 변하지 않았다는 대단히 비다윈적인 주장을 한다. 그들의 주장은 생물학적 진화가 문화적 변화의 속도를 따라잡을 수 없었다는 것으로, '21세기에 놓인 석기 시대의 마음'이라는 문구로 요약할 수 있다. 멈출 수 없는 진화의 과정을 부인한 추측적인 주장을 제기하면서, 진화심리학은 고고학과 집단유전학에서 나온 증거를 무시한다. 고고학자들은 분묘에서 나온 파편화된 기록으로 초기 인류 사회의 사회적 실천에 대해 우리가 알아낼 수 있는 것이 얼마나 적은지 잘 알고 있다. 중세사가인 톰 시피는 요크셔에 있는 7세기 고분에 보물로 둘러싸인 부유한 젊은 여성의 유해와 함께 그녀의 관 뚜껑 위에 돌에 맞아 골반 뼈가 부러진 채 산 채로 밀려 들어간 또 다른 나이든 여성의 유해가 있는 것을 묘사하면서 이것이 일종의 벌로서 매장된 것인지 아니면 인간 제물인지를 묻는다. "고고학은 동기에 대해 아무것도 말해주지 않는다"라고 그는 결론짓고 있다.[37] 이것이 홍적세에 비해 우리에게 15만 년이나 더 가까운 시점에 일어난 일인데도 말이다.

이뿐 아니라 인간의 유전적 차이에 관한 연구—HGDP나 IHMP에 영감을 준 유형의 연구 프로그램—는 농업 관행의 변화, 즉 행동후성유전학이 유전적 변화를 추동한 속도를 지적하고 있다. 예를 들어 대다수의 성인들은 대부분의 다른 포유류 성체들처럼 우유를 소화시키는 데 어려움을 겪는다. 유아기에는 우유의 유당乳糖을 소화시킬 수 있게 하는 유당분해효소lactase가 분비되지만, 아이가 성장하면 이것이 비활성화되기 때문이다. 그러나 지난 3000년 동안—진화적 시간으로는 눈 깜빡할 시간밖에 안 되는—소를 키우는 사회에서는 성인들 사이에 유당 내성lactose tolerance을 가능케 하는 돌연변이가 널리 퍼졌다. 오늘날 서구 사회의 성인 대부분은 아시아의 성인들과는 달리 이 돌연변이를 가지고 있으며, 우유는 보통의 성인 식단의 일부로 자리를 잡았다.

동아줄을 타고 탈출하다

인간의 생리 기능과 해부학적 구조가 우리와 홍적세 조상 사이의 1000여 세대를 거치며 얼마나 진화했는지에 관한 어떤 증거도 없고, 홍적세 조상들의 생리 기능에 대해서도 전혀 아는 바가 없으며 현재 남아 있는 유물이나 두개골, 해골 등으로부터 그것을 알아낼 길이 없다는 사실도 안락의자 이론가들을 단념시키지는 못하고 있다. 진화심리학자 마크 하우저Marc Hauser가 자신의 책《도덕적 마음Moral Minds》에서 내놓은 주장을 생각해보자. 이 책에는 '자연은 어떻게 우리의 보편적 선악 감각을 설계했는가'라는 노골적인 부제가 붙어 있다.[38] 그에 따르면 동료 인간들과 함께 살아야 할 필요나 다른 사람의 요구에 반응하는 타고난 감성적 응답이 도덕 규약을 형성하는 데 일조한 것이 아니다. 촘스키가 보편적 언어 문법이 있다고 주장했던 것처럼,* 하우저는 인류가 문화나 사회적 맥락과 무관하게 어느 정도 보편적인 도덕적 원리를 타고났다고 말한다. 그는 원리가 표현되는 방식에는 문화적 차이(명예 살인honor killing이나 동성애 혐오증 같은)가 존재함을 인정하지만, 그러한 차이에도 불구하고 그 바탕에는 보편적 원리가 존재한다고 주장한다. 그러나 이러한 원리의 표현은 너무나 다양하기 때문에 진화의 명령을 들먹이는 것은 모든 것을 설명하면서 결과적으로 아무것도 설명하지 못하게 된다. 이러한 명령에서 도출된 하우저의 정치적 조언은 이른바 '정책통'들이 '우리의 직관에 좀더 귀를 기울여 우리 종의 도덕적 목소리를 실질적으로 반영한 정책을 입안'하기를 그가 원하고 있다는 점에서 심란하다. 공교롭게도 그가 이 글을 쓰고 얼마 안 있어 데이터 조작과 관련된 불미스러운 일이 드러났고, 그 결과 널리 인용되던 그의 논문들은 철회되고 그는 하버드 대학교에서 사임해야 했다.[39] 결국 보편적 도덕성에 대한 그의 명제는 경쟁이 미친 영향과 명성을 향한 욕

---

* 그간 촘스키의 입장에 내재된 모순이 종종 지적돼왔다. 그가 한편으로는 언어의 기원에 대해 환원주의적이고 극히 보수적인 명제를 고수하면서, 다른 한편으로는 대단히 영향력이 큰 사회비평가로 활동하고 있다는 점이 그것이다.

구에 비춰 평가를 해야 할 것 같다. 윤리의 신경과학에 대한 하우저의 명제는 신경과학의 윤리에 위배되고 말았다. 아마도 그가 《도덕적 마음》에서 정책통들은 보편적 도덕성을 맹목적으로 받아들여서는 안 된다—우리의 진화한 직관 중 일부는 '더 이상 현재의 사회 문제에 적용될 수 없'기 때문에—고 하면서 양다리를 걸친 이유도 여기 있는지 모른다. 모든 것을 포괄하는 이론에 이만큼 큰 예외 조항이 달려 있다면 과연 그걸 진지하게 평가할 만한 가치가 있을까?

당황스러운 대목은 또 있다. 인지심리학자 스티븐 핑커Steven Pinker에서 윌슨, 하우저, 도킨스에 이르는 어떤 사회생물학 내지 진화심리학 이론가에게도 우리의 이기적 유전자의 요구를 따르는 것이 의무적인 것처럼 보이지 않는다. 도킨스의 《이기적 유전자》의 마지막 문장들은 '우리' 인간은 비록 '뒤뚱거리는 로봇'에 불과하지만 다른 종들과는 달리 그것의 독재를 피할 수 있다고 설명한다. 윌슨에게 덜 성차별적인 사회는 '효율성'의 상실이라는 대가를 치러야 하겠지만 '우리'가 원한다면 이룰 수 있다.[40] 핑커에게 '전통적인 성별 역할 분업에 대한 진화적 설명은 그것이 변할 수 없다거나, 좋다는 의미에서 "자연스럽다"거나, 원치 않는 개별 여성 혹은 남성에게 강제되어야 하는 어떤 것임을 의미하는 것은 아니다.'[41]

핑커가 자신은 자녀를 갖지 않기로 결정했다고 말하거나 자신의 유전자에게 '호수로 뛰어들라'고 말할 수 있다고 할 때, 혹은 도킨스가 자신의 이기적 유전자의 독재를 피할 때, 그들은 어떤 과정에 따라 이러한 유전적 명령을 거부하는 것일까? 뇌 안에 어떤 장소가 있거나 자유의지 유전자가 있는 것일까? 마음과 유전자 결정론의 이론가들은 침묵을 지킨다. 그들이 지각하는 개인의 행위 능력은 온갖 곳에서 명백하게 드러나지만, 그들의 이론은 아무런 설명도 제시하지 않는다. 그들은 수사라는 동아줄을 타고 난국을 탈출한다. 그러나 핑커 등이 제시하듯 우리가 스스로를 사고하고 도덕적이고 감성적이고 결정을 내리는 존재로 이해하는 한, 인간의 행위 능력이라는 사안은 무시할 수 있는 문제가 아니다. 유전자 결정론과 동아줄을 이용한 탈출의 조합은 신자유주의 문화의 핵심에 위치해 있다. 개인주의에 대한 긍정이 바로 그것이다.

'우리의 죄는 크도다'?

HGP 그 자체의 유산과 마찬가지로 다윈이 남긴 유산 역시 애매모호하다. 21세기 들어 진행되고 있는 진화와 발달의 재통합—다윈이라면 분명히 반겼을—은 서열분석가들이 밝혀낸 유전적 복잡성의 발견에 토대를 두고 있지만, 동시에 유전자 담화의 한계를 보여주고 있기도 하다. 월터 길버트에게는 안된 일이지만, 인간의 생명을 CD에 기록된 문자열에서 읽어낼 수는 없다. 그러나 다윈의 원래 표현 방식 속에 녹아들어 그것을 떠받쳤던 사회적 가정들—경쟁이나 계급, 인종, 젠더 불평등의 불가피성—은 이후 진화 이론 그 자체의 진화에 나쁜 영향을 미쳤다. 사회생물학과 진화심리학의 기획은 에드워드 윌슨이 그토록 분명하게 선언했던 것처럼 사회과학을 생명과학과 통섭하게(라고 쓰고 '생명과학에 종속되게'라고 읽는다) 하는 것이었다. 하지만 다윈 자신조차도 의심의 순간을 겪었다. 《비글 호 여행기》에서 그는 "빈민들의 비참함이 자연의 법칙에 의한 것이 아니라 우리가 가진 제도에 의한 것이라면 우리의 죄는 크도다"라고 썼다.[42] 세계화의 정치경제가 위기를 맞고 있는 현재의 맥락 속에서, 그의 반성은 그것이 처음 쓰였을 때 못지않게 오늘날에도 시사하는 바가 크다.

3

동물 먼저
: 윤리가 실험실에 들어오다

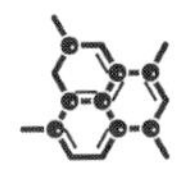

동물 먼저: 대단히 영국적인 이야기

다윈은 상냥한 성격에 자유주의적인 성향을 지녔지만 정치에는 관여하지 않았던 인물로 널리 알려져 있다. 비글 호 여행 이후 그의 생활은 독서, 연구, 출판, 끝없는 서신 작성, 가족 및 친지와 시간 보내기 등으로 꽉 차 있었다. 그럼에도 1870년대 들어 그는 '과학'과 '사회' 간에 최초로 빚어진 윤리적·정치적 갈등에서 적극적인 역할을 담당하게 되었다. 문제가 된 사안은 동물에게 의도적으로 고통을 주는 것이 생물학 연구에 본질적인가 하는 것이었다. 동물생리학이라는 새로운 실험과학에 반대해 점차 세를 키우고 있던 생체 해부 반대 운동은 모든 동물실험을 금지하는 법률 제정을 계획하고 있었다. 다윈과 동료 과학 연구자 그리고 과학적 의학에 새롭게 투신한 야심에 찬 의사들(조지 엘리엇의 소설《미들마치》와 거기서 과학적 의학을 촉진하려 했던 젊은 리드게이트 박사의 끝내 실패한 계획을 떠올려보라)은 생리학을 방어하기 위한 행동에 나섰다.

생체 해부 반대 운동은 크게 두 갈래로 이뤄져 있었다. 사냥, 사격, 낚시를 즐기는 귀족과 지주 계층, 그리고 주로 상위 중산층 여성들로 이뤄진 사회적·정치적 페미니즘 운동이 그것이었다. 이 둘은 두드러진 동맹군은 아니었다. 전자는 자본주의 이전 사회구조의 일부였고, 따라서 그들의 세계를 허물고 있던 근대성의 필수 요소인 과학이나 과학자를 지지하지 않았다. 반면 양성평등을 추구하는 후자는 근대성의 잠재적 동맹군이었다. 자본주의 정치경제는 오랫동안 가부장적인 성격을 지녔지만, 반드시 그래야 하는 것은 아니다(적어도 고등교육을 받은 여성들에게는 그렇다). 페미니즘은 대다수의 사회운동과 마찬가지로 내부에 여러 갈래가 있었다. 대부분의 페미니스트에게 생체 해부는 나쁜 것이었고, 손꼽히는 페미니스트 잡지인 《영국여성리뷰English Woman's Review》에 싸움에 대한 소식이 정기적으로 실렸다. 반면 선구적 의사 엘리자베스 개럿 앤더슨과 소설가 조지 엘리엇을 포함한 영향력 있는 소수 집단은 생의학을 환영했고, 동물실험의 논거를 인정했다.

동물 학대에 반대하는 운동은 영국의 문화적 지형도에서 잘 확립돼 있던 일부분이었고, '인간의 가장 좋은 친구'인 개와 고귀한 말이 그 중심에 있었다. 여러 세대에 걸쳐 여자아이들의 눈물샘을 자극했던 애나 슈얼Anna Sewell의 소설《블랙 뷰티 Black Beauty》(1877)는 이 장르의 고전으로, 말을 지키고자 하는 독자들의 공감을 자아냈다. 말은 실험동물로 적당하지 않아 생체 해부론자들로부터 상대적으로 안전했지만, 개는 그렇지 않았다. 몸집, 비용, 입수 가능성 때문에 개는 손쉬운 실험 대상이었다. 실제로 개는 우리와 가장 가까운 동물이었다. 진화적 의미에서가 아니라 인간 옆에서, 뒤이어 인간과 함께 살게 된 최초의 동물이라는 점에서 그렇다. 화석과 고고학적 증거는 개들이 선사시대 사람들의 소집단 주위를 서성거리며 손쉽게 얻을 수 있는 식량 공급원으로 인간의 배설물을 뒤지곤 했음을 말해준다. 설사 인간의 가장 좋은 친구는 아니라 하더라도 개는 분명 우리의 가장 오랜 친구이며, 지금도 악취를 풍기는 것을 좋아하는 미각을 갖고 있다. 가족이 키우는 개는 바로 가족의 일원이다. 오웰의 말을 빌리자면, 실험실 안팎에서의 동물 보호에 관한 한 모든 동물은 평등하지만 어떤 동물은 다른 동물보다 더 평등하다. 21세기에는 눈이 크고 털이 북슬북슬한 것이 우두둑 소리가 나거나 끈적거리는 것보다 더 유리하다.

동물 학대 반대가 이처럼 문화적으로 자리를 잡고 있었음에도, 어떤 행동이 학대인지는 분명치 않았다. 왕립동물학대방지협회Royal Society for the Prevention of Cruelty to Animals의 후원자였던 빅토리아 여왕과 협회 회원이었던 귀족들은 자신들이 즐기는 사냥 같은 유혈 스포츠는 전혀 학대가 아니라고 생각했고(조지 버나드 쇼는 나중에 그들을 가리켜 '조수류를 뒤쫓는 무리fur and feather brigade'라고 불렀다), 벼락출세를 한 실험가들의 계산된 학대에 반해 자신들이 높은 도덕적 지위를 점하고 있음을 강조했다. 페미니스트들은 생리학자들을 '새로운 사제단'으로 비난하면서 동물들에게 의도적으로 고통을 주는 남성 실험가, 부인에게 폭력을 휘두르는 남편, 남성 의사가 관장하는 출산시의 수치 사이에 유사성이 있다고 보았다. 어떤 사람은 잭 더 리퍼Jack the Ripper(19세기 말 런던에서 활동한 신원 미상의 연쇄 살인마 — 옮긴이)가 아마도 '학대에서 희열을 느끼는' 생리학자일 거라고 주장했는데, 당시에는 많은 사람이 이런 주장을 이상하게 여기지 않았다. 이에 맞서 실험생리학자들은 페미니스트들을 '비명을 지르는 자매들'로 깎아내렸다.

한 세기 후에 이 책의 저자 중 하나인 힐러리 로즈는 케임브리지에서 열린 실험의학의 탄생에 관한 학술회의에 참석했다. 힐러리를 비롯해 이날 참석한 다른 페미니스트들은 한 남성 의학사가가 "당신이 실험실laboratory이나 매음굴whorehouse에 있다면 하고 싶은 일은 뭐든 할 수 있습니다"라는 말을 불쑥 던지자 격분했다. 그는 자신의 말을 사과했지만, 학술회의에 모인 작은 그룹은 크게 당황했다. 그러나 실험실에 있는 '당신'을 매음굴에 있는 '당신'에 비유한 프로이트식 말실수는 너무나 젠더화된 것이었다. 무의식 수준에서 남성은 여전히 자신이 여성과 실험실 동물을 마음대로 학대할 수 있는 허가증을 갖고 있다고 생각하는 것일까? 국가가 동물 복지를 위해 다소 효과적인 규제 정책을 내놓긴 했지만, 성매매와 가정에서 여성에게 계속 가해지고 있는 수위 높은 폭력은 전혀 달라지지 않고 있다.

생체 해부에 대한 페미니스트들의 반대가 고도로 조직화된 것이었다면, 노동계급의 반대는 부글부글 끓고 있던 불신이 터져나온 것에 가까웠다. 이는 생체 해부 반대론자들이 배터시 공원에 세운 작은 갈색 개 동상의 소유권을 놓고 유니버시티 칼리지 런던(동물 해부의 발상지)의 의대생들과 노동계급 청년들 사이에 벌어진 싸움에서 볼 수 있듯, 이따금 의례적 갈등으로 나타났다. 불신은 빈민들에 대한 무료 진료 기관으로 설립된 공공병원의 유래에서 시작되었다. 말로 표현되지는 않았지만 의사들은 무료 진료에 대한 보상으로 살아 있는 환자-피험자에 대해 실험을 할 수 있고 환자가 사망한 후 신체 일부나 해골 전체를 빼내 연구나 교육을 위한 자원으로 쓸 수 있다는 묵계가 있었다.

위대한 자연학자인 다윈 역시 정교한 실험가였다. 비록 그가 선택한 대상인 지렁이와 따개비는 영국인들이 동물 학대에 느끼는 거부감에는 걸리지 않았지만 말이다. 예전에 그는 에든버러에서 마취 없이 수술하는 폭력성에 혐오감을 느껴 의학 공부를 그만둔 적이 있었다. 아울러 그는 여성 식물학자들과 서신을 주고받았고, 페미니스트이자 자유사상가인 프랜시스 파워 코비Francis Power Cobbe와 만나 자신의 진화 이론에 관해 논의하기도 했다. 그녀는 다윈과 그의 친절함을 좋게 생각했고. "그는 파리가 조랑말의 목덜미를 무는 것도 못 볼 위인"이라고 썼다.[1] 코비는 생체 해부 반대 운동뿐 아니라 아내 구타에 반대하는 운동에서도 지도적인 인물이 되었다. 그러나 그녀의 친절한 다윈 씨는 새로운 실험생리학에 헌신하고 있었다. 설사 생리학자들이 스스로 시인했듯이 그들의 연구가 '고통의 방법'을 요구한다고 하더라도 말이다.

고통의 방법은 동물, 대체로 개에 대한 실험을 의미했고, 때로는 마취를 하지 않고 큐라레curare(남아메리카의 원주민들이 화살촉에 바르던 독약—옮긴이)를 써서 몸을 마비시키지만 여전히 고통을 느낄 수는 있는 상태로 실험을 했다. 이 방법은 프랑스의 생리학자 클로드 베르나르Claude Bernard가 개발한 것으로, 영국에서는 1860년대에 존 버든-샌더슨John Burden-Sanderson이 그 뒤를 따랐다. 베르나르에게 새로운 '생명과학'은 '화려하고 눈부시게 밝혀진 홀'이었지만 '거기 도달하려면 길고 무시무시한 부엌을 통과'해야만 했다.[2] 그가 보기에 생체 해부는 소화의 과정을 명료하게 밝히는 데 도움을 주었고, 버든-샌더슨에게는 심장의 작동을 밝히는 데 요긴했다. 그들은 과학적으로 훈련받은 새로운 세대의 의사들을 위해 의술을 견고한 과학적 기반 위에 올려놓을 실험실 혁명이라는 전망을 공유했다. 이 의사들은 훈련 과정의 일환으로 직접 실험을 하면서 학습하고 의료 실천을 변화시킬 터였다. 프랑스를 풍미하고 있던 데카르트적 세계관—여기서 동물이 고통 속에 울부짖는 소리는 녹슨 기계가 내는 끽끽 소리 같은 것에 불과하다—속에서, 베르나르는 자신이 해부하는 마취되지 않은 동물의 아픔과 고통을 옆으로 제쳐둘 수 있었다. 그러나 베르나르의 부인과 딸들이 그의 실험을 보고 몸서리를 쳤고, 버든-샌더슨의 미망인이 유산을 동물 보호에 써달라고 남겼으며, 다윈은 다운하우스의 숙녀들이 생체 해부 옹호 계획을 엿듣지 못하게 했던 것을 보면, 남성 실험가들은 학대의 정당성을 심지어 가족 내의 여성들에게도 설득할 수 없을 거라는 사실을 깨닫고 있었던 것 같다.

1865년에 베르나르는 자신의 책 《실험의학 연구 입문Introduction to the Study of Experimental Medicine》에서 서로 관련된 두 가지 강력한 주장을 내놓았다. 윤리적 측면에서, 그는 드문 경우를 빼면 동물에 대한 연구가 인간 환자를 대상으로 수행되는 실험보다 먼저 이루어져야 한다고 주장했다. 인식론적인 측면에서, 그는 동물 연구가 정상적인 것에 대한 과학적 연구를 가능하게 하는 반면, 인간 환자에 대한 연구는 오직 비정상적인 것에 대한 얘기만 해줄 뿐이라고 제안했다. 결국 전자는 후자로는 가능하지 않은 방식으로 과학 지식에 기여할 수 있다는 것이었다. 연구를 실험실에서 임상으로 옮겨 놓기 위해 베르나르가 제안한 모델은 이후 규범으로 자리를 잡았고, 인간 피험자를 성급한 실험으로부터 보호하는 데 중요한 기여를 했다.

좀더 미묘한 영국이라는 환경에 위치해 있던 버든-샌더슨에게, 실험 연구는 윤리적·정치적으로 좀더 문제가 많은 것이 되었다. 생체 해부 반대 운동의 두 갈래가 결합해 강력한 힘을 발휘했다. 실험실 혁명가들이 위협을 심각하게 받아들인 것은 분명 옳았고, 1875년이 되면 생체 해부 반대론자들은 동물실험을 금지하는 법안을 상원에 발의할 정도로 힘을 얻게 되었다. 과학자들로부터 압력을 받은 영국 정부는 왕립위원회를 만들어 이 문제를 다루게 하는 고전적인 영국식 기법으로 대응했다. 생리학자들은 위원회에 출석해 자신들의 연구를 변호했다. 자신들이 동물에게 고통을 주긴 하지만, 이는 학대에서 비롯된 것이 아니라 과학적 이해를 추구하는 과정에서 나타난 것이며, 따라서 의학적 치료에 이득이 될 거라는 근거에서였다. 그러나 대중의 적대감이 너무나 강했기 때문에, 동물실험과 생명과학의 미래가 다른 곳은 몰라도 영국에서는 중단될 실질적 위험이 있었다. 이를 막으려는 결의에 가득 찬 연구자들은 전문 협회(생리학협회)를 설립해 운동을 시작했고 다윈의 지원을 끌어들였다. 그는 요청에 답해 최근 의과대학을 졸업하고 의사가 된 아들 프랜시스를 협회의 토론에 참가하도록 보냈다. 다윈과 그 동료들이 제안하고 위원회가 받아들인 타협안은, 실험은 허가를 받고 실시하되 가능한 한 항상 마취를 하는 식으로 동물실험을 규제해 학대를 최소화하자는 것이었다. 1876년에 제정된 법에 따라 내무부 산하에 사찰단이 신설되었지만, 최초의 사찰관들은 바로 생리학자들과 왕립학회 회원들이었기 때문에 그들의 사찰이 많은 것을 요구할 가능성은 낮았다. 이 법은 생체 해부 반대론자들을 만족시키지 못했고, 그들은 1898년에 영국생체해부폐지연합British Union for the Abolition of Vivisection을 설립했다. 이에 대해 생리학자들은 연구옹호협회Research Defence Society를 설립해 맞대응했다. 두 단체는 오늘날까지도 남아 있지만, 동물에 관한 우려의 중심은 이제 동물권 운동으로 넘어갔다.

지난 한 세기를 거치며 어떤 동물이 우리와 가장 가까운가에 대한 실험가들과 대중의 문화적 이해는 변화를 겪었다. 자연을 담은 필름들이 제 역할을 한 결과였다. 데이비드 애튼버러David Attenborough가 거대한 마운틴고릴라에 안겨 있는 장면을 그 누가 잊을 수 있겠는가? 진화 이론은 야생의 동물을 담은 텔레비전 다큐멘터리들에 힘입어 승리를 거두었다. 보호를 필요로 하는 것은 이제 인간의 가장 좋은 친구가 아니라 우리의 가장 가까운 친족인 영장류다. 이러한 변화는 대형 유인원에 대한 연구를 금지한 유럽의 입법에 강하게 반영되어 있다. 이 법은 원숭이에 대한 제한적 연구를 여전히 허용하고 있지만, 이 때 원숭이는 야생에서 잡아온 것이 아니라 실험실에서 사육한 것이어야 한다. 지난 10년 동안 영장류 연구를 위해 제안된 두 곳의 연구소에 반대가 계속되자 케임브리지의 프로젝트는 취소되었지만, 옥스퍼드의 연구소는 학생 지지자들에 크게 힘입어 시위대를 물리치는 데 성공을 거두었다. 학생 지지자들의 존재는 정치적으로 중요한 것이었다. 오늘날 활동가 학생들은 바리케이드의 반대쪽에 서 있을 가능성이 더 높다는 점을 감안하면 더욱 그렇다.

동물에서 인간으로

생명윤리의 기원은 넓게 보면 두 가지 큰 방식으로 독해되어 왔다. 첫째는 전 세계의 위대한 종교들과 고전 사상을 거쳐 현대 서구 철학까지 윤리적 사고의 역사를 탐구하면서 이것이 의학을 실천하는 사람들에게 어떻게 길잡이가 되어주었는지 살펴본다. 종교의 영향은 여전히 남아 있지만, 서구에서는 해를 끼치지 말라는 히포크라테스 선서로 환자의 이익이 충분히 보호되고 있다고 오랫동안 생각해왔다. 이에 대한 해석은 — 의사가 명시적인 범죄 행위를 저지른 경우를 제외하면 — 의료 전문직의 지배적 합의와 개별 의사들의 종교적 신념 양쪽 모두에 의지했다. 그러나 현대 의학에서 환자와 건강한 피험자에 대한 과학 연구가 중심을 이루게 되면서, 환자에 대한 충분한 보호를 제공하는 수단으로 그 본질상 전문직 및 개인적 자기 규제의 한 형태인 히포크라테스 선서에 의지하는 것은 점차 임상에서건 실험실에서건 오용을 방지하기에 부적절한 것으로 여겨지기 시작했다. 새로운 윤리규약, 더 나아가 심지어 외부적 규제가 필요해졌다. 이를 정식화하는 데는 20세기 대부분의 기간이 소요되었다. 새로운 용어들이 만들어졌다. 의사-환자의 관계를 다루는 의료윤리, 환자와 환자가 아닌 사람 모두에 대한 연구를 다루는 생명윤리, 치료와 연구 모두를 포괄하는 생의학윤리 등이 그것이다. 그러나 이러한 분야들을 명백히 분리된 활동으로 정의하려는 노력에도 불구하고, 그 사이의 경계는 항상 불분명했다. 여기서 우리는 생명윤리를 대체로 인간에 대한 생의학 연구의 윤리를 가리키는 용어로 사용한다.

생명윤리의 역사를 독해하는 둘째 접근법 — 우리와 견해를 같이하는 — 은 사상의 역사를 덜 강조하고, 특정한 연구 추문들에 대한 역사적 설명에 좀더 방점을 둔다. 이러한 추문이 드러나면 분노가 터져나오고, 이를 바로잡기 위한 전문가의(심지어 입법기관의) 활동에 대한 필요성이 촉발된다. 전형적인 경우는 협력의 제공 혹은 거부를 선택할 사회적 힘이 거의 혹은 전혀 없는 인간 피험자들 — 죄수, 군인, 학습 장애아, 여타 감금된 사람들 — 을 대상으로 공중보건 연구를 할 때 윤리적 문제를 고려하지 않았음을 폭로하는 것이다. 이러한 사건들에 대한 윤리적 대응이 종종 보편 윤리의 언어를 들먹이긴 하지만, 실제로는 국지적으로 퍼져 있는 지배적 이데올로기와 철학에 의존하며, 여기에는 톰 페인Tom Paine이 말한 상식도 포함된다.

영국에서 윤리가 동물과 함께 실험실에 들어왔다면, 독일에서는 히포크라테스 선서로 포괄되지 않는 새로운 문제를 제기한 인간 연구 피험자가 윤리적 우려를 자아냈다. 이야기는 1896년에 터진 추문에서 시작된다. 매독 환자에게서 뽑아낸 혈청을 매독에 걸리지 않은 환자에게 주입해온 사실이 드러난 것이다. 대중의 격분이 이어지자 의사 알베르트 몰Albert Moll은 그러한 오용의 재발을 방지하기 위해 의사와 연구 피험자인 환자 사이의 도덕적 계약을 제안했다. 생명윤리라는 용어는 1927년 독일의 프로테스탄트 목사인 프리츠 야르Fritz Jahr가 처음 도입했다. 그는 과학기술의 성장이 새로운 윤리적 틀을 요구한다는 사실을 인식하고 있었고, 다른 이들을 수단이 아닌 목적으로 대하라는 칸트의 도덕적 명령을 모든 생명체, 즉 생물계에 적용되는 생명윤리의 명령으로 간주해야 한다고 주장했다.

생명윤리적 사고가 실천으로 옮겨진 것은 공중보건 연구에서 추문이 터진 후의 일이었다. 학습장애아들을 수용하는 시설에서 결핵 백신의 효과에 관한 연구를 진행하다가 75명의 아이들이 사망한 것이다. 해를 끼치지 말라는 히포크라테스 선서는 그들을 보호해주지 못했다. 아이들의 사망 소식에 대중은 공분했고, 이에 바이마르 내무부는 1931년에 연구 피험자의 자발적 동의를 의무화하는 지침을 공포했다. 이는 본질적으로 공개된 도덕적 추문에 대한 정치적·윤리적 대응이었다. 그러나 이때쯤에는 바이마르 공화국이 종말을 눈앞에 두고 있었고, 나치당의 집권이 임박해 있었다.

의사들의 재판과 〈뉘른베르크 강령〉

1946년 10월 뉘른베르크, 네 나라가 참여한 국제 군사재판소는 나치 지도자들의 전쟁 범죄에 대한 재판을 시작했다. 그러한 재판에 대한 법률적 선례가 없었기 때문에, 전쟁 범죄를 기소하기로 한 정치적 결정은 네 연합국(영국, 미국, 프랑스, 소련)이 1945년 런던회의 때 내린 것이다. 회의론자들은 재판이 그저 '승전국의 정의'를 보여준 사례에 불과하며, 따라서 그리 선구적인 사건은 못된다고 주장하고 있지만, 재판을 반드시 열어야 했는지에 대해 의문을 제기한 것은 아이러니하게도 고등법원 판사 스티븐 세들리Stephen Sedley였다. 세들리는 처칠이 나치들을 즉각 총살하자고 주장한 반면, 트루먼 대통령은 국제 재판을 고수했다고 적고 있다. 보여주기식 재판의 가치를 분명히 이해하고 있던 스탈린은 매우 공개적인 행사에 대한 미국의 열정에 공감을 표시했다. 기소와 변호라는 공식적 과정이 전 세계 언론 앞에서 펼쳐지는 광경은 나치의 범죄가 언론의 주목을 최대한 받게 될 것이고, 그에 따라 그러한 범죄에 반대하는 국제 여론이 더욱 공고해질 것임을 의미했다. 여기에 더해 범죄자들의 운명은 앞으로 그러한 범죄를 저지르지 못하게 하는 억제책으로서도 역할을 할 터였다.

최초이자 가장 중요한 재판은 독일의 주요 전범들에 대한 재판이었다. 최초의 재판에 뒤이은 열두 건의 재판 중에는 1946년 12월에 시작해 1947년 가을에 막을 내린 '의사들의 재판Doctor's Trial'이 있었다. 재판 준비는 영국, 미국, 프랑스로 이뤄진 국제과학위원회가 전문가 그룹이 수집한 자료들에 근거해 진행됐다. 전문가 그룹은 전쟁 말기에 전진하는 연합군을 뒤따르며 오늘날 인권 침해라고 부를 만한 사례들(과 드러내놓고 밝히진 않았지만 가치 있는 군사 연구)의 증거를 찾았다. 재판 그 자체는 미국 군사법원이 진행했고, 미국 판사와 법률가(원고와 피고 모두를 대변하는)들이 재판을 담당했다. 표면상 재판의 수행은 전적으로 공정하게 이뤄졌다. 피고들은 스탈린 시기의 전형적인 보여주기식 재판에서처럼 자신의 범죄를 고백하면서 자아비판을 하지 않았다. 대신 그들은 도전적인 태도를 보였다. 그들은 자신들의 연구윤리를 변호했고, 자신들의 행동이 미국이나 다른 나라들에서 생의학 연구자들이 수행하던 것과 원칙적으로 다른 점이 없었다고 주장했다. 그들과 마찬가지로 자신들은 '훌륭한 과학'을 하고 있었다는 것이었다.

재판은 전쟁 범죄에 초점을 맞추었기 때문에 전쟁 발발 이전에 독일 시민들에게 저지른 나치의 범죄는 제외되었다. 이를 제외한 것은 결코 대수롭지 않은 문제가 아니었다. 이 시기 동안 최소 40만 명에 달하는 '정신적으로 부적격한mentally unfit' 독일 시민들이 살해되었기 때문이다. 의사들은 나치 우생학에서 중심적인 역할을 했다. 인종위생racial hygiene을 제안하고 계획하고 실행에 옮긴 핵심 집단으로서 의사들이 다른 어떤 전문직에 비해서도 나치당원들 중 높은 비율을 차지했던 것은 별로 놀랄 일이 못된다. 부적격자의 수를 줄이는 것은 공공 서비스지 범죄가 아니었다. 다음 장에서 다루겠지만, '정신적 부적격자'와 그들의 존재가 어떻게 국가의 혈통을 약화시키는가는 서구의 지식인과 정치인 들을 괴롭힌 문제였다. 그들은 부적격자의 수를 줄이는 우생학 프로젝트를 나치와 공유했기 때문에, 범죄자들에 대한 기소는 전쟁 범죄를 넘어 고발의 범위를 확대할 뿐 아니라 다른 국가들이 '정신적으로 부적격한' 동료 시민들에게 어떤 짓을 했고, 또 하고 있는가 하는 불편한 정치적 질문을 끄집어낼 가능성도 있었다. 대신 뉘른베르크의 검사들은 외국인 — 유대인, 집시, 공산주의자, 사회주의자, 혹은 신체적, 정신적 '부적격자' — 에게 전시에 가해진 실험에 초점을 맞추었다. 이는 한 국가에 대한 내정간섭이라는 달갑지 않은 선례를 피하기 위한 수단으로 보였다(오늘날 그러한 불법적 개입은 더 이상 국제적 합의를 요하는 문제가 아니다. 가장 지독한 사례는 이라크에 대한 '인도적 개입'이고, 리비아 내전에서의 임무 확대가 근소한 차이로 그 뒤를 따르고 있다).

23명의 생의학 연구자 — 그중 20명은 의사였다 — 가 강제수용소 재소자들에 대한 의학 실험에서 살인과 고문을 자행한 혐의로 기소되었다. 그들의 실험은 냉동, 저산소압, 상처 회복과 감염에 노출되었을 때의 영향을 연구하는 것이었다. 이는 모든 승전국 역시 잠재적으로 동등한 군사적 관심을 가진 문제들이었다. 피고 중 16명이 유죄 판결을 받았는데, 그중 7명이 교수형에 처해지고 9명은 다양한 형기의 수감형을 받았으며, 7명은 무죄로 석방되었다. 석방된 사람 중 하나인 후베르트 슈트루그홀트Hubertus Strughold는 냉동 실험에 가담했던 적극적 나치였는데, 미국 합동 참모본부가 보호 대상으로 지목해 풀려난 후 미군의 생의학 연구에 참여했다. 슈트루그홀트는 이른바 페이퍼클립 작전Operation Paperclip을 통해 전후 독일에서 미국으로 넘어온 과학자들 — 종종 한때 나치였던 — 중 한 사람에 불과했다.[3] 마찬가지로 악명 높은 731부대에서 활동했던 일본의 미생물학자들은 나치 의사들과 같은 재판을 받지 않았고, 메릴랜드 주 포트디트릭에 있던 미국 생물학전 연구 시설로 넘어왔다. 731부대는 생물학 무기를 동원한 끔찍한 실험들을 책임진 곳이었다. 처음에는 유아들을 포함해 모든 연령대에 걸친 중국 민간인 수십만 명을 감염시켰고, 이후 1940년대 만주 점령기에는 마취 없이 사람들에 대한 생체 해부를 했다. 그들의 범죄는 오랜 시간이 흐른 뒤에야 서구에 널리 알려지게 되었다. (일부 문서들은 미국 정부에 의해 2000년이 되어서야 공개되었다.)

1945년 이후 탈나치화는 철의 장막 양쪽 모두에서 대단히 불균등하게 진행됐고, 최고 과학자들의 경우에는 특히 그러했다. 그들은 해외에서 전시 동맹국들에 의해 가치를 인정받았고, 국내에서는 이내 과학계의 존경을 다시 얻었다. 서독에서 과학적 인종주의의 지도적 이론가들은 아무 탈 없이 살아남았을 뿐 아니라 대학에서의 지위를 되찾았다. 탈나치화의 한계가 분명하게 드러난 것은 독일의 유전학자 베노 뮐러-힐Benno Müller-Hill이 《살인적 과학Murderous Science》이라는 책에서 나치 의사와 과학자들 — 초인 아리아 민족과 열등 민족untermenschen을 정의한 과학적 인종주의의 바로 그 이론가와 실천가 — 의 불사조 같은 생존을 기록한 이후였다.[4] 나치 인종과학의 핵심 인물들은 그저 살아남은 정도가 아니라 과학계를 이끄는 연구소들의 소장이자 과학자 공동체에서 환영받는 참여자가 되어 있었다.*

재판정에서 수석 검사인 텔퍼드 테일러 준장은 의사들에 대한 기소 내용이 불가피하게 살인에 관한 것이지만, 나치 의사들의 연구는 살인 '이상의 것'을 포함하고 있었다는 관찰에서 시작했다. 검사 팀이 직면한 법률적 도전은 이러한 '이상의 것'이 무엇인지 정확하게 정의하는 압도적 근거를 법정에 제시하는 것이었다. 그것은 테일러가 '사망학thanatology', 즉 죽음 생산에 관한 과학이라고 불렀던 것이었는가, 아니면 연구 피험자의 고통에 과학자들이 완전히 무관심했다는 사실이었는가, 아니면 둘 다였는가? 법적 절차를 지켜야 했기 때문에 재판은 그리 호락호락하지 않았다. 검사 팀은 피고들이 증언석에서 극악한 범죄에 대한 공격을 받고 있을 때 보여준 자기 확신과 대결해야 했다. 이는 그들이 확신했던 나치즘뿐 아니라 그들이 가진 생의학 연구자로서의 확고한 자기 정체성에서 나온 것이기도 했다. 그들의 희생자들도 공유할 것으로 기대할 수 있는 처지는 아니었지만, 연구 피험자들의 고통은 그들이 인간이 아니라고 주장하는 과학적 인종주의의 이데올로기 속에서 완전히 무시될 수 있었고 실제로 무시되었으며, 따라서 생의학 연구윤리의 범위 바깥에 있었다. 결국 1000명의 러시아인, 500명의 폴란드인, 200명의 유대인, 50명의 집시들은 도덕적으로는 실험실 생쥐 수준의 지위이면서도[5] 인간의 몸이라는 암묵적 장점을 가진 것으로 정의되었다. 아우슈비츠 실험이 이뤄진 '무시무시한 부엌'에서 얻어진 지식을 활용하는 것이 과연 윤리적인지는 계속해서 논쟁이 되어왔

* 이 책의 저자 중 한 명인 스티븐 로즈는 1980년대에 유럽에서 열린 신경과학 학술회의에서 이런 일을 겪었다. 그가 멩겔레의 협력자였던 페르슈어의 연구를 마치 정상과학의 일부인 것처럼 인용하는 데 반대하자, 참석한 연구자들은 그가 '정치를 과학에 끌어들여' 학술회의를 난처하게 만들고 있다고 비판했다. 그러나 1980년대 프랑크푸르트에 있는 대규모 뇌 연구소의 박물관에서 강제수용소 희생자의 조직 시료가 발견되면서, 정작 난처해진 것은 연구소장인 신경과학자 볼프 싱어였다.

다. 어떤 사람들에게 지식은 돈과 마찬가지로 아무런 냄새도 나지 않았다. 반면 다른 사람들은 그런 확신이 덜했다.

뉘른베르크의 변호인 팀은 1930년대 미국 일리노이 주에서 있었던 대규모 말라리아 연구에서도 비록 '자원자'이긴 하지만 죄수들을 피험자로 끌어들였음을 지적하며, 나치의 연구가 살인 '이상의 것'을 수반했다는 검사 측의 논고에 도전했다. 변호인 측은 미국의 죄수들에게 있었을지 모를 강압 — 아무리 미묘한 것이었다 해도 — 으로부터의 자유라는 측면에서 보면 말라리아 연구는 나치의 '실험'과 근본적으로 다르지 않다고 주장했다. 검사 측은 핵심적인 연구윤리 자문역이자 증인으로 일리노이 주에 기반을 두고 예전에 말라리아 연구를 후원했던 앤드류 아이비Andrew Ivy를 선택했는데, 이를 계기로 변호인 팀은 미국의 생의학 연구 실천의 지배적 윤리에, 특히 아이비와 말라리아 연구와의 관계에 의문을 제기할 기회를 잡았다.

뉘른베르크에서 검사 측은 선구적인 윤리강령의 존재를 지적할 수 있어야 했고, 아이비는 이를 제공하는 데 결정적인 역할을 했다. 그는 미국의 신경정신병학자 레오 알렉산더Leo Alexander, 독일의 의학사가 베르너 라이브란트Werner Reibrandt와 함께 검사 측 증인으로 출석했다. 알렉산더는 아이비만큼이나 윤리강령을 만드는 데 열성적이었지만, 라이브란트가 보는 관점은 조금 달랐다. 그는 부인의 유대인 혈통 때문에 직위를 잃은 독일 의사였다. 그는 의학사가가 되었고, 독일에서 위태롭게 생존하다가 용케 제3제국에서 살아남았다. 재판에서 검사 측의 소환을 받은 그는 20세기 초 이래로 독일 의학이 환자를 '일련의 생물학적 사건'으로서의 사람이 아니라 '마치 우편물 꾸러미 같은 단순한 대상'으로 간주하게 됐다고 주장했다.[6] 결국 환자의 비인간화와 대상화에 대한 그의 분석은 일견 시대를 앞서갔던 바이마르 독일의 윤리적 논쟁보다 훨씬 더 급진적인 것이었다. 그는 나치와 미국의 생의학 연구가 모두 피험자들로부터 자유의사에 따른 충분한 설명에 근거한 동의informed consent를 구하지 않았다는 점에서 거의 차이가 없다고 보았다. 라이브란트는 검사 측의 증인으로 출석했지만, 그의 용기 있는 증언은 그들에게도 대단히 불편한 것이었다.

아이비는 의료생리학자였고 미국의사협회American Medical Association에서 영향력 있는 인물이었다. 그는 미국 내에서 비록 공식적으로 성문화되어 있지는 않지만 생명윤리가 실천되고 있다고 주장했다. 이러한 그의 주장은 증거를 가지고 하는 말이라기보다는 의료 정치가로서의 확신에 따른 것이었다. 임상의사와 환자의 관계를 관장하는 의료윤리는 실제로 자리를 잡고 있었지만, 생의학 연구윤리는 아직 그렇지 못했다. 아이비와 알렉산더는 테일러가 필요로 했던 '이상의 것'을 제공하기 위해 그러한 강령의 초안을 작성했고, 재판이 열리기 직전인 1946년에 미국의사협회의 지지를 얻어냈다. 아이비의 초안은 알렉산더 등의 초안과 합쳐져 재판 말미에 판사들이 사건 요약문의 일부로 발표한 〈뉘른베르크 강령Nuremberg Code〉이 되었다. 뉘른베르크 재판의 역사를 서술한 이블린 슈스터Evelyne Shuster는 이렇게 암울하게 결론짓고 있다. "아이비의 의료윤리 원칙의 일차적 목표는 미래에도 인체 실험이 가능하도록 보장하는 것이었다. 의학에서 인권이나 환자의 권리 보호, 혹은 충분한 설명에 근거한 동의 원칙이 하는 역할과 같은 다른 모든 쟁점들은 이처럼 중차대한 목표에 비하면 부차적인 것이었다."[7] 이는 다윈과 그 동료들의 입법 제안을 반향한 것 이상의 것을 담고 있다. 19세기와 20세기의 과학자들 모두에게 중요한 쟁점은 생물학 실험의 미래를 보장하는 것이었다. 설사 다소 타협이 필요하다 하더라도 말이다. 그러나 이제는 연구 피험자가 동물이 아니라 인간이었다.

알렉산더도 아이비도 〈뉘른베르크 강령〉이 미국의 연구에 적용될 필요가 있다고 생각하지 않았다. 멩겔레와 그 동료들이 했던 가공할 연구가 미국에서 일어날 리는 없었다. 그 결과 뉘른베르크 이후에는 각자 전쟁 이전의 의사 중심 윤리로 되돌아갔다. 알렉산더는 연구윤리에 대한 히포크라테스의 견해가 〈뉘른베르크 강령〉의 취지 및 전망과 부합한다고 생각했고, 자신의 연구와 자신이 의사로서 갖는 전문직의 윤리적 의무를 구분하지 않았다. 아이비는 미국의사협회가 〈뉘른베르크 강령〉의 선구적 형태를 받아들이도록 신중하게 선택한 시점에 권고했으면서도, 미국의 생의학 연구가 윤리적 고려를 반드시 거쳐야 한다고 느끼지는 못했던 것 같다. 대다수 의사들에게 이는 항상 해오던 일이었고, 민주주의 국가에서 수행되는 연구는 그 정의상 윤리적인 것이었다. 역설적인 것은 아이비 자신의 경력이 돌팔이 암 치료법을 둘러싼 논쟁에 휘말리면서 윤리적 불명예 속에 막을 내렸다는 사실이다. 그는 자신이 제조와 판매에 컨설턴트로 관여한 신약 크레비오젠Krebiozen의 효능에 대해 잘 설계된 대조군 시험을 막으려 했다.[8] 승전국의 정의 문제를 걱정했던 사람들이 재판에서 아이비와 알렉산더가 했던 역할과 라이브란트의 증언이 뒷전으로 밀린 것에 우려를 표한 이유를 이해하기란 그리 어렵지 않다.

중요한 것은 〈뉘른베르크 강령〉이 전문직 윤리에 의한 보호—히포크라테스 선서가 제공하는 온정주의적 보호—에 의지하는 것을 넘어, 생의학 연구에서 환자-피험자의 도덕적 행위 능력을 중심에 두어야 한다고 주장했다는 점이다. 이러한 새로운 지위를 확보하기 위해서는 환자-피험자에게 실험의 목적을 알려주어야 하고, 환자-피험자가 자유롭게 동의를 하거나 이를 철회할 수 있어야 하며, 연구에서 빠질 수 있는 완전한 권리를 가져야 하는 등의 핵심적 요건을 갖추어야 한다. 그리고 인간에 대한 연구에 앞서 동물에 대한 연구가 이뤄져야 한다. 또한 연구는 사회에 도움이 되어야 하며, 그렇기 때문에 다른 방식으로는 수행될 수 없다.

이는 영감을 주는 원칙들이지만, 그것을 작성한 사람들은 원칙들을 실행에 옮기는 데 거의 혹은 전혀 관심을 두지 않았다. 국제연합 인권헌장과 달리, 〈뉘른베르크 강령〉은 심지어 미국 내에서조차 널리 보급되지 않았다. 연구윤리의 오용을 가장 예리하게 비판한 역사가들 중 한 사람인 조너선 모레노Jonathan Moreno는 뉘른베르크가 거의 영향을 미치지 못했다고 지적한 바 있다.[9] 그러나 그는 생의학 연구자들이 연구 피험자들의 이러한 새로운 도덕적 행위 능력에 대해 어떻게 알 수 있었을지, 또 그들이 자신의 연구에 윤리를 집어넣기 위해 어떤 일을 할 수 있었을지 하는 질문을 던지지 않았다. 아울러 앞으로 나타날 강령 위반을 막고 이를 시행하는 문제—특히 대중의 반대가 거의 혹은 전혀 없는 나라에서 위반 사례가 생길 경우—도 전혀 고려되지 않았다. 강령을 시행하려는 사람들은 마치 고양이 목에 방울 달기 같은 딜레마에 직면하게 되었다.

세계의사협회와 〈헬싱키 선언〉

의사들의 재판에서 나치의 끔찍한 연구가 폭로되면서, 생의학이 〈뉘른베르크 강령〉의 윤리적 전망을 전문직 윤리로 전환시키는 것이 중요해졌다. 이는 새로 생겨난 세계의사협회World Medical Association(WMA)가 설정한 목표 가운데 하나가 되었다. 1945년 7월에 국제적 의사 조직의 설립을 계획하기 위해 여러 국가에서 온 의사들의 비공식 회의가 런던에서 열렸다. 1945년과 1946년에 두 차례 예비 회합이 있었고, 이어 1947년에 27개의 가맹 국가 조직이 모인 최초의 국제회의가 열렸다. 그들이 받아든 의제는 의료윤리, 전문직 교육, 사회-의료적 문제에서 생의학 연구의 윤리에 이르기까지 매우 방대했다. 1948년 제네바에서 WMA가 내놓은 최초의 공식 선언은 환자에 대한 의사의 책임을 재확인했지만, WMA가 공식적으로 연구윤리의 문제를 다룬 것은 6년 후에 열린 헬싱키 회의에서였다. 여기서 나온 〈헬싱키 선언〉은 많은 측면에서 〈뉘른베르크 강령〉의 10개항 원칙을 다시 천명한 것이었지만, 환자-피험자와 건강한 피험자를 분명하게 구분한 데서 한 발 더 나아갔다. 그러나 〈뉘른베르크 강령〉에서는 자발적이고 충분한 설명에 근거한 동의가 가장 중요한 첫 번째 원칙이었던 반면, 〈헬싱키 선언〉에서는 12개 '기본 원칙' 중 아홉째로 밀려났다.

〈헬싱키 선언〉의 아홉째 원칙은 이렇게 적고 있다.

> 인간을 대상으로 한 모든 연구에서 모든 잠재적 피험자는 그 연구의 목적, 방법, 예상되는 이익과 잠재적 위험, 연구에 따르는 불편함 등에 대해 적절한 설명을 받아야 한다. 피험자에게는 언제든 자유롭게 연구 참여를 중단할 수 있으며 참여에 대한 동의를 철회할 수 있음을 설명해야 한다. 그 후 의사는 피험자가 자유의사로 제공한, 충분한 설명에 근거한 동의를 얻어야 한다.

그러나 둘째 원칙은 핵심 기준으로 훌륭한 과학의 개념을 도입한다.

> 인간 피험자를 포함한 실험 절차의 설계와 진행은 명확히 정의된 실험 규정protocol에 따라야 한다. 이 규정은 특별히 선정된 독립 위원회에 제출해 검토, 논평, 지도를 거쳐야 한다.

둘째 원칙에서 '훌륭한 과학'의 기준으로 동료심사peer review를 중심에 둔 것은 인권이 〈뉘른베르크 강령〉의 핵심 가치라고 믿고 있는 임상의사들에게 나치 의사들의 주장—자신들은 줄곧 훌륭한 과학 연구를 해왔다는—으로 가는 문을 위험천만하게 열어준 것으로 보였다. 〈헬싱키 선언〉은 인권보다 '훌륭한 과학'에 높은 우선순위를 부여했던 나치 의사들을 자신도 모르는 사이에 복권시킨 것일까? 이는 연구 피험자들에게 주어지는 보호를 약화시킨 것일까? 이 질문은 사라지지 않고 남아 있고, 앞으로도 그럴 것 같다.

1964년 이래로 최초의 선언문은 여러 차례(가장 최근에는 2013년에) 개정이 이뤄졌고, 개정될 때마다 선언문은 더 길어지고 적용 범위가 넓어졌다. 개정된 선언문들은 기관심사위원회를 통해 인간 피험자 대상 연구에 대한 동료심사를 더욱 강화하고, 연구 프로젝트에 대한 윤리적 정당화를 더 많이 요구하고, 이중맹검 실험에서 플라시보 사용의 정당성을 공식적으로 인정하고, 특히 에이즈 위기 이후로는 개발도상국에서의 임상시험 기준을 발전시켜왔다. 〈헬싱키 선언〉 이후로 국가 차원의 강령들도 마련되기 시작했다. 처음에는 자기 규제의 성격이 강했지만, 아주 서서히—전부는 아니지만 대부분의 국가들에서—강령 위반에 대해 강제성이 있는 처벌 규정을 갖춘 규제 아래 놓이게 되었다.

WMA의 역사에도 윤리적·정치적 추문이 없던 것은 아니었다. 나치 전력이 있는 한스 요아힘 세베링Hans Joachim Sewering을 1992년 WMA의 회장에 선출한 것이 가장 두드러진 사례다. 세베링은 1934년 나치당에 입당했고 쇤브룬 요양원에서 보조 의사로 일했다. 1993년에 침묵을 깬 두 명의 수녀에 따르면, 그는 신체적·정신적 장애가 있는 900명의 아이들을 쇤브룬에서 뮌헨 남쪽에 있는 안락사 시설인 에글핑-하르 '치료소'로 이송하는 작업을 책임졌다. 특히 그는 나치 안락사 프로그램 희생자들의 상징적 존재가 된 열네 살 소녀 바베트 프뢰비스의 죽음에 책임이 있다는 비판을 받았다. 세베링은 바베트를 보지도 않은 채 그녀에게 간질 진단을 내려 에글핑-하르로 보냈다. 그는 이러한 고발 내용을 완강하게 부인했고, 전쟁 이후에 존경받는 의사가 되어 1993년 독일의사협회 회장의 자리에 올랐다. 그러나 그에 대한 고발을 뒷받침하는 증거가 충분히 쌓이자 2005년 미국은 그를 전쟁 범죄로 기소할 준비를 했다.[10] 그럼에도 불구하고 2008년 5월에 세베링이 아흔에 접어들어 여전히 다하우(다하우는 독일 내에서 나치가 가장 먼저 강제수용소를 설치한 곳으로, 아우슈비츠와 함께 독일 강제수용소의 상징과도 같은 장소다 — 옮긴이)에 살고 있을 때(상을 준 사람들은 이 아이러니를 눈치 채지 못한 것 같지만), 독일내과학회는 그에게 '국가 보건 시스템에 대한 기여'를 인정해 최고 영예인 군터-부델만 메달을 수여했다. 국제적 항의가 빗발치면서 세베링은 WMA 회장에 취임하기 전에 어쩔 수 없이 사임했지만, 미국인권의사회는 어떻게 전직 나치가 그 신원이 드러나지 않고 20년 넘게 WMA 내에서 활동할 수 있었는지 따져 물었다.

〈뉘른베르크 강령〉과 〈헬싱키 선언〉의 원칙들을 실천에 옮기는 과정은 느리게 진행돼왔고, 특히 공중보건과 군사 연구에서 그러했다. 후자는 국가 안보를 이유로 감추어져 구조적으로 눈에 띄지 않지만, 마치 빙산의 숨겨진 부분이 그렇듯 종종 국가 연구 시스템에서 가장 큰 부분을 차지하고 있다. (1945년 이후 영국에서는 연간 국가 연구 예산에서 국방 연구가 차지하는 비중이 30퍼센트에서 60퍼센트 사이를 왔다 갔다 했다.) 군사 연구는 '자발적 동의'를 하거나 철회할 위치에 있지 못한 군인들을 일상적으로 활용했다. MK-ULTRA로 알려진 CIA 실험의 일부로 리세르그산디에틸아미드Lysergic acid Diethylamide(LSD)를 전혀 모른 채 투여받은 민간인과 CIA 직원들 역시 아무런 선택권도 제공받지 못했다.[11] 1940년대부터 1970년대까지 미국 원자

에너지위원회Atomic Energy Commission(AEC)의 연구자들은 알래스카의 마을 주민들을 방사성 요오드에 노출시켰고, 학습장애로 보호 시설에 수용된 49명의 10대들에게 방사성 철과 칼슘을 시리얼에 섞어 먹였으며, 샌 퀸틴에서 800명의 임신한 여성, 정신병 환자, 죄수 들을 방사성 물질에 노출시켰고, 일곱 명의 신생아에게 방사성 요오드를 주입했다.[12] 생물학 무기의 확산을 테스트하기 위한 야외 시험은 뉴욕 지하철 시스템에 박테리아를 방출하고, 캘리포니아 해안을 따라 비행기나 배에서 살포하는 방식으로 이루어졌다. 이러한 많은 실험과 시험들—'향정신성' 잠재력을 가진 약물과 절차에 대한 시험이 대표적이다—은 대학의 저명한 과학자들을 끌어들였는데, 신경심리학이 태동할 시기에 중심적인 인물이었던 도널드 헵Donald Heb도 그중 하나다.

결국 뉘른베르크와 헬싱키 이후 수십 년 동안 그러한 군사적 목표를 추구하는 과정에서 〈뉘른베르크 강령〉과 〈헬싱키 선언〉은 미 국방부 고등연구계획국Defense Advanced Research Project Agency(DARPA) 같은 조직들에 의해 뒷전으로 밀려났다. 물론 이와 유사한 실천들이 미국에만 있던 것은 아니었다. 미국에서는 정보공개 법령 덕분에 많은 사실들이 세상에 알려질 수 있었지만,[13] 다른 주요 군사 열강이 그에 상응하는 연구를 수행한 것에 대해서는 공개적으로 알려진 바가 더 적다. 정보공개Freedom of Infornation(FoI) 청구는 최근 들어서야 가능해졌고, 청구에 대해 얼렁뚱땅 넘어가는 식의 반응(2012년 NHS의 위험등록부risk register에 대한 정보공개 청구의 경우에는 노골적인 거절)이 일상적으로 나타나고 있는 영국에서는 퇴역 군인들의 불만 제기가 새로운 사실을 밝혀냈다. 1950년대에 영국의 화학전 방어 실험 시설이 있는 포튼다운에서는 군 인력이 신경가스 실험에서 일상적인 피험자가 되었다. 그 해당 물질이 무엇인지 혹은 어떤 심각한 위험이 잠재적으로 뒤따를 수 있는지에 대해 아무런 설명도 듣지 못한 채로 말이다(일부에 대해서는 그들이 감기 백신 시험에 참여하고 있다고 말하는 식으로 고의로 잘못된 정보를 주기도 했다). 그중 일부는 사망했고 다른 일부는 심각한 뇌손상을 입었지만, 그들이 배상을 받기까지는 수년에 걸친 압력과 법적 투쟁이 필요했다. 결국 영국 국방부가 반세기 전에 이뤄진 실험에서 남은 생존자들과의 합의안을 제안한 것은 2008년 1월이었다. 합의 금액은 겨우 8,300파운드로 2008년 평균 급여를 기준으로 하면 여섯 달치 봉급도 못되는 돈이다.[14]

군사 연구와 환자 치료 사이에는 윤리적 장벽이 거의 혹은 전혀 존재하지 않았다. 1966년에 포튼에 있는 미생물학연구단지Microbiological Research Establishment(MRE)의 소장 C. E. 고든 스미스는 런던 세인트토머스 병원의 동료들과 함께 28명의 중증 백혈병 환자와 기타 암 환자들을 상대로 한 실험적 치료법에 대해 보고했다. 그들은 환자들에게 랑가트 바이러스와 키아사누르 바이러스를 주입했는데, 이 바이러스들이 백혈구를 죽여서 암 증상을 완화시킬 수 있을 거라는 막연한 근거에서였다. 이 바이러스들은 잠재적인 생물학전 병원체로서 MRE의 흥미를 끌던 존재이기도 했다. 치료를 받은 환자들 대다수가 사망했는데, 그중 일부는 주입 후 몇 시간 만에 사망한 반면, 네 명은 일시적으로 병세가 호전되기도 했다. 필사적인 의학적 상황은 필사적인 조치를 요구할 수 있고 실제로 그러기도 하지만, 이 연구는 해를 끼치지 말 것을 의사들에게 주문하는 히포크라테스 선서만 있으면 충분하다는 믿음에 도전했다. 군사적 이익이 환자 보호보다 우선했다.[15] 미국의 경우와 마찬가지로 런던의 지하철 시스템을 통해 박테리아를 뿌린 시험 역시 비밀리에 이뤄졌다. 그러나 가장 악명 높은 사례는 1955년에서 1963년 사이에 태평양과 오스트레일리아의 우머라 시험장에서 있었던 원자폭탄과 수소폭탄 시험 때 군 인력과 지역 원주민들이 방사능에 노출된 일이었다. 여기서 살아남은 퇴역 군인들이 뒤늦게 약간의 배상금을 받긴 했지만, 원주민들이 법원을 통해 배상을 받을 가능성 — 지금은 21세기이고 인권변호사들의 지원을 받는데도 — 은 거의 없다. 퇴역 군인들과 마찬가지로 그들은 정의를 추구하지만, 퇴역 군인들과 달리 그들은 재원이 거의 없고 정치적 영향력도 거의 갖고 있지 못하다.

터스키기와 민권운동

미국의 생명윤리는 뉘른베르크에 관한 철학적 내지 신학적 반성에서 배태된 것이 아니라 신사회운동의 부상과 함께 나타난 1960년대의 들끓는 사회적 혼란 속에서 등장했다. 공중보건청Public Health Service(PHS)이 수행한 터스키기 매독 연구Tuskegee syphilis study에 대해 민권운동이, 더 나아가 미국 전체가 알게 된 것은 바로 이러한 맥락에서였다. 1932년에 시작된 이 연구의 목적은 매독이 앨라배마 주의 흑인들에게 흔한 질병이던 시기에 가난한 흑인들 사이에서 이 질병의 자연적 경로를 그려내는 것이었다. 연구에 참여한 600명 가운데 400여 명은 이미 매독에 걸린 상태였다. 피험자들은 연구에 참여하면 보건의료 혜택을 받을 수 있다는 말을 들었지만, PHS는 치료를 해줄 의사가 전혀 없었고 다른 보건의료 기구들이 치료를 제공하는 것을 적극적으로 막기까지 했다. 사람들은 자신이 매독에 걸렸다는 얘기를 듣지도 못했고 약을 받지도 못했다. 위험성을 내포한 수은 기반 약제인 살바르산 606이 1910년부터 나와 있었는데도 말이다. 1950년대에 매독 치료에 대단히 효과적인 약제 페니실린이 나오자 PHS는 이를 다른 환자들의 치료에 쓰기 시작했지만 터스키기 환자들에게는 투여하지 않았다.

연구에 참여했던 공익 제보자의 지속적인 노력이 마침내 성공을 거두어 1972년에 터스키기의 충격적인 사건이 전국적으로 1면 기사가 되었다. 당시 미국의 도시들을 집어삼키고 있던 인종 폭동을 감안하면 대응을 늦추는 것은 현명한 방책이 못 되었고, 이미 민권운동에 참여하고 있던 에드워드 케네디Edward Kennedy 상원의원은 이를 즉각 알아차렸다. 그는 1973년 초에 의회 분과위원회 모임을 만들었다. 이 모임은 4월에 터스키기 사건을 다루었고, 같은 달에 상원은 연방정부가 좀더 빨리 행동하지 못한 것을 공식적으로 비판했다. 바로 그 해에 연구 피험자들은 미국 순회법원에 집단소송을 제기했다. 1974년 12월에 정부는 법원 바깥에서의 합의를 통해 1000만 달러를 배상했다. 이 정도 속도로 이 정도 규모의 배상금이 지불될 수 있었던 것은 소외받고 분노한 미국 흑인들이 국가 질서에 위협이 될 수 있다는 인식이 커졌기 때문이었다.

인종주의적인 윤리적 오용의 정도가 적나라하게 드러난 것은 1943년부터 1948년까지 공중보건청의 성병 부서장을 역임한 존 헬러John Heller가 터스키기 사건의 역사를 쓴 제임스 존스James Jones와 했던 인터뷰에서였다. 헬러의 답변 중에 다음과 같은 구절이 있었다. "그 사람들의 지위를 감안하면 윤리적 논쟁은 가당치 않습니다. 그들은 환자가 아니라 피험자들이고, 아픈 사람들이 아니라 임상적 재료입니다."[16] 나치 의사들의 연구윤리와 이러한 공중보건 연구자들의 연구윤리 사이에는 대체 어떤 차이가 있는가? 아니면 1954년에 암도 전염될 수 있다는 가설을 시험하기 위해 병원의 환자들과 죄수들의 팔뚝에 암세포를 주입했던 슬로언케터링 암 연구소emorial Sloan-kettering Cancer Center의 저명한 바이러스학자 체스터 서덤Chester Southam의 연구윤리와 비교하면? 이 사건은 병원에 있던 세 명의 젊은 유대인 의사들이 뉘른베르크를 인용하며 그의 실험을 옹호하지 않고 사임하고 나서야 세상에 알려졌다. 서덤은 가벼운 견책을 받았지만, 나중에 그가 미국 암학회American Association for Cancer Research의 회장이 되는 데는 별다른 지장이 없었다.[17] 이 시기 즈음에 사회학자 버나드 바버Bernard Barber와 그 동료들이 의학 실험에서의 윤리적 통제에 대한 선구적 연구를 수행했고, 그런 통제는 거의 혹은 전혀 존재하지 않는다고 결론내렸다.[18]

1970년에 신경외과 의사 버논 마크Bernon Marc와 정신과 의사 프랭크 어빙Frank Irving은 뇌 깊숙한 곳에 자리 잡은 편도체가 감정과 연관돼 있음을 보여준 신경과학 연구에 근거해 한 가지 제안을 내놓았다. 그들은 문제가 되는 뇌의 영역을 제거해 도시 빈민가의 폭동 참가자들과 혁명적 흑인 죄수들을 '치료'할 것을 제안했다.[19] 이를 옹호한 사람들에 따르면 미국인 중 5~10퍼센트 정도(다시 말해 미국 흑인들)가 그러한 정신외과 수술의 '혜택을 볼' 터였다. 그러나 터스키기의 인종주의적 악명에 더해 이처럼 정신외과 수술을 도시 빈민가를 진정시킬 수단으로 제시하는 역겨운 약속까지 나왔는데도, 생의학 연구 및 환자 치료의 윤리를 책임지고 있는 미국의사협회는 침묵으로 일관했다.

터스키기의 충격에 대한 기억은 사라진 것이 아니다. 미국 흑인들은 여전히 공중보건청과 미국의 백인 생의학 연구자들을 경계하고 있다.[20] 터스키기에 못지않게 윤리적으로 끔찍한 또 다른 일화는 2010년이 되어서야 세상에 알려졌다. 웰즐리 대학교의 여성학 교수인 수전 레버비Susan Reverby는 1946년에 미국 공중보건청이 과테말라 의사 후안 푸네스Juan Funes — 그는 공중보건청에서 의사 훈련을 받은 인물이었다 — 와 협력해 수백 명의 과테말라 죄수들을 의도적으로 매독에 노출시켰음을 보여주는 문서들을 폭로했다. 그들은 질병의 경로를 연구하기 위해 매독에 감염된 매춘부들을 감옥에 들여보내거나 감염된 물질을 피부나 음경의 상처에 대는 식으로 죄수들을 감염시켰다.[21] 427명의 죄수들이 매독에 감염됐고, 그중 369명은 나중에 페니실린으로 치료를 받았다. 터스키기 연구가 시작된 해로부터 60년 이상이 흐른 1997년에 클린턴 대통령은 소수의 생존자들에게, 또 미국의 흑인 공동체 전체에 여전히 공개 사과를 해야 했다. 13년 후 오바마 대통령은 과테말라 대통령에게 비슷한 사과의 말을 전했다.

종교와 미국 생명윤리의 탄생

미국의사협회는 꿈쩍도 않는 것처럼 보였지만, 교회(가톨릭과 개신교 모두)의 종교윤리학자들은 그렇지 않았다. 민권운동을 지켜보며 양심의 가책을 느껴온 그들은 빠르게 변화하는 생의학의 첨단 연구들이 제기하는 새로운 윤리적 도전을 깨달았고, 연구의 윤리적 통제와 공공정책 사이의 관계를 탐구하기 시작했다. 생명윤리의 역사에 관한 책을 쓴 예수회 사제 앨버트 존슨이나 성공회 주교로 하버드에서 신학을 가르치던 조셉 플레처가 그러한 선구자들 중 하나였다. 사회학자 르네 폭스와 주디스 스웨이지가 미국 생명윤리의 역사를 다룬 책에서 지적한 것처럼, 성직자가 아닌 초기의 생명윤리학자들조차도 종종 성직자 가문 출신이었다.[22]

미국에서는 넉넉한 지원을 받는 생명윤리 연구센터 두 곳이 처음으로 생겨나 생명윤리가 진지하게 받아들여지기 시작하는 전환점이 되었다. 먼저 1969년에 설립된 헤이스팅스 생명윤리공공정책센터Hastings Center for Bioethics and Public Policy는 가톨릭교도인 대니얼 캘러헌Daniel Callahan이 초대 소장을 맡았다. 그리고 2년 후에는 케네디 연구소Kennedy Institute가 출범했다. 새로운 재생산기술이 연구소의 폭넓은 윤리적 관심사 중 하나로 포함된 데는 케네디 가족이 가톨릭 신자라는 점이 크게 작용했다. 회장은 에드워드 케네디 상원의원이 맡았다. 그는 생의학 연구에 관심을 가지고 있었고, 또 그의 부고 기사를 쓴 기자들에 따르면 1969년에 일어난 샤파퀴딕 사건에서 그가 몰던 차에 탄 젊은 여성이 경위 불명으로 익사한 데 대해 평생 참회할 필요를 느껴왔다고 한다.

가톨릭교회는 새로운 재생산기술의 발전으로 자궁 밖에서 수정이 일어날 가능성이 높아졌음을 가장 먼저 내다본 집단 중 하나였다. 만약 이것이 성공한다면 과학자들이 재생산 과정에 개입해 지금까지 불임이었던 부부가 자녀를 낳을 수 있었는데, 이는 폭넓은 함의를 갖는 사건이었다. 그에 따라 케네디 연구소의 창립 학술회의에는 '누가 태어날 것인가?', '출산은 권리인가?', '제조된 아기들: 생명의 시작에서 신기술의 윤리' 등을 주제로 한 분과 발표가 포함되었다. 케네디의 존재 덕분에 창립식의 내빈 명단은 마치 유명인사 인증 목록처럼 보였다. 테레사 수녀에서부터 저메인 그리어, 이반 일리치, 짐 왓슨, 시험관아기의 선구자 패트릭 스텝토, 노벨평화상 수상자이자 홀로코스트 생존자인 엘리 위젤, 그리고 무선으로 통제되는 뇌 조작에 의해 '정신적으로 문명화된' 사회를 옹호했던 신경심리학자 호세 델가도 등이 그런 사람들이었다. 그러나 이날의 분위기를 가장 잘 보여준 것은 아마 참가한 내빈들에게 주어진 선물이었을 것이다. 팔에 아기를 안고 있는 천사를 형상화한 수정 조각품과 수표가 그것이었다. 케네디 연구소의 창립을 기념하는 자리에서 나타난 이러한 신과 돈의 융합은 생명윤리가 생의학 연구를 위한 윤리 규정이면서 동시에 하나의 사업으로 탄생한 것을 잘 보여주었다.

터스키기 연구에서 가난한 흑인들의 몸에 인종주의적 학대가 있었다는 사실이 폭로된 후 대응에 나선 것도 케네디였다. 그는 의회를 움직여 국가연구법National Research Act을 제정하게 했고, 기본적인 생명윤리 원칙들을 정하고 연구 지침을 개발하는 일을 담당할 위원회를 설립했다. 미국인들은 대체로 규제를 좋아하지 않기 때문에 의회는 연구 실천을 재설정할 수단으로 윤리에 눈을 돌렸다. 위원회에는 종교윤리학자들 외에 당시 지배적인 학파였던 분석철학자들도 포함되었다. 1979년에 위원회가 발표한 〈벨몬트 보고서Belmont Report〉[23]는 주요 집필자인 도덕철학자 톰 뷰챔프Tom Beauchamp가 종교윤리학자 제임스 칠드러스James Childress와 공동 저술한 교과서 《생명의료윤리의 원칙들Principles of Biomedical Ethics》이 널리 쓰이면서 원칙주의 생명윤리principlist bioethics의 근간을 이루는 텍스트가 되었다.[24] 〈벨몬트 보고서〉에서 중심이 되는 가정은 개인의 자율성autonomy으로, 미국 문화의 개인주의에 필요불가결한 개념이다. 이러한 기반 위에서 보고서는 생의학 연구에서 핵심을 이루는 두 가지 윤리적 원칙, 선행beneficence과 정의justice를 추가로 제시한다. 뷰챔프와 칠드러스는 자신들의 책에서 두 가지 주장을 더 내놓고 있는데, 악행 금지non-maleficence를 네 번째 원칙으로 제시한 것과 〈벨몬트 보고서〉의 의제를 연구윤리에서 환자 치료의 윤리, 즉 의료윤리를 포괄하도록 확장한 것이 그것이다.

1990년대의 시점에서 〈벨몬트 보고서〉를 돌이켜보면서 생명윤리학자이자 법률가인 조지 애너스George Annas는 이 보고서가 기성 체제를 옹호하고 있다고 비판했다. 연구는 본질적으로 선한 것이고, 실험은 드물게만 해를 끼치며, 연구자들이 압도적 다수를 차지하는 윤리심사위원회가 연구 피험자들을 적절하게 보호할 수 있다고 낙관적으로 가정했다는 점에서 그렇다(이 모든 가정들은 비단 〈벨몬트 보고서〉에만 국한되는 것이 아니다).[25] 애너스의 비판이 갖는 중요성에도 원칙주의는 승리를 거두었다. 그들의 책이 출간된 이후 생의학 연구가 봇물 터지듯 쏟아져 나왔음에도 요즘까지도 모든 대학의 구내서점에 《생명의료윤리의 원칙들》이 무더기로 쌓여 있는 걸 보면 원칙주의가 아직 죽지 않았음을 알 수 있다. 보편주의 윤리의 가정이 지닌 약점과 그것의 일관된 적용 — 정의로운 적용은 접어두더라도 — 이 얼마나 비현실적인지는 이후에 드러나게 될 터였다.

생명윤리 사업

생명윤리를 독특한 미국의 산물로 부각시킨 것은 케네디 연구소의 창립식에서 상징적으로 드러난 도덕과 돈의 융합이다. 21세기 초가 되면 이는 넉넉한 재정 지원을 받는 학문 활동이 되었고, 이 분야 연구자들을 위해 분명하게 마련된 진로, 경쟁 관계에 있는 생명윤리 연구소 간의 영역 다툼, 자문 회사들, 서로 경쟁하는 일련의 인쇄본 학술지와 온라인 학술지들을 갖추었다. 생명윤리는 40여 년에 걸친 제도화의 과정을 거치면서 생의학 연구 내에 굳건하게 자리 잡았고, 그것의 당연한 특징으로 받아들여지게 되었다. 윤리는 이제 개별 연구자들이 내면화해야 하는 것이 아니라, 《네이처》 기사에 쓰인 표현을 빌리면 그들이 "윤리를 원할 때는 다이얼 E를 돌리고" 캠퍼스에 있는 동료 생명윤리학자와 상담을 할 수 있는 것이 되었다.[26] 오늘날에는 모든 대규모 생의학 프로젝트들이 직원 내지 컨설턴트로 고용된 전문 윤리학자를 두고 있다. 사회학자 레이먼드 드브리스Raymond DeVries와 자나르단 수베디Janardan Subedi,[27] 과학사가 찰스 로젠버그Charles Rosenberg[28]가 지적한 것처럼, 생명윤리는 하나의 분야라기보다 사업으로 더 잘 이해될 수 있다.* 생명윤리학자들의 부상은 윤리의

* 이 책의 저자 중 하나인 스티븐 로즈가 참석했던 유럽의 생명윤리 학회 모임에서는 서로 경쟁 관계에 있

외주화outsourcing로 볼 수 있는데, 이는 대단히 신자유주의적인 방식이다.

생명윤리라는 전문 분야가 '자율성'에 몰두하는 것은 드 토크빌이 19세기 초에 관찰했듯, 민주주의에 대한 정력적인 추구와 함께 미국 사회의 핵심에 위치해 있는 개인주의와 잘 부합한다. 뷰챔프와 칠드러스의 이론화 과정에서 나중에는 자율성이 자율적 개인들에 대한 존중을 강조하는 것으로 수정되긴 했지만, 그러한 개인들은 가혹하리만치 위계적인 사회 속에서 그들이 처한 위치의 구조적 제약으로부터 벗어날 수 없다. 예를 들어 정의의 원칙은 건강보험에 가입돼 있는 미국 시민과 관련이 있는 쟁점들만 고려한다. 페미니스트 철학자 로즈마리 통Rosemary Tong이 1997년에 지적한 것처럼,[29] 이렇게 위축된 정의 개념은 오바마의 개혁에도 불구하고 여전히 미국의 보건의료 시스템 바깥에 남아 있는 수백만의 사람들에게 아무것도 해줄 얘기가 없다.

페미니스트 철학자들은 원칙주의에 대한 공격을 계속해왔다. 앤 던친Anne Donchin은 뷰챔프와 칠드러스의 자율적 개인이 현실 속에서는 상호의존적인 사회관계망 속에 파묻혀 있다고 강조한다. 가족, 젠더, 계급, 인종—여러 겹의 사회적 분할 중 단지 몇 가지만 언급한 것인데—이 교차하는 지점은 사회적 맥락에서 독립된 개인이라는 추상적 관념에 몰두하고 있는 원칙주의에 의해 무시된다.[30] 새라 러딕Sarah Ruddick[31]과 캐럴 길리건Carol Gilligan[32]은 의존성과 상호의존성에 대한 강조를 통해 자신들이 제시하는 배려의 윤리ethic of care를 뒷받침함으로써 결과주의 윤리와 의무론적 내지 규칙 기반 윤리 모두를 넘어서려 시도해왔다. 주류 생명윤리는 이러

는 미국의 두 생명윤리 연구소 소속 연구자들이 신경윤리 — 빠른 속도로 그 세를 넓히고 있는 생명윤리의 하위 분야 — 의 '소유권'이 어느 쪽에 있냐를 놓고 장시간 말다툼을 벌이는 바람에 의사 진행에 파행을 겪기도 했다.

한 페미니스트들이 강조하는 상호의존성을 수용해왔지만, 그 저자들에게 빚진 바를 밝힌 경우는 거의 없었다.

뷰챔프와 칠드러스의 추상적 자율성 개념이 연구에서 어려움에 부딪치고 있던 시점에, 〈헬싱키 선언〉에 포함된 충분한 설명에 근거한 동의 개념도 어려움에 처해 있었다. 이 개념은 원래 잠재적인 연구 피험자에게 믿을 만하고 정확한 정보를 전달하는 것의 중요성을 강조하기 위한 것이었다. 이는 결코 쉬운 일이 아니었고, 지난 반세기 동안 유전체학이 엄청나게 성장하면서 더욱 어려워지거나 아예 불가능해졌다. 어떤 사람이 유전자 검사에 동의하면 검사 결과는 그 개인뿐 아니라 부모, 형제자매, 자식 등 그 사람의 유전적 친족과도 연관될 수 있는데, 그들의 경우 그 정보를 원치 않을 수도 있고 반대로 그걸 알고자 할 수도 있다. 21세기의 유전체학은 "어느 누구도 고립된 섬은 아니다"라고 했던 16세기 시인 존 던Jhon Donne의 주장을 따르고 있다. 그뿐 아니라 가령 그 규모가 빠르게 커지고 있는 바이오뱅크 중 하나에 DNA 시료를 보관해둘 경우에는 나중에 애초의 동의서 양식에서 언급하지 않은 검사나 절차에 사용될 수도 있다. 이러한 상황에서는 — 별로 어울리지 않는 인물인 도널드 럼즈펠드Donald Rumsfeld의 말을 빌리면 — 알려진 미지의 것known unknown과 알려지지 않은 미지의 것unknown unknown이 모두 존재한다. 여기서 가능한 위험에 관해 적절한 정보를 제공하는 것은 충분한 설명에 근거한 동의처럼 인지 중심의 개념에 반드시 필요한 것임에도 거의 불가능에 가깝다.

21세기에 접어들 무렵에 거대한 DNA 바이오뱅크가 등장하기 시작하면서, 유전학자들은 충분한 설명에 근거한 동의라는 개인주의적 관념을 자신들의 연구에 쓸 수 없음을 점차 깨닫게 되었다. 이에 윤리학자들은 난국을 돌파하기 위한 방편으로 집단적 형태의 동의에 눈을 돌렸다. 집단적 동의는 인류학자들에게 결코 낯설지 않은 개념으로 인간 유전체 다양성 프로젝트를 둘러싼 갈등에서도 중심을 이뤘고, 토착 부족들을 연구하고자 하는 모든 과학자들이 접근 기회를 확보하는 과정의 일부분이었다. 그러나 어떤 사람들이 집단을 이루고 그 집단이 실제로 누구를 대표하는가 하는 문제가 분명치 않을 수 있다. 집단주의로의 전환을 보여주는 초기 사례 중 하나는 영국의 철학자 루스 채드윅Ruth Chadwick과 캐나다의 법률가 버타 크노퍼스Bartha Knoppers가 제안한 것이었다. 그들은 다섯 가지 새로운 원칙 — 호혜성, 상호성, 연대성, 시민성, 보편성 — 을 제안했는데,[33] 마지막 원칙은 문화적 차이를 고려해 서구중심적인 원칙주의 생명윤리 관점을 넘어서기 위한 것이었다. 그러나 그들이 제시한 모든 원칙들은 권력관계를 무시하고 있다. 대체 어떻게 가난한 원주민 공동체가 영국 정부와 호혜성을 확립한단 말인가? 무엇이 상호적인 것인지 누가 결정할 것인가? 힘 있는 자인가, 약한 자인가? 공동선을 위한 연대로 정의되는 그들의 연대성 원칙은 누가 공동선을 정의할 것인지에 대해 말해주고 있는가? 이는 19세기의 마르크스나 오늘날의 '점령하라' 운동Occupy Movement(2011년 뉴욕에서 시작된 월스트리트 점거 운동으로부터 전 세계로 퍼져나간 사회경제적 불평등에 대한 항의 운동 — 옮긴이)처럼 기존 사회 질서의 전복을 필요로 할 것이다. 시민의 개념은 세계화의 결과로 엄청난 규모의 인구 이동이 나타난 현재 맥락에서 어려움에 직면한다. 시민과 비시민(이민자와 난민)을 모두 포용하며 아래로부터 끈기 있게 다문화주의를 구축하는 것은 시민권을 넘어서는 새로운 집단성을 나타낸다. 보편성을 통해 문화적 차이를 고려할 수 있을 거라는 생명윤리학자들의 희망은 현재 생명공학의 동력이 유럽과 미국에서 나오고 있으며 그러한 서구중심주의가 앞으로 아시아에 있는 새로운 생명공학 거대 기업에 의해 대체될 거라는 작금의 현실을 모두 무시하고 있다.

몸 속의 재산

상대적으로 최근까지 외과 수술에서 나온 폐기물 — 사후 검시에서 떼어낸 신체 일부를 포함해서 — 이 외과 의사나 병원의 재산이 된다는 가정에는 별다른 의문이 제기되지 않았다. 외과 의사들은 상당한 양의 개인적 수집품을 모을 수 있었고 실제로도 모았는데, 이는 종종 연구나 교육을 위한 것이었지만 때로는 단순한 호기심이 작용한 결과였다. 키가 2미터 30센터미터에 달했던 '아일랜드의 거인' 찰스 번Charles Byrne은 자신이 죽고 난 후에 괴물로 해부될 거라는 생각에 너무 무서웠던 나머지 자신을 바다 속에 장사지내 달라는 희망을 피력했다. 그의 유해는 1783년에 이름난 외과의사 존 헌터John Hunter가 당시로서는 엄청난 금액이었던 500파운드에 사들였고, 이후 런던에 있는 왕립외과의사협회Royal College of Surgeons의 헌터리언 박물관에 보관되었다. 오늘날에는 예전에 관람이 제한되었던 병리학 박물관이 대단히 우아하게 새로 단장해 일반에 공개되어 있다. 번의 유골은 지금도 전시되어 있는데, 이는 엄밀히 따지면 합법적이긴 하지만 도덕적으로는 여전히 개탄스러운 일이다. 원래 수집품의 일부였던 수많은 인간 유골이 사람들의 이목에서 벗어나 런던 자연사박물관 지하실로 자리를 옮겼음을 감안하면 더욱 그렇다.

사람의 몸을 임상적 재산으로 보는 이러한 오래된 개념은 널리 저항을 받아왔다. 이 문제가 영국에서 극적으로 대중의 시선을 사로잡게 된 것은 1990년대에 병원과 개별 의사들이 신체 일부를 갖는 일에 관한 일련의 추문이 터진 이후였다. 브리스톨 왕립병원은 병원에서 심정지로 사망한 아이들의 사후 검시를 마친 후 교육 및 연구용으로 심장을 떼어냈다. 의학문화에서는 이것이 '폐기물'이므로 심장을 제거하는 것은 아무런 윤리적 문제도 제기하지 않았다. 그러나 부모들이 이 문제를 보는 방식은 달랐다. 그들은 자신들에게 먼저 의견을 물어봤어야 했다고 주장했다. 그 결과 터져나온 도덕적 추문은 언론에 의해 엄청나게 증폭됐고, 이내 리버풀에 있는 앨더하이 병원의 추문이 그 뒤를 이었다. 2001년 1월에 앨더하이에 대한 공식 보고서는 언론의 기사가 사실임을 확인해주면서 어떤 사건이 있었는지를 상세하게 설명했다. 병리학자 딕 반 벨젠Dick van Velzen은 병원에 머물렀던 기간 동안 "사후 검시를 받은 모든 아이로부터 모든 장기를 떼어내라는 … 비윤리적인" 지시를 체계적으로 내렸고, 다른 병원으로 옮길 때도 떼어낸 장기들을 가지고 갔다. 그는 심지어 부모가 완전한 사후 검시를 원하지 않는다는 뜻을 명시적으로 밝힌 아이들에 대해서도 같은 지시를 내렸다. 이 보고서는 전체 병원 시스템을 대상으로 이러한 관행을 조사했고, 10만 4000개가 넘는 장기, 신체 일부, 그리고 태아와 사산아의 몸 전체가 210개 NHS 시설들에 보관되어 있음을 밝혀냈다. 여기에 더해 사망한 환자들로부터 떼어낸 48만 600개의 조직 시료도 아울러 보관되어 있었다. 이뿐 아니라 버밍엄 아동병원과 앨더하이 아동병원은 모두 살아 있는 아이들이 심장수술을 받는 동안 절제한 가슴샘을 연구용으로 제약회사에 제공하고 그 대가로 금전적 '기부'를 받은 것으로 드러났다.

처음에 정부는 의학계의 전통적인 문화를 지지했지만, 대중과 많은 의사들은 이에 반대했고 이제 이러한 문화를 바꿀 때가 됐다고 느꼈다. 병원의 문화와 관행에서는 개별 임상의가 아닌 해당 기관이 잠재적인 교육 및 연구 용도로 '폐기물'인 신체 일부를 관리하는 도덕적 주체라고 주장했다. 따라서 반 벨젠은 인간의 신체 조직이 '자신의' 것이고, 따라서 다른 병원으로 옮길 때 수집품을 가져갈 권리가 자신에게 있다고 주장함으로써 의학계의 문화를 위배한 셈이었다. 그러나 정부의 입장은 끓어오르는 대중의 분노 앞에서 더 이상 유지될 수 없었고, 조사위원회가 설치되어 2004년 인간신체조직법Human Tissue Act 제정으로 이어졌다. 이는 인체 조직의 제거, 보관 및 사용을 규제하며, 충분한 설명에 근거한 동의가 있어야 한다고 정하고 있다. 다만 결정적으로 중요한 21세기의 상품인 DNA는 적용 대상에서 빠졌다. 이처럼 새로운 반대 정서가 대두하면서 몸 속의 재산은 장기를 떼어낸 아기들의 부모에게로 사실상 반환되었다. 그러나 이러한 성공에도 몸 속의 재산을 둘러싼 투쟁은 계속되고 있다.

반 벨젠이 신체 일부를 떼어내 이득을 얻으려 했다는 증거는 없지만, 미국에서 있었던 두 건의 사례는 소유권의 문제를 날카롭게 드러냈고, 연구 윤리에 관심이 있는 사람들이 되풀이해서 인용하는 사례가 되었다. 첫 사례는 1951년에 자궁경부암에 걸린 가난한 흑인 여성 헨리에타 랙스Henrietta Lacks가 볼티모어에 있는 존스홉킨스 병원에 들어오면서 시작되었다. 그녀가 라듐 치료를 받는 동안 임상의들은 그녀의 동의 없이 자궁경부에 있는 암세포 중 일부를 떼어냈다. 암세포들은 조직배양 전문가인 조지 게이George Gay에 의해 배양되었고, 대단히 특이한 성질을 갖는 것으로 밝혀졌다. 이전에 배양했던 세포들과는 달리, 헨리에타의 세포들은 성장과 분열을 무한정 계속해 중요한 연구 밑천을 제공해주었다. 헬라HeLa라는 이름을 얻게 된 이 세포주는 처음에 게이가 특허를 받지 않고 무료로 다른 연구자들에게 나눠주었지만 이후 상업화의 길을 걸었다. 헨리에타 랙스는 그 해에 사망했으나 그녀의 가난한 가족은 오늘날까지도 인정이나 금전적 보상을 받지 못하고 있다.

두 번째는 존 무어John Moore의 사례다. 그는 1976년에 캘리포니아 대학교 병원에서 데이비드 골디David Goldie로부터 백혈병 치료를 받았다. 랙스 사례에서와 마찬가지로 골디는 무어에게서 절제한 신체 조직으로부터 세포주를 유도했고, 캘리포니아 대학교는 이를 모세포주Mo cell line라는 이름으로 특허를 출원했다. 골디는 하버드에 기반을 둔 생명공학 회사 제네틱스인스티튜트Genetics Institute와 계약을 맺고 유급 컨설턴트가 되었으며, 보통주 7만 5000주에 대한 권리를 얻었다. 또한 제네틱스인스티튜트는 세포주에 관한 자료와 세포주를 가지고 수행한 연구, 그로부터 얻은 산물에 배타적 접근권을 얻는 대가로 3년에 걸쳐 골디와 대학에 적어도 33만 달러 이상을 지불하기로 했는데, 여기에는 그에 비례해 골디의 봉급과 부가 혜택을 일부 부담한 금액도 포함되었다. 1982년 6월 4일에는 제약회사 산도즈Sandoz가 계약에 추가되었고, 골디와 대학 평의회에 주어지는 보상액은 11만 달러 더 늘어났다. 나중에 이 사실을 알게 된 무어는 골디를 고소했다. 그러나 캘리포니아 대법원은 그에게 자신의 세포에 대한 재산권이 없다는 판결을 내렸다. 이는 부분적으로 세포주와 그로부터 얻어진 산물은 사실적으로 또 법적으로 그의 신체와는 별개라는 근거에서였다. 그러나 법원은 골디가 무어로부터 채취한 물질에 대한 자신의 금전적 이해관계를 밝힐 의무가 있으며, 무어는 의사가 그러한 정황을 공개하지 않은 결과 입게 된 피해에 대해 배상을 요구할 수 있다고 판결했다. 이러한 판결에 대해 미국 카나반병(주로 뇌에 영향을 미치는 조기발현 유전질환) 환우회 같은 몇몇 환자 단체는 서로 연대해 특허와 지적재산권, 그리고 그로부터 나올 수 있는 수익의 일부를 받는 조건으로 신체 조직 제거에 대한 동의를 협상하는 데 나섰다. 신자유주의 아래서는 몸 속의 재산—병든 몸도 포함해서—을 거래하는 것이 합리적인 행위가 된다.[34]

유전자와 신약을 시험하다

유전자 치료 임상시험을 둘러싼 추문은 가장 날카로운 논쟁을 불러일으켰다. 분자생물학자들이 유전자 치료의 전망에 대해 퍼트려온 극단적으로 과장된 예측은 그것의 성공과 실패를 둘러싼 언론과 대중의 이목을 집중시키는 데 큰 역할을 했다. 처음에 언론은 인간 피험자에 대한 연구의 윤리적 통제 문제에 별로 관심을 두지 않았다. 단 두 건의 임상시험 사례—하나는 미국에서, 다른 하나는 프랑스에서 진행된—는 효과적인 통제와 그렇지 못한 통제의 차이를 잘 보여준다. 첫 번째는 미국에서 1999년에 연구로 인해 사망한 제시 겔싱어Jesse Gelsinger 사례인데, 이는 널리 보도되었다. 겔싱어는 간질환을 유발하는 심각한 유전적 이상을 가진 18세 소년으로, 펜실베니아 대학교가 운영하는 유전자 치료 임상시험에 참가하게 되었다. 그러나 임상시험을 시작할 때 상당히 건강했던 그는 시험 과정에서 사망해 가족을 경악시켰다. 대학 연구팀에 저명한 생명윤리학자 아서 캐플란Arthur Caplan이 있었고, 충분한 설명에 근거해 동의를 구하는 통상적인 절차를 거쳤음에도 충분한 보호가 되어주지 못했던 것이다. 이어진 공식 조사는 대학 측에 책임이 있다는 결론을 내렸다. 먼저 임상적으로 적절치 못했음에도 겔싱어를 포함시켰고, 둘째로 이전에 두 명의 환자들이 유전자 치료에서 심각한 부작용을 경험했음을 알려주지 않았으며, 셋째로 충분한 설명에 근거한 동의 과정의 일부로 유사한 처치를 받은 원숭이가 죽었다는 사실을 언급하지 않았다는 점에서 그러했다. 책임 연구자는 해고되었고 미래의 유전자 치료 임상시험을 위해 훨씬 더 엄격한 틀이 마련되었다. 겔싱어의 가족은 소송을 제기했지만 법원 바깥에서 보상에 합의가 이뤄졌다. 이에 반해 2002년에 프랑스에서 있었던 SCID(중증복합면역결핍증, 흔히 '버블 베이비'라고 부른다)에 대한 유전자 치료 임상시험에서는 시험 도중에 열한 명의 신생아 중 두 명이 백혈병으로 사망하자 연구팀이 치료를 중단했고 임상시험은 종료되었다. 프랑스 연구팀이 윤리적으로 더 훌륭한 행동을 했다는 점은 누가 봐도 명백했다. 그럼에도 이렇게 실패를 경험한 유전자 치료는 — 설사 그 과정이 윤리적이었다 하더라도 — 이후 10년 가까이 임상시험이 중단되었다. 이후 임상시험은 조심스럽게 재개되었고, 2011년까지 두 건의 SCID 임상시험에 참여한 57명의 아이들 중 43명과 유전적 형태의 시각장애를 가진 30명의 아이들 중 28명에서 좋은 결과가 보고되었다.[35]

신약이 미국 식품의약국이나 영국 인간의약품위원회Commission on Human Medicines 같은 규제 기구의 인가를 받으려면 일련의 시험을 통과해야만 한다. 먼저 동물에 대해, 그다음에는 건강한 인간 피험자에 대해 시험이 이뤄지고, 뒤이어 환자를 대상으로 한 예비 임상시험과 최종적인 대규모 임상시험을 거친다. 모든 단계에서 반드시 연구의 질을 면밀히 검토해야 하지만, 환자 피험자들에게 가장 큰 위험을 제기하는 것은 최종 시험이며 대부분의 약들이 이 지점에서 실패를 맛본다. 유럽의 규제 기구들이 탈리도마이드를 뒷받침하는 연구의 질이 형편없음을 알아차리는 데 실패한 것 — 미국의 규제 기구들은 그러지 않았지만 — 은 그러한 기구들의 작업이 갖는 결정적인 중요성을 말해주고 있다. 임상시험 단계에는 수천 명에 달하는 미치료treatment-naive 피험자들, 다시 말해 관련된 어떤 약도 복용하지 않고 있는 사람들이 있어야 한다. 미국에서는 보편적 의료 시스템이 없는 덕에 제약회사들에게 시장 기회가 생겨났다. 가난하지만 건강한 많은 사람들의 경우 돈이 충분한 유인책이 될 수 있지만, 거의 확실한 죽음을 앞두고 있는 다른 사람들에게 임상시험 참여는 생명을 구할 수 있는 약을 얻을 유일한 수단일 수 있다. 이러한 상황에서 충분한 설명에 근거한 동의라는 것은 점선 위에 서명하는 행위 이상의 것이 되기 어렵다.[36] 일부 건강한 자원자들에게 보수는 그에 수반된 위험을 보상하기에 충분한 유인이 된다. 그러나 그러한 임상시험은 끔찍하게 잘못될 수 있고, 2006년 영국 노스윅파크 병원의 젊은 자원자들의 사례는 이를 잘 보여준다. 이 사례에서 자원자들은 백혈병 치료용으로 만들어진 소염제를 주입받은 후 거의 죽음에 이를 뻔한 면역 장애를 일으켰다.[37]

임상시험을 위해 충분한 수의 피험자를 찾는 것은 부유한 국가들에서 점점 더 어렵고 많은 비용을 소요하는 일이 되고 있다. 이는 특히 많은 임상시험들에서 피험자가 '약물 미복용drug-naive' 상태일 것을 요구하기 때문이다. 오늘날 미국에서 피험자 한 사람에 드는 비용은 '2급' 병원으로 알려진 곳에서 수행할 경우 대략 2만 달러다. 반면 인도에 있는 '1급' 병원에서 드는 비용은 피험자 한 사람당 대략 1000에서 1500달러다. 이러한 금전적 압박은 임상시험의 전 지구적 외주화로 이어졌다. 임상시험들은 표면적으로 동일한 기술적 수준과 동일한 윤리적 기준을 따라 수행된다. 그러나 미국 식품의약국이 확인한 결과 해외 임상시험의 경우 이러한 수준과 기준이 확보된 경우는 1퍼센트 미만이며, 그 수치에 대해서도 근거 있는 의심이 제기될 수 있는 것으로 나타났다. 가난한 개발도상국의 여성들에게 피임약을 시험해온 오랜 역사는 거대 제약회사에 전례가 되고 있다. 이는 일방적 과정이 아니다. 에스토니아 같은 예전의 공산국가들이 국민들을 내다 팔고 있다고 말하긴 그렇지만, 이를 이상적인 연구 피험자로 광고하고 있는 건 사실이니 말이다.[38] 이러한 외주화는 새로운 수탁연구기관contract research organization들이 수행하고 있으며, 오늘날 매우 거대한 사업이 되었다. 현재 미국과 유럽의 모든 환자 임상시험 가운데 적어도 78퍼센트가 해외에서 — 대부분 가난한 나라들에서 — 수행되고 있다. 현재 진행되고 있는 수천 건의 임상시험 중에서 가장 많은 시험이 이루어지고 있는 나라는 중국이며, 인도와 러시아가 그 뒤를 따르고 있다.

이 과정에서 〈헬싱키 선언〉과 〈뉘른베르크 강령〉은 뒷전으로 밀려났다. 2000년에 《워싱턴 포스트》는 1996년 파이저Pfizer 사의 연구자들이 나이지리아의 카노에서 대규모 수막염이 유행하는 와중에 수행한 실험에 관해 보도했다. 이 임상시험은 피험자 6587-0069라고만 알려진 열 살짜리 소녀를 포함한 여러 사람의 죽음을 야기했다. 연구자들은 치료법을 바꾸지 않은 채 그녀가 죽는 과정을 모니터링했다. 소녀의 가족이 파이저를 상대로 소송을 제기하자, 이 회사는 충분한 설명에 근거한 동의를 의무화한 국제적 규범이 없다고 주장했고, 처음에는 이것이 잘 먹혀들었다. 《워싱턴 포스트》는 그러한 임상시험이 '부실하게 규제되고' 있고 '사적 이해관계의 지배를 받고' 있다고 보도했다. 미국 법원이 〈뉘른베르크 강령〉을 생명윤리의 근간이자 보편적으로 적용되는 텍스트로 재확인한 것은 2009년 재심을 거친 뒤였다.[39]

어머니는 늘 분명하다?

1978년 올덤에서 세계 최초의 시험관수정in virto fertilisation(IVF) 아기 루이즈 브라운Louise Brown이 태어나면서 야기된 도덕적 위기는 단지 생명윤리의 필요성뿐 아니라 법률적으로 강제되는 생의학 연구 규제의 필요성을 극적으로 부각시켰다. 시험관아기의 탄생은 적어도 1930년대 이래로 J. D. 버널에서 올더스 헉슬리Aldous Huxley에 이르기까지 과학자와 과학

소설 작가 들이 추측해온 바가 실현된 사건이었다. 헉슬리가 《멋진 신세계》의 앞머리에서 예견한 것처럼, 루이즈는 부모의 생식세포를 시험접시에서 융합해 나온 결과였다. 기술적 경이이자 불임 문제에 대한 해법으로 상찬받은 그녀의 탄생은 거의 부지불식간에 로마법의 '어머니는 늘 분명하다mater semper certa est'는 원칙을 지워버렸다.

IVF는 생물학적 아버지의 신원에 관한 오래된 불확실성에 생물학적 어머니의 신원에 관한 불확실성을 보태 놓았다. 한 여성이 생식세포를 제공하고 다른 여성이 자궁을 제공하는 것이 가능해지면서 일상적 이해는 중대한 도전을 받았다. 이제 '어머니'는 서로 다른 두 사람, 심지어 세 사람—난자를 제공한 여성, 태아를 임신한 여성, 아이를 키우는 여성—일 수도 있었다. 따라서 임신을 한 여성과 아이를 키우는 여성의 신원은 여전히 확실하지만, 난자를 제공한 여성의 신원은 익명화될 수 있었다. 인간 발생학이 발전하면서 신원의 복잡성은 더욱 커져만 가고 있다.

루이즈 브라운이 태어났다는 소식에 전 세계는 놀랐지만, 8년 전에 열린 케네디 연구소의 창립식 때 이미 깨달은 것처럼 '시험관아기'의 현실적 가능성은 이미 윤리적·사회적 의제—특히 가톨릭교회가 지원한—의 중심에 있었다. 이러한 가톨릭교회의 문제의식은 인간 발생학의 발전을 알고 있던 생물학자들 역시 공유하고 있었다. 케네디 연구소의 창립식이 열린 바로 그 해에 런던에서는 한 무리의 생물학자들이 현대 생물학의 사회적 영향에 관한 학술회의를 조직했다. 의장은 노벨상 수상자이자 BSSRS의 회장이었던 모리스 윌킨스가 맡았다.[40] 연사들 중에는 케임브리지의 발생학자 로버트 에드워즈도 있었는데, 그는 산부인과 의사 패트릭 스텝토와 힘을 합쳐 IVF를 거의 현실화 단계까지 끌어올리고 있었다. 에드워즈의 발표는 인간의 생식 능력 연구가 갖는 문화적·윤리적 민감성을 인정했고, 발표와 이후의 개입 시도를 통해 IVF를 충분히 규제해 사회적으로 수용 가능한 것이 될 수 있게 하자는 제안을 내놓았다. 그러나 불임 부부를 돕겠다는 욕망 뒤에는 그가 품은 우생학적 목표가 놓여 있었고, 어떤 부부를 도와줄지에 관한 결정을 누가 내릴 것인가에 관한 그의 판단도 분명하게 드러나 있었다. "생식 능력을 조절하고 특정한 형태의 예외적 발달의 원인을 파악해 방지하는 방식으로 인간의 삶의 질을 향상시키기 위해, 우리는 일부 불임 부모들이 자신들의 자녀를 가질 수 있게 되기를 희망하며, 우리의 조력이 정당하고 의미있다고 생각되는 모든 곳에서 도움을 제공할 것이다." 여기서 생의학 연구자들이 문지기 역할을 해야 한다는 것이 아주 분명하게 드러나고 있다. 그러나 에드워즈와 스텝토의 성취가 전 지구적 뉴스가 된 것은 루이즈 브라운이 태어난 이후였다. 뉴스의 헤드라인은 "과학자들은 신 노릇을 하고 있는가?" "자연적 수태의 종말인가?" "복제 아기는 태어날 것인가?" 같은 질문들을 던졌다. 이러한 추측들은 언론뿐 아니라 정치권의 주목을 요구하는 도덕적 위기를 더욱 증폭시켰다.

영국 정부가 도덕철학자 메리 워녹Mary Warnock을 조사위원회 의장으로 임명한 것은 루이즈가 태어나고 4년이 지난 뒤였다. 위원회가 맡은 임무는 IVF와 발생학 연구의 발전이 갖는 함의를 숙고해 이 둘에 대한 윤리적 규제 관리에 관해 정부에 조언을 제공하는 것이었다.[41] 영국에서 개인적·도덕적 문제를 건드리는 쟁점을 다루는 위원회는 통상적으로 종교단체 대표를 포함시켰고, 과학에 기반한 쟁점의 경우에는 전문가인 자연과학자들을 포함시켰다. 워녹의 위원회도 예외는 아니었지만, 영국 왕립위원회 역사상 처음으로 — 그리고 현재까지는 유일하게 — 위원 구성에서 여성과 남성이 거의 절반씩 포함되었다. 페미니즘에 적대적인 대처 정부가 위원회를 만들었다는 점에서 이는 놀라운 일이었다. 워녹 자신은 이전에도 조사위원회 의장을 맡은 적이 있는 보수주의자였고, 그런 점에서 믿을 만한 일꾼으로 간주할 수 있었다. 그러나 점차 힘이 강해지고 있던 여성운동을 암묵적으로 인정했음에도, 일반적인 의미의 페미니스트는 아무도 위원회에 임명되지 않았다. 페미니즘에 가장 동조적인 위원회 구성원은 생물학자 앤 매클래런이었다. 워녹과 정반대 지점에 위치한 매클래런은 좌익 성향에, 발생학 분야의 업적으로 이미 왕립학회 회원으로 선출돼 있었다. 위원회가 아직 숙의 과정을 거치고 있을 때, 매클래런은 새로운 재생산기술이 여성들에게 갖는 중요성을 논의하는 페미니스트 모임에 참석했다. 루이즈의 탄생은 페미니스트에게 누가 어머니가 될 것인지를 누가 결정하는가 하는 문제를 제기했고, 분자유전학의 빠른 성장과 강화된 산전 검사를 염두에 두면 어떤 태아가 살아남을 것인지 누가 결정하는가 하는 문제도 아울러 던져 놓았다. 1970년대의 페미니스트들은 아무런 반대도 하지 않을 경우 가부장적인 의사들이 기꺼이 의사결정자로 나설 거라고 우려했다. 새로운 기술에 대한 가장 강한 반대는 재생산기술과 유전공학에 저항하는 페미니스트 국제 네트워크에서 나왔지만, 엄청난 에너지를 내뿜었던 이 급진 페미니스트들의 네트워크도 루이즈가 태어나고 6년이 지난 뒤에야 활동을 시작했다. 소잃고 외양간 고치기였다. 2011년까지 전 세계에서 300만 명의 아기들이 IVF를 통해 태어났다.

워녹 위원회의 과반수가 서명한 최종 보고서는 IVF의 발전 그리고 수정 후 14일까지의 인간 배아에 대한 실험의 발전을 환영했지만, 여기에 조건을 달았다. 대중의 불안을 가라앉힐 필요를 인식한 위원회는 정부가 적절한 규제 권한을 갖춘 HFEA을 설립할 것을 권고했다. 14일이라는 규정에 발생학자들은 크게 만족했는데, 발달 중인 배아를 시험관 속에서 유지하는 데는 기술적 문제가 있어 사실 그 정도 기간만큼 살려 놓기도 어려웠기 때문이다. 이러한 시간 제한은 배아의 발생에서 이 시점이 되면 신경계의 전구체인 신경선neural streak을 관찰할 수 있다는 주장 덕에 어느 정도 윤리적 정당성을 얻을 수 있었다. 14일이라는 이정표는 영혼이 태아에 들어가는 순간을 놓고 기독교가 수 세기에 걸쳐 벌여온 논쟁의 세속적 형태가 되었다. 결국 과학 지식은 도덕적 가치에 대해 아무것도 할 얘기가 없다는 과학계의 전통적 주장에도 배아의 도덕경제를 규정한 것은 (거의 확실하게 앤 매클래런의 모습을 띤) 발생생물학이었다. 이러한 조치는 너무나 능숙하게 이루어져 신경선의 출현을 잠재적 인간됨의 최초 순간으로 보는 것이 전적으로 '자연스럽게' 받아들여졌다.

이 사례는 과학이 곧 문화임을 보여주는 거의 고전적인 사례다. 생물학자들이 해석했듯이 '자연이 규정한' 도덕경제는 너무나 성공을 거둔 나머지 그에 상응하는 연구 프로그램을 가진 대다수의 유럽 국가들이 자국의 규제 안에 14일 제한을 받아들였다. 그러나 다른 철학자들은 워녹 위원회의 정치적 성공을 그다지 긍정적으로 보지 않았다. 롬 하레Rom Harré는 생명윤리를 철학적으로 견고한 기반 위에 올려놓을 황금 같은 기회를 놓쳤다며 불만을 토로했다. 이러한 불만은 전혀 근거 없는 것이 아니었다. 철학자들은 미국의 〈벨몬트 보고서〉에서도 중요한 역할을 했고, 영국에서는 하레와 엘리자베스 안즈컴Elizabeth Anscombe이 도덕철학에 중요한 기여를 해왔다. 왜 철학적 반성은 배제되었을까? 영국의 정치 문화는 실용적이었다. 워녹은 이를 이해하고 있었고, 전적으로 실행 가능한 타협안을 만들어냈다. 생명과학자들은 만족감을 표시했다. 연구가 계속될 수 있었기 때문이다. 당시 인간 배아 연구에 확고하게 반대했던 독일은 두드러진 예외에 속했다. 반면 케네디 연구소에서 일찍 논의가 시작되었음에도 미국은 규제를 거의 혹은 전혀 도입하지 않았고, 미국의 정치적 힘은 연방정부와 주

정부 사이에 나뉘어 있었다. 인간 배아를 포함하는 연구에 연방 자금 지원을 금지하는 조치가 내려진 것은 종교 근본주의자인 조지 W. 부시가 대통령으로 취임한 이후였다.

전 지구적 경제 속의 새로운 윤리위원회

새천년에 접어들 무렵이 되자 의학 연구 프로그램을 갖춘 국가들은 대부분 정부 산하에 국가생명윤리위원회를 설치했고, 유럽 공동체 및 유네스코의 위원회들과 연계했다. 묘한 점은 영국이 그런 위원회를 만들지 않았다는 것이다. 1991년에 설립된 너필드생명공학위원회Nuffield Council on Bioethics는 정부기구도 아니고 국립학술원 부설도 아닌 사설 기관이다. 원래는 너필드재단Nuffield Foundation이 후원했지만 지금은 주로 웰컴재단과 의학연구회의 지원을 받고 있다. 이 기관은 민주적 책무성을 갖는 곳은 아니며, 관리 이사회에서 임시 위원회를 구성해 도덕적·사회적 쟁점이 될 것으로 생각되는 생의학적 진전을 조사한다. 이 위원회는 생명윤리에 대해 특정한 철학적 접근—특히 원칙주의나 인간 존엄성 이론—에 집착하지 않는다고 말한다. 이러한 절충주의적 시각에도 위원회의 보고서는 사회적·정치적으로 수용 가능한 정도를 대략 제시해주며 제러미 벤담Jeremy Bentham의 유령이 배회하는 듯한 인상을 남긴다.

프랑스는 1983년에 미테랑 대통령이 세계 최초로 상설 국가윤리위원회를 설립함으로써 지적으로 좀더 용기있는 접근법을 택했다. 철학적·종교적 전통의 다양성을 감안해 37명으로 이루어진 위원회의 초기 구성에는 다섯 가지 주요 신앙과 철학을 대표하는 위원들이 포함되었다. 가톨릭, 개신교, 유대교, 이슬람교, 그리고 마르크스주의였다. 윤리 문제를 유물론적·세속적 관점에서 바라보는 프랑스의 강한 문화적 전통이 눈에 띄게 드러나는 대목이다. 스웨덴 국가의료윤리위원회는 의회 내에 있는 모든 정당의 대표자들을 위원으로 선임했고—그중 여성이 상당수를 차지했다—철학자, 법률가, 의사, 간호사, 장애인 운동 활동가도 포함시켰다.

독일은 수십 년에 걸쳐 의료 전문직 간에, 또 주州 단위로 생명윤리 논쟁이 맹렬하게 전개되었음에도 국가 위원회를 설립하는 데는 상당히 느렸다. 1984년에 연구와 법적 문제들을 담당하는 부처들이 임시 위원회를 설치해 IVF와 유전자 치료에 관한 법률 권고안을 만들게 했고, 1988년에 재생산의학에 관한 법률을 만들 때도 비슷한 과정을 거쳤다. 1991년에는 모든 형태의 인간 배아 연구를 금지하는 법이 통과되었다. 그러나 25명의 위원으로 구성된 국가윤리위원회가 출범한 것은 2001년에 가서였다. 위원들은 '과학, 의학, 신학, 철학, 사회, 법률, 생태, 경제 분야의 저명한 대표자들'로 수상이 임명했고, 분자생물학자이자 저명한 녹색 페미니스트인 레기네 콜렉Regine Kollek 같은 활동가 지식인도 포함되었다. 독일은 우생학과 의학 실험에 역사적으로 민감한데다 인간 존엄성 윤리의 강한 철학적 전통도 있다. 그 결과 위원회는 종종 생명윤리에 대단히 비판적인 견해를 보이기도 했다. 다른 유럽 국가들은 이러한 몇 가지 구조들을 변형한 위원회를 설립했고, 유럽평의회Council of Europe도 여기 동참했다. 유럽평의회는 1997년에 〈헬싱키 선언〉에 입각하고 있지만 법률적 힘을 갖춘 강령, 이름하여 생의학인권및인간존엄성보호에관한오비에도협약Oviedo Convention on the Protection of Human Rights and Dignity in Biomedicine을 제정했는데, 여기에는 인간복제 금지와 이식의 제한에 관한 규정이 포함돼 있다.

HGP와 ELSI

1장에서 언급했듯이 미국 생명윤리의 엄청난 팽창은 1988년 HGP의 출범으로 거슬러 올라갈 수 있다. HGP의 초대 책임자를 맡은 짐 왓슨은 갑작스레 프로젝트의 윤리적·법적·사회적 함의(ELSI)를 연구하는 프로그램에 자금을 풍족하게 지원하겠다고 발표를 했다. 왓슨이 ELSI라는 개념을 창안한 것은 그의 재빠른 상황 판단을 잘 보여준다. 만약 그와 관련된 위험을 인지하고 진지한 노력을 기울이지 않는다면 HGP가 잠자는 우생학의 망령을 깨우려 한다고 공격받을 가능성이 높음을 알아챈 것이다. 신경심리학자 낸시 웩슬러Nancy Wexler가 ELSI의 첫 의장으로 임명되었다. 그녀는 개인적으로 단일 유전자의 이상으로 발생하는 퇴행성 신경질환인 헌팅턴병 위험을 안고 있었고, 헌팅턴병 발병률이 높은 베네주엘라로 가서 고위험 가족들 중에서 연구 피험자를 모집했던 연구팀의 일원이기도 했다. (4장에서 논의하겠지만, 헌팅턴병 유전자가 1983년에 확인되었음에도 2012년까지 치료법은 나오지 않고 있다.) 따라서 낸시 웩슬러를 뽑은 것은 그저 영리한 행동에 그치지 않았다. 그녀는 사람들이 신뢰할 수 있는 과학자였고, 유전적 위험을 안고 있는 사람들에 대한 개인적 이해와 유전자 사냥에 직접 참여한 경험 — 그녀와 동료들은 이를 통해 치료법이 개발될 거라고 믿었다 — 을 합쳐 놓은 인물이었다.

ELSI는 HGP 출범부터 그것이 두 번째로 '완결'된 2003년까지 운영되었고, 분자유전학의 사회적·법적 함의가 던지는 도전에 맞서는 세계 최대의 생명윤리 프로그램으로서 미국의 수많은 학문기관에 몸담고 있는 윤리학자, 법률가, 사회과학자에게 자금을 댔다. 이 약어는 원래 프로젝트가 종료된 뒤에도 계속 살아남았고, 다만 유럽에서는 덜 기술결정론적인 접근을 위해 함의Implications를 나타내는 I를 측면Aspects을 의미하는 A로 바꾸었다. 그러나 클린턴 대통령이 국가생명윤리자문위원회National Bioethics Advisory Commission(NBAC)를 설립한 것은 유럽보다 여러 해 늦은 1995년이었다. NBAC는 연방자금의 지원을 받는 연구에서 인간 피험자의 학대를 방지하는 규제안을 제안하는 임무를 맡았다. 캐나다의 경제학자이자 프린스턴 대학교 총장이던 해럴드 샤피로Harold Shapiro가 의장으로 임명되었다. (몬트리올의 맥길 대학교에 있던 그의 쌍둥이 동생은 캐나다에서 비슷한 임무를 맡았다.)

클린턴 위원회는 1996년 최초의 복제동물인 복제양 돌리가 태어났을 때 이제 막 설립된 참이었다. 루이즈의 탄생이 도덕적 우려를 불러왔다면, 돌리의 탄생은 거의 전 지구적인 도덕적 공황 상태를 촉발시켰다. 우리는 갑자기 헉슬리가 그린 '멋진 신세계'라는 과학적 디스토피아 안에 있게 된 것인가? 생명공학은 조만간 인간이 실험실에서 복제되고 생명공학자들에 의해 창조되는 악몽 같은 시나리오를 실현시킬 것인가? (이에 가장 가깝게 비견할 만한 연구 프로젝트는 1930년대 소련 과학자들이 진화 이론을 한 단계 진전시키기 위해 대형 유인원 수컷과 아프리카 여성의 짝짓기를 제안한 것이었는데, 다행히도 이는 제안 단계 이상으로 진척되지 않았다.) 스코틀랜드 로슬린에 있는 농업연구회Agricultural Research Council 산하 연구소에 소속된 이언 윌머트Ian Wilmut 연구팀은 루이즈 브라운의 탄생과 달리 심지어 생물학 공동체에서도 미처 예상치 못했던 놀라운 과학적 성취를 이뤄냈다.[42] 클린턴은 NBAC가 보고를 하기 전에 인간 복제 연구에 대한 연방 자금 지원을 금지하는 임시 명령에 서명하는 것으로 대응했다. 이어 그는 NBAC에 어떤 조치를 취해야 하는지에 대해 90일 안에 보고해 달라는 지시를 내렸다. NBAC 위원들은 종교적·과학적·윤리적 쟁점들에 관해 상충하는 견해들을 가지고 있었지만, 안전성을 근거로 인간 복제를 법률적으로 금지해야 한다—5년 후의 일몰 조항을 첨부해서 — 는 견해를 만장일치로 이끌어냈다.

2001년에 공화당의 신임 대통령 조지 W. 부시는 클린턴 위원회를 폐지하고 새로운 기구인 대통령생명윤리위원회President's Council on Bioethics를 만들었다. 새로운 위원회는 위원 구성과 연구 주제 선택에서 배아 및 줄기세포 연구, 재생산 보조기술, 복제, 신경 능력 '향상enhancement'과 '생명의 끝' 문제들에 관한 부시의 관심을 반영했다. 여덟 명의 위원들은 공식적으로 과학, 의학, 철학, 신학, 사회과학 분야에서 선정한 것으로 발표되었다. 그러나 이는 미국 과학계의 거센 비판을 피하지 못했다. 《사이언스》는 위원회에 '농간이 개입했다'고 불만을 토로했다. 위원 구성이 정치적으로 편향되었고, 특히 인간 배아의 활용에 기반을 둔 줄기세포 연구에 반대하는 쪽으로 기울었다는 것이었다. 2001년부터 2005년까지 의장을 맡은 시카고의 생명윤리학자 레오 카스Leo Kass는 인간복제와 안락사에 반대하는 인물로 알려져 있었고 제약 없는 기술 진보와 배아 연구에 비판적이었다. 그의 뒤를 이은 사람은 미국 가톨릭대학 총장을 지낸 에드먼드 펠레그리노Edmund Pellegrino였다.

그러한 임명에 늘 따라다니는 정치적 성격은 버락 오바마가 도입한 즉각적인 변화에서 다시 한번 입증됐다. 그는 부시의 위원회를 대통령생명윤리문제연구위원회Presidential Commission for the Study of Bioethical Issues로 바꾸었고, 덜 종교적이고 좀더 친과학적인 인사들로 새롭게 위원을 구성했다. 위원회는 '과학과 인권의 접점'을 조사하고 생의학 연구의 발전에서 나타나는 윤리적·법적·사회적 쟁점들을 검토하는 임무를 맡았다. 이전의 위원회들이 설립된 후 10년이 흐르는 동안 연구가 빠른 속도로 진척되었음을 나타내듯, 이제 논의의 초점은 신경과학, 합성생물학, 로봇공학에 맞추어졌다. 앞서 클린턴이 그랬던 것처럼, 오바마 역시 연방 자금으로 줄기세포 연구를 지원하지 못하게 한 부시의 금지 명령을 철회할 때 새로 만들어진 위원회의 보고를 굳이 기다리지 않았다.

생명윤리의 세계화

바이마르 독일에서 비롯된 생명윤리의 기획은 점점 과학기술의 중요성이 커져가는 시대에 자연과 사회 모두의 안녕에 관심을 가졌고, 현재까지도 그런 제안들 중에서 가장 정치적으로 매력적이고 지적으로 일관된 제안으로 남아 있다. 야르는 아이들이 별생각 없이 꽃을 꺾지 않는 그런 미래를 떠올렸고, 자연에 대한 인류의 존중이 도덕적으로 성장하는 모습을 그려냈다. 한동안 생명윤리와 생명정치라는 이중의 의제는 녹색운동, 특히 독일 녹색당에 의해 유지되었다. 그들은 새로운 재생산기술과 유전자변형 생명체의 문제를 정력적으로 제기했고, 전성기에는 생태주의자, 페미니스트, 기독교도, 마르크스주의자 사이에 좀처럼 상상하기 어려운 동맹을 이뤄냈다. 그러나 그러한 전성기는 지나갔고 인간에 대한 정치적 변호는 약해졌다. 오늘날 녹색운동은 자연에 주로 초점을 맞춘다. 한편 과학기술이 엄청나게 중요해진 지금의 시대에 생의학의 생명윤리는 종교(부시는 아니라고 하겠지만)와 페미니스트들의 반대에도 점점 더 전문화, 외주화되고 있다.

전문화된 생명윤리 담론을 형성해온 것은 추문, 윤리, 종교, 문화, 정치 등의 요소지만, 다윈과 생리학자들에게 그랬던 것처럼 생명 그 자체의 외면할 수 없는 사실들을 과학의 언어로 번역하려는 욕망은 후기 근대에도 여전히 중심에 남아 있다. 조직화된 지식이 계속 발전해나가려면 과학과 국가 모두가 온건한 윤리적 반대를 수용하는 한편으로 좀더 급진적인 반대는 받아넘겨야 한다. 처음에는 독일에서, 나중에 유럽 의회에서 나타난 인간 유전체학에 대한 반대든 동물권 운동에서 나타난 동물 연구에 대한 반대든 말이다. 과거에는 국민국가 각각이 그 나름의 규제 모델을 확립했지만, 기술과학의 세계화와 함께 한때 국가적이었던 것, 그리고 유럽의 경우 대륙적이었던 것이 지금은 전 지구적인 사안이 되었다. 유럽과 미국이 생의학 연구를 지배하는 한 지적재산을 포함한 전 지구적 상품의 흐름이 좀더 원활하게 움직이려면 동아시아의 신흥 연구 대국들이 자국의 생명윤리를 오랜 연구 대국들에 맞추어야만 한다. 국가 생명윤리위원회와 정책의 이러한 수렴은 생의학 연구의 세계화를 반영한 것이자 그것에 대한 대응이기도 하다. 긍정적으로 보면 이는 생명윤리의 필요성에 대한 전 지구적 인식을 나타내는 것이지만, 좀더 비판적으로 보면 사회적 책임의 표준화를 통해 연구를 용이하게 만듦으로써 여전히 서구가 지배하고 있는 세계 경제에서 생의학 상품들의 원활한 판매 가능성을 보장하려는 의도가 온통 깔려 있다. 기술과학 생산의 중심이 유럽과 미국을 벗어날 때 생명윤리에 어떤 일이 생길지는 앞으로 두고 봐야 할 문제다.

4

국가 우생학에서 소비자 우생학으로

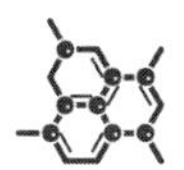

우생학의 세기

오늘날 인간 유전학, 그중에서도 특히 지나치게 치켜세워진 '완벽한 아기'의 가능성에 대해 생각할 때면, 우리는 20세기를 괴롭힌 우생학의 망령 — 무엇보다 나치가 저지른 끔찍한 사건에서 드러난 — 에 가까워진 동시에 매우 멀어진 듯한 느낌을 받는다. 장래의 부모가 앞으로 낳을 아기의 눈 색깔, 키, 지능, 외모, 질병 내성을 고르게 된다는 새로운 과학소설의 발상은 제약이 없는 새로운 소비자 문화의 일부를 이루고 있다. 만약 당신이 그것을 원하고 비용을 지불할 수 있으며 누군가가 그것을 제공할 수 있다면, 뭐든 '그것'은 당신의 것이 된다. 활력을 되찾은 경제적 자유주의는 소비자를 왕으로 혹은 심지어 여왕으로 떠받든다. 물론 이처럼 새로운 기술적 가능성에는 부모되기에 시장을 도입하는 것이 과연 바람직한가에 관한 약간의 도덕적 문제제기가 뒤따를 것이다. 그러나 우리의 미래를 결정하는 주요한 힘인 시장에 항복 선언을 하면서 법적·윤리적 틀이 무너진 현 상황에서 이것이 그리 큰 힘을 가질 것 같지는 않다. 한편 비록 천박하고 터무니없고 심지어 불가능해 보임에도 생명기술과학의 프로메테우스적 약속에 의해 실행 가능해진 완벽한 아기의 꿈은 완벽한 배우자, 집, 직장, 정원, 옷 등에 대한 다른 소비자 환상 옆에 자리를 잡고 있다. 아마도 그처럼 실현 불가능한 환상들은 세계보건기구World Health Organization(WHO)가 현재 전 세계적으로 우울증이 크게 유행하고 있다고 말한 것과 연결되어 있는지도 모른다.

이블린 폭스 켈러는 20세기를 거치는 동안 유전학이 생명체를 구축하는 데 어떤 역할을 했는지 설명한 자신의 책에 《유전자의 세기The Century of the Gene》라는 제목을 붙였다.[1] 그러나 유전학자들이 자신들의 과학은 우생학이라는 사이비과학과 아무런 관계도 없다며 화를 냈음에도 바로 그 20세기는 '우생학의 세기'로도 이름붙일 수 있다. 이는 켈러가 자신의 다소 휘그주의적인 설명에서 대충 얼버무리고 넘어간 지점이다. 우생학과 유전학은 마치 결합쌍둥이처럼 개별적인 역사와 서로 연결된 역사를 모두 갖고 있다. 생물학적 차이의 과학인 유전학이 19세기에 프랜시스 골턴이 제안한 우생학이라는 생명정치 프로젝트를 실현시킬 가능성을 결국 만들어낸다는 점에서 그렇다. 20세기 초에 멘델의 작업이 재발견되자 차이의 전달 메커니즘을 제시하는 유전자의 개념과 유전학 분야의 탄생은 이제 우생학을 위해 쓰일 수 있게 됐다. 유전학이 새롭게 권위를 얻으면서 생의학은 타고난 좋은 태생과 타고난 부적격자를 과학적으로 구분해낼 능력이 있다고 스스로 생각하기 시작했다. 국가의 적합성fitness을 위해 전자의 출산은 장려하고(긍정적 우생학) 후자의 출산은 억제해야 했다(부정적 우생학). 적합성과 자연 및 인공 선택이라는 중심 개념에 입각한 다윈의 진화는 우생학 프로젝트에 대한 지지를 끌어모으는 데 결정적으로 중요했다. 이는 국가들이 특히 '인종'이라는 측면에서 스스로를 어떻게 생각하는지에 영향을 미쳤기 때문이다. 국가는 곧 인종으로 서로 경쟁 관계에 있었고, 따라서 최상급의 인간 혈통을 확보하고 부적격자의 수를 최소화할 필요가 있었다. 과학적 우생학은 마치 다윈의 비둘기 사육자들이 인공 선택이라는 과정을 통해 새들을 개량할 수 있었던 것만큼이나 확실하게 이를 성취할 수 있었다.

멘델주의는 초기 우생학자들에게 단순한 모델을 제공했다. 범죄성, 정신박약, 도덕적 타락을 단일 유전 형질로 간주하고, 그러한 특질의 재생산을 막음으로써 이를 인구집단에서 제거할 수 있다고 본 것이었다. 이후 미국에서 강제 불임시술을 정당화하는 데 결정적인 근거가 된 1927년 가난한 백인 여성 캐리 벅Carrie Buck에 관한 판결에서 올리버 웬델 홈즈Oliver Wendell Holmes 판사는 유명한 말을 남겼다. "우리는 공공의 복지가 때로 최고의 시민들의 생명을 요구할 수 있음을 여러 차례 목격한 바 있다. 우리가 무능력에 빠져 허우적거리는 것을 막기 위해 이미 국가의 힘을 빨아먹고 있는 사람들에게 이보다 덜한 희생—종종 당사자들에게는 그렇게 느껴지지 않지만—을 요구할 수 없다면, 이는 이상한 일일 것이다." 이어 그는 이렇게 결론내렸다. "저능아 출산이 3대에 걸쳐 있었다면 그것으로 충분하다."[2]

1916년에 처음 출간된 미국의 유전학자 윌리엄 캐슬William Castle의 교과서 《유전학과 우생학Genetics and Eugenics》은 그 제목부터 결합쌍둥이를 나타내는 고전적 진술이다. 이 책은 이후 15년 동안 4판을 찍으며 아이비리 그 대학들과 주립대학들 모두에서 표준 교과서가 되었고, 여러 세대에 걸친 생의학 전공 학생들에게 크게 영향을 미치면서 우생학 운동에 과학적 정당성을 제공하는 데도 중요한 역할을 했다. 과학적 정당성의 또 다른 핵심 원천은 미국 우생학에 큰 영향력을 발휘했던 콜드스프링하버 소재 우생학기록국Eugenic Record Office이 제공해주었다. 이 기관은 찰스 데븐포트와 해리 래플린이 소장을 맡았고 카네기재단이 넉넉한 후원을 해주었다. 그곳에서 연구자들과 자원봉사자들은 신경과민증에서 다지증多指症에 이르는 특질들의 유전 가능성을 찾아내기 위해 미국 전역에서 수만 개의 가계도를 수집했다. 미국의 연방제 구조를 감안해보면 우생학 실천의 범위는 중앙집중적이고 규모가 작은 나라들에 비해 좀더 변동 폭이 크고 기록으로 남기기 어려웠다. 1930년대에는 30개 이상의 주가 정신박약아나 성도착자에서 알콜중독자, 심지어 농아나 맹인으로 판단된 사람들까지 대상으로 하는 우생학적 불임법을 통과시켰다. 1935년까지 4만 5000건 이상의 우생학적 불임시술이 이뤄졌는데, 이 중 절반 이상이 캘리포니아에서 시술되었다. 부적격자 수용 시설을 책임진 의사들은 아무런 규제도 받지 않고 권력을 휘둘렀고, 시설에 수용된 사람들에게 불임시술을 할지 말지에 대해서도 상당한 재량을 갖고 있었다. 나치 의사들의 경우와 마찬가지로, 우생학이라는 과학은 그들의 활동에 시민적 의무와 최선의 생의학 실천이라는 느낌을 부여해주었다. 노예제의 유산, 우생학, 인종 이론이 결합하면서 미국의 흑인들, 그중에서도 특히 여성들은 부적격자로 분류되어 불임시술을 받는 비율이 훨씬 높았다. 1970년대까지도 미혼모가 된 젊은 흑인 여성들은 자명한 도덕적 부적격자라는 이유로 여전히 강제로 불임시술을 받고 있었다. 이러한 프로그램이 폭로되어 결국 종식된 것은 민권운동과 여성운동이 부상한 이후의 일이었다.

우생학자 중에서 유전학자가 상당히 많은 수를 차지하긴 했지만, 그들 간에는 해당 분야가 생겨난 초기부터 중요한 차이가 있었다. 20세기 초에 멘델의 작업을 재발견한 세 명의 과학자 중 하나로 멘델의 '숨은 결정인자'에 유전자라는 이름을 붙여 준 빌헬름 요한센을 포함한 많은 유전학자들은 유전이 좀더 복잡하게 일어난다고 주장했다. 유전형에 존재하는 열성 형질은 표현형에 반드시 나타나지 않을 수 있다. 그뿐 아니라 그러한 형질의 보유자에 대해 불임시술을 해서 해당 형질을 인구집단에서 제거하는 데는—설사 이를 찾아낼 수 있고 해당 형질이 단일 돌연변이의 결과라고 하더라도—여러 세대가 걸릴 것이며, 심지어 1000세대가 지나야 할 수도 있다. 윌리엄 베이트슨은 복잡성에 대한 요한센의 인식을 공유했다. 그러나 다소 모순되게도 그는 우생학이 영국보다 덜 도덕적인 국가에서 이용될 것을 우려했다. 민족주의에 입각한 베이트슨의 도덕적 우월감은 나중에 아이비와 알렉산더가 내보인 우월감을 예견케 했다(그들은 〈뉘른베르크 강령〉을 작성하는 데 핵심적인 역할을 했지만, 이와 흡사한 민족주의적 태도를 취하며 미국의 생의학 연구자들은 당연히 윤리적이라고 보았다). 미국의 실험유전학자이자 실용주의 철학자인 허버트 제닝스Hubert Jennings는 자기만족에 빠지지 않았다. 토박이 백인 문화에 대한 인종주의적 집착과 더불어 1920년대에 우생학 운동이 빠른 속도로 성장하는 데 경악한 제닝스는 자신의 연구를 그만두고 우생학에 반대하는 운동에 더 높은 순위를 두었다.

대공황과 실직자들의 고통은 과학자들을 좌우로 갈라놓았다(가장 뛰어난 케임브리지 대학교 학생들 중 많은 수가 마르크스주의를 받아들였고, 여기에는 자연과학자들도 있었다). 1930년대에 수리유전학자들이 단순화된 멘델주의를 대신해 멘델주의와 다윈의 자연선택을 통합한 현대적 종합을 이뤄내자 유전학자들 사이에 이미 존재하던 정치적 분할은 더욱 강화되었다. 골수 보수주의자였던 로널드 피셔와 칼 피어슨Karl Pearson(그는 히틀러가 우생학에 대해 어느 정도 분별있는 관념을 갖고 있다고 생각했다) 같은 일부 과학자들은 대니얼 케블스Daniel Keveles가 영미 우생학의 역사를 다룬 자신의 책에서 '주류' 우생학이라고 불렀던 것 — 긍정적·부정적 우생학을 모두 포함하는 — 에 충실한 채로 남았다. J.B.S. 홀데인이나 수학자 랜슬럿 혹벤 같은 마르크스주의자, 그리고 줄리언 헉슬리Jullian Huxley 같은 자유주의자들은 표현형의 특질이 종종 다수의 유전자가 작용한 것이거나 심지어 비유전적인 것임을 인정했다. 그들은 인간 혈통을 향상시키는 우생학 프로젝트에 여전히 애착을 갖고 있었지만, 이것이 사람들의 생활 조건 향상을 통해 가족 규모가 자발적으로 축소됨으로써 이뤄질 거라고 보았다. 그러나 좀더 폭넓은 지식인과 정치인 계층은 유전학자들 간의 그러한 세세한 차이를 대체로 알아채지 못했다.

21세기 지식인들은 개신교가 지배적인 산업 국가들 — 사회민주주의 국가에서 자유주의적 자본주의 국가까지 — 에서 이처럼 우생학에 대한 엄청난 열정이 휩쓸고 지나갔음을 상기하지 못하는 사회적 기억상실증을 앓고 있다. 20세기 초에는 가톨릭교도를 제외하면 유럽과 미국의 대다수 지식인이 우생학을 지지했다고 해도 틀린 말이 아니었다. 단지 인종주의자나 반동적 사상가뿐 아니라 페미니스트, 개혁가, 마르크스주의자도 거기 포함돼 있었다. 독일의 의사와 생물학자 들은 나치가 우생학의 과학적 실천을 용이하게 해주었으며, 1933년 나치가 선거를 통해 집권에 성공하면서 가톨릭 지역인 바이에른에 우생학을 도입하는 것이 가능해졌다고 보았다. 의사들은 생물학자들이 제공한 우생학 이론의 이름으로 불임시술 프로그램을 조직했다. 심지어 정신과 의사 프란츠 칼만Franz Kallmann — 그는 정신분열증 환자의 친척들에 대한 불임시술을 옹호한 인물이었다 — 같은 독일의 유대인 의사들은 1936년 나치를 피해 안전한 뉴욕으로 이주한 뒤에도 우생학적 열정을 이어갔다. 저명한 페미니스트 중에는 피임의 선구자인 미국의 마거릿 생어Margarett Sanger와 영국의 마리 스토프스Maries Stopes가 열성적인 우생학자들이었다. 생어는 너무나 많은 미국 페미니스트가 그랬던 것처럼 인종주의에 동조적이었다. 영국에 있던 스토프스는 좀더 계급지향적이었다. 이 때문에 그들이 문을 연 산아제한 클리닉의 존재는 중산층 여성뿐 아니라 많은 빈곤층 및 노동계급 여성에게도 원치 않는 출산의 공포로부터의 자유를 가져다주었지만, 미국의 페미니스트 역사가 린다 고든Linda Gordon이 기록했듯이 이러한 선구자들의 동기는 그저 페미니즘적인 것만은 아니었다.[3]

극작가이자 페이비언 사회주의자인 조지 버나드 쇼George Bernard Shaw는 확신에 찬 우생학자였고, 사회민주주의 스웨덴 복지국가의 이론가인 알바 뮈르달Alva Myrdal과 군나르 뮈르달Gunnar Myrdal 역시 마찬가지였다. 뮈르달 부부에게 우생학은 언제나 민족주의적인 복지국가 프로젝트를 이루는 일부였다. 국가의 개입과 강제 불임시술이 없다면 새로운 복지 서비스는 여전히 가난한 국가에서 정신박약아와 성도착자의 증가에 압도되고 말 터였다. 우생학 없이는 국가 자본과 노동 사이에 맺어진 복지국가의 사회적 계약이 작동할 수 없었다. 그들의 사고는 결정적인 순간이 되면 많은 조롱을 받은 웬델 홈즈의 그것과 그리 다르지 않았다.

역사가 앙드레 피쇼Andre Pichot는 국가 우생학을 통한 민족 향상의 이데올로기가 너무나 널리 받아들여져 나치 우생학의 첫 번째 물결—대규모 불임시술과 이후 이어진 정신지체자 및 병자의 제거를 포함한—이 대체로 서구 지식인들의 주목을 받지 못한 채 지나갔다고 주장한다.[4] 유전학과 우생학은 독일에서 으뜸가는 유전학자이자 인종 이론가인 에르빈 바우어Erwin Baur, 유진 피셔Eugine Fischer, 프리츠 렌츠Fritz Lenz가 쓴《인간의 유전

Human Heredity》이 출간되면서 더욱 가까워졌다. 그들은 이 책에서 자신들의 유전자화된 인종심리학 이론을 제시하면서 우생학을 인종위생이라며 지지했다.[5] 1927년에 출간되어 1931년에 영어로 번역된 이 책은 이내 국제적으로 쓰이는 교과서가 되었고, 여러 세대에 걸친 학생들에게 영향을 미쳤다. 독일에서 이 책은 히틀러에 의해 이용되어 인간 이하의 존재로 취급되었던 사람들 — 여러 부류가 있었지만 그중에서도 특히 유대인 — 에 대한 대량학살 정책에 과학의 권위를 부여하는 데 쓰였다. 이 시점에 이르러서야 비로소 유전학자들, 특히 당시 이 분야를 지배하고 있던 영국 유전학자들은 과학적 인종주의와 거리를 두기 시작했고, 그러면서도 우생학의 개념을 결코 완전히 버리지는 않았다.

스칸디나비아 국가들과 나치에게 강제 불임시술은 정신적·도덕적 부적격자의 수를 제한하는 주요한 수단이 되었다. 좋은 태생의 과학인 우생학을 추구한 이상주의적 이론가 골턴은 스칸디나비아 국가들이 우생학을 지나치게 가혹하게 실행해 '권위주의적 조치와 익명적 폭력의 구분이 흐려지는' 지경에 이르게 될 것임을 내다볼 수 있었을까?[6] 우생학에 대한 서구 지식인들의 지지는 나치가 권력을 잡은 후에도 약해지지 않았다. 제2차 세계대전 기간 동안 경제학자 존 메이너드 케인즈John Maynard Keynes와 생물학자 줄리언 헉슬리는 영국우생학회British Eugenics Society의 지도적 인사들이었다. 심지어 죽음의 수용소에 대해 더 많은 사실이 알려지고, 나치의 인종과학이 치른 대가가 그것을 직시하려는 사람들에게 분명해진 다음에도 학회 회원에는 영국 복지국가의 설계자인 윌리엄 베버리지William Beveridge, 사회정책의 지도적 인사인 리처드 티트머스Richard Titmuss, 심리학자이자 IQ 이론가인 시릴 버트Cyril Burt, 면역학자이자 훗날 노벨상을 받은 피터 메더워Peter Medawar 등이 남아 있었다. 그러한 우생학의 역사와 우생학자들의 열정은 일부러 숨기지는 않았다 하더라도 적어도 영국의 국가적 자화상에서 분명 덜 부각돼왔고, 그럼으로써 나치의 일화를 널리 퍼진 이데올로기와 그에 얽힌 실천들의 가공할 만한 본보기가 아니라 유별나게 끔찍한 이야기로 여기게 만들었다. 이에 따라 '국가 우생학'에 대한 비판은 이처럼 훨씬 더 널리 퍼져 있었던 국가 우생학의 실천들이 아니라 흔히 나치의 만행을 표적으로 삼게 되었다. 역사가들의 노력에도 당시 만연했던 국가 우생학의 실천들에 대해서는 여전히 어정쩡한 침묵과 인식이 불편하게 자리 잡고 있다. 직시되기보다는 억압되었던 그러한 역사는 서서히 부끄러운 모습으로 되돌아오고 있다. 영국과 네덜란드에서 자행된 성적 격리와 감금은 스칸디나비아 국가들과 미국의 강제 불임시술처럼 1970년대 중반에야 비로소 중단되었고, 아직까지 우생학적 실천으로 충분히 인식되지 못하고 있다. 그러나 이 점은 우생학회의 회장을 맡고 있던 다윈의 아들 레너드를 포함해서 이런 실천의 옹호자들에게는 자명한 것이었다. 그는 이것이 영국에 적합한 유일한 추진 방법이라는 점을 매우 분명하게 밝혔다. 반면 골턴 자신은 좀더 유토피아적이었고, 부적격자가 양심의 선택에 따라 자녀를 갖지 않기로 결정하기를 희망했다.

소련은 예외였다. 서구 마르크스주의자들의 우생학 지지와 우생학에 대한 소련의 적대감은 극적인 대비를 이루었다. 스탈린은 소련 시민들 중 수십만에 달하는 부농들을 학살하는 데 아무런 양심의 가책을 느끼지 않았으면서도, 우생학은 나치즘과 떼려야 뗄 수 없는 요소로 보았다. 소련에서 우생학과 유전학이 연결된 것은 1930년대에 미국의 유전학자 허먼 멀러Hermann Muller가 초청을 받아 모스크바에 있던 저명한 농업유전학자 니콜라이 바빌로프Nikolai Vavilov와 합류한 뒤부터였다. 마르크스주의자인 멀러는 스웨덴의 사회민주주의자 뮈르달 부부와 마찬가지로 우생학 정책이 훌륭한 집단주의 사회를 건설하는 데 필수적인 요소라고 보았다. 그가 쓴 미래학 저서《어둠에서 벗어나Out of the Night》는 위대한 남성들(대표적으로 레닌)—여성은 전혀 포함되지 않았다—을 복제해 신생 국가 소련의 사회주의 인구의 질적 향상을 꾀하는 유전학·우생학 사회를 그려냈다.[7]

불행히도 멀러가 했던 이 일은 소련의 유전학자 동료들에게 전혀 도움이 되지 못했다. 소련의 유전학과 유전학자들은 모두 그와 엮여서 의심을 사게 되었다. 유전학자들의 계급 기반—바빌로프의 경우에는 부르주아—은 그들의 약점을 더욱 부각시켰다. 1940년에 바빌로프는 투옥되었고 유전학은 우생학과 동의어로 간주되는 불명예를 뒤집어썼다. 전쟁이 끝난 후 스탈린이 총애한 농학자 리센코가 득세하자, 유전학자들은 살아남기 위해 자신들을 히로시마와 나가사키 이후 핵 낙진이 미치는 돌연변이 효과에 관심을 가진 방사선 생물학자로 새롭게 내세웠고, 물리학자들이 그들의 생존 전략을 도왔다. 유전학은 스탈린이 죽고 뒤이어 리센코가 몰락하고 난 후까지 소련에서 하나의 분야로 복권되지 못했다.

멀러는 좀더 운이 좋았다. 동료들로부터 언질을 받은 그는 때맞춰 소련을 떠났고, 미국으로 돌아와 계속 투철한 우생학자로 남아 있으면서 돌연변이와 방사능의 영향에 관한 연구로 나중에 노벨상을 받았다. 아이러니하게도 그가 지녔던 긍정적 우생학의 전망은 1980년 부유한 사업가 로버트 그레이엄Robert Graham이 만든 '허먼멀러 생식세포선택보관소The Hermann Muller repository for germinal choice'로 실현되었다. 그레이엄이 애초에 세운 정자은행 계획은 천재들이 기증한 생식세포를 보관하기 위한 곳이었고, 노벨상 수상자가 이상적인 기증자로 여겨졌다. 멀러의 미망인은 남편의 이름이 쓰인 데 격분해 이를 뺄 것을 요구했다. 아이러니한 것은 자신의 기증 사실을 소리 높여 선전해서 대물림의 유전적 불확실성에 대한 무지를 보여준 사람이 과학적 인종주의의 우익 이론가인 노벨상 수상 물리학자 윌리엄 쇼클리William Shockley였다는 점이다. 남성중심성과 공상적 유전학이 결합된 정자은행은 오래 가지 못했고, 230명의 아이들이 태어난 후 그레이엄의 후손들이 은행을 폐쇄하고 기록을 파기해버렸다.

멀러의 입장은 본질적으로 우생학과 반인종주의가 결합된 1930년대 자유주의 생물학자와 서구 마르크스주의 생물학자의 입장과 동일했다. 원래 1937년에 모스크바에서 열리기로 돼 있던 제7차 국제유전학회의The Seventh International Genetics Conference는 스탈린이 나치 인종 이론가들에게 연단을 제공하는 것을 피하기 위해 우생학 논의를 허용하지 않겠다고 하면서 개최되지 못했다. 인종 이론에 훨씬 더 가까웠던 미국의 유전학자들은 그것의 과학적 기반과 우생학이 갖는 중요성을 논의하고 싶어 했다. 이처럼 극복할 수 없는 갈등에 직면하자 학술회의 계획은 무산되고 말았다. 학술회의는 2년 후 에든버러에서 다시 열렸다. 이곳에서 멀러를 핵심 기안자로 해서 홀데인, 혹벤, 헉슬리, 니덤, 도브잔스키 등이 결성한 그룹은 '세계 인구의 유전적 향상을 어떻게 좀더 효과적으로 이뤄낼 수 있는가?'라는 질문에 답해 '유전학자 선언Geneticists' Manifesto'으로 알려지게 된 것을 발표했다. 그들은 기회의 평등을 제공하고 아무런 유전학적 근거도 없는 인종적 편견을 제거하는 등 사회적 조건에서 대대적 변화가 없이는 아무것도 이뤄낼 수 없다고 말했다. 일단 이것이 성취되고 여성들이 일과 문화에 동등하게 기여할 수 있게 하는 효과적인 산아제한이 이뤄지면, 견고한 생물학적 원리에 근거한 우생학 정책이 인간 진화의 의식적 인도를 가능하게 할 것이었다. 이를 인도할 사람이 정확히 누구인지는 설명하지 않았지만 말이다. 우생학 이전에 사회적 조치들을 도입하자는 좌파 및 자유주의 과학자들의 이러한 정치적 신념은 실로 진보적인 것이었지만, 그들은 산아제한이 여성들에게 좋게도 나쁘게도 작용할 가능성을 보지 못했다. 여성들의 자유를 신장할 수 있지만, 힘센 다른 집단들이 결정하는 우생학적 목적을 위해 동원될 수도 있기 때문이다.

복지국가에서의 우생학

우생학이라는 단어는 나치의 죽음의 수용소 이후 정치적으로 더럽혀졌지만, 우리에게 위안을 주는 흔히 들을 수 있는 이야기는 꾸며낸 것이므로 바로잡을 필요가 있다. 하나의 정책이자 실천으로서 우생학은 나치에서 유래한 것도 아니고 그와 함께 사멸한 것도 아니다. 우생학 프로그램의 지형도를 그려낸 수많은 역사 연구들—특히 나치가 패망한 이후에도 30년 가까이 제자리를 지킨 유럽 복지국가들의 우생학 프로그램을 다룬—의 무게를 감안하면 이러한 가공의 이야기를 굳이 바로잡을 필요가 있을까 싶지만, 위안을 주는 가공의 이야기가 갖는 힘은 히드라처럼 목을 잘라도 다시 생겨나는 재생 능력에 있다. 1930년대부터 1970년대 중반까지 존재했던 국가 우생학의 널리 퍼진 형태들(슬로바키아에서는 오늘날까지도 집시 여성들에게 강제 불임시술을 하고 있다)을 지적하는 것은 나치의 악마 같은 이미지를 벗겨주는 것이 아니라 이처럼 특수하고 끔찍한 일화를 20세기 중반의 집단주의라는 역사적 맥락 속에 위치시키는 것이다. 앞서 서론에서 논의한 것처럼, 이러한 집단주의 속에서는 개인의 복지보다 공동체의 복지에 더 높은 가치가 부여되었다. 그러한 견해에서는 공적 이득과 사적 손실이 생겨났다. 마치 오늘날 개인의 선택을 과대평가하고 공공의 복지를 과소평가하는 것처럼 말이다.

결국 나치즘에 대한 불편하지만 유익한 사고방식은 이를 20세기의 위대한 성취인 복지국가의 용납 불가능한 단면으로 보는 것이다. 복지국가에서 우생학 정책은 생물학적 부적격자로 정의된 사람들의 재생산을 규제했을 뿐 아니라 적격자의 재생산을 장려했고, 그럼으로써 '정상적인' 가족을 뒷받침하는 정책을 폈다. 나치 독일의 긍정적 우생학 정책도 처음에는 그리 다르지 않았고, 건강한 대가족을 거느린 아리아 민족의 어머니들에게 공개적 찬사가 뒤따랐다. 그러나 나치의 정책이 점점 극단화되면서 독일의 긍정적 우생학은 초인을 길러내는 형태를 지니게 되었다. 피점령국에서 적당한 금발 여성들을 선별한 후에 친위대원들이 강간해 순수한 아리아 민족의 아이들을 잉태하게 했다.

영국에서 긍정적 우생학에 주어진 유인들은 그리 대단치 않은 것이었다. 우리가 1960년대에 런던 대학교의 젊은 교수였던 시절에, 우리 두 사람은 모두 자녀 한 명당 매년 50파운드의 봉급을 추가로 받았다. 이러한 보조금이 주어진 이유는 런던 정경대학London School of Economics 학장을 지낼 때 런던 대학교 시스템 내에서 영향력이 컸던 윌리엄 베버리지가 열렬한 우생학자였고, 대학 교수들은 자명한 '적격자'이므로 자녀를 갖도록 장려해야 한다는 생각이 있었기 때문이다. 그가 마음속에 떠올린 대학 교수는 남성이고, 이성애자며, 기혼에, 몸이 건강한 사람이었다. 이는 합당해 보이는 가정이었고, 실제로 대부분 그러했다. 몇 안 되는 여성 교수들은 거의 독신이었고, 남성 교수들과 마찬가지로 백인이었다.

좀더 놀라운 일은 강제 불임시술이 1970년대 중반까지 스칸디나비아 국가들에서 계속되었다는 사실이다. 이는 뮈르달 부부가 초창기에 제안했던 것처럼, 민족주의적인 사회민주주의 복지국가의 관리에 필요한 것으로 여겨졌다. (자녀를 갖고 이를 양육하는 이중적 의미에서) 부모가 되기에 '부적격'인 사람들에게 불임시술을 하는 것은 국가가 짊어지는 잠재적 부담을 덜어주었고, 적격자에게 양질의 보편적 복지를 제공할 수 있게 해주었다. 군나르 브로베르크Gunnar Broberg와 닐스 롤-한센Nils Roll-Hansen의 《우생학과 복지 국가Eugenics and the Welfare State》는 이러한 프로그램들이 압도적으로 여성을 대상으로 했음을 보여준다. 남성 불임시술이 좀더 쉽고 안전하며, 항생제 이전 시기에는 여성에 대한 불임시술이 어렵고 위험한 것이었는데도 말이다.[8] 복지국가에 봉사하는 스칸디나비아의 생의학은 특정 여성들이 불임시술을 받아야 하는지 판단할 능력이 온전히 자신들에게 있다고 보았다. 그런 여성들은 '어머니가 되기에 부적격'—자녀를 낳기에 그리고 양육하기에 부적격이라는 두 가지 의미에서—이라는 것이 불임시술의 이유였는데, 이 중 강제 불임시술이나 성적 격리 같은 우생학 정책을 그토록 오래 지탱했던 것은 후자의 의미였다. 강제 불임시술이라는 노골적인 폭력이 충격을 안겨주긴 하지만, 적어도 스칸디나비아 여성들은 공동체 내에서 거주했다. 감금되어 있던 네덜란드와 영국 여성들과 달리, 그들은 범죄자처럼 갇혀 살지는 않았다.

서유럽의 국가 우생학에서 마지막 사례는 키프로스에서 일어났다. 이는 학습장애아를 대상으로 한 것이 아니라 지중해 빈혈의 발병률을 낮추려는 시도로 나타났다. 지중해 인근의 풍토병인 이 유전적 혈액질환은 가장 병세가 심하고 고통스러운 형태로 키프로스 섬에 널리 퍼져 있었고, 그리스계 키프로스 인구 중 4분의 1 가량이 보인자였다. 마카리오스 대주교는 영국에 맞선 반식민주의 투쟁에서 정치적·종교적 지도자로서 역할을 했는데, 그가 1960년에 초대 대통령으로 선출되면서 국가 권력과 교회 권력이 합쳐진 막강한 권력을 손에 쥐게 됐다. 처음에는 질병의 발병률을 낮추기 위한 건강 증진 및 교육 프로그램이 시행됐고, DNA 검사가 가능해진 후부터 좀더 구체적인 예방 전략들이 가능해졌다. 정통 교회의 축복을 받고 결혼식을 올리려는 예비 부부는 지중해 빈혈의 보인자인지 확인하는 검사를 의무적으로 받아야 했다. 이는 아이들에 대한 위험이 너무 크면 결혼이 성사되지 않을 거라는 분명한 메시지를 담고 있었다. 그리스계 키프로스 문화에서 교회의 결혼식이 갖는 중요성을 감안하면 이는 강력한 도구였고, 1986년까지 이 질병에 대해 동형접합인(다시 말해 양쪽 부모에서 돌연변이 유전자를 받아 한 쌍을 갖고 있는) 신생아의 수는 10분의 1로 줄어들었다.[9] 사실상 의무적 검사로 인해 아무런 고통이나 낙인 찍기도 생겨나지 않았다고는 믿기 어렵지만, 공포의 대상이었던 질환의 위험이 급격하게 줄면서 널리 안도감이 생겨난 것도 사실이었다.

이와 유일하게 비견할 만한 유사 국가 우생학의 사례는 뉴욕의 랍비 모쉬 파인슈타인이 아슈케나지 유대인Ashkenazi Jews(중세 이래로 중유럽과 동유럽에 거주하던 유대인들의 후손을 가리키는 말 — 옮긴이) 공동체의 치명적 유전질환인 테이-삭스병Tay-Sachs disease의 유행에 대응한 방식에서 볼 수 있다. 이 질환을 가진 아기들은 극도의 고통 속에서 살다가 돌이 되기 전에 사망한다. 파인슈타인은 젊은이들이 자신의 보인자 지위에 관한 정보를 그에게 제공하도록 공동체를 설득했고, 교제 관계가 깊어지면 한쪽 혹은 양쪽 당사자가 결혼과 자녀가 안전할 것인지에 관해 랍비와 상담할 수 있었다. 파인슈타인에 대한 신뢰와 낙인찍기를 피하고자 하는 그의 관심이 합쳐져 그의 프로젝트는 성공을 거뒀지만, 키프로스의 경우와 마찬가지로 이 사례 역시 국가 유전학에 내포된 온갖 권위주의적 요소들을 강하게 거부하는 사람들에게 문제를 야기했다. 그런가 하면 베키 페티트가 지적한 것처럼, 미국 흑인 남성들의 대대적 투옥은 **흑인 진보의 신화**가 거짓임을 보여 주었을 뿐 아니라, 장기간에 걸친 성적 격리로 작용해 은밀한 우생학으로 기능하기도 했다.[10]

우생학과 생물학자들

1945년 이후 유럽과 미국에서는 우생학 용어들이 서서히 존경받는 과학 연구에서 밀려났고, 유전학과 분자생물학의 용어들이 그 자리를 대신했다. 콜드스프링하버에 있던 데븐포트의 우생학기록국은 1940년에 문을 닫았다. 그것이 대변했던 종류의 우생학은 과학적 신빙성을 잃었고, 힘들여 모은 수천, 수만 건의 기록들은 무가치한 것으로 여겨져 폐기됐다. 카네기재단의 자금 지원 중단과 데븐포트의 은퇴도 어느 정도 역할을 했다. 1953년에 이중나선이 성공을 거두면서 콜드스프링하버는 분자생물학연구소Laboratory of Molecular Biology로 새로운 정체성을 찾았고, 1968년 짐 왓슨이 그곳의 소장으로 부임했다.

영국에서는 1945년에 의료유전학자 라이오넬 펜로즈Lionel Penrose가 유니버니티 칼리지 런던에 있던 골턴우생학실험실Galton Eugenics Laboratory의 교수로 임용됐고, 그 명칭을 유전학과로 바꾸었다. 아동들에게 나타나는 '정신박약mental defect'의 원인에 대한 펜로즈 자신의 선구적 연구가 이러한 명칭 변경에서 결정적인 역할을 했다. 그는 '정신박약'이라는 꼬리표가 붙은 증상들의 다양성에 주목했고, 어떤 분명한 표현형을 파악해내는 데 문제가 있음을 지적했다. 증상의 인과관계를 확립하고 사회적·가족적 환경과 유전자가 하는 역할을 구분하는 데 엄청난 어려움이 있다는 사실은 이것이 간단한 인과적 유전 요인들에 따른 것이라는 생각을 쫓아내는 데 기여했다. 그는 오늘날 다운증후군이라고 불리는 증상이 필연적으로 '정신박약'으로 이어지는 '덜 진화된 몽골 인종 유형'으로의 유전적 '회귀'가 아니라 발달상의 문제임을 보여줌으로써, 낙인을 찍는 효과가 있는 '몽골 인종the Mongol'이라는 범주를 다운증후군 환자라는 범주로 대체하는 데

과학적으로 기여했다.

몽골 인종이라는 용어의 기원은 2세기 전 독일의 의사 요한 블루멘바흐 Johann Blumenbach가 제시한 인종 분류로 거슬러 올라갈 수 있다. 그는 인간을 피부색에 근거해 다섯 가지 구분되는 인종으로 나누었다. 그는 '가장 고등한 유형'을 코카서스 인종이라고 불렀고, 그것이 아름다운 흰색 피부를 지닌 코카서스 산맥의 조지아 사람들에게서 유래했다고 주장했다. 인종적으로 또 유전적으로 무의미한 블루멘바흐의 네 가지 다른 위계적 인종 범주들은 역사의 쓰레기통에 버려졌지만, 코카서스 인종이라는 용어는 계속 남아 미국에서 유럽 기원의 사람들을 가리키는 용어로 널리 쓰이고 있다. 미국 국립인간유전체연구소의 인종민족유전학실무그룹Race, Ethnicity and Genetics working group이 내놓은 지침은 범주화를 할 때 조심스럽게 정확성을 기할 필요성을 올바르게 강조하고 있지만, 그럼에도 미국 생의학 연구에서 흔히 쓰이는 분류인 '코카서스 인종'에 대해서는 아무런 논의도 하지 않고 있다. 노예제의 잔재인 인종주의적 범주들을 제거하기 위한 힘겨운 정치적 투쟁을 감안하면, 미국의 유전학자들이 왜 블루멘바흐를 여전히 고수하고 있는지 이해하기 어렵다. 러시아의 인종주의자들이 코카서스 출신 사람들을 지금도 '흑인'이라고 부른다는 사실이 좀더 알려지게 되면, 그들도 유전학 실험실에 남아 있는 애물단지를 처치할 필요를 더 크게 느낄지도 모르겠다.

펜로즈의 작업에도 불구하고 우생학에 대한 생물학자들의 열정이 잦아드는 속도는 느렸다. 영국 국립의학연구소National Institute for Medical Research 소장 피터 메더워는 1958년 BBC의 리스 강연에서 여전히 낡은 우생학적 질문을 놓고 안절부절못하고 있었다. 복지국가가 자연선택에 개입해서 영국의 국가적 혈통의 질이 저하되고 있는 것은 아닌가 하는 질문이었다. 그는 학습장애를 가진 사람들 — 그중에서도 주로 여성 — 을 감금하는 영국의 관행이 말로 표현하지 않았을 뿐 이미 우생학 정책의 일부를 이루고 있음을 간과했다. 메더워는 어떤 기이한 우생학적 일탈을 보여주고 있는 것이 아니었다. 1960년대에 리처드 티트머스와 그의 경제학자 동료 브라이언 에이블-스미스Brian Abel-Smith는 모리셔스Mauritius(아프리카 동쪽 인도양 남서부에 있는 섬나라로 영국의 식민지였다가 1968년에 독립했다 — 옮긴이) 정부에 명백하게 우생학적인 자녀 허용 정책을 제안했다. 가난한 모리셔스 대가족들이 경제 성장을 저해하고 있다는 가정 아래 그들은 미리 정해진 자녀 숫자를 넘지 않은 가족들에게만 자녀를 허용해야 한다고 제안했다. 그들은 영국인 아이들이 빈곤에 빠지지 않게 보호해야 한다는 신념을 갖고 있었지만, 가난한 모리셔스 대가족들은 더 심한 빈곤 상황에 처하게 되었다.[11] 티트머스와 그 동료들의 보편주의와 집단주의 옹호는 예전 영국 식민지의 가족들에게까지 확대되지 못했다.

그처럼 일상적인 우생학적 사고방식은 쉽게 사라지지 않았다. 1967년 영국 낙태법British Abortion Act의 언어는 명백히 우생학적이었고, 실제로 그것이 입법 과정을 성공적으로 통과한 것은 우생학자와 페미니스트 사이에 맺어진 무언의 동맹 덕분이었다. 실제로 낙태는 이내 임신 초기의 주문형 낙태가 되었다. 이러한 변화는 여성의 의식 변화 — 임신을 끝내고 싶어 하는 여성과 상담사, 간호사, 임상의로 일하는 여성, 그리고 심지어 많은 남성의 의식에서도 — 의 일부를 이뤘다. 현재 사회이론에서 흔히 쓰이는 보편화된 인간성 개념보다는 훨씬 덜 야심적이었지만, 여성들이 자신의 젠더 정체성을 이해하면서 이렇게 변화를 겪은 것은 어떤 과학적 담론에 의해서가 아니라 거의 전 지구적인 페미니즘 운동의 힘에 의해서였다.

심지어 급진적 희망을 상징하던 해인 1968년에도 우생학적 열정은 여전히 공개적으로 표출되고 있었다.

> 모든 젊은이들의 이마에는 겸상적혈구 유전자나 그와 유사한 다른 모든 유전자의 보유 여부를 표시하는 상징으로 문신을 새겨 넣어야 한다. … 이러한 방향의 입법, 그러니까 결함 있는 유전자에 대한 혼전 검사 의무화와 이러한 유전자 소유 여부에 대한 모종의 반공개적 표시가 도입되어야 한다는 것이 내 생각이다.[12]

고통스러운 대목은 낙인 찍기에 관한 이러한 제안을 내놓은 사람이 어떤 괴짜 우익 인사가 아니라 반전운동과 대안건강운동의 영웅인 노벨상 수상자 라이너스 폴링Linus Pauling이라는 사실이다. 비타민 C의 대량 복용으로 어떤 효과를 얻었는지는 모르겠지만—폴링은 이것이 감기를 예방해준다고 믿었다—장애를 혐오하는 생각을 막지 못한 것은 분명하다.

생물학자 중에 우생학적 열정을 지녔던 이들은 폴링이나 메더워만이 아니었다. 1970년에 열린 현대 생물학의 사회적 영향에 관한 BSSRS 회의에서는 임박한 시험관 수정의 앞날에 대한 토론이 오갔는데, 이 자리에서 사회주의 면역학자인 존 험프리John Humphrey는 장애를 가진 신생아들에 대한 유아 살해에 '제거한다'는 표현을 썼다.[13] 공정하게 말하자면, 아마도 자녀를 둔 아버지였기 때문이었는지 몰라도 그는—자녀가 없는 메사추세츠 공과대학(MIT)의 인지심리학자 스티븐 핑커가 좀더 최근에 취했던 태도와는 달리—어머니들이 느낄 감정에 대해 우려를 표시하긴 했다. 20세기 후반에 접어들어서도 생물학자들은 새로운 복지국가의 사회 구호 활동 덕분에 너무 많은 '부적격자'들이 살아남아 국가적 혈통의 질을 손상시키고 경제적·사회적 부담을 만들어내지 않을까 우려했다. 국가도 이러한 우려를 공유했지만, 이를 신중한 관리가 필요한 문제로 이해했다. 새천년으로 접어드는 시점에 유전학자 스티브 존스를 비롯한 몇몇 생물학자들은 이제 현대적 의료 기술이 '부적격자'의 생존을 가능케 함으로써 다윈주의 메커니즘에서 중심을 이루는 자연선택의 선별 효과를 가로막아 진화를 중단시키지나 않을까 하는 우려를 표했다.[14] 그러나 복지국가의 체계적 함몰은 이환율과 사망률 모두에서 계급 격차를 벌려 놓았다. 선별은 빠른 속도로 계속되었고, 이 속에서 의료기술의 역할은 상대적으로 미미했다. 빈곤이 훨씬 더 효과적으로 작용하고 있다.

인종주의는 아시아계 인구가 많은 영국의 마을과 도시에서 열생학적劣生學的(결함이 있거나 생존에 불리한 유전자 및 형질이 역으로 특정한 개체군 내에 보존되는 것을 가리킨다—옮긴이) 역할을 해왔다. 토론의 초점은 무슬림 인구가 많고 장애를 가지고 태어나는 아기들의 비율이 높은 브래드퍼드에 종종 맞춰졌다. 공중보건 관료와 유전학자 들은 사촌 간의 결혼이 위험을 증가시키는 부정적 영향을 낳는다고 계속 지적해왔지만, 그러한 결혼은 지난 수십 년 동안 계속 증가해왔고, 그와 함께 장애를 가진 신생아 비율도 증가했다. 보건 교육 캠페인은 분명 효과를 거두지 못했는데, 그 이유는 사촌 간의 결혼에 대한 압력이 유전적 위험을 능가했기 때문이다. 이민이 점점 더 어려워지면서 이슬람 공동체는 중매결혼에 눈을 돌렸고, 이는 종종 고국에서 온 사촌과의 결혼으로 이어졌다. 이슬람 혐오증으로 괴롭힘을 당하고 있는 공동체는 이러한 방식으로 자신들의 숫자를 늘리고 있다. 결혼이 거주권을 자동으로 보장해주기 때문이다. 이슬람 혐오증은 열생학적 결과를 가져올 수 있는 듯 보인다.

비지시적 의학의 탄생?

1945년을 생명의료윤리의 도덕적 분수령으로 보는 시각에 대해 역사가들이 지속적인 탈신화화 작업을 해온 이유는 그저 순진한 희망의 실체를 폭로하기 위함이 아니었다. 충분한 설명에 근거한 동의를 순수하게 윤리 보고서의 발간이나 토론 활성화의 문제가 아니라 실행의 차원에서 본다면, 이것이 나타나는 데는 오랜 시간이 걸렸다. 그러나 어느 의학 전문 분야에서는 1945년이 실제로 윤리적 분수령이었다. 임상유전학은 생의학적 범주 분류, 강제 불임시술, 최종적으로는 '부적격자' 말살에 이르기까지 독일의 전문직 동료들이 관여해온 일에 대한 끔찍한 폭로를 다른 어떤 전문 분야보다 직접 대면해야 했다. 임상유전학에서 나치의 우생학 프로젝트라는 도덕적 오염을 추방하는 것은 대단히 중요한 과제였다. 임상유전학은 이러한 역사에 맞서 스스로를 재구성해야 했다. 부분적으로 이는 명칭을 바꾸는 것 — 오늘날의 광고 용어를 쓰자면, 전문직의 이미지를 쇄신하는 것 — 이었지만, 그에 못지않게 충분한 설명에 근거한 환자들의 동의에 대해 새로운 생각과 실천을 발전시키는 것도 중요했다. 상담, 환자들과 시간을 보내는 것, 그들이 위험을 이해했고 그들의 결정이 자유롭게 내려졌는지 확인하는 것이 최선의 임상 실천을 나타내는 시금석이 되었다.

유전학 클리닉의 비지시적non-directive 성격은 산전 클리닉의 상황과 너무나 자주 대조를 이룬다. 전자의 경우에는 유전적 위험을 안고 있지만 자녀를 갖고 싶어 하는 여성과 그 배우자를 세심하게 다룬다. 반면 후자의 경우 여성들은 오랫동안 생활방식 지침에 관해 의사의 인도를 따르고, 혈액과 소변 시료를 제공하며, 양수검사나 태아 초음파검사를 받을 것으로—이 모두가 아이의 건강을 위해—기대되어왔다. 분자유전학의 성장은 선별 검사의 급증을 낳았지만, 영국에서는 적절한 상담 서비스의 제공이 뒤따르지 못했다. 예를 들어 (상대적으로 가장 흔한 세 가지 문제만 들자면) 다운증후군, 낭포성섬유증, 신경관결손Neural Tube Defect(NTD)을 진단하는 선별검사는 이러한 장애를 가지고 태어나는 아이들의 수를 줄여 미래의 부모들에게 안도감을 주고 아울러 공공 지출도 상당히 절약하게 해줄 거라는 주장이 있다. 앞으로 점점 더 많은 유전적 위험을 알아내는 검사들이 산전진료에서 일상화되면, 적절한 상담이 제공되지 않는 한 여성들에게 무력감을 안겨줄 위험이 있다. 자신에게, 또 임신한 태아에게 어떤 일이 생길지에 대해 거의 혹은 전혀 발언권이 없는 채로 컨베이어 벨트에 실려가는 듯한 느낌을 받을 수 있다는 말이다. 그들을 진료하는 임상의들도 이를 잘 알고 있다. 한 연구에 따르면 영국의 산부인과 의사들 중 43퍼센트가 환자들이 이용할 수 있는 상담의 결여에 대해 우려하고 있었다. 또한 안도감을 준다고들 하는 산전검사가 이를 분명하게 제공하는 것도 아니다. 검사라는 행위 그 자체가 지금까지 당연하게 여겨왔던 태아의 '정상성'에 의문을 던지기 때문이다. 적절한 사회적 뒷받침이 없다면 그러한 경험은 우려를 진정시키기는커녕 오히려 해만 끼칠 수도 있다.

부유한 국가의 여성들에게 임신은 더 이상 그저 임신이 아니다. 바버라 카츠 로스먼Barbara Katz Rothman의 《잠정적 임신The Tentative Pregnancy》이 그려내는 것처럼, 임신은 여성과 태아가 유전자 검사라는 검토 과정을 통과하기 전까지는 잠정적인 상태가 되었다.[15] 10년에 걸쳐 산전 진료를 연구한 레이나 랩Rayna Rapp의 《여성에 대한 검사, 태아에 대한 검사Testing Women, Testing the Fetus》는 뉴욕의 산전 진료 시스템이 충분한 지원을 받던 시점에 모든 여성들에게 한 시간의 상담을 제공하던 클리닉에서 연구가 진행됐다.[16] 랩은 검사에서 얻어진 지식이 자신의 삶에 대한 여성들의 통제권을 증진시킴과 동시에 우생학적 압력을 가한다고 주장한다. 그녀는 이러한 여성들이 도덕적 선구자라고 말한다. 그들은 점점 더 촘촘해져가는 지뢰밭을 뚫고 자신의 길을 찾아야 하는 상황에 처해 있다.

DNA 진단이 확대되는 와중에 임상적 맥락도 변화를 겪고 있다. 이것이 가장 분명하게 드러나는 것은 유럽 출신 인구에서 25명에 한 명꼴로 가장 흔하게 나타나는 돌연변이인 낭포성섬유증이다. 1950년대에 낭포성섬유증를 가지고 태어난 아이들 대부분은 돌을 넘기지 못하고 사망했는데, 그렇게 일찍 사망한 이유는 심각한 호흡 곤란 때문이었다. 유전자 사냥의 전성기에는 만약 낭포성섬유증 유전자를 찾아낼 수 있다면 유전자 치료법을 개발할 수 있을 거라는 희망이 있었다. 낭포성섬유증 유전자는 1989년에 발견됐지만, 유전자 치료의 희망이 잦아들면서 과장된 선전도 줄어들었다. 그러나 유전자의 발견은 DNA 검사를 가능케 했고, 여성들이 임신을 계속 유지하고 싶은지 여부를 결정할 수 있게 해주었다. 치료상의 관리는 크게 향상되어 오늘날에는 적절한 의학적 치료를 받으면 낭포성섬유증을 가지고 태어난 아이들도 40세의 예상 수명을 기대할 수 있다. 만약 어떤 사회 체제가 모든 이들에게 보건의료 혜택을 제공할 수 있고 실제로도 제공한다면, 여성과 그 가족에게 열린 선택지는 훨씬 더 넓어질 것이다. 만약 여성이 다른 가족을 부양해야 하고, 돈은 부족하며, 보건의료 혜택은 거의 혹은 전혀 받을 수 없다면, 과연 임신을 계속 유지할 수 있다고 생각할까? 이러한 경우 국가는 그녀에게 굳이 강요할 필요가 없다. 단지 유전적 위험에 관한 정보를 제공하기만 하면 된다.

임상유전학의 야누스의 얼굴

임상유전학은 과거 중대한 모순에 사로잡혀 있었고 지금도 마찬가지다. 이러한 모순은 공공의료 서비스가 약화되면서 유럽의 오래된 복지국가들에서 더욱 심화되고 있다. 공공 서비스는 자신의 사회경제적 가치를 입증하는 도덕적·경제적 논증을 내놓아야 한다. 이는 특히 산전 클리닉에서 임상유전학 서비스를 제공해 얻을 수 있는 집단적 우생학의 이득에 의존하는 비용-편익 계산의 형태를 지닌다. 결국 야누스와 같은 임상유전학은 한쪽 얼굴을 잠재적 어머니에게, 다른 얼굴을 국가에게 보이고 있는 셈이다. 임상유전학이 자신의 입장에 내재한 모순을 해결하는 방식은 대개 임상의, 환자, 그리고 그녀가 함께 자녀를 갖고 싶어 하는 남자가 무엇이 가치 있는 삶인가에 대한 관점을 공유할 거라고 가정하는 것이다. 임상유전학은 소수의 여성들이 주저하며 낙태를 거부하는 경우를 고려함으로써, 개인의 자율성, 충분한 설명에 근거한 선택, 그리고 심각한 장애를 갖고 태어나는 아이들의 수를 최소한으로 유지하려는 국가의 희망이 한데 합쳐져 사회문화적 합의를 이룰 거라고 주장한다. 필립 키처Philip Kitcher는 여기서 더 나아가 이러한 상황을 일종의 유토피아 우생학으로 옹호하기까지 한다.[17] 그러나 보이지 않는 손에 대한 그의 호소가 아무리 매력적이라 하더라도, 이는 양질의 상담 서비스를 적절하게 제공하는 데 의존하고 있다. 어떤 사람들은 유토피아 우생학을 접할 수 있을지 몰라도 모든 사람들이 그렇지는 못하다.

좀더 회의적인 생각을 가진 사람들은 이러한 이중의 의제가 결함을 가지고 태어날 수 있는 아이들의 '허용 가능한' 숫자를 결정하는 보이지 않는 규범을 만들어낸다고 본다. 보이지 않는 규범을 지키는 것은 야누스의 두 가지 요구 — 첫째, 임신한 여성은 충분한 설명을 들은 뒤 선택할 수 있어야 한다. 둘째, 유전적 결함을 갖고 태어난 아이들을 보육하는 데 드는 국가의 부담을 최소화해야 한다 — 를 만족시킨다. 현재 장애인 운동이 자신들의 삶도 가치 있는 삶임을 주장하며 펼치는 정치적 투쟁을 감안하면, 키처의 우생학적 유토피아는 다소 팡글로스적이라고 보아도 무방할 것이다. 위험을 안고 있는 여성들이 처한 문제는 그들이 모든 가능한 세계 중 최선의 세계에 있는지 여부에 있다. 그들의 자녀가 스칸디나비아 복지국가의 황금기 때처럼 가족과 국가가 공유하는 책임으로 소중하게 다루어질 것인가, 아니면 복지를 축소하고 있는 국가 — 영국에서는 국가가 장애 아동에 대해 한 번도 대단한 역할을 한 적이 없다 — 에서처럼 보육의 몫을 포기하는 곳에 살게 될 것인가? 유전자 검사를 제공하면서 그에 따른 책임은 회피하는 국가는 잠재적 부모에게, 그중에서도 특히 잠재적 어머니에게 책임을 떠넘긴다. 결국 신자유주의 정치경제 내에서 유전학은 사실상 소비자 우생학을 만들어내는 데 일조한다.

그렇다면 장애인 운동이 유전자 검사의 창궐에 깊은 의구심을 드러내며 이것이 본질적으로 우생학적이라고 보는 것은 별로 놀랄 일이 못된다.[18] 대립의 전면에 나선 것은 학습장애를 가진 사람들이었다. 여성들은 다운증후군을 가진 아이를 낳고자 하지 않으며 선별 검사가 도움이 된다고 여길 거라고 너무나 오랫동안 당연하게 생각해온 문화에서, 이러한 도전은 불편함을 안겨주기도 하지만 이미 오래전에 제기됐어야 했던 것이기도 하다. 여성의 재생산 자유를 옹호함과 동시에 다운증후군 환자의 삶을 무가치한 것으로 자동으로 범주화하는 데 반대하는 것은 쉽지 않은 일이다. 검사를 통해 증상의 유무만을 알 수 있고 얼마나 심각할지는 알 수 없는 경우에는 검사의 필요성을 옹호하기가 더욱 어려워진다. 이는 산전검사를 지지하는 사람들과 자신들의 삶의 권리를 주장하는 학습장애인 사이에 벌어진 여러 차례의 논쟁에서 잘 드러난 바 있다. 모든 잠재적 부모가(의사들이 정의한 대로) 정상적인 아기를 원한다는 믿음은 조금씩 무너지고 있다. 가령 청각장애 부부들은 청각장애 자녀를 더 선호하며, 자신들의 희망을 이루기 위해 착상전 유전자진단pre-implantation genetic dianosis(PGD)을 활용하고 싶어 하는데, 청각이 온전한 사람들은 불편한 심경으로 이러한 주장에 귀 기울이는 법을 배우고 있다. 부모의 희망은 열린 미래를 가질 아이의 권리와 나란히 존재한다. 이는 새로운 도덕적 영역이다. 아무런 도전도 받지 않고 군림해온, 의학적으로 정의된 낡은 정상성을 대신해 윤리적 논증이 점차 개발되고 민주적으로 주장되어야 한다.

언젠가 짐 왓슨이 HGP의 우생학적 함의에 대해 어떻게 생각하느냐는 질문을 받았을 때 그는 "글쎄요, 주위에 멍청한 사람이 있다는 게 즐거운 일은 아니죠"라고 답했다. 많은 사람들이 그의 발언을 모욕적으로 받아들였지만, 학습장애를 가진 정치 활동가의 관점에서 보면 왓슨 특유의 노골적인 발언과 산전 클리닉을 방문하는 30세 이상 여성들에게 양수검사와 융모막검사를 일상적으로 제공하는 것 사이에 그리 대단한 차이가 있는 것은 아니다. 둘 모두 가족 내에, 또 사회 속에 학습장애를 가진 사람들이 존재하는 것이 문제라는 지배적인 문화적 가정을 표현하고 있기 때문이다. 왓슨의 논평은 적어도 솔직하다는 장점이 있다. 그것을 모욕적인 것으로 받아들인 모든 사람들이 동일한 주장을 할 수 있는지는 분명치 않다.

강제적 국가 우생학은 퇴조했지만, 신자유주의 문화, 경제, 사회 속에는 여전히 많은 우생학적 압력이 있다. 그리고 미국처럼 인종이 문화와 정치의 중심을 이루는 곳에서는 지금도 인종을 중심으로 압력이 작용한다. 미국의 흑인 사회학자 트로이 더스터Troy Duster—HGP의 ELSI 프로그램에서 손꼽히는 인물 중 하나—는 1980년대 캘리포니아에서 가난한 흑인 가족들을 대상으로 도입된 유전자 선별 검사 프로그램에 대한 연구를 수행했다. 캘리포니아 주의 인색한 복지 정책이라는 맥락에서(캘리포니아 주가 흑인 여성들에 대해 정력적으로 강제 불임시술을 해온 역사는 말할 것도 없고), 이 프로그램에 대한 지원은 가난한 흑인 가족들이 그간 받아 왔던 물질적 지원을 삭감함으로써 해결되었다. 더스터는 영국이 취한 대조적 접근법을 지적한다. 영국에서는 유사한 DNA 선별 검사 프로그램이 논의되긴 했지만 비용-편익 분석을 근거로 거부되었다. 심지어 대처 시기에도 복지 제공에는 좀더 너그러웠던 영국에서, 사회적 합리성이 번창할 여지는 더 많고 우생학이 번창할 여지는 더 적었다. 반면 캘리포니아의 선별 검사 프로그램은 우생학으로 통하는 뒷문이 되었다. 더스터는 이렇게 결론내리고 있다.

> 다시 한번 이러한 새로운 유전학 지식이 이점을 주는지 고난을 주는지는 유전자가 어떻게 배열돼 있는가에 오직 부분적으로만 의존한다. 이는 어떤 사람이 사회 질서 속에서 어디에 위치해 있는가에도 아울러 의존한다.[19]

유토피아 우생학에 대해서도 같은 얘기를 할 수 있다.

소비자 우생학으로 빠져들다

인간 배아에 대한 선별 검사는 IVF와 함께 도래했다. 처음에 이는 배아를 '유심히 관찰'해서 그중 어느 것이 생물학자가 건강한 정상 난자에 대해 갖고 있는 암묵적 이해에 부합하는지를 판단하는 식으로 이뤄졌다. PGD

는 여기서 한 걸음 더 나아가 유전자 선별을 위해 배아에 대한 조직검사를 한다. 유럽에서는 PGD를 불편하게 받아들이며, 특히 우생학에 대한 이해를 힘들여 얻은 독일에서 그런 경향이 강하다. 영국에서 PGD는 규제의 대상이어서 심각한 장애를 가진 아이를 낳을 위험이 있는 잠재적 부모들만 이용할 수 있다. 여기서 문제의 핵심은 어떤 것이 그러한 장애에 해당하는가 하는 판단에 있다. PGD는 많은 단일유전자 질환에 쓸 수 있는 잠재력을 갖고 있다. 낭포성섬유증의 경우처럼 이러한 많은 질환들은 설사 '치유할' 수는 없다 하더라도 고치고 관리할 수 있다. 가령 콜레스테롤 강하제인 스타틴을 복용하면서 생활방식을 관리하면 가족성 고콜레스테롤혈증Familial Hypercholesterolaemia 같은 유전성 지질혈증의 이환율과 사망률이 크게 낮아졌다. 우리는 PGD를 그처럼 상대적으로 관리 가능한 증상들에 활용해 여전히 예상 수명이 짧은, 이처럼 덜 완벽한 배아들이 살아남을 수 있도록 도와야 하는가, 아니면 PGD 자체를 거부해야 하는가? PGD는 모든 부모가 완벽한 아이를 가질 '권리'를 갖고 있다는 이데올로기를 부추기는 데 일조하고 있는가? 이러한 사안들을 충분히 규제하고 있다는 영국 정부의 주장에도, 이는 서서히 스며들고 있는 소비자 우생학 실천을 막는 데 별다른 보호책을 주지 못하는 것 같다. 구순구개열을 가진 아이를 낳을 위험이 있는 부부에게 PGD 활용을 허용한 것 — 수술 치료가 가능함에도 불구하고 — 은 한계를 더 밀어올리는 것처럼 보인다.

PGD와 함께 새로운 윤리적 딜레마도 나타났다. '맞춤아기designer baby'와 '구세주 형제saviour sibling'의 전망이 그것이다. 전자는 선택의 방향이 어떤 심대한 장애를 일으키는 유전질환을 막는 쪽이 아니라 어떤 바람직한 특징 — 성별에서 머리카락과 눈 색깔, 그리고 앞으로는 추측컨대 아름다움이나 지능까지도—을 향상시키는 쪽으로 이뤄지는 것이다. 이는 아직 공상의 수준에 머물러 있는 반면, 구세주 형제는 이미 우리 옆에 와 있다. 심각한 유전질환을 앓고 있는 형제에게 맞는 조직을 제공하기 위해 PGD와 배아 선택을 거쳐 태어난 아이들이 있다. 유네스코나 이와 유사한 상급 기관들에서 진행된 생명윤리 논쟁은 그러한 기술 발전의 가능성을 예측했고, 이를 윤리적으로 혐오스러운 것으로 거부했다. 이는 유전적으로 선택된 아이를 단순한 도구로 격하시키고 아울러 아이가 지닌 신체적 온전성의 권리도 침해한다. 자신의 신체 조직을 제공할지 말지에 대해 아이에게 충분한 설명에 근거한 동의를 얻는 것은 불가능하기 때문이다. 그러나 생명윤리가 제기하는 이러한 반대는 언론에서 펼쳐지는 가족의 비극에 직면하면 여름날에 눈 녹듯 힘을 잃고 만다.

이와 관련하여 언론에 크게 보도된 최초의 사례는 2000년 미국의 내쉬 가족이었다. 내쉬 부부와 두 자녀가 겪은 파란만장한 사연은 오늘날의 유전자 검사와 우생학에 대한 우려를 보여주는 척도가 되었다. 부유한 내쉬 부부는 아이의 상품화로 가는 문을 열어젖힌 장본인인가, 아니면 단지 생명공학이 발달한 우리 시대를 최대한 인간적인 방식으로 헤쳐나가려 했던 부모의 사랑을 나타내는 사례일 뿐인가? 치명적 유전질환인 판코니빈혈 Fanconi's anaemia을 앓고 있는 여섯 살배기 몰리 내쉬가 살 수 있는 최선의 가능성은 질병에 걸리지 않은 형제로부터 제대혈을 이식받는 것이었다. 내쉬 부부의 두 번째 아이인 애덤은 몰리가 걸린 치명적 유전질환을 갖지 않도록, 또 누나의 생명을 구하는 자원을 제공할 수 있도록 PGD를 통해 선택되었다. 한 아이가 이미 존재하는 다른 아이의 생명을 구하기 위한 강제 기증자로 세상에 태어날 수 있다는 공포감은 이것이 기존의 아이를 구할 수 있는 유일한 방법이었고, 인간은 수많은 복잡한 이유로 아이를 가지며 내쉬 부부는 아이를 하나 이상 원했기 때문에 이러한 절차에 따라 태어난 아이도 어쨌든 사랑을 받을 거라는 주장과 팽팽하게 맞섰다. 이 과정에서 부부와 그 아이들은 수없이 인터뷰를 하고 사진을 찍었으며, 그러면서 도덕적으로 논쟁적인 혁신을 정상화하고 개인화하는 결과를 가져왔다.

내쉬 사례의 뒤를 이어 이번에는 영국에서 또 다른 사례가 곧 나타났다. 혈액질환인 중증 베타지중해빈혈beta-thalassaemia major에 걸린 아들을 둔 레이 하시미와 샤하나 하시미 부부는 내쉬 사례에서처럼 제대혈을 치료에 쓸 수 있도록 질병에 걸리지 않은 배아를 선택하는 데 PGD를 활용할 수 있게 허락해달라는 공개적인 운동을 벌였다. 어떤 사람들은 지중해빈혈이 유전질환인데도 하시미 부부가 자신들의 보인자 지위를 확인하지 않은 것에 우려했다. 그렇게 했다면 그들이 낳은 첫 아들이 병에 걸리지 않을 수 있었을 것이다. 그러나 이번에도 언론은 큰 병을 앓고 있는 아이를 둔 행복하고 자기 표현이 분명하며 잘생긴 부부의 사진을 전면에 부각시켰고, HFEA는 허가를 내주어야 했다.

그와 같은 사례들은 이러한 상황에서 부모들이 두 아이를 동등하게 사랑할 거라는 합의가 생겨났음을 보여준다. 큰아이는 구원을 받을 것이고, 작은아이는 부모의 부자연스러운 선택에 만족할 것이며, 이것이야말로 관련된 모든 이들이 행복한 윤리적 귀결이라는 것이다. 이처럼 흐뭇한 이야기를 받아들일 수 없는 사람들—무엇 때문에 부모가 자신들의 가장 내밀한 고통을 언론에 광고하게 되었는지 우려를 표하고, 가족 관계는 우연성이 내려준 선물이라는 생각을 가지고 있는 사람들—은 악법은 어려운 사례에서 만들어지는 경향이 있다는 시무룩한 격언을 곱씹게 된다. 그러한 아기들의 탄생은 직업적인 칼럼니스트의 언론 기술뿐 아니라 공히 시민사회의 편에서 진지한 도덕적 반성을 요구한다.

구세주 형제의 선택에 반대하는—혹은 좀더 무지막지한 표현을 쓰자면, 예비 부품 형제를 키우는 데 반대하는—생각을 유지하기란 쉽지 않다. 이를 너무나 잘 보여준 것이 휘태커 사례다. 이 사례에서는 기존 아이가 지닌 치명적인 돌연변이가 유전적인 것이 아니었기 때문에 HFEA가 승인을 거부했다. 재생산 관광의 시대를 살고 있는 휘태커 부부는 PGD와 IVF를 받기 위해 규제 환경이 약한 미국으로 날아갔다. 그러나 그러한 관광이 가능하다는 사실은 국민국가들이 규제 노력을 포기해야 하며, 대신 이른바 기술의 명령에 응답해 모든 것을 내버려두는 시장자유주의적 태도를 따라야 함을 의미하는 것이 아니다. 살인을 위법으로 간주하고 살인자를 처벌한다고 해서 살인을 실제로 멈출 수 있다고 믿는 법률가는 거의 없다. 하지만 이는 갈등 해소의 전략으로 살인이 일상적으로 행해지는 것을 제한할 수는 있다.

하시미 가족의 사연이 언론에 크게 보도된 지 불과 3년 후에 가즈오 이시구로는 문학상 수상작인 소설《나를 보내지 마》에서 PGD로 선택된 태아가 제기하는 윤리적 문제를 아이들이 다른 사람들에게 대체 부품을 제공하기 위해 복제되는 가상의 악몽으로 탈바꿈시켰다. 이러한 예비 부품 아이들은 언젠가 자신들이 좀더 인간에 가까운 다른 사람들에게 조직 대체 장기를 제공하기 위해 기증자에게 불려갈 것임을 알고 있다. 그들의 사회화 과정은 온통 그들이 이러한 미래를 받아들이도록 하는 데 맞춰져 있고, 그들에게 유일한 위안은 서로 간의 사랑뿐이다. 예비 부품 아이들을 길러내는 이시구로의 디스토피아는 마거릿 애트우드의《시녀 이야기》나《인간 종말 리포트》와 함께 무시해서는 안 될 디스토피아 우생학의 미래에 대한 경고를 던지고 있다.

만원사례: 70억 명의 사람들

맬서스 이래로 '만원사례Standing Room Only'는 인구 성장에 대한 공포를 만들어내는 사람들에게 반복적으로 나타나는 주제가 되어왔다(출산율 저하와 점점 노령화되어 가는 인구의 '부담' 증가에 대해 조바심을 보일 때는 제외해야겠지만). 인간의 창의성은 맬서스적 필연성을 크게 우회할 수 있는 경로를 제공해왔고, 지금까지는 인구 성장의 결과에 대한 그의 예측을 피할 수 있었다. 인구통계학이라는 전문 분야에 속한 사람들은 대체로 기대 수명과 가족 규모의 부침을 좀더 차분하게 추적하고 있고, 미래의 출산율을 예상할 때 조심스러운 태도를 취하는 경향이 있다. 도덕적 공황 상태를 자아내는 주인공은 생물학자들인 경우가 많았는데, 그들은 당시뿐 아니라 지금도 놀랄 만큼 태도가 금세 바뀌곤 한다. 1934년에 수리생물학자이자 나중에 WHO 자문위원이 되는 에디스 찰스는 《부모 되기의 황혼: 인구 성장의 쇠퇴에 대한 생물학적 연구》를 출간했다. 이는 그즈음에 그녀와 남편(랜슬롯 혹벤)이 당시 이데올로기적으로 절정에 달했던 우생학에 반대하는 데 쓸 수 있는 편리한 무기였다. 인구통제 정책 — 우생학을 약간 완곡하게 표현한 어구 — 은 1960년대와 1970년대에 정점에 도달했고, 부유한 서구는 이를 가난하고 가장 인구가 많은 국가들의 인구를 줄임으로써 지구를 구하는 수단으로 보았다. 로마클럽, 필립 공(네 아이의 아버지였다), 생태학자 폴 얼릭Paul Ehrlich이 경고음을 울렸다. 서구 우생학 이데올로기의 야만성은 얼릭이 1968년에 출간한 책 《인구폭탄The Population Bomb》에서 가장 적나라하게 드러났다.[20] 그는 "암은 세포의 걷잡을 수 없는 증식이다. 반면 인구 폭발은 사람들의 걷잡을 수 없는 증식이다"라고 쓰고 있다. 2011년 10월 31일에 70억 명째 사람이 태어나면서 '만원사례'가 다시금 세를 얻으려 하고 있다. 잡지《프로스펙트 Prospect》에서 노벨상 수상자 존 설스턴에 이르기까지 인구 성장에 대한 우려가 문화적 의제에 다시 올라왔고, 이미 정치적 의제가 되고 있는지도 모른다.

오늘날의 인구 우생학자들 중 가장 근본주의적인 이들에 따르면, 이에 대한 해법은 맬서스의 그것을 반향하고 있다. 심난한 대목은 이러한 사람들 중에 오바마 대통령의 과학기술자문위원회 의장이자 환경과학자인 존 홀드렌John Holdren도 포함돼 있다는 점이다. 그는 인권을 뒤엎을 권한을 가진 전 지구적 기구에 의해 전 세계 인구 — 미국을 포함해서 — 가 줄어들지 않는다면 생태학적 재난은 불가피하다고 본다. 그는 좀더 자발적인 접근법을 선호하면서도, 1970년대에 얼릭 부부와 함께 쓴 책에서는 강제 불임시술, 강제 낙태, 수돗물에 피임약 투입 등을 활용하면서 허가를 받은 사람들만 피임약이 섞이지 않은 물을 공급받아 아이를 가질 수 있게 하는 방법을 구상했다. 그들은 이렇게 덧붙이고 있다. "만약 인구통제 조치가 즉각 효과적으로 시작되지 못한다면, 인간이 동원할 수 있는 그 모든 기술로도 앞으로 닥칠 고통을 막아내지 못할 것이다."[21]

식민지에서 독립한 인구가 많은 국가들은 이내 환경주의자들의 맬서스적 의제를 일종의 인종주의적 우생학으로 인식했다. 그들은 빈곤한 상황이라면 대가족이 단기적으로 더 유용하다는 사실을 알고 있었다. 인구통제 정치가 변화를 겪은 것은 1970년대의 페미니스트 운동이 사회적 발전과 무엇보다도 여성들의 재생산 자유를 주장한 이후였다. 시간이 흐르면서 예전에 인구통제였던 것은 점차 여성들을 위한 산아제한 운동으로 변모했다. 이는 여성들의 지위를 향상시키는 정치 투쟁의 일부로서, 교육이 중요한 구실을 했다. 이러한 맥락, 즉 여성들이 좀더 높이 평가받고 더 잘 교육받으며 자기 나름의 결정을 내릴 여지를 갖는 곳에서는 더 적은 자녀를 낳는다. 아프리카는 예외다. 그곳에서는 맬서스가 예언한 파국을 빚어낼 네 명의 기수—전쟁, 기근, 역병, 사망(마지막 것은 에이즈와 말라리아의 형태로)—가 대륙의 많은 부분을 뒤덮고 있다.

인도와 혁명 이후의 중국은 오랫동안 자국의 방대한 인구를 먹여살리는 숙제와 가족 규모를 제한할 필요성을 의식하고 있었다. 아마티아 센Amartya Sen에 따르면, 인도에서는 일단 영국이 떠나자 기근이 사라졌고 산아제한 프로그램을 통해 가족 규모도 점차 축소되었다. 이러한 접근법이 인구 성장을 늦춰주긴 했지만, 인디라 간디 대통령이 보기에는 그 속도가 충분히 빠르지 않았다. 1975년에 그녀는 끔찍한 정치적 오판을 저질렀다. 아들 산자이에게 800만에 달하는 농민들에 대한 강제 불임시술 정책을 집행할 책임을 맡긴 것이다. 이 정책은 대규모 항의 사태를 불러왔고, 1980년 산자이가 사고로 사망한 뒤에야 비로소 종료되었다. 그러나 가부장적인 인도 가족의 우생학 실천 대신 국가에만 초점을 맞추면 DNA 검사의 엄청난 기여를 무시하게 된다. DNA 검사는 산전 성 선택을 가능하게 만들어주었고, 그 결과 딸을 낙태하도록 여성들에게 가해지는 압박은 더 강해졌다. 딸에 대한 영아살해는 가난한 집안에서 여전히 행해지긴 하지만, 유복한 가정에서는 이제 기술적으로 진부한 것이 되었다. '정상적' 성비에서는 여아 100명당 대략 남아 105명이 태어난다. 그러나 2010년 인도에서는 0세에서 6세 사이의 남아 1000명당 여아가 914명뿐이었다. 인도는 세계에서 가장 성비 불균형이 심한 나라 중 하나다. 성 선택, 영아 살해, 식량과 보건의료 접근성에서의 차별, 심지어 살인마저 내부적 여성학살femicide의 일부를 이루고 있다. 정부는 법률을 제정하고 있지만 효과는 거의 없다. 여성이 동등한 지위를 갖기 전까지는 법적 강제와 유죄 판결이 대다수 국가의 강간 관련 법률보다 훨씬 더 성공을 거둘 거라고 믿기 어렵다.

1978년 이후 인구 성장을 확실하게 관리하기 위해 국가 우생학 조치들을 체계적으로 활용해온 중국은 인도와 달리 마오의 재난에 가까운 경제 정책의 결과로 빚어진 기근 때문에 여전히 고통받고 있다. 한 자녀 가족 정책은 가족 규모를 줄이고 인구 성장 속도를 늦추었지만, 인도에서와 마찬가지로 심각한 성 불균형을 빚어냈다. 오늘날 중국의 공식 통계에 따르면 전국적으로 여아 100명당 남아는 119명이 태어나며, 불균형이 가장 심한 지방에서는 성비가 100:137에 달한다. 공산당은 표면적으로 성 평등을 표방하고 있음에도 2000만 명에 달하는 중국 여성들에 대한 강제 불임시술을 시행했다. 가부장적 가족에서는 아들을 낳으라는 압박이 여성들에게 지속적으로 가해져왔다. 과거에는 여아 영아 살해가 이러한 수요를 충족시켰지만, 지금은 불법 DNA 검사가 산전 성별 진단과 여아의 낙태를 가능케 하고 있다. 낙태에 실패한 경우 여전히 여아 영아 살해가 일어나고 있고, 여자아이를 국내나 해외에 입양하도록 포기하는 일도 점점 늘어나고 있다. 강제 낙태가 이뤄졌다는 증언도 있고, 가족 규모가 초과된 경우 아이들을 부모에게서 빼앗는 사례들도 있었다. 좀더 위안을 주는 증거도 있다. 도시화가 진전되고 농촌에서 기계화가 힘든 육체노동을 대체하면서 여자아이가 점차 소중하게 여겨지고 있고, 성비가 서서히 동등한 수준에 가까워지고 있다는 것이다. 그러는 동안 오늘날 하나뿐인 자녀들은 동등한 사랑을 받으며 포식을 하고 있고, 그 결과 서구에서와 마찬가지로 비만과 당뇨병이 만연하는 결과가 빚어지고 있다.

새로운 우생학의 상상력

치료와 향상을 나누는 구분선은 존재하는가? 그리고 유전적 향상과 다른 형태의 향상 사이에 원칙적인 차이가 있는가? 확장일로에 있는 성형수술 산업이 제공하는 신체적 향상의 진짜배기 폭풍이 휘몰아치는 와중에, 치료나 유전적 향상을 분별 있게 논의하는 것이 가능한가? 코 성형, 유방 확대, 지방 흡입, 주름 제거, 보톡스 등은 여성에게 일상이 되었고, 실비오 베를루스코니Silvio Berlusconi의 좀비 같은 얼굴이 선전하는 것처럼 점차 남성에게도 퍼지고 있다. 아름다운 얼굴, 아름다운 몸을 찾는 사람들은 외과 의사의 메스가 그걸 제공할 수 있다는 믿음을 갖도록 부추겨지고 있다. 적절한 턱선이나 바람직한 유방 크기에 대한 새로운 기준이 새로운 순응성을 압박하는 한편으로, 세계화는 성형 관광객들에게 할인된 가격을 제공한다.

치료가 손상된 신체 기능을 회복시키는 것을 의미한다면, 향상은 이미 '정상이고' 잘 작동하는 것으로 여겨지는 신체에 뭔가를 보태는 것을 말한다. 생의학이 자연을 호명할 권위를 가졌고 또 이를 부여받고 있는 대단히 과학적인 문화 속에 살고 있음에도, '정상적'인 몸으로 간주되는 것을 누가 정의하는지는 마치 조각그림을 맞추는 것과 같다. 키가 작은 것은 병이 아님에도 키가 작은 아이들에게 성장호르몬이 처방되고 있다. 사회적으로 성공한 사람들은 키가 큰 경향이 있기 때문에, 미국의 야심만만한 부모들은 키가 작은 자녀들을 위한 치료 과정에 10만 파운드에 이르는 돈을 지불하고 있다. 마찬가지로 미국에서 다운증후군에 걸린 자녀를 둔 부모들은 성형외과 의사들에게 아이의 눈꺼풀 수술을 맡긴다. 표면상으로는 자녀를 사회적 거부에서 보호하겠다는 취지다. 그러나 이는 이른바 정상인들이 정상 이하로 낙인찍은 아이에 대해 드러내는 적의를 건드리지 않고 그대로 놔둔다. 외과 의사들은 여성 혹은 남성이라는 생의학적 이분법에 들어맞지 않는 생식기를 가진 아기들에게 수술을 해서 어느 한쪽의 젠더를 만들어주는 일을 오랫동안 해왔다. 그러나 외과 의사들이 많은 경우 선의에서 이런 일을 함에도 페미니스트 생물학자 앤 파우스토 스털링Anne Fausto Sterling[22]과 레베카 조던-영[23](두 사람은 과학학 연구자이기도 하다)은 그 결과가 종종 부정적으로 나타남을 보여 주었다. 아이들과 그 어머니들은 정기적으로 이뤄지는 체내 검사가 성적 수치심을 일으킨다고 답변했고, 반복되는 수술을 고통스럽게 받아들였다. 간성인間性人들의 정체성 운동이 부상하면서 이분법적 개념에 맞춰 수술 메스와 약물로 성적 정체성을 만들어주는 생의학의 권리도 도전을 받고 있다.

그러한 신체적 향상은 물론 우생학이 아니다. 그런 시술을 받은 사람이 좋은 태생인 것처럼 보이게 하거나 심지어 그보다 더 낫게 보이게 하려는 경우가 아니라면 말이다. 그러나 새로운 유전체학은 1930년대에 멀러 등이 내놓았던 유전공학(생식 계열 치료)을 통한 향상과 인공 선택의 전망을 다시 한번 제기하고 있다. HGP가 한갓 몽상에 불과하던 시절에도 분자생물학자 로버트 신사이머—앞서 1장에서 그가 초기에 서열 해독 프로젝트에 보인 열정을 소개한 바 있다—는 자신이 폴링처럼 단지 부적격자들을 추려내려는 사람이 아니라 새로운 시대를 위한 새로운 멀러임을 보여 주었다. 그는 인류를 완벽한 존재로 만들 수 있는 다름아닌 새로운 우생학을 예언했다. 1969년에 그는 선언하기를

> 새로운 우생학이 부상하고 있다. 이는 유전의 생화학에 대한 이해가 극적으로 향상되고 진화의 기교와 수단에 대한 이해가 커진 데 근거한다. … 낡은 우생학은

적격자의 번식과 부적격자의 제거를 위한 지속적인 선택을 필요로 했다. 새로운 우생학은 모든 부적격자들을 최고의 유전적 수준으로 전환시키는 것을 원칙적으로 가능케 할 것이다. 낡은 우생학은 이미 존재하는 유전자 풀에서 최상의 것들을 수적으로 증가시키는 데 한정되어 있었다. 새로운 우생학의 지평은 원칙적으로 끝이 없다. 아직 꿈도 꾸지 못한 새로운 유전자와 새로운 성질들을 만들어낼 잠재력을 갖고 있기 때문이다. … 이 개념은 실로 생명의 전체 진화에서 하나의 전환점에 해당한다. 사상 처음으로 하나의 생명체가 자신의 기원을 이해하고 그 미래를 설계하는 과업에 나설 수 있게 되었다. 심지어 고대의 신화에서도 인간은 자신의 본질에 의해 제약을 받고 있었다. 인간은 자신의 운명을 그려낼 때 스스로의 본성을 넘어 비상할 수 없었다. 오늘날 우리는 그러한 기회와 함께 거기 따라붙는 가공할 만한 선택과 책임의 그림자를 그려볼 수 있다.[24]

그로부터 거의 30년이 지난 1997년에 미국의 분자생물학자 리 실버Lee Silver는 《에덴동산의 재창조: 멋진 신세계에서의 복제와 그 너머Remaking Eden: Cloning and Beyond in a Brave New World》에서 신사이머의 유토피아를 거부했다.[25] 신사이머에게 분자유전학은 부적격자의 수적 증가에 대한 낡은 우생학의 불안을 우회해 인간 종 전체의 완벽한 생식 계열을 가능케 해줄 터였지만, 실버의 전망은 디스토피아적이었다. 그가 그려낸 재창조된 에덴동산은 적절한 공공정책이 마련되지 않을 경우 분자유전학이 현재의 불평등을 강화시킬 수 있다고 경고했다. 생명공학이 태아를 유전적으로 조작할 능력을 발전시키면, 이는 분자생물학자가 창조의 제8일에 바쁘게 움직이는 신과 같은 역할을 하는 신사이머의 공상적 세계가 아니라 규제가 약하고 고도로 시장화된 미국 경제 속에 위치하게 될 것이다. 실버의 상상력은 기술적으로 투사된 것이지만, 변함이 없는 신자유주의 사회구

성체라는 맥락 속에 항상 위치해 있다. 그는 어슐러 르귄Ursula Le Guin에서 마지 퍼시Marge Piercy에 이르는 1980년대 페미니스트 과학소설의 낙관론을 공유하지 않는다. 이 작가들은 새로운 재생산기술이 새로운 사회 구성체의 일부를 이뤄 젠더가 더 이상 여성과 남성간의 관계를 왜곡시키지 않는 미래를 그려냈다. 그들의 소설에서는 성이나 젠더 그 자체의 구분이 모호해진다. 르귄은 그/그녀 같은 인칭대명사를 쓰지 않으며, 퍼시의 상상력 속에서는 턱수염을 기른 남자가 아기에게 모유 수유를 하고 있다.

그러나 1980년대와 유토피아 페미니즘은 아득한 추억이 되었다. 좀더 삐딱한 실버의 시각에 따르면 미래에 태어날 자녀의 신체적·정신적 특징을 지정할 능력이 있는 사람들은 부유층이 항상 사회적 특권을 사들이는 것과 같은 방식으로 그렇게 할 것이다. 최상의 사립 유치원과 학교, 개인 교습, 기량의 습득, 엘리트 대학 등 자식에게 경쟁 우위를 보장해줄 수 있는 모든 것들을 이제 지불 능력이 있는 모두에게 열려 있는 소비자 선택인 유전자 치료가 보완 내지 대신할 것이다. 그 이유는 거의 한 세기 전 우생학의 물결이 정점에 달했던 1920년대에 미국의 심리학자 에드워드 손다이크가 가장 간명하게 표현한 바 있다. "출세보다 누군가에게 앞서는 것이 중요한 실제 삶의 경쟁에서, 주된 결정 요인은 유전이다."[26] 실버의 에덴동산에서 새로운 기술은 이러한 사회적 과정을 강화하고 가속화할 것이며, 그 결과 인구집단은 결국 서로 분리된 종들—유전자 부자와 유전자 빈자—로 쪼개질 것이다. 그에게 인간복제는 핵심적인 재생산기술이었다. 《에덴동산의 재창조》가 출간되기 직전에 최초의 복제 포유동물이 태어났는데, 여기에는 난자를 제공한 어미, 난자에 이식된 핵을 제공한 어미, 그리고 배아 상태의 돌리를 임신한 어미까지 적어도 셋 이상의 어미가 관여했다. 멀러의 꿈과 실버의 우려가 거의 실현된 것이다.

실버의 책과 같은 해에 개봉한 헐리우드 영화 〈가타카〉(1997)는 또 다른 에덴동산을 구축한다. 이번에는 PGD에 의해 선택되어 '유자격자valid'라고 불리는 유전자 부자만이 핵심적인 일자리에서 일할 자격을 얻는다. 유전적으로 기준에 미달인(그래서 '무자격자in-valid'로 분류된) 주인공은 존 웨인을 넘어서는 영웅적 노력—신원 위장, 맹훈련, 수술적 향상—을 거쳐 자신의 유전적 운명을 넘어선다. 진정한 투지가 유전자에 승리를 거둔 것이다. HGP에 대한 과장광고와 거의 매일같이 온갖 형질에 대한 유전자를 발견했다는 주장을 접하면서 더욱 부추겨진 유전자 결정론 문화를 뒤집어 놓은 것 같은 작품이다.

실버는 부자들이 경제적·문화적 자본에서 갖는 우위를 인지하고 있으며, 잘 기능하는 몸에서 나오는 생물학적 자본도 그런 우위를 제공할 가능성이 매우 높다고 본다. 그러나 영국의 생명윤리학자 존 해리스는 계급 불평등의 증대를 억제하려는 실버의 윤리적·정치적 관심사에 공감하지 않고 있다. 시장자유주의자인 해리스는 설사 지능이나 수명을 높이는 유전자 기술이 가능하다고 해도 이것이 근본적으로 새로운 윤리적 문제를 야기할 정도로 질적으로 다른 것은 아니라고 주장한다.[27] 뿐만 아니라 그의 주장에 따르면, 자녀의 시험 성적이나 운동 능력을 향상시키기 위한 약물 내지 유전자 치료의 활용과 오늘날 부유층 자녀들에게 동일한 목표를 달성하게 해주는 개인 교습 사이에는 아무런 근본적인 윤리적 차이도 없다. 둘 다 자녀의 미래를 다듬어주려는 시도이며, 둘 다 향상의 한 형태로 볼 수 있다. 결국 신자유주의적 개인주의 아래서 틀지어진 유전적 향상은 '가진 사람이 더 많이 받을 것'이라는 마태의 원칙matthew principle에 긍정적 우생학의 새로운 변형태를 덧붙인다.

해리스의 입장은 소유적 개인주의에 대한 뻔뻔스러운 변호다. 그는 부유한 부모들이 자식에게 물려주는 부와 영향력이라는 이미 엄청난 특권에 더해, 이러한 부모들이 선택하고 생명기술과학이 제공할 수 있는 모든 잠재적 향상까지도 보태주고 싶어 한다. 미국 대통령생명윤리위원회 위원을 지낸 마이클 샌델Michael Sandel은 그와 정반대의 시각에서 완벽의 추구에 반대하는 논거를 명쾌하게 주장한다.[28] 캐나다의 생명윤리학자 베일리스와 로버트는 특이한 사례인데, 수그러들 줄 모르는 자본의 혁신 추구 — 생명기술과학의 혁신을 포함해서 — 에 적대적이면서도 유전적 향상은 필연적으로 일어날 거라는 결론을 내림으로써 반대 입장을 스스로 약화시킨다는 점에서 그렇다.[29] 어떤 기술적 문제와 규제 조치들이 남아 있건 유전적 향상의 시도는 어딘가에서 반드시 이뤄질 것이며, 규제 환경이 약한 이른바 '거친 동쪽Wild East(유럽에 비해 생명공학 규제가 약한 동아시아, 그중에서 특히 중국을 가리키는 표현이다 — 옮긴이)'에서 일어날 가능성이 가장 높다는 것이다. 그러한 비판자들은 지성의 비관주의가 분명 필요하긴 하지만 의지의 낙관주의도 그에 못지않게 필요하다는 사실을 망각하고 있다.

철학자 앨런 뷰캐넌Allen Buchanan은 이와 같은 급진적 향상의 전망을 열성적으로 받아들이면서도 분배 정의의 문제를 제기하고 있다. 그는 어떻게 하면 향상에서 얻어지는 이득이 부유층에게만 특권으로 주어지지 않고 좀더 공평하게 확산될 수 있을까 하는 질문을 던진다. 뷰캐넌은 이 목표를 이루기 위해 '지구혁신정의기구Global Institute for Justice in Innovation'를 제안하고 있다. 과학자 위원회가 관장하는 이 기구는 향상 기술이 낙수 경제trickle-down economics의 모델에 따라 부유한 개인과 사회를 넘어서 확산될 수 있도록 보증하는 역할을 한다.[30] 그러나 전 지구적 자본이 지배하는 오늘날의 냉혹한 신자유주의 세계 — 그것이 현재의 미국이건 향후의 중국이건 — 에 플라톤이 구상한 황금이 섞인 남녀(이 경우에는 과학자)에 의한 이상적 통치 형태를 다시 끌어들이는 것은 신빙성이 떨어진다. 낙관주의는 필요하지만 대책 없는 낙관주의는 곤란하다.

그러나 그러한 기술결정론적 상상력이 가장 맹렬하게 번성한 곳은 생명과학이 아닌 다른 분야였다. 1980년대에 생식세포 선택 보관소가 무책임한 유전학에 근거한 것이었음에도 부유한 후원자들을 끌어들였던 것처럼, 오늘날에는 트랜스휴머니즘 연구소와 연구 프로그램들이 우후죽순처럼 늘어나고 있다. 옥스퍼드에서는 '급진적 향상'의 옹호자인 철학자 닉 보스트롬Nick Bostrom이 이끄는 인간성의미래연구소Future of Humanity Institute가 21세기의 긍정적 우생학을 꿈꾸는 익명의 '선견지명이 있는 독지가들'로부터 후원을 받고 있다. 가장 눈에 띄는 새로운 재단들 중 하나는 오브리 드 그레이Aubrey de Grey의 노화방지전략재단Strategies for Engineered Negligible Senescence(SENS)이 있다. 이 재단은 캘리포니아에 기반을 두고 있으며 온라인 결제 시스템 페이팔Paypal의 CEO를 지낸 피터 티엘Peter Thiel이 자금을 대고 있다. 20년 전에는 불멸을 희망하는 사람들이 사망 후 자신의 머리를 급속 냉동해 두었다가 미래의 언젠가 소생 기술이 개발되었을 때 해동하는 방법—일명 인체 냉동 보존술cryonics—을 추구했다면, 오늘날 드 그레이의 미래 전망은 냉동 대신 유전적으로 조작된 수명 연장 내지 심지어 불멸을 그려낸다. 죽음에서 벗어날 수 있는 방법을 사들이는 것은 아메리칸 드림의 일부가 되었다.

트랜스휴머니즘 옹호자 중 가장 화려한 인물은 아마도 미국의 기업가이자 IT 혁신가인 레이 커즈와일Ray Kurzweil일 것이다.[31] 그의 상상력은 정보학과 생의학의 빠른 진보가 인간의 진화를 거침없이 추동해 향후 반세기 안에 그가 '특이점the singularity'이라고 이름 붙인 것에 도달하는 미래를 그려낸다. 이 시점에 이르면 새로운 기술과학의 힘이 한데 합쳐져 꺾이는 점에 도달하고 변형된 포스트휴먼 바이오사이버네틱 종이 출현한다는 것이다. 이를 통해 커즈와일은 "모든 신체적·정신적 자질들은 완벽을 향해 나아가는 경향을 가질 것"이라는 다윈의 전망을 실현시킨다. 그러나 다윈의 목적론적 순간이 스쳐지나가는 이론적 일탈이었던 반면, 커즈와일에게 있어 진화의 완성이라는 꿈을 향한 진보는 생명의 기술과학에 자동적으로 뒤따르는 것이다.

그러한 트랜스휴머니즘 저술들에는 신자유주의 경제의 소유적 개인주의가 깊숙이 자리 잡고 있다. 여기서 주문呪文은 선택이고 소비자는 왕 내지 여왕이다. 이러한 생명윤리학자들이 떠올린 상상력은 골턴이 제안했던 내용, 즉 인간 혈통의 향상이 바람직하며 실현 가능하다는 생각과 공통된 점이 많다. 결합쌍둥이 같은 우생학/유전학이 생겨난 이후에야 국가 우생학 정책들이 도입되었다는 사실은 상상력이 갖는 힘을 여실히 보여주고 있다. 이와 마찬가지로 수많은 유전학자들이 유전학은 그러한 생물학적 공상biofantasy을 떠받칠 수 없음을 의식하고 있었다는 사실은 그들이 우생학 프로젝트에 가졌던 이데올로기적 신념을 강조해줄 뿐이다. 그들의 과학은 그들이 지닌 이데올로기에 봉사했고 그것의 일부를 이루었다.

트랜스휴머니즘 옹호자들의 흥분되는 미래 전망은 대체로 무비판적인 언론에 의해 증폭되었고, 이는 인간에 대한 유전적 생물공학을 향한 그 어떠한 진전—설사 보잘것없는 것이라 해도—도 그럴법하고 수용할 만한 것으로 보이게 만드는 데 일조했다. HFEA와 HGC의 계속된 양보는 이를 잘 보여준다. 구순구개열의 경우 의사가 PGD와 낙태를 요구하는 부모들의 요구에 굴복하는 것이 허용된다는 법원의 결론은 국가, 생명윤리학자, 열성적인 생의학 기술 애호자들의 동맹이 가능케 만든 윤리적 살라미 자르기salami-slicing(일견 대수롭지 않게 보이는 작은 행동들이 차곡차곡 쌓이면 훨씬 더 크고 심각한 결과를 빚어낼 수 있음을 가리키는 말이다—옮긴이)의 한 가지 예에 불과하다. 그러나 분자생물학자들의 상상력은 인간의 완성 가능성이라는 소비지상주의 프로젝트에 국한된 것이 아니었다. 그들은 국가와 벤처 자본의 자금을 지원 받아 생의학의 다음 단계로 간주되어온 방향으로 나아갔다. 대규모의 인구 DNA 바이오뱅크를 발전시켜 임상적 실천을 엄격한 유전학적 기반 위에 올려놓는 것이 그것이다. 이것을 전자 건강 기록과 결합하면 임상의와 환자들에게 유기적으로 연결된 임상 치료를 제공하면서 동시에 국가에는 한층 커진 감시 능력을 안겨주게 된다. 이는 다음 장에서 다룰 주제이다.

5

아이슬란드 데이터베이스의 거품*

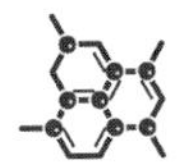

과거의 집단주의에서 신자유주의의 새로운 개인주의로 전환되는 과정에서, 시민과 건강관리 체계의 관계에 대한 여러 가정들이 혼란을 겪었다. 특히 과거 복지국가들의 맥락에서 이러한 경향은 더욱 두드러졌다. 한때 사회민주주의라는 전망을 세웠다는 자부심의 원천이었지만, 전후 오랜 기간 지속되었던 경제 호황이 끝나면서 점증하는 이념적 압력에 시달린 복지국가들은 큰 폭의 재정 삭감을 하지 않을 수 없었다. 이런 불안한 상황에서 디코드deCode 사로부터 최초의 대규모 DNA 바이오뱅크를 구축하자는 제안이 들어왔다. 이 회사는 소유권과 등기는 미국으로 되어 있지만, 아이슬란드를 기반으로 하는 기업이었다.[1] 당시는 새로운 생명공학과

* 이 장은 최초의 DNA 바이오뱅크인 디코드를 둘러싼 쟁점들에 대해 힐러리가 1999년에 수행한 민족지적 연구를 기반으로 한 것이다. 명시되지 않은 참고문헌은 힐러리 로즈의 주석 1을 참조하라.

닷컴붐이 불던 1990년대 중반이었고, 벤처 자본, 특히 미국의 벤처 자본들은 잠재적 이익이 엄청나다고 생각되었던 생명공학 관련 사업에 기꺼이 큰 돈을 투자하는 위험을 감수할 채비를 갖추고 있었다. 그 후 이러한 바이오뱅크들은 DNA 염기서열의 형태로 인체를 상업화시키는 새로운 추동력으로 작용하게 되었다. 그것은 유전체학에서 이루어진 발전을 통해 개인별 맞춤 의약의 전망을 세우는 데 필수적인 동력이었다. 1998년에 디코드의 진출에 대해 언론들은 "아이슬란드는 국민들의 유전체를 팔고 있다"고 보도해서 DNA를 비롯해서 전 국민의 의학 기록을 사기업에 판매하는 계획을 둘러싸고 뜨거운 대중적 논쟁을 불러일으켰다. 대부분의 아이슬란드 사람들은 DNA 바이오뱅크의 제안을 환영했지만, 목청이 큰 소수 집단은 그로 인해 멋진 신세계가 도래하게 되었고, 이런 세계에서는 개인의 프라이버시가 말살될 것이라고 주장했다. 이 소동의 중심 인물은 카리스마 있는 아이슬란드의 신경학자이자 하버드 대학교 교수인 카리 스테판손Kari Stefansson, 바로 디코드의 CEO였다. 그러나 이 엄청난 혁신이, 지금까지 치료할 수 없었던 많은 질병과 연관된 유전자를 찾아내는 경로를 제공함으로써, 그들과 대중에게 무엇을 뜻하는지에 대해 언론이 보도를 회피하면서, 이러한 DNA 바이오뱅크들이 오랫동안 수면 아래에서 조용히 논의되어왔다는 사실을 숨겼다. HGP가 완성을 향해 나아가던 수년 동안 내부자들은 바이오뱅크에 대한 논의를 계속해왔고, 분자생물학자, 거대 제약회사, 벤처 자본, 그리고 국가라는 이해당사자들이 모여서 만든 네트워크인 HGP에서 바이오뱅크는 유전체학이 생의학적 이익을 실현하고 전 지구적 시장에서 부를 창출하는 수단으로 인식되었다.

DNA 바이오뱅킹은 개인과 그들의 미래 건강 상태에 대한 예측을 맞춤의학의 핵심에 놓았다. 인구 전체의 집단 건강을 지키고 향상시키는 것을 목표로 삼는 전통적인 공중 보건 연구에서는 더는 얻을 수 있는 것이 없었다. 공중 보건에 대한 가장 기본적인 이야기는 존 스노John Snow가 1850년대에 그 지역에 콜레라가 만연하자 런던 한가운데 있는 소호Soho 지구에서 문제의 원인이었던 물 펌프를 찾아낸 사례다. 그는 그 펌프의 손잡이를 제거해서 전염병의 확산을 막고, 궁극적으로 통제할 수 있다는 것을 입증했다. 이런 종류의, 집단 전체를 위한 개입은 새로운 개별화된 예방의학과는 정반대이다. 개별화된 예방의학은 질병이 발생할 감수성susceptibility을 나타내는 개인의 유전자 염기서열을 찾는다. 예를 들어, 폐암에 잘 걸릴 수 있는 감수성은 담배 회사에 초미의 관심사이다. 부유한 서구에서 일어났던 공중 보건을 위한 금연 운동이 거둔 성공에서 촉발된 이 산업은 유전자를 목표로 하는 마케팅의 상업적 이윤에 눈길을 돌렸다.

만약 단일 유전자로 인한 질병에서 연관 유전자를 찾아내는 일이 힘들다면, 하나 이상의 유전자가 영향을 미치는 질병의 경우는 훨씬 어려울 것이다. 만약 질병이 멘델식으로 유전되는 것이 아니라, 각각 작은 영향을 미치고 다른 유전자뿐 아니라 숱한 환경 변수들과도 상호작용하는 많은 유전자가 관여한다면, 그 유전자를 찾아내기 위해서 얼마나 큰 집단을 조사해야 할 것인가? 이 문제는 바이오뱅크와 연관된 우리의 논의에서 계속 중요하게 제기된다. 게다가 만약 많은 유전자가 서로 뒤얽혀 있고, 개별 유전자는 특정 질병의 위험에 대해 지극히 적은 정도로만 관여한다면 개별화된 의학에서 어떤 식으로든 유용한 결론을 이끌어낼 수 있겠는가? 요약하자면, 바이오뱅크에서 유용한 정보를 이끌어내기에 '훌륭한 집단good population'이란 과연 어느 정도 규모인가?

모든 건강관리 체계가 당면한 핵심 문제는, 처방 약에서 심각한 부작용으로 고통받는 환자들을 다루는 비용이 치솟으면서, 빠른 속도로 늘어나는 약품 청구서를 합리적으로 관리하는 것이다. NIH 한 곳에서만, 이런 환자들에게 1000개의 병상이 소요되고, 1년에 4억 4600만 파운드의 비용이 들어가는 것으로 추산된다. DNA 바이오뱅킹은 유전자-기반 개인 처방을 통해 완전히 새로운 접근방식을 제공한다. 바이오뱅킹은 영국의 국립보건임상연구소National Institute for Clinical Excellence(NICE)의 접근방식을 대체할 것이다. 이 연구소는 임상시험 결과에 대한 메타 분석을 통해 신약으로 가능하다고 예상되는 평균적인 질-보정-수명quality adjusted life years(단순한 수명이 아니라 삶의 질을 고려해 보정한 수명을 말한다. 온전히 건강한 상태의 수명 1년에서 만성질환이나 일시적 장애를 입는 경우 삶의 질을 계산해 0에서 1사이의 값을 할당한다 — 옮긴이)을 계산하고, 이 계산을 토대로 NIH에 이런 처방을 해야 할지 여부, 만약 한다면 언제 그리고 누구에게 처방해야 하는지에 대한 지침을 발행한다. 그런데 이 권고는 자신들의 생명을 연장하고 싶어 하는 환자, 그리고 대부분 암과 관련된, 환자들을 돌보고 있는 의사들 양쪽에서 모두 자주 공격을 받는다. 문제는 약에 대한 환자들의 반응이 개별적이라는 점이다. NICE의 권고가 가지는 과학적 한계는 어떤 약으로부터 혜택을 받을 수 있는 일부 환자들이 그 약을 받지 못한다는 것을 뜻한다. 예를 들어, 일부 환자들에서 진통제인 코데인이 효과가 없다는 사실은 오래전부터 알려져 있었다. 유전학은 이 문제에 대해 설명과 치료 지침을 모두 제공해준다. 유럽인의 가계 중에서 10퍼센트의 사람들은 코데인을 대사하는 데 반드시 필요한 효소인 CyP2DG가 없다는 것이다. DNA 바이오뱅킹과 개인 유전자-기반 처방은 이런 의문을 제거해줄 수 있다.

분명한 것은, 만약 간단하고 값싼 검사법이 나와서 특정 약품에 반응이 있거나 그렇지 않은 환자들의 부분 집합을 식별할 수 있게 되고, 그에 따라 맞춤형 치료법이 나올 수 있다면, 건강관리와 환자들의 불편과 위험을 줄이는 데 들어가는 돈에 더 많은 가치를 부여할 것이라는 점이다. 이것은 모두가 승리하는 방식이다. 이것이 디코드가 품었던 전망이었다. 보건부문데이터베이스Health Sector Database(HSD)에서 나온 의학 기록을 바이오뱅크에서 나온 가계와 DNA 분석과 결합하는 방식으로 질병과 연관된 유전자 변이를 발견할 수 있고, 그렇게 되면 그와 관련되는 기존 약품을 처방하거나 새로운 약을 발명할 수 있으리라는 희망이었다. 건강관리에 들어가는 비용이 늘어나는 추세에서, 이러한 진전은 정부에 자원을 보다 효율적으로 관리할 수 있는 잠재적 수단을 제공해주었다. 따라서 디코드의 계획은 약삭빠르게 자신을 거대 제약회사, 국가 보건체계, 그리고 미국의 건강관리 조직과 보험 산업 등 그들의 시장화된 대응 부문들과 같은 핵심 행위자들에게 매력적인 위치에 자리매김했다. 목적은 저마다 달랐지만, 그들 모두 생명정보bioinformation라는 새로운 상품의 잠재적인 구매자들이었다.

기금 모집과 디코드 이름 알리기

아이슬란드 데이터베이스를 둘러싼 갈등은 1998년에야 비로소 불거졌지만, 그 기원은 1994년 여름까지 거슬러 올라간다. 당시 스테판손과 그의 동료인 제프 걸처Jeff Gulcher는 아이슬란드에서 그 지역의 신경병학자이자 다발성경화증multiple sclerosis 전문가인 존 베네딕츠John Benedikz와 함께 다발성경화증에 대한 유전적 연구를 수행하고 있었다. 하버드 대학교의 연구자들은 그것을 '헬리콥터 과학'이라고 불렀다. 여름 동안 그곳으로 날아가서 환자와 가족들로부터 가능한 많은 견본을 확보하고, 다시 실험실 연구를 위해 미국으로 돌아왔기 때문이다. 스테판손에게 다발성경화증은 출발점이었다. 그의 야망과 꿈은 그저 하나의 질병을 연구하는 것이 아니라 훨씬 원대했다. 그는 전문적으로 유전학을 공부하지는 않았지만 처음으로 다른 연구자들이 공통되거나 복잡한 질병이라고 부르는 것에 관한 유전학에서 아이슬란드인의 유전체가 지닌 잠재적 중요성을 인식한 생의학 연구자였다. 그리고 정부와 벤처 자본이 공유하는 잠재적 관심을 이끌어내는 방법 역시 알고 있었다. 문제의 질병은 주요 사망 원인이었던 만큼 흔했고(심장병이나 암보다 훨씬 더), 여러 원인에서 발생하기 때문에 복잡했다. 다발성경화증은 분자 집단유전학이 효과적이고 새로운 약을 밝히고 개발하기 위해 제안했고, 지난 20년 동안 처음에는 시카고 대학교에서, 나중에는 하버드 대학교의 기업가적 문화 속에서 연구되어온 복잡한 질병의 좋은 예에 해당한다. (《뉴요커》에 실린 기사의 인용문에는 그가 밀턴 프리드먼의 대학[신자유주의 시장경제를 옹호한 노벨 경제학상 수상자 밀턴 프리드먼이 재직한 시카고 대학교를 비꼬는 표현이다 — 옮긴이]에서 헛되이 연구한 것이 아니라는 흥미로운 이야기가 담겨 있다.) 스테판손은 크기가 작고, 교육 수준이 높고, 부유하고, 상대적으로 고립되어 있는 아이슬란드 인구 집단이 제공하는 연구와 상업적 가능성을 이해할 수 있는 더할 나위 없이 좋은 위치에 있었다.

디코드가 물리적으로나 이념적으로 아이슬란드에 위치한 미국인 소유의 생명공학 기업으로 탄생한 것은 이러한 전망에서 비롯되었다. 처음부터 스테판손에겐 전혀 다르지만 서로 상승 작용을 일으킬 수 있는 두 가지 목표가 있었다. 첫째는 아이슬란드에서 생의학 연구를 수행하기 위한 상업 연구소를 설립하는 것이었다. 인간 유전학을 연구하는 다른 생명공학 기업들과 마찬가지로, 이 연구소는 특정 질병에 관심을 가지고 혼자서 또는 다른 제약회사들과 함께 새로운 DNA 진단 시험과 약품을 개발하고 있는 임상의들과의 공동 연구를 모색했다. 두 번째, 그리고 매우 야심에 찬 목표는 당시 약 27만 5000명에 달하는 아이슬란드 전체 인구의 유전자 프로파일, 그리고 그들의 건강 기록과 연관된 정보를 모두 통합하는 것이었다. 이 통합 기록이 아이슬란드 HSD를 형성해서 아이슬란드 국가와 디코드 모두의 자원이 될 예정이었다. 아이슬란드의 작은 크기, 높은 수준의 보편적인 건강관리, 1915년까지 거슬러 올라가는 의학 기록, 균질하다고 추정되는 유전적 특성, 그리고 이 나라 대부분의 유전적 기록의 잠재적인 저장고로 기능할 수 있는 훌륭하게 기록된 대규모 조직 은행, 거기에다 혈통에 대한 연구까지 존재한다는 사실 등은 개인화된 의학을 가능성 높은 상업 프로젝트로 전환시킨다는 전망을 밝혀주는 아주 바람직한 조건으로 보였다. 디코드를 둘러싼 사회과학자들의 많은 논의는 이 두 가지를 혼동했다. 생명공학 기업에 돌아가는 성공은 디코드 덕분으로 간주되었고, 훨씬 큰 논쟁의 여지를 안고 제안된 전 인구 대상 바이오뱅크에서 비롯된 것으로 이해되었다. 디코드의 제안은 전 인구의 의학 기록을 수집해서 컴퓨터화하는 것이었다. 비용은 자사가 전적으로 부담하고, 정부에 매년 상당한 액수의 사용료까지 내겠다는 제안이었다. 이 HSD는 이후 언론매체와 대부분의 학문적 논쟁에서 사실상 전체 디코드 프로젝트와 동의어가 되었다. 그리고 그 밖의 전통적인 유전자 사냥의 목적은 사실상 완전히 잊혔다.

스테판손은 자신의 연구 기업을 설립하기 위해 기금을 모집했고, 불과 몇 달 만에 1인당 1달러 출자금으로 1200만 달러를 모금했다. 신생 기업 디코드는 1996년에 미국에서 가장 규제가 적은 델라워어 주에서 등록을 마쳤다. 벤처 자본과 유망한 과학자 기업가를 결합시키려고 노력하는 미국의 잡지 《레드헤링Red Herring》은 곧바로 스테판손을 '올해의 기업가' 중 한 명으로 선정했다. 이는 미국이나 아이슬란드 어느 쪽에도 해롭지 않았다. 최초의 벤처 기업들은 미국에서 생겨났지만, 한 곳은 뱅가드메디카

vanguard medica라는 영국의 협력사를 가지고 있었다. 뱅가드 사 대표인 영국의 노벨상 수상자 존 베인John Vane과 CEO인 스테판손 자신을 제외하면, 처음에는 이사진에 생의학 연구자가 아무도 없었다. 또한 스테판손은 아이슬란드의 전직 대통령 비그디스 핀보가도티르Vigdis Finnbogadottir를 영입했다. 이처럼 디코드가 가지고 있는 강한 국가적 정체성은 의도적으로 만들어진 것이었다. 이 회사에게 상업적으로 매우 중요한 의미를 가졌던 델라웨어 주는 아이슬란드라는 외관 뒤편에 교묘하게 숨겨져 있었다.

과학기술, 특히 유전자 조작 유기체에 의해 극적으로 야기된 새로운 위험으로 날로 우려가 높아가던 유럽의 다른 지역과 달리, 아이슬란드의 성공적인 지열地熱 에너지원 관리와 새로운 기업적 문화는 환영받았다. 스테판손은 "과학이 곧 진보이고, 그 진보는 멈추어서는 안 된다"라는 위험에 대한 인식이 높아지기 오래전에 통용되던 수사를 써먹었다. 따라서 이런 아이슬란드 문화가 최초의 대규모 DNA 바이오뱅크에 매우 우호적인 계기를 제공해주었다. 왜냐하면 디코드와 유전학의 관점에서, 아이슬란드가 그들의 정착 스토리, 작은 인구 크기, 그리고, 실제 입증 없이 끝없이 되풀이 주장되는, 유전적 균질성이라는 특성을 가진 '훌륭한 집단'을 제공하기 때문이다. 유전학자들은 항상 가계가 문화적으로 중요한 의미를 가지는 사회 집단을 조사하고 싶은 열망을 가지고 있었다. 그들이 모르몬 교도든 아이슬란드 사람들이든 말이다. 처음 정착했던 1000년 전부터 아이슬란드 사람들에게 가계도는 문화적인 열망이었다. 가계도는 그들에게 개인과 집단의 정체성을 모두 부여해주었다. 아이슬란드 사람들은 성이 몇 안 되는데다 성姓을 나타내는 도티르dottir나 손son과 같은 어미가 붙고, 마치 씨족과 같은 느낌을 준다. 그 결과 성은 거의 대부분 공통적으로 사용된다. 이러한 씨족의 가계도는 이미 1945년에 히로시마에 투하된 원폭으로 아이슬란드에 낙진이 날아왔을 때부터 컴퓨터화되었기 때문에, 미국 원자에너지위원회는 아이슬란드 대학에서 진행되던 유전자 연구에 자금을 지원했다. 디코드는 이 연구를 기반으로 설립되었고, 얼마 지나지 않아서 60만 건의 컴퓨터화된 가계도를 확보했다고 발표했다.

1998년 디코드의 기업 소개에 따르면, 최초의 바이킹 정착자와 930년 경에 정착한 그들의 켈트족 노예들이 사회적 지위가 향상되어 '노르웨이 귀족과 아일랜드 노예'가 되었다고 한다. 이런 식의 유전적 민족주의의 동질성에 대한 서사는 디코드의 문헌뿐 아니라 이 나라의 상징적 표상에서도 대중적인 반향을 불러일으킨다. 가령 항구에 설치된 정부 제작 조형물이나 관광 상품 판매점인 키쉬kitsch에서도 이런 모습을 쉽게 관찰할 수 있다. 바이킹 헬멧이나 바이킹의 기다란 배는 곳곳에 넘쳐난다. 섹스나 번식을 위해, 종종 유괴로 데려온 켈트 노예나 여자들은 이 나라의 고도로 남성주의적인 상징적 자기표상을 비집고 들어설 자리를 찾지 못하고 있다. 그러나 디코드의 주장에도 불구하고, 집단 유전학에서 오랫동안 사용된 기법인 혈청학은 켈트 유전자가 전 인구의 52퍼센트에 이를 만큼 많이 발견된다는 것을 시사해주고 있다. 그럼에도 디코드의 마케팅에서 열성적으로 강조하고 있는 동질성은 이러한 복잡성을 성공적으로 은폐하고 있다.

이 데이터베이스에 대해 언론들이 떠벌이는 내용을 보면, 이 섬나라 사람들을 오로지 "금발에 푸른 눈의 바이킹" 후손으로 정형화시키는 표상은 통제가 어려울 정도다. 아이슬란드는 놀랄 만큼 인종주의적 언어로, "클론의 나라"로 기술된다. '아이슬란드의 모든 사람들이 다른 사람들과 친척이고, 그들 모두가 똑같은 소수 바이킹의 후예'이기 때문이라는 것이다. 그러나 일상적인 방식으로 외부 배우자가 지역 인구집단에 결합되지 않았다고 믿기는 힘들다. 어쨌든 아이슬란드의 수도인 레이캬비크는 중요한 항구도시다. 그곳에는 여타 서구 나라들과 마찬가지로 동유럽 출신 이민 노동자들이 있으며, 인터넷을 통해 들어온—대부분 필리핀에서—새색시들의 숫자도 날로 증가하는 추세다. 북유럽 인근 국가들과 마찬가지로, 아이슬란드도 개발도상국에서 아이들을 입양하고 있다. HSD에 대한 미국의 언론 보도가 마치 실체에 근거한 것처럼 전형적인 양상을 띠자, 주미 아이슬란드 대사는《워싱턴 포스트》에 편지를 보내서 독자들에게 이 인구집단의 다양한 유전적 유래를 상기시켰다. 그는 아이슬란드 사람들이 모두 금발에 푸른 눈이라는 식의 주장을 편 기자를 점잖게 힐난했을 뿐 아니라 히틀러가 아이슬란드를 지키는 것은 발할라(북유럽 신화에서 오딘 신의 전당으로, 국가 영웅을 모시는 기념당이다—옮긴이)를 수호하는 것과 마찬가지라고 확신했기 때문에, 이 섬에 파견된 독일 사절들이 아이슬란드 사람들이 실제로는 여러 인종이 섞인 무리에 가깝다는 사실을 설명하는 유감스러운 편지를 쓸 수밖에 없었다는 이야기를 자세히 설명했다.

속도, 마술적 요인

스테판손은 1997년에 아이슬란드로 돌아갔고, 같은 해 11월에 레이캬비크에 상업용 연구소로 디코드를 설립했다. 얼마 지나지 않아 디코드는 아이슬란드 정부의 연간 연구비보다 더 많은 약 6600만 달러를 연구에 쓰게 되었다. 전성기에는 400명 이상의 연구진이 고용되었고, 그중 90퍼센트가 박사나 석사학위 소지자였다. 이런 규모는 아이슬란드에서는 대단했을지 모르지만, 거대 기업들과 비교하면 여전히 작은 크기였다(미국의 제넨테크는 연구진이 1만 1000명이 넘었다). 스테판손에게는 속도가 핵심이었다. 우선 정치와 벤처 자본의 지원을 적재적소에서 빨리 얻어내는 것이 중요했고, 그 다음에는 빠르게 생명공학 회사를 설립하고, 마지막으로 HSD를 신속하게 수립해서 배타적인 통제 아래 운영하는 것이 관건이었다. 속도는 엄청난 야심을 품은 신생 기업에게 경쟁력을 줄 수 있는 마술적 요인이었다.

대부분의 인구가 수도에 살고 있는 작은 사회에서, 문화적 엘리트인 좋은 집안 출신의 스테판손이 정부의 정치가들과 교제를 하는 것은 상대적으로 수월했다. 그는 수상 다비드 오드손과 같은 학교 출신이었다. 오드손은 스테판손과 마찬가지로 기술과 상업적 풍요에 대한 고도로 시장 중심적인 전망을 가진 신자유주의 정치인이었다. 이런 상황에서 굳이 로비스트가 필요하지는 않았다. 오드손 자신이 새로운 DNA 기술의 진보를 저해할 수 있는 모든 윤리적 구속을 기꺼이 걷어내겠다고 공언했다. 새로운 시대에는 새로운 윤리가 필요하다는 것이다(2005년에서 2009년까지 그는 아이슬란드 중앙은행 총재를 지냈고, 당시 가벼운 규제와 대규모 이익에 대한 그의 열광이 무너져가던 아이슬란드의 파산을 촉진시켰다).

스테판손은 1997년 11월에 HSD 제안서를 들고 보건성에 접근했다. 보건성 내에서 논의가 진행되는 동안, 디코드는 세계 생명공학 지도에 자신을 올려놓는다는 야심을 실현시켰다. 1998년 2월, 당시 세계에서 네 번째로 큰 제약회사였던 호프만라로슈Hoffman LaRoche 사가 위치추적 클로닝positional cloning(유전체 안에서 찾고자 하는 특정 영역을 탐색해서 그 역할을 규명하는 방법이다. 특정 질병의 원인 유전자와 염기서열을 찾기 위해 사용되었다—옮긴이), 즉 유전자 사냥을 위해 디코드와 5년간 2억 달러의 계약을 체결했다. 호프만라로슈의 광고가 강조했듯이, 이 계약은 오로지 디코드의 두 가지 사업 목표 중 첫 번째를 향한 것이었고, HSD와는 아무런 관련이 없었다. 호프만라로슈는 '이정표'를 얻기 위해 선불 투자와 지불을 제공했다. 물론 그 이정표의 정확한 성격이나 지불된 액수는 밝혀지지 않았지만 말이다. 그럼에도 이 거래는 아이슬란드는 물론 전 세계의 생명공학계에서 대단한 뉴스거리였다. 오드손은 공식적으로 이 계약에 서명했고, 디코드를 부의 창조자이자 아이슬란드에 첨단 일자리를 창출해서 해외에 나가 있는 아이슬란드 젊은이들을 고향으로 다시 불러들이는 중요한 역할을 하는 기업으로 환영했다. 대통령으로 아이슬란드 젊은이들이 고국으로 돌아오게 만들 첨단 일자리의 필요성을 직접 언급했던 비그디스 핀보가도티르도 오드손과 마찬가지로 이 새로운 기업에 열광했다.

1998년 6월, 디코드는 스물다섯 가지 통상 질병에 대한 연구를 시작했다고 보고했다. 2년 후 이 회사의 웹사이트에는 관절염과 알츠하이머, 그리고 천식에 이르는 28가지 질병에 대한 DNA 분석이 시작되었다고 적혀 있었다. 1998년에 회사 측은 매년 12개의 통상 질병이나 복합 질병의 유전자 지도를 작성할 능력이 있으며, 이미 5가지 질병의 지도를 완성했다고 주장했다. 이 회사는 기업 파트너들의 요구가 있을 때, DNA 분석 장치를 통해 견본을 처리할 수 있는 고도로 자동화된 기술 시스템 덕분에, 새로운 질병에 대해 분석을 수행할 능력이 있다는 점을 특히 강조했다.

특정 질병을 가진 환자들에 대해 유전자형의 분석을 수행하는 것은 디코드가 연구하고 있는 모든 질병에 중요한 가치를 가진다. 예를 들어, 디코드는 당뇨병이나 가족성본태떨림essential tremor(특별한 원인이 없는 손 떨림의 한 형태로, 수저를 들거나 손을 움직일 때 특히 많이 나타난다. 가족력을 띠는 경우가 많다 — 옮긴이), 그리고 다발성 경화증 등 확장된 가족 연결망에 적합한 핵가족을 보유하고 있다. 따라서 이 핵가족의 유전자형을 확보하면 이러한 모든 질병들에 대한 정보를 얻을 수 있다.

이와 같은 전방위적인 유전자 낚시질은 이미 오래전부터 유전학에서 우려의 대상이었다. 왜냐하면 인간을 대상으로 유전적 연구를 하려면 정보에 근거한 동의가 필요하다는 국제적으로 확립된 기준을 무시하기 때문이다. 이 기준은 헬싱키 선언, 국제 인간게놈기구의 권고 사항, 그리고 유럽 국가들의 법률 등에서 가이드라인으로 정해져 있다. 다음 장에서 다루겠지만, 스웨덴의 바이오뱅크인 우만게노믹스Umangenomics의 경우, 적절한 수준의 동의를 얻는 것은 결코 쉬운 일이 아니었다. 그러나 스테판손은 건강이나 유전 기록에 들어 있는 정보를 도덕적·국가적 임무의 일환으로 발굴되어야 하지만 아직 개발되지 않은 자원쯤으로 간주했다. HSD 수립에 대한 입법은 '유전 데이터를 이용해야 할 임무'를 이야기하면서 스테판손의 주장을 되풀이했다. 그러나 스테판손이 칭송해 마지않았던 동료 밀턴 프리드먼이 과연 경쟁적인 사업을 밀어붙이기 위해 도덕적·국가적 임무에 호소했을지는 불분명하다.

HSD는 아이슬란드의 생명과학자와 임상의 들을 갈라놓았을 뿐 아니라 전 세계의 저명한 유전학자들의 비판을 받았다. 지지를 보내온 쪽은 과학이나 의학이 아니라 기업문화였다. 따라서 디코드 창업 초기에 《레드헤링》 지가 보낸 요란한 칭송, 그리고 호프만라로슈의 이 회사에 대한 조기 투자 이외에도, 스테판손은 2000년 초에 다보스 경제정상회의에서 환영받았다. 국제적인 비판을 제기한 과학자들 중에는 미국의 유전학자 리로이 후드Leroy Hood가 있었다. 그도 상업적 지원과 전혀 무관한 사람은 아니었지만, 독점 면허에 의구심을 나타냈다. 미국의 유방암 유전학자인 메리-클레어 킹Mary-Claire King은 아이슬란드 수상에게 편지를 써서 재고를 촉구했다. 캐나다의 면역학자이자 세계보건기구 자문역인 A. B. 밀러A. B. Miller는 이러한 독점 면허가 그 밖의 대학 유전학 연구에 미칠 영향에 대해 우려했다. 사람의 유전자를 상품화하는 디코드의 계획에 강하게 반대했던 집단 유전학자 리처드 르원틴은, 아이슬란드 유전학자들의 동의를 전제로, 아이슬란드 유전학자들이 이 계획을 거부해야 한다고 주장했다. 캘리포니아에서 아이슬란드의 의사인 보기 안데르손Bogi Andersson과 시스템 생물학자 베른하르트 팔손Bernhard Palsson은 일반 언론과 과학 언론 모두에 우려를 표명했다. 특히 팔손은 화가 날 만도 했다. 그가 디코드의 경쟁자인 지역 사업가 트리그베 리에와 협력해서 경쟁적인 생명공학회사 아이슬란드게노믹스Icelandic Genomics Corporation를 설립한 상황에서, 디코드의 독점이 예견되기 때문이었다. 《텔레그라프》 칼럼에서 공개적으로 견해를 표명했던 스티브 존스를 제외하고, 영국의 유전학자들은 거의 발언을 하지 않았지만, 새로운 유전학의 윤리적 함의에 대한 토론이 이루어지던 회의에서는 정기적으로 아이슬란드 사태에 대한 우려가 표출되었다. 그러나 국제적으로 가장 날카로운 비판이 《네이처 바이오테크놀로지》 사설에서 나왔다는 데는 의문의 여지가 없다. 이 사설은 설립한 지 얼마 되지 않아 휘청대면서 많은 비판을 받았던 영국의 생명공학 기업을 사례로 들면서, 영국바이오테크British Biotech(1986년에 설립된 영국 최초의 생명공학기업이다. 초기에는 기대를 모으며 주가가 치솟았으나 지나친 낙관주의에 기반한 상품 개발과 투명한 임상시험 결과 미제공으로 조사를 받으면서 2003년에 다른 기업에 합병되어 사라졌다 — 옮긴이)와 디코드가 '생명공학을 망치는' 가장 명백한 사례들이었다고 냉혹하게 지적했다.

마술적 요소인 속도가 해로운 부작용을 가져온 것이 분명했다.

바이오뱅크 입법

디코드의 관계자나 보건성 핵심 실무자, 또는 정부의 고위 관계자가 아닌 사람이 HSD에 대한 이야기를 처음 들을 수 있었던 것은 1998년 3월 23일 회의였다. 그것은 디코드가 정부에 팩스로 법안 초안을 보낸 후 여섯 달이 되는 날이었다. 그날 정오, 저명한 유전학자들을 포함해서 15명의 생의학 전문가들이 보건성에서 오후에 열리는 회의에 참석하기 위해 초청되었다. 그곳에서 그들은 곧 상정될 데이터베이스 법안에 대한 설명을 들었다. 설명으로 만족하지 못한 전문가들은 문서로 작성된 법안을 보여줄 것을 요구했다. 이틀 후 이들은 비밀리에 문서를 볼 수 있었다. 그날 정오 이전에 법안에 대한 논평을 보건성에 보내야만 했다. 전문가들이 신중한 의견을 제출하기까지 주어진 시간은 채 24시간도 안 되었던 셈이다. 이렇듯 졸속으로 진행된 입법 과정에 많은 임상의와 생의학 연구자가 분노했다.

전문가 집단에 대한 구두 설명이 있은 지 여드레 후, 보건성 장관 인기브조르그 팔마도티르Ingibjorg Palmadottir는 알딩Althing(아이슬란드 의회)에 보건부문 데이터베이스 법안을 제출했다. 그때까지 정부는 데이터베이스에 대해 국민들의 의견을 한 번도 묻지 않았고, 아이슬란드 대중은 그날 처음 그런 법안이 제출되었다는 사실을 접하게 되었다. 전 인구의 의학 기록을 담은 전자 데이터베이스가 유일하게 사용권을 가진 한 기업에 의해 구축되고, 해당 기업에 연구비가 지원될 계획이었다. 그런 다음 오직 그 기업만이 구축된 데이터베이스에 대한 배타적인 접근권을 가지며, 유전자 발견과 진단, 약제와 건강관리를 위해 향후 최대 12년간 데이터베이스를 판매할 권리를 가지게 될 터였다. 보편적인 동의가 추정되었고presumed consent(동의는 의학적 개입에서 가장 기본적 윤리적 요건이다. 추정된 동의는 당사자가 명백히 반대하지 않는 경우 동의한 것으로 간주하는 제도다. 가령 뇌사자가 생전에 장기적출에 명시적으로 반대하지 않았을 경우 적출이 가능하다. 옵트아웃과 같은 맥락이다—옮긴이), 예외나 정보 수집 거부(옵트아웃opt out)를 위한 보류는 고려되지 않았다. 사민당은 부적절한 사적 정보를 제공한다는 점을 들어 이 법안을 비판했다. 적은 인구를 감안할 때, 개인 식별이 심각한 위험을 초래할 수 있다는 것이다. 법안은 '특정' 기업을 언급했을 뿐 디코드가 구체적으로 명시된 곳은 어디에도 없었지만, 그것이 한 마리만 참가하는 경마라는 것을 모르는 사람은 아무도 없었다.

따라서 법안은 보편적인 동의를 추정하면서 제정되었다. 역학적 연구는 동의 추정이 필요한 사례가 있다는 것을 인정하지만, 이러한 경우에는 윤리적 근거와 연구 이유가 모두 필요하다. 그러나 디코드는 아무것도 제공하지 않았다. 일반 대중은 대체로 조용했고, HSD를 정부와 마찬가지로 바람직한 것으로 보고 있었지만, 대부분의 연관 전문가 집단—임상의, 간호사, 생의학 연구자와 인권 변호사들—은 이 법안을 받아들일 수 없다는 견해를 표명했다. 핵심적인 윤리, 문화, 정책적 문제는 동의에 관한 것이었다. 따라서 아이슬란드 의학협회장 토마스 조에가Tomas Zoega는 데이터베이스가 의사와 환자들 사이의 신뢰 관계를 위협할 수 있다는 점을 지적했다. 환자들이 자신들이 임상의에게 하는 모든 말이 데이터베이스에 들어간다면, 그들은 공개적인 대화를 그만둘 것이다. 의학 기록은 일차적으로 환자 관리를 위해 작성된다. 이러한 기록을 연구를 위해 이차적으로 이용하는 것은 점차 프라이버시 침해의 위험을 높이는 요인으로 인식되고 있다. 유전학과 디지털화가 이러한 위험을 가속시켰고, HIV/AIDS 치료를 위한 레트로바이러스 처방에 대한 집계만으로도 낙인이 되는 질병을 가진 환자들을 식별해낼 수 있게 된다. 정신의학자 피터 호크손Peter Hauksson은 HSD를 지지하는 사람들이 대부분 개인적으로 심각한 병력이 없고, 의사-환자 관계에서 비밀 유지의 필요성을 이해하지 못하는 사람들이라는 통찰력 있는 주장을 제기했다.

게다가 영리를 추구하는 연구와 비영리 연구 사이에 전혀 이해가 상충하지 않는다는 식으로 쉽게 가정할 경우, 명백한 문제점이 은폐된다. 특히 지적재산권을 둘러싼 이해 상충을 인정하지 않고 제대로 처리하지 못한 것은 입법 과정의 명백한 약점이며, 그것은 기존의 암 데이터베이스의 경우에서 가장 두드러지게 드러난다. 유방암은 디코드가 선택한 질병 중 하나지만, 국립암협회가 세심하게 작성한 기록부를 이용해서 이루어진 아이슬란드 유전학계의 학문적 연구는 BRCA2(유방암을 일으키기 쉽게 만드는 유전자)를 식별하고 확인하는 데 결정적인 기여를 했다. 충분한 연구비가 지원되는 상업적 생명공학 실험실이 등장할 경우 아이슬란드의 매우 성공적인 비영리 연구팀이 세계적 수준의 유전학을 계속 수행할 능력에 손상을 줄 수 있지 않을까? 정부가 의학 기록의 소유권이 국가에 있다고 주장하면서, 지적 재산권 논쟁은 의학 기록 자체로까지 확장되었다. 사민당은 기록의 주인이 환자라고 반론을 제기했다. 임상의들은 비밀 유지를 위해 기록을 보관할 법적 책임이 자신들에게 있다고 보았다. 소유권과 관리권을 둘러싼 다툼으로, 많은 임상의들은 의료 기록이 대대적으로 데이터베이스에 들어가는 사태에 반대했다. 44명의 개업의와 109명의 병원 전문가들이 환자의 요청이 없는 한 임상 기록을 제출하지 않겠다는 성명에 서명했다. 북유럽의 작은 섬에서 일어난 이 지적재산권 논쟁은 같은 시기에, 한편으로는 미국의 NIH와 생어센터 사이에서, 그리고 다른 한편으로는 NIH와 크레이그 벤터의 셀레라지노믹스와의 사이에서 똑같이 벌어졌다. 지적재산권의 시대에 유전자가 엄청난 돈이 된 것이다.

아이슬란드의 임상 연구와 생의학계에서 최초의 법안에 대해 쏟아진 분노로 인해 만베른트Mannvernd, 즉 과학의 윤리와 책임을 위한 아이슬란드 협회가 창설되었다. 이후 만베른트는 국제적 지원을 얻기 위해 웹사이트를 개설하고, 아이슬란드의 주요 문서와 기사를 번역해서 국제적 과학 학술지에 연계하는 등 의학 기록에 대한 상업적 접근에 반대하는 데 핵심적인 역할을 수행했다. 이 단체의 핵심 인물은 아이슬란드 대학의 진화생물학자이자 집단유전학자인 아이나르 아르나손Einar Arnason이다. 그는 HSD를 뒷받침하는 과학적 가정을 포괄적으로 비판하고, 아이슬란드인들의 유전적 동질성에 대한 디코드의 주장을 반박하는 글을 발표했고, 국제 저널들에서 날카로운 논쟁에 뛰어들었다.

생의학 연구자와 의사 이외에 인권 변호사, 환상에서 깨어난 디코드의 주요 투자자, 그리고 만성 질환을 앓고 있는 환자들도 비판의 대열에 합류했다. 환자들은 디코드가 개발하려 애쓰는 새로운 관리 도구들이 신자유주의 정부에 의해 약품 예비량 삭감을 정당화하는 수단이 될 수 있고, 실제로 그렇게 될 것이라고 의심했다. 심지어는 자사의 약품을 무상으로 제공하겠다는 디코드의 제안도 이런 경험 있는 환자들로부터 따뜻하게 받아들여지지 않았다. 많은 임상의와 마찬가지로, 그들도 디코드의 제안이 주는 이익에 회의적이었다. 과연 디코드의 새로운 정신분열증 약이 현재의 약보다 더 효과가 좋을까? 임상의에게 어떤 약을 처방할 것인지 선택할 여지가 있을까? 생의학 연구자들은 견해가 갈렸다. 비용, 시간, 그리고 연구가 약품으로 이행하는 데 따르는 어려움을 인식하는 일부는 환자들에게 진짜 의학적으로 이로울 것인지, 또는 아이슬란드에 경제적으로 도움이 될 것인지에 대해 마찬가지로 회의적이었다.

개정된 법안은 1998년 12월에 보건부문데이터베이스법령Heath Sector Database Act이 되었다. 만베른트는 여전히 불만이었지만, 이 법은 세 가지 중요한 양보를 얻어냈다. 첫째, 동의추정은 계속 되었지만, '옵트아웃'의 가능성이 삽입되었다. 물론 그러기 위해서는 상당한 노력이 있어야 했다. 모든 가구에 HSD를 설명하는 팸플릿이 발송되었다. 팸플릿에는 그들이 데이터베이스에 포함되지 않을 권리가 있다는 설명이 들어 있었지만, 옵트아웃 양식은 들어 있지 않았다. 따라서 정보 제공 거부를 위한 노력은 시민들에게 전가되었다. 예측했듯이 정보 제공 거부는 정보에 근거한 동의와는 사뭇 다른 결과를 냈다. 전자는 참여자의 숫자를 극대화시킨 반면, 후자는 그 숫자를 크게 줄였다.

둘째 양보는 데이터의 프라이버시와 비밀 유지를 강화시킨 것이었다. 결정적으로, 이제는 개인을 식별할 수 있는 부분은 암호화되어야 했다. 인가를 받은 사람도 정보의 복제는 불가능했으며, 정보는 단일 방향으로만 흐름이 허용되었다. 이런 방식에서, 환자의 개인 데이터를 거슬러 올라가서 특정 개인을 식별하는 것은 불가능해졌다. 이 법안을 통과하기 위해서 정부는 재접속을 희생했다. 데이터를 위임받으려면 의료 정보에서 개인 식별 정보를 분리하고, 암호를 저장하고, 데이터베이스 분석을 통해 희귀하거나 고립된 사례들이 밝혀질 가능성은 없는지 확인해야 할 책임이 주어졌다. 이런 방식으로, 입법 과정은 아이슬란드의 실행을 유럽연합의 정보보호법Data Protection Directive(아이슬란드가 유럽 FTA에 참여하려면 필수적인 조치였다)에 따르게 만들었다. 인류학자 기슬리 팔손Gisli Palsson이 인용한 디코드의 연구자에 따르면, 이런 방식으로 프라이버시 문제를 해결하는 과정에서 디코드는 심각한 기술적 문제에 봉착했다.[2] 겉으로는 개인의 병력이 DNA 데이터베이스에 결코 연결되지 않는 것처럼 보였다. 그러나 아르나손은 아이슬란드의 인구와 가계가 적기 때문에 데이터를 거슬러 올라가서 개인을 식별하는 것이 가능하다고 지적했다. 그는《뉴 사이언티스트》와 한 인터뷰에서 스테판손 자신이 디코드가 관심 있는 질병을 가진 가족을 찾아내서 그들의 이름과 HSD를 상호 대조할 수 있도록 공식적으로 허락을 받을 수 있을 것이라고 한 말을 인용했다.[3] (세계적으로 성공한 아날두르 인드리다손의 살인 추리소설《저주받은 피Jar City》는 바로 이런 방법으로 개인 식별을 하는 디코드 연구자를 떠올리게 한다. 주인공의 어머니를 강간한 범인이 그에게 치명적인 유전병을 남겨주었고, 결국 이 병으로 그의 어린 딸은 죽게 되고, 그 자신은 강간범을 살해하게 된다.)[4]

세 번째 양보는 연구 체계에 미치는 영향에 대한 두려움을 투영한다. HSD에 대한 독점적인 통제권을 성공적인 감시자에게 주는 것 이외에, 법안은 허가를 얻은 회사에 속하지 않은 외부 생의학 연구자에게도 데이터에 대한 접근권을 구입할 수 있게 해주었다. 그 연구자가 아이슬란드 보건을 위해 연구했고, 따라서 데이터베이스에 기여했다면, 요금 혜택을 받을 수 있었다. 그러나 이러한 접근은 회사의 상업적 이해관계와 갈등을 빚지 않는 한 연구자에게 이익을 주는 조건이다. 허가권자가 상업적 이해관계 문제에 대해 판사와 배심원을 모두 맡는다는 사실은 허가권자에게 접근을 통제하고 나아가 학문적 연구를 통제할 수 있는 무분별한 권력을 줄 수 있다는 우려를 가라앉히는 데 거의 도움이 되지 않았다.

법률이 성인인 시민들에게는 데이터베이스에 자료를 제공하지 않을 권리를 주었지만, 일단 가입한 후에 자신이나 자녀들의 이익을 위해 데이터를 회수할 수 있는지 여부는 밝히지 않았다. 정보에 기반한 동의와 마찬가지로, 데이터를 회수할 권리는 윤리 지침에 포함되는 표준 요소이며, 종종 필수적이다. 나중에 이 점이 뼈아픈 문제가 되었다. 유럽생명윤리운영위원회평의회Council of Europe's Steering Committee on Bioethics가 아이슬란드 정부에 제출된 데이터를 철회할 수 있는지 물었을 때, 정부 측이 한 답변은 '협상 여하에 달려 있다'는 것이었다. 그러나 이 주장은 알딩에서 있었던 논쟁 기록과 상반되는 것이었다. 당시 논쟁에서 장관과 정부 지지자들은 일단 포함된 데이터는 철회가 불가능하다고 명백히 선언했다. 게다가, 사망한 사람들에 대한 데이터는 (생전에 옵트아웃을 밝혔더라도) 자동적으로 데이터베이스에 들어갔고, 가족들에게는 아무런 결정권도 없다. 18세 이하의 미성년에게도 결정권이 없으며, 그들의 부모가 대신해서 포함 여부에 대한 결정권을 가진다. 이러한 부분들도 윤리 가이드라인을 크게 벗어나며, 일부 국가에서는 법적 요건에 위배된다.

최종 입법 역시 만베른트와 아이슬란드 의사협회Icelandic Medical Association(IMA)가 비밀유지 및 프라이버시와 관련해서 제기했던 윤리적 문제를 해결하는 데 실패했다. IMA는 케임브리지 대학교의 컴퓨터 보안 전문가인 로스 앤더슨Ross Anderson 교수에게 자문을 구했다. 그는 영국의사협회 자문도 담당하고 있었다. 앤더슨의 보고서는 매우 비판적이었다. 개인 식별을 막는 조치가 너무 허술하다는 것이다. 인구가 27만 5000명에 불과한 나라에서는 몇 조각의 데이터만으로도 신원을 밝혀낼 수 있었다. 또한 그는 솔직하게 자신이 디코드의 '컴퓨터 보안 능력 결여'라고 보았던 문제에 관심을 촉구했다. 스테판손은 앤더슨을 '청부업자'라고 공격했지만, IMA는 그의 주장을 수용했고, 그 문제를 일차적으로 북유럽 의사협회, 그리고 그다음에 세계의사협회에 제기했다. 이 단체들도 그들을 지지했다. 유럽의 데이터보호위원회들은 이 입법이 유럽 여러 나라의 조약, 특히 유럽 인권 규약을 위배할 수 있다는 견해를 피력했다.

보건 전문가들로 구성되어 환자 권리 입법의 일환으로 설립된 독립기구인 국가생명윤리위원회National Bioethics Committee는 HSD에 반대했고, 다른 윤리적 틀을 마련하기 위해 작업을 시작했다. 그러나 1999년 8월 보건성 장관이 갑작스럽게 위원들을 교체했다. 그는 공무원 전문가들, 그리고 환자를 대리하는 간호사들로 구성된 새로운 위원회를 직접 임명했다. 장관은 과거 위원회가 결정을 내리지 못하는 무능함을 드러내서 교체가 불가피했다고 주장했다. 그러나 새로 구성된 위원회가 이전보다 더 유순해졌다는 대중들의 평가를 피할 수는 없었다.

당시까지 많은 임상의와 인권 변호사가 우려를 표명했지만, 환자 권리에 대한 과거의 입법은 데이터베이스 입법으로 인해 위기에 처하게 되었다. 앞에서 언급했듯이, 사민당은 만베른트와 마찬가지로 정부는 의료 기록의 소유권이 자신들에게 있다고 하지만, 도덕적으로 의료 기록의 소유자는 환자여야 한다고 주장했다. 정부 측 인사들이 절대 다수이기 때문에, 정부는 쉽게 입법을 통과시켰다. 그러나 그들은, 가장 명망이 높고 조직이 잘된, 임상의들의 강한 영향력을 과소평가했다. 의사들은 패배를 인정하지 않았다. 전문가들이 자기 환자들의 비밀을 보호하는 데 적극적으로 관여하면서, 자신들이 관리자stewardship로 임무를 위임받은 마당에 환자들의 기록을 넘겨줄 생각이 전혀 없었다. 이 싸움에 대해 언급하면서, 기슬리 팔손은 정부 측과 임상의 측이 저마다 기록에 대해 가지고 있는 이해가 크게 다르다는 사실을 깨닫지 못했다. 정부와 마찬가지로, 그도 의료 기록을 자산으로 간주했고, 임상의들의 반대를 '빼앗긴 자들의 생명정치'라고 기술했다. 이것은 생명 정보의 소유권/관리권을 둘러싼 두 권력 기관 사이의 싸움을 잘못 개념화한 것이다. 갈등이 그 자체로 커져가면서, 승리를 거둔 쪽은 팔손이 빼앗긴 자들이라고 묘사한 의사들이었다.

옵트아웃

시민들이 정보 제공을 거부할 수 있었던 1999년에 그들과 면담했을 때에도, 생의학 정치에 포괄되지 않은 아이슬란드 사람들은 정부의 HSD 소책자를 한 번도 본 적이 없다고 말했고, 책자를 보여주자 놀라움을 나타냈다. 대다수는 가족 구성원 중 누군가가 다른 광고 전단과 함께 팸플릿을 버렸을지 모른다고 추측했다. 그러나 발행 부수가 많은 신문《모르군블라디드Morgunbladid》를 비롯해 텔레비전과 라디오 방송 들은 하나같이 이 주제를 외면했고, 특히 시민들의 정보 제공 거부, 즉 옵트아웃을 거의 불가능하게 만들었다. 나중에 면담을 했던 팔손의 응답자들은 기꺼이 그들의 상세한 정보를 데이터베이스에 입력할 생각이 있었지만, 의사들이 만류했다고 말했다. 만베른트는 2만 명의 옵트아웃을 달성하기 위해 유세를 벌였고, 2000년 11월에 무려 1만 9437명이 정보 제공을 거부했다고 선언할 수 있었다. 이 숫자는 아이슬란드 전체 인구의 7퍼센트에 해당하며, HSD의 정당성에 충분히 의문을 제기할 수 있는 크기였다.

데이터베이스에 대한 관점은 젠더, 나이, 건강 상태 등에 따라 달라지는 경향이 있었다. 건강을 유지했던 사람들은 대부분 데이터베이스에 문제를 제기하지 않았고, 자신들보다 운이 좋지 않은 다른 사람들에 대해 선량하고 자비로운 태도로 후퇴했다. 그들은 자신들이 감출 것이 없고, 미래에 건강을 우려할 이유도 없기 때문에 데이터베이스에 참여하는 데 전혀 문제가 없다고 생각했다. 그렇지만 다른 사람들은 그 정도로 확신하지 못했다. 특히 그들은 유전 정보가 고용주들에게 팔릴 경우, 자칫 그 데이터 때문에 취업이 어려워질 수 있다고 생각했다. 어떤 사람들은 보험에 가입하는 데 미칠 수 있는 영향에 대해 우려했다. 스테판손이 라디오에서 디코드가 보험 산업에 데이터를 판매하는 데 관심이 있다고 말한 적이 있기 때문이었다(미국에서는 바로 이 점 때문에 보험 산업을 대상으로 큰 싸움이 벌어졌고, 그 결과는 대체로 성공적이었다). 그밖의 사람들은 비판적이었지만, 자신이 직접 행동에 나설 정도는 아니었다. 여객기 승무원인 20대 후반의 한 젊은 여성은 이렇게 말했다. "내가 40대에 심장 발작으로 죽게 될지 알고 싶지 않아요. 다른 누군가가 그 사실을 알게 되는 것도 원하지 않고요." 그녀에게 옵트아웃에 대한 견해를 묻자 "전혀 현실적으로 여겨지지 않아서, 한번도 심각하게 생각해보지 않았다"고 답했다. 다른 젊은 여성들도 비슷한 태도였다. 10대들은 관심이 없었다. 만베른트 활동가 부부의 두 아들은 HSD 데이터베이스 문제에 대해 둘이 논의하거나 학교에서 토론한 적이 있느냐고 묻자 웃음을 터트리기만 했다. 그들은 자신들이 착하게도 부모의 활동을 지지하기는 하지만, 정작 HSD가 자신들과 아무 관련이 없는 문제라고 보았다.

전문 건강관리자들이 무능력자들에 대해 알게 되는 과정에서 취약 집단 구성원들의 옵트아웃 문제가 제기되었다. 그들 중 일부는 옵트아웃을 결정할 법적 능력이 없다고 판단되기 때문이었다. 토론 과정에서, 이들 취약 계층 사람들을 데이터베이스로 인한 윤리적 문제점에서 보호할 수 있는 아무런 정책도 마련되지 않았다는 사실이 분명해졌다. 주로 여성들로 이루어진 건강관리자 집단은 취약 계층과 그 아이들에 대한 우려에 덧붙여서, 자신들이 권한을 부여하려고 시도하고 있는 사람들이 지금까지 그토록 무시되어왔다는 사실에 직업적 분노를 표출했다. 그들의 분노는 아직 시간이 있을 때 취약 집단의 권리를 복원시키려는 의지로 이어졌다.

2003년 11월 최고법원은 이런 방식으로 사망자의 데이터를 포함하는 것은 헌법에 위배된다고 판결했다. 2만 명의 옵트아웃에 이어서 나온 이 판결은 최초 형태와 비슷하게 HSD가 수립될 가능성을 효과적으로 막았다. 기이한 사실은, 허버트 고트바이스Herbert Gottweis와 같은(그는 염기서열분석과 지도화를 혼동하기도 했다) 자연과학자와 사회과학자 들이 이 판결의 중요성을 경시하고, 아이슬란드에 대한 논의 과정에서 마치 HSD가 2003년 이후에도 의미있는 방식으로 존재했던 것처럼 계속 생각했다는 것이다.[5] 이런 평자들은 HSD를, 정보에 기반한 동의와 임상 기록에 대한 공유된 접근을 통해 임상의와 공동으로 구축한, 디코드의 두 번째 바이오뱅크와 혼동하고 있다. 두 번째 바이오뱅크는 무척 성공적이었다. 디코드는 약 14만 명의 아이슬란드인을 모집해서 합의에 의해 구축한 바이오뱅크에 포괄시켜서 잘 정비된 전장유전체연관분석gene-wide association을 수행했다.

여성에 대한 사회-윤리적 우려

한편, HSD에 대한 대부분의 학문적 논의에서 누락된 것은 젠더 개념이다. 여성들이 가족 건강에 대해 일차적 책임을 지고 있다는 증거는 많다. 대개 여성들은 아이들이 아플 때 보살펴주는 가장 중요한 역할을 하며, 부모 중에서 아이를 보살피기 위해 휴가를 얻는 쪽도 대개 여성이다. 또한 그들은 아이들의 정신적·육체적 복지에 대해 일차적인 책임을 진다. 여성들을 면담을 할 때면 흔히 이러한 선입관이 나타난다. 과연 디코드의 프로젝트가 현재 치료 불가능한 유전병을 고칠 수 있을까? 좀더 중요한 문제로, 그 프로젝트는 미래에 그들 자신의 가족에게 어떤 의미를 가질 것인가? 다른 여성들과 토론을 하는 과정에서, 과학적이거나 경제적 논쟁에 떠밀리지 않고 자신들이 쟁점을 탐구할 시간과 공간이 있다고 느낄 때면, 되풀이해서 여성들은 가족 성원들의 정신적·육체적 복지에 대한 우려를 드러냈다. 유방암 병력이 있는 한 여성은 처음에 어떻게 자신과 그녀의 어린 아들을 옵트아웃하기로 결정하고, 그런 다음 아버지도 정보 제공을 거부하도록 설득하려고 애썼는지 설명했다. 그녀의 부친은 HSD에 호의적이었고, 유방암이 여성만의 질병이라고 잘못 알고 있었다. 그녀는 아버지에게 남자도 유방암에 걸릴 수 있으며, 그가 관상동맥 우회 시술을 받았다는 사실을 상기시켰다. 그녀는 만약 우회 시술이 심장병에 대한 유전적 경향으로 인한 것이었다면, 그가 정말 손자에게 유전적 위험뿐 아니라 그녀로 인해 암에 걸릴 위험이 있다는 사실을 알게 하는 부담을 지우고 싶은지 물었다.

개인 환자에 대한 신원 추적이 불가능하다는 정부와 디코드의 주장은 핵심에서 벗어난 것이었다. 왜냐하면 그녀에게는 새롭게 조성된 신뢰할 수 없는 상황에서, 그녀의 아들을 보호하는 것이 가장 조심스러운 문제였기 때문이다. HSD의 상업주의는 임상의들이 무엇보다 그녀와 가족들의 복지에 헌신하고 있다는 생각을 지워버렸다. 그녀와 가족 성원들이 환자로서 내렸던 동의 결정이 이제는 상업적인 동의로 추정되고 있었다. 그녀만이 이런 우려를 하는 것은 아니었다. 여성들은 자녀에 대한 사랑과 책임에 관한 자신들의 우려가 디코드를 둘러싼 언론의 논쟁에 반영되고 있지 않다는 점에 불만을 제기했다. 그 대신 성적으로 편향된 논쟁은 프라이버시 대 진보와 이익이라는 논쟁 구도에 초점을 맞추었다. 이런 주제들이 물고기 어획량 할당과 스포츠에 대한 남성들의 압도적 관심과 함께 1년 내내 《모르균블라디드》의 지면을 온통 점령했다. 그들을 괴롭히는 주제에 대한 대중 토론이 없는 상황에서, 어떻게 그들이 결단을 내리기 시작할 수 있겠는가?

표면상으로는 이 데이터베이스가 위쪽 방향으로만 정보가 흐르도록 암호화되어 있지만, 여러 여성들은 정말 정보가 순수하게 통계적 데이터로만 남아 있게 될 것인지 확신하지 못했다. 그녀들은 아이슬란드가 워낙 작아 신원이 쉽게 드러나게 될 것이라고 생각했다. 그런 생각을 하게 만든 것은 케임브리지 컴퓨터 보안 전문가 로스 앤더슨의 보고서 때문이 아니라, 과거 아이슬란드의 전화 체계가 작동했던 방식에 대한 자신들의 지식이었다. (모든 통화는 지역 교환대의 전화 교환원을 통해 이루어졌고, 교환원들은 모든 대화를 엿들을 수 있었다.) 또한 그들은 총선 선거 유세에서 스테판손이 했던 약속을 떠올렸다. 당시 정부 측 후보들과 나란히 모습을 드러낸 그는 데이터베이스 입력 작업을 지역의 실무자들에게 맡기겠다고 약속했다. 스테판손은 지역에 일자리를 만들어주는 현명한 조치라고 생각했지만, 이 여성들의 관점에서는 비밀로 유지되어야 할 정보가 유출될 위험스러운 지역의 접점을 만들어낸 격이었다. 다른 사람들은 입법 내용에 들어 있는, 어떤 종류의 누출도 엄벌에 처한다는 보장으로 안심할 수 있다고 보았다. 그렇지만 그들은 되풀이해서 유전 정보에 대한 지식이 그들의 아이들에게 해를 끼칠 수 있는가라는—가령 그 정보가 아이들을 숙명론자로 만드는 것은 아닐까—물음으로 되돌아왔다.

가정폭력이나 성적 학대를 겪은 적이 있었던 여성들은 아주 다른 몇 가지 쟁점들을 제기했다. 한 여성은 결혼을 한다는 것이 자신의 의학 기록을 당국의 누군가에게 보여주는 것을 의미했던 과거를 회상했다. 그것은 아이슬란드의 우생학적 과거라는 망령을 간접적으로 되살려내는 방식이었다. 여성들이 어머니로 적합한지를 근거로 여성의 생식력을 통제하는 국가 우생학은 문화적 기억에서는 완전히 사라졌고, 낡은 국가 우생학이 되살아날지 모른다는 공포도 직접 되살아나지는 않는다. 그러나 의료 기록이 여성들에게 불리한 방식으로 사용되었던 부정적인 경험이 오히려 여성들에게 유전 정보와 감시가 그녀들의 아이에게 가지는 함의에 대한 우려를 낳게 하고 있다.

또 다른 여성들은 자신과 아이들이 데이터베이스에 포함되지 않기를 강렬하게 원했다. 그들은 자신들의 고통스러운 비밀을 알 수 있는 사람이 가능한 한 적어지기를 바랐다. 그러나 한 여성은 놀랄 만큼 다른 태도를 보였다. 그녀는 자신과 아이들의 기록을 포함시켜서 데이터베이스가 그녀를 비롯해서 고통당한 여성들의 성적 학대를 기록할 수밖에 없게 되기를 바랐다. 그녀는 프라이버시라는 명목 아래 성적 학대나 폭력의 희생자들이 스스로 숨거나 숨겨지는 사회적 과정을 종식시키고 싶었다.

만약 남성들이 친딸을 성폭행해서 자식을 낳게 했다면, DNA를 기록해서 얼마나 많은 남자들이 그런 짓을 했는지 밝히는 것이 정의로운 행동일 것이다. 이런 그녀의 주장에 공감과 찬탄이 따랐지만, 그녀의 생각에 동조하는 사람은 아무도 없었다. 일부 여성은 토론에 참여해달라는 요청을 받기 전에 이미 옵트아웃을 결정했다고 말했다. 그러나 모두 데이터베이스가 그녀들에게 어떤 의미를 가지는지에 대해 속사정을 털어놓으며 솔직하게 토론해본 것이 처음이라고 말했다. 그러나 이러한 토론과 성찰이야말로 정보에 기초한 동의의 윤리적 핵심이며, 생의학의 민주적 책임성이다.

유전자 민족주의

여성들과는 대조적으로, 면담했던 대부분의 남성들은 유전자 민족주의라는 똑같은 내러티브를 공유했다. 물론 이 사람들은 만베른트와 관련이 없는 남성들이었다. 그들에게 아이슬란드인의 유전체는 아이슬란드 사람들의 건강과 부를 위해 도움을 줄 수 있는 특별한 자원이었다. 그들은 자신들의 유전자를 노르웨이의 원유와 마찬가지로 국가적 자원으로 간주했다. 국민들의 육체에 대한 유전적 지식의 개발을 지역의 광물 자원 개발과 도덕적으로 동일하게 간주하는 것은 윤리적 혁신과도 같은 것이었다. 이러한 주장은 아직도 아이슬란드 문화에 강하게 남아 있는 진보적 민족주의 속에 내재된 것이었지만, 점증하는 신자유주의의 탐욕스러운 개인주의와 첨예하게 충돌했다. 디코드의 프로젝트에 대한 스테판손 자신의 정당화는, 아이슬란드의 생물 정보 상업화와 그에 따른 프라이버시 위협이라는 상황에서 스테판손이 담당한 역할을 감안할 때, 훨씬 괄목할 만하고 모순된 것이었다. 2006년 《가디언》에 실린 기사에 대한 반박에서, 그는 옵트아웃을 선택한 사람들을 이렇게 공격했다. "이것을 사회에 대한 위협으로 보다니 제정신이 아니다. 프라이버시는 모든 것에 우선하는 권리가 아니다. … 협조에 대한 거부는 탐욕스런 행동이다. 그것은 서구 문명의 토대가 되는 기독교적 도덕성의 의무를 저버리는 짓이다. 그것은 당신의 의무이다. 그것은 사회주의의 근본 개념이다."[6]

나스닥 붕괴

처음 2년 동안 디코드의 과학적 주장은 언론에 대한 보도자료를 통해 이루어졌다. 1999년 4월 《월스트리트 저널》이 관절염의 유전자 다형성을 발견했다는 로슈와 디코드의 공동 발표를 보도했다. 국제 학계는 이런 식으로 결과를 발표하는 데 부정적이며, 심사를 거친 논문을 요구한다. 이러한 초기 단계에는 투자자와 시장의 요구로 특허 가능한 상품을 만들어야 한다는 디코드의 요구와 과학적 인정을 받아야 한다는 요구 사이에 긴장이 있었다. 로슈는 돈이 많았고, 엄청난 규모의 투자를 유치할 수 있었다. 또한 제약산업의 일부로서, 제품을 기대하기도 했다. 그러나 이 거대 제약회사는 어떤 제품이나 돈도 얻지 못했다.

2000년 3월 14일, 클린턴과 블레어가 공동으로 한 폭탄선언은 인간 유전자 특허의 정당성을 문제 삼았다. 이는 당시까지 공적 부문에서 진행되던 인간 유전체 염기서열 해독 작업을 크레이그 벤터가 상업적으로 훼방하면서 야기된 것이다. 이후 대통령이 입장을 철회했지만, 나스닥의 생명공학 관련 지수는 40퍼센트 이상 급락했고, 그해 말에는 54퍼센트까지 추락했다. 생명공학 분야의 재정분석가들은 6월초에 시장에 나왔을 때 디코드의 전망에 대해 좀더 조심스러운 견해를 내놓기 시작했다.

한 분석가는 "지금까지는 그 회사 뒤에 숨어 있는 개념이 사람들을 흥분시켰지만, 그것을 병에 넣어서 팔기 어렵다는 것이 드러나고 있다"라고 말했다. 항상 높은 위험을 안고 단기 투자를 하는 벤처 자본가들은 이미 자신들의 이익을 실현했고, 재빨리 손을 뗐다. 회사가 설립되었고, 아이슬란드인들은 오드손이 주당 18달러에서 21달러로 투자하면서 고무되었다.

디코드의 주가는 최고 31달러까지 올랐지만, 점차 떨어져서 1달러 밑으로 내려갔다. 많은 아이슬란드 사람들은 평생 모은 돈을 날렸다. 2003년 최고법원의 판결을 정점으로, HSD를 둘러싸고 벌어졌던 온갖 문제들로 인해, 디코드는 이미 구조를 바꾸기 시작했다. 이제는 전통적인 유전자 사냥에 초점이 맞춰졌다. 2004년에는 로슈와의 추가 협력 방침을 선언했고, 심장질환에서 정신분열증에 이르기까지 다양한 질병의 유전적 연관성을 보고하는 논문들이 수준 높은 저널들에 연달아 발표되었지만 상업적 벤처기업으로서의 디코드는 여전히 슬럼프에서 벗어나지 못했다. 심장병약이 임상시험의 후기 단계에서 실패해서 큰 손실이 있었다는 소식이 퍼지면서 사태를 악화시켰다.

점차 엄혹해가는 시장 환경에서, 디코드는 다시 사업을 재정비했다. 이번에는 소비자들의 DNA 검사와 개별 유전체학을 직접 목표로 삼는 새로 부상하는 시장에 돈을 거는 것이었다. 디코드는 23앤드미와 그밖의 회사들의 경쟁사로 설립되었고, 고객들에게 DNA 견본을 분석하고 핵심적인 표지 SNPs를 기반으로 47가지 질병에 걸릴 위험에 대한 정보를 직접 제공하겠다고 제안했다. 그러나 얼마 지나지 않아서 23앤드미와 디코드 모두 난관에 봉착했다. 2010년에 구글이 23앤드미를 구해냈고, 이후 주요 투자자가 되었다. 그러나 이런 상황이 디코드에게 도움이 되지는 않았다. 생명공학 부문의 문제점은 전 세계적인 재정 위기와 복합적으로 결부되어 있었고, 디코드의 파산이 임박했다는 소문이 흉흉했다. 디코드의 과학적 성공 때문에, 웰컴재단이 개입해서 이 회사의 연구 부문을 매입할 것이라는 추측이 돌기도 했다. 그러나 결국 디코드는 2010년에 델라웨어 주에 파산을 신청했다. 한 번도 이익을 낸 적이 없던 이 회사는 총자산 6990만 달러 대비 3억 1390만 달러의 부채를 남기고 문을 닫았다. 그해 말, 디코드는 나스닥 명단에서 삭제되었다.

파산과 지적재산권

유전체 사업을 하던 회사의 파산은 지적재산권 문제를 낳는다. DNA 바이오뱅크에 들어 있는 견본이나 정보는 누구의 소유인가? 그 회사가 파산을 하면 어떻게 될까? 다른 자산과 마찬가지로, 제공자들과 무관하게,

바이오뱅크 자체가 처분될 수 있는가? 회사가 어디에 등록되어 있는지 상관없이 처분이 이루어지는가? 디코드의 사례가 진전되면서, 최소한 한 재판 관할 구역에서는, 이런 물음들에 대한 답이 분명해졌다. 불굴의 기업가적 에너지를 가진 스테판손은 파산이 예고되고 있는 상태에서도 파산 이후의 미래를 계획하고 있었다. 말할 것도 없이, 파산 신고 직후 델라웨어 법원은 디코드의 자회사인 아이슬렌스크에르프다그라이닝(EHF)을 새로 설립된 그룹인 사가인베스먼츠Saga Investments에 매각한다는 그의 회생 계획을 승인했다. 투자자에는 처음에 디코드 프로젝트뿐 아니라 캘리포니아 샌디에이고에 있는 염기서열분석 기계 회사인 일루미나Illumina에도 투자했던 두 벤처 자본 회사가 포함되었다. 스테판손은 EHF의 이사장 겸 연구소장으로 취임했다. 온라인 저널인 《사이언스인사이더》와의 인터뷰에서 스테판손은 모회사인 디코드 유전학이 새로운 회사의 신약 개발 부문으로 팔릴 것이라고 말했다. EHF는 질병과 연관된 유전자를 탐색하는 작업에 집중하고, 아이슬란드 데이터베이스에서 2500개의 DNA 견본에 대한 전체 유전체 분석을 시작할 계획이라는 것이었다. 계속해서 그는 이렇게 말했다. "동의를 얻기 위해 개인들을 다시 접촉할 필요는 없을 것이다. 처음에 받았던 동의로 전체 유전체의 염기서열분석이 포괄되기 때문이다."[7] 추가 DNA 분석을 위해, EHF는 조직 표본과 기록 모두에 대해 디코드의 DNA 뱅크에 대한 접근권을 얻어야 했다. 최소한 델라웨어 법원은 소유권에 대한 판결을 내놓았다. 바이오뱅크는 소유권 이전이 가능한 자산으로 간주되었다.

디코드의 탄생과 몰락, 그리고 재등장은 비록 날개가 떨어지기는 했지만 지난 15년 동안 나름대로 독특한 궤적을 그렸다. 아이슬란드 특유의 유전체라는 신화적 지위, 그리고 스테판손의 야망과 추진력이 그 포물선을 만들어냈다. 크레이그 벤터와 마찬가지로, 카리 스테판손도 생명과학자-기업가라는 새로운 잡종의 전형이다. 능숙하게 언론을 다루는 솜씨는 그들이 성공을 거두는 데 필수적인 요소였다.

디코드의 몰락 이후, 이처럼 카리스마적인 지도력을 갖지는 못했지만, 국가 바이오뱅크의 설립이 이어졌다. 2006년 미국의 법학자 데이비드 위니코프David Winickoff가, 오늘날 전장 유전체 분석이라는 기술적이고 정치적인 표준 영역이 등장하는 데 아이슬란드뿐 아니라 디코드의 역사가 상당한 기여를 했다는 발언을 했지만,[8] 파산 이후의 상황은 아직도 불확실한 상태다. 바이오뱅크에 대한 초기의 전제, 그리고 개별화된 약제유전학pharmacogenomics의 희망은 물거품이 되었다. 유전적 연관성이 바이오뱅크의 주창자들이 상상했던 것보다 훨씬 복잡하다는 사실이 드러났기 때문이다. 유전자 연구를 위해 '바람직한 인구 집단'이 과연 무엇인가가 엄밀한 조사 대상이 되었다. 그리고 1930년대 대공황 이래 가장 큰 규모의 경제위기가 일어났다. 경제가 회복되는 데 얼마나 많은 시간이 필요할지, 그동안 얼마나 많은 정치적 불안이 야기될지는 여전히 미지수다. 많은 사회과학자들이 생명경제bioeconomy라고 이야기했던 영역에서 바이오뱅크가 선점했던 부분에 관한 한, 세계화된 자본주의의 정치경제학은 잊혔다. 다음 장에서 우리는 유전학과 시장의 교란이라는 불확실성 속에서 다른 DNA 바이오뱅크들이 어떤 경로를 그리고 있는지 살펴볼 것이다.

6

생물 정보의 세계적 상업화

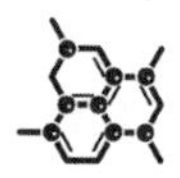

바이오뱅크는 새로운 것이 아니다. 인간의 조직을 채취하고 저장하는 일은 그 역사가 꽤 오래되었다. 그런데 과학적 의학이 인간의 조직에 주목하기 시작한 것은 서구가 아니라 8세기에서 14세기에 이르는 이슬람의 황금기 때였다. 당시 학자들은 인체를 해부하여 내부 메커니즘을 연구하였다. 서구에서는 중세 시대에 성자들의 유골이 거래되기도 했지만, 종교법상 인체 해부는 금기였다. 교회의 힘이 약화된 르네상스 시대에 이르러서야 비로소 예술과 과학 두 분야에서 인체 해부를 할 수 있게 되었다. 그 뒤 수세기 동안 인체 해부는 서구의 의학 교육에서 일상적인 일이 되었고, 외과 작업의 근간이 되는 해부학 교육에서는 결정적인 역할을 하게 되었다.

외과의들은 처음에는 정상적인 인간의 뼈와 장기, 그리고 감염되거나 손상된 뼈와 장기를 각자 수집하였다. 이렇게 개별적으로 수집되었던 뼈와 장기들은 대부분 18세기가 끝나갈 무렵에 새로이 등장한 병원 병리학 박물관들에서 소장하게 된다. 의학 근대화 프로그램의 일환으로 지식을 전수하고 발전시키기 위해 두개골과 골격, 방부제로 보존된 감염된 장기나 기형 장기, 태아가 전시되었다. 20세기 무렵에는 밀랍으로 채운 조직 절편과 냉동 혈액이 수집 목록에 추가되었다. 얼마나 많은 인간 생물 표본이 채취되고 저장되었는지 수치화할 수는 없지만, 일례로 인구가 900만 명밖에 안 되는 스웨덴에서만 4000만에서 8000만 개의 파라핀 덩어리들이 저장되었을 것으로 병리학자들은 추산하고 있다. 이 모든 수집품들을 바이오뱅크라고 부를 수도 있지만, 바이오뱅크라는 용어는 21세기에 들어서 DNA 바이오뱅크가 새로이 등장하면서 널리 사용되었다.

이런저런 질병이나 행동에 대한 최근의 유전학적 설명에 대해 언론이 무비판적으로 열광하면서 유전자 결정론은 이 시대의 사조가 되었고, 질병에 대한 복잡한 사회, 문화, 경제적 설명은 하찮은 것으로 치부되어버렸다. 1980년대에 세계보건기구(WHO)에서 벌인 건강 증진 캠페인으로 심장질환과 미숙아 사망이 감소했고, 특히 핀란드 같은 일부 국가는 현저히 줄어든 성공 사례로 꼽히지만 이내 완전히 잊히고 오직 유전자 사냥gene-hunting만 유행하게 되었다. 유전자에 대한 이러한 세기말적 열광은 DNA 바이오뱅크가 과학과 의학 및 부의 창출에 무언가를 제공할 것이라는 전망을 낳게 되었고, 급기야 DNA 바이오뱅크 프로젝트는 전 세계에 급속히 확산되었다. 이러한 흐름은 아이슬란드에서 영국까지, 스웨덴 북부에서 퀘벡과 통가, 노르웨이까지, 그리고 미국의 수십 개 주와 DNA를 연구하는 다른 모든 나라에까지 확산되었다. 유전학자들, 벤처 자본, 거대 제약회사들, 지방정부, 중앙정부 가릴 것 없이 모두 맞춤형 의료와 블록버스터

급 신약의 꿈에 끼어들고 싶어 했다.

1999년 초, 아이슬란드에서 디코드가 HSD를 구축하기 시작했을 무렵, 영국에서는 아주 이질적인 집단들을 모두 포괄할 수 있는 DNA 바이오뱅크를 구축하자는 제안이 〈유전체학이 건강관리에 미치는 영향〉이라는 제목으로 《영국의학회보British Medical Bulletin》에 게재되었다. 이 특집판의 편집인으로는 옥스퍼드 대학교 임상의학 교수이자 생명공학 사업가인 존 벨 경Sir John Bell과 스미스클라인비캠SmithKlineBeecham의 연구개발 단장인 조지 포스트George Poste가 참여하였다. 스미스클라인비캠(SKB)은 이후 글락소Glaxo와 합병되어 GSK가 되었다. 포스트는 생화학자이자 과학 정책 자문위원인 로빈 피어스Robin Fears와 함께 이 제안을 더 구체화하여 《사이언스》에 논문으로 발표했다. 그들은 논문에서 영국 NHS를 기반으로 집단 유전자원을 구축하자고 제안했고, 정치와 정치 갈등을 관리주의managerial-ism로 대체하려고 모색하는 '제3의 길Third Way'을 신노동당이 지지한다는 영국 총리 토니 블레어의 주장을 옹호하였다. 피어스와 포스트는 아이슬란드의 HSD를 둘러싼 논쟁이 격렬해진 원인이 지나치게 빠른 속도라고 지적하면서, 천천히 진행하라는 세계보건기구의 권고를 받아들여 의사와 생물의학자들이 앞다투어 경쟁하거나 서로를 헐뜯기보다는 이해당사자를 모두 참여시키자고 주장하였다.

디코드와 피어스, 그리고 포스트의 프로젝트는 모두 1990년대에 가장 유망한 집단 유전체학의 수단으로 여겨진, 크게 다른 두 국민 집단의 DNA 바이오뱅크를 구축하는 것이었다. 그런데 역설적인 것은 다국적 제약회사와 생명공학, 정부와 벤처 자본 모두 보편적인 건강관리 제도가 시행되는 국가들을 이 프로젝트에 가장 이상적인 곳으로 지목했다는 점이다. 왜냐하면 시장화된 보험 체계를 채택하는 미국의 경우 많은 사람들이 건강보험과 요람에서 무덤까지의 의료 서비스를 받지 못하기 때문에 기록 체계에서도 사각지대에 있기 때문이다. 크게 자랑하고 있는 오바마의 건강보험 개혁이 실시된 이후에도, 미국 통계청에 따르면 2011년에 5000만 명의 미국인들이 여전히 보험에 가입되어 있지 않았다. 그래도 이것은 전년도에 비해 100만 명이 증가한 숫자이다. 그러나 포괄적 데이터를 이용할 수 있느냐 여부보다 누가 '훌륭한' 집단을 이루는가가 숫자나 유전적 측면에서 더 유동적인 문제다. 그래서 디코드는 소규모지만 동질성을 유지하고 있으면서 고학력인 아이슬란드 집단을 '훌륭한' 집단으로 보았고, 피어스와 포스트는 더 크고 문화적이나 유전적으로 다양하고 반세기 동안 의료기록이 충실하게 이루어진 고학력의 영국 집단을 더 '훌륭한' 집단으로 보았다. 이 문제는 이 장의 끝에서 다시 다룰 예정이다. 그들은 내수 시장의 부재와 그 보편성으로 인해 NHS가 "영국을 분자의학에 기초한 합리적 관리의 선봉에 서게 만들 수 있는, 무엇도 필적할 수 없고 영향을 덜 받는 수단"이라고 보았다. 계속 해서 그는 이렇게 말했다. "그에 대한 대안인, 전혀 가망이 없는 전망은 날로 제한을 받고 있는 건강관리 자원들을 배급제로 나누어주는 것이다."[1]

'합리적 관리'라는 얼버무림 속에는, 유전적 '위험 요인'을 찾아내서, 예측의학predictive medicine이 아무런 증상도 없고 자신이 건강하다고 느끼는 사람들을 위한 잠재적 의약 수요를 확대하여 스스로를 위험하다고 여기는 사람이든 아니든 그들을 모두 환자로 만들려는 저의가 깔려 있다. 가족성 과콜레스테롤혈증과 같은 단일유전자 질병을 가지는 경우처럼 위험이 높고 확실하고 효과적인 치료법(스타틴)이 있는 경우, 유사-건강 유사-환자식으로 사는 것이 한 방법일 수도 있겠지만, 다유전자성 질병처럼 예측력이 낮을 수밖에 없을 경우에는 그 치료법도 불확실하게 된다. 새로운 종류의 환자를 만들어냄으로써, 위험에 처한 개인별 맞춤 유전체학은 규모를 예측하기 힘든 새로운 시장을 창출할 것이고, 주로 보험에 의해 의학이 사영화되는 상황에서, NHS가 지불해야 할 의약비는 예측할 수 없이 늘어날 가능성이 있다.

피어스와 포스트의 제안과 스테판손이 추진하는 프로젝트 사이에는 상당한 차이가 있다. 스테판손 프로젝트는 즉각적 상품화와 이윤 실현을 목표로 하고 있는 데 반해, SKB의 피어스와 포스트는 경쟁 전 단계로서 대학 연구자들과 산업 및 정부 등의 주요 이해 당사자들이 서로 협력하여 전국적 바이오뱅크를 설립하고 건강 데이터베이스를 구축하는 데 그 목표를 두고 있다. 일단 연구 플랫폼으로 바이오뱅크가 설립되면, 적절한 규제로 보호를 받는 데이터가 상품화될 수 있다는 것이다. 이러한 이윤 추구 시기를 둘러싼 견해차는 HGP에 관한 공개 토론과 함께 드러났다. HGP 관련 공개 토론에서 크레이그 벤터는 즉각적 특허 출원과 이윤을 요구했고, 반면 존 설스턴과 프랜시스 콜린스는 당장의 특허는 안 되고 이윤은 나중에 추구하자고 했다.

그 뒤 15년간, 윤리적 문제, 재산권, 비밀보장, 공적·사적 이해관계의 상충과 비용 등 여러 문제로 시달림을 받으면서, 디코드와 같은 일부 업체들은 몇 년간 부침을 거듭하고 있는 데 반해, 공적 자금 투입으로 유지되는 영국 바이오뱅크는 연구 플랫폼 수립이라는 당초 목표를 실현하였다. 가장 큰 연구 집단을 포괄하고 있는, 가장 야심적인 마지막 모델에 대해 거론하기 전에, 에스토니아, 스웨덴, 캐나다에 각각 설립된 소규모 바이오뱅크를 먼저 살펴보자. 이 세 바이오뱅크를 설립하는 데는 몇 개월밖에 걸리지 않았다. 첫 단계에는 충분한 자금을 확보하지 못한 채 설립되었고, 두 번째 단계에서는 지적재산권 문제를 이해하는 데 실패했고, 세 번째 단계에서 반드시 새로운 국제적 협력 프로젝트에 연결되어야 할 필요성을 인식하면서 곧 꺼질 듯했던 시동을 유지하게 되었다.

에스토니아

1999년에 에스토니아 정부는 DNA 바이오뱅크를 만들자는 타르투 대학교 생명공학과 교수 안드레스 메츠팔루Andres Metspalu의 제안이 국가 경제에 도움이 되겠다고 판단해 그 제안을 수락하였다. 메츠팔루는 디코드의 주장을 그대로 따라하며, 노키아가 핀란드 경제에 도움을 줬던 것처럼 DNA 바이오뱅크가 에스토니아 경제에 보탬이 될 것이라고 주장하였다. 아이슬란드처럼 에스토니아도 '훌륭한 집단'을 유지하고 있다고 여겨졌다. 그런데 이 경우 '훌륭한 집단'이라는 판단은 특정한 유전적 동질성에 기인한 것이 아니라 보편적인 의료관리와 기록 체계의 규모와 유용성, 그리고 잘 관리되고 있는 조직 은행의 존재에 기반한 것이었다. 정치권이 메츠팔루의 전망에 열렬히 공감을 나타냈던 데 비해, 많은 임상의들은 재정이 부족한 건강관리 제도를 보유한 허약한 경제 체제에서는 환자에 대한 관리가 유전체학보다 우선해야 한다고 생각하였다. 그러나 이들의 주장은 지지를 얻지 못하였고 바이오뱅크 프로젝트는 계속 추진되었다. 메츠팔루는 에스토니아 유전자 은행 프로젝트Estonian Gene Bank Project는 아이슬란드의 경험을 교훈 삼아 데이터를 팔지 않을 것이며, 참여하는 제공자들에게는 충분한 정보에 기반한 동의를 얻을 것이고, 제공자들에게 예상되는 위험을 줄이고 담당 의사가 보다 정밀하게 처방할 수 있게 해주는 개별 '유전자 카드' 형태로 피드백을 받게 될 것이라고 약속하였다. 그렇지만 7세에서 15세의 미성년자도 대상에 포함시켰고, 일단 바이오뱅크에 들어간 데이터는 철회될 수 없다는 사실은 그들의 윤리적 주장과 부합되지 않았다.

동시에 메츠팔루는 에진인터내셔널Egeen International이라는 개인 기업을 설립하여 캘리포니아에 회사를 등록했고, 그곳에 본부를 두었다. 독점적 상업권의 대가로 에진인터내셔널은 파일럿 연구를 위해 1만 명을 목표로 한 표본 수집을 위한 대부분의 자원을 제공했다. 《오픈 데모크라시Open Democracy》에 게재된 한 기사에서, 에스토니아 공공 의료 서비스 연구원 티나 타스무스Tiina Tasmuth는 이 파일럿 연구의 제공자를 모집하기 위해 의사들에게 주어진 재정적 유인책의 규모에 대해 언급하였다.[2] 의사들은 제공자 한 명과 한 시간을 보내는 대가로 250크라운을 받았고, 별도로 참여 수당 명목으로 10퍼센트를 더 받았다. 이것은 시간당 42크라운의 기본 급여보다 훨씬 큰 액수였다. 그러나 2000년대 초에 불어닥친 생명공학의 여건 악화로 이 프로젝트는 재정 난관에 봉착하게 되었고, 2004년에는 에스토니아 정부에 상당 부분 인수되면서 구제를 받아야 했다. 현재는 EU로부터 자금 지원을 받고 있으며, 타르투 대학교에 있는 메츠팔루의 학과 사무실에 소재하고 있다. 한편, 에진인터내셔널은 작은 표준 의약품 개발 회사가 되었으며, 메츠팔루가 과학 담당 최고책임자를 맡고 있다. 기본적으로 이 캘리포니아 회사는 에스토니아인의 유전체를 구입했다. 생물 정보가 세계적 흐름으로 원활하게 이동하고 있는 것이다.

우만게노믹스, 윤리적 대안?[3]

1999년에 《사이언스》와 《네이처》 모두 스웨덴 생명공학 회사 우만게노믹스를 '공적인 조직 은행이 생명공학 산업과 어떻게 상호 작용해야 하는지 보여주는 모델'이라며 환영했다.[4] 이 회사는 우메오 대학교와 베스테르보텐 카운티 의회의 공동 아이디어의 산물로, 전체 카운티에 의료 서비스를 제공하는 우메오 대학교 부속 병원의 의학은행Medical Bank을 상업화하기 위해 설립되었다. 이 의학은행은 당시 이미 존재했고, 8만 7000명에게서 채출한 상당량의 혈액 표본을 가지고 있었으며, 1980년대에 시작된 WHO의 건강증진 캠페인으로 확보한 임상 및 설문 자료와 연계되어 있었다. 우만게노믹스 기획자들에게, 이 의학은행은 사기업 유전체 회사에 채굴되기를 기다리던 미개발의 공공 부문 바이오뱅크로서, 이른바 '금광'의 꿈을 실현시켜줄 대상이었다. 이렇듯 우만게노믹스는 이상적인 모델로 여겨졌지만, 불과 4년 만에 파산하다시피 했다. 2002년 말에는 상근직이 16명, 2003년 5월에는 단 2명밖에 남지 않았다.[5]

처음에는 모든 요건을 다 갖춘 것처럼 보였다. '질병 관련 유전자를 발견해서 그 기능을 탐구하고 거기서 얻은 지식을 상품화'하려는 이 회사의 계획은 지금까지 분자유전학을 지배해왔던 유전자 사냥 접근 방식과 일치하는 것이었다. 최근에 스웨덴 제약회사 아스트라Astra에서 퇴직한 순 로셀Sune Rosell 교수가 CEO로 임명되었다. 그러나 그는 유전체학에 대한 배경이 전혀 없었다. 이 회사의 계획은 스웨덴과 유럽의 지침 및 규제에 맞추어 매우 신중하고 '윤리적'이었다. 지침의 핵심 요건은 모든 새로운 연구는 신규로 정보에 기초한 동의를 받아야 한다는 것이었다. 변화무쌍하고 급속히 발전하는 기술로 방대한 양의 자료를 다루어야 하는 유전체학에서 이러한 요구를 충족하기란 불가능하다는 것이 이미 명백했다.

우만게노믹스는 곧 법률, 과학 그리고 시장에서 모두 난관에 봉착하게 되었다. 당초 공공 부문과 사기업의 동업 계획은 의학은행의 소유주라고 여겨진 우메오 대학교와 지방정부에 주식 51퍼센트를 주고 나머지는 개인이 소유하게 하려고 했다. 그러나 대학이 산학 연계를 발전시키는 것은 인정되고 장려되었지만, 지방정부가 상업 활동에 참여하는 것은 불법이었다. 당시 신자유주의에 열광하던 집권 사회민주당은 이 문제를 대충 얼버무렸다. 아직 경쟁 기반이 없던 이 은행의 발전에 도움을 줄 주요 제약회사들과 계약을 체결하는 데 주력한 마케팅 전략은 실패했다. 과학 또한 초기 사고의 범주에서 벗어나 지나치게 앞서 나갔다. 우만게노믹스는 계획을 바꿔야만 했다. 당시 회사는 방향 전환에는 비용이 너무 많이 들어 2억 스웨덴크라운(약 2980만 달러) 상당의 신규 공적 투자가 필요하다고 주장했다. 그리고 이제는 51퍼센트의 공적 소유권이 잠재적 투자자들을 막고 있다고 주장한다. 이들의 판매 전략이었던 윤리가 시장의 장애 요인이 된 셈이었다.

새로운 계약이 협상되고 있었지만, 한편에서는 바이오뱅크의 표본과 환자 데이터의 법적 지위에 관한 다툼이 계속 벌어졌다. 이 문제는 애초의 상업화 계획에 이미 내재해 있었다. 왜냐하면 마치 의학은행이 그보다 앞선 카운티의 건강 증진 활동의 산물일 뿐이고, 혈액 표본으로 가득 찬 냉동고, 생활 양식과 건강 상태, 지방과 혈압 수치 등에 대한 기록이 생물의학 연구자나 관리자들의 입력 없이, 아무런 목적도 없이 존재해왔던 것처럼 상업화 계획이 마련되었기 때문이다. 그러나 의학은행의 탄생이 책임자인 영양학자 고란 할만스Goran Hallmans의 단독 업적이었다는 점은 여기에 참여한 모든 행위자들이 인정했다. 할만스 교수는 이 은행을 설립하고 유지했으며, 그를 비롯한 동료 연구원과 학생 들이 기초적 연구 자원으로서 이 은행을 광범위하게 이용했다. 그러나 이러한 바이오뱅크 연구는 인기가 없었으며, 유전체학이 의제로 부상하게 되는 1990년대 중반 이전에는 연구 자금도 쉽게 끌어들이지 못했다. 이 어려운 시기에 할만스의 연구는 스웨덴 MRC와 암학회의 지원을 받았고, 국제적 협력을 모색하고, 일자리를 찾거나 직업 훈련을 원하는 실업자들에게 이 은행을 관리하게 하는 기발한 사업을 개발하기도 했다. 그러나 우만게노믹스 기획자들은 할만스에게 지적재산권이 있을 수 있다는 점을 고려하지 못했고, 자신들이 사실상의 소유권을 가졌다고만 생각했다.

1990년대 초, 할만스는 바이오뱅크를 상업적으로 개발하려고 시도했지만 성공하지 못했다. 그 뒤, 동료 교수 요아킴 딜로네르Joakim Dilloner와 함께 소유권이 베스테르보텐 주민들을 대표하는 재단에 귀속되는 사회적 기업 모델을 대안으로 제안했다. 이 기업에는 베스테르보텐 카운티 당국과 우메오 대학교뿐 아니라 발렌베르그 재단Wallenberg Foundation과 같은 주요 잠재적 투자자들도 경영자로 참여할 예정이었다. 모든 이윤은 바이오뱅크 연구에 재투자될 계획이었다. 과학자와 사회적 기업가 모두 이 제안이 표본 제공자들에게 신뢰감을 심어주고, 연구에 득이 되며, 기존의 기금 제공자들에 대한 의학은행의 의무도 지키는 길이라고 보았다. 대학과 지방정부의 계획은 이러한 구도에서 서로 어긋났다.

할만스와 우만게노믹스의 주 소유주인 우메오 대학교 간에 격렬한 의견 대립이 일어난 과정을 설명하는 데 이러한 배경이 도움이 된다. 이들은 지역 신문에서 공공연하게 대립했고, 다수의 학자뿐 아니라 심지어 정치권까지 이 논쟁에 개입했다. 웁살라 대학교의 생명윤리학자 마츠 한손Mats Hansson이 이끄는 다학제 간 연구팀이 이 사례를 긴밀하게 추적했다.[6]

갈등의 중심에는 생명윤리가 아니라 지적재산권 문제가 놓여 있었다. 영국을 비롯한 다른 나라들과 달리 스웨덴 법률은 '교수자 예외'를 허용하고 있다. 즉 학생을 가르칠 수 있는 교수자들에게, 설령 공무원일지라도, 자신들이 생산한 지적재산을 소유할 수 있는 권리를 부여하는 것이다. 그러나 우만게노믹스의 계약서에는 의학은행 '처분권 주체'로 지방정부와 우메오 대학교만을 인정했다. 따라서 법적 불확실성의 문제가 불거지게 되었다. '교수자 예외'를 바이오뱅크에 적용하면 이들이 이 특정 바이오뱅크에 대한 '처분권'을 가지는 것인가? 타협의 여지가 거의 없기 때문에 갈등은 점점 더 심해졌다. 우메오 대학교는 할만스를 우메오의 과학 발전과 첨단산업 발전을 위한 계획 추진의 걸림돌로 여겼다. 한편, 퇴직 연구자는 물론 현직 연구자들로부터 모두 지지를 받는 할만스는 카운티와 우메오 대학교 간에 체결된 계약이 기존 연구 계약 내용을 배제하고, 디코드처럼 우만게노믹스가 상업적 접근권을 독점하게 된 데 격분했다. 또한 그는 그 계획이 제공자들이 자신들의 표본과 데이터를 사적 이윤을 위한 돈벌이에 이용해도 좋다고 허락하지 않았다는 사실을 무시했고, 또한 할만스 자신의 지적재산권도 무시했다는 점에 대해서도 분노했다.

이 상황을 탐탁치 않게 여기고 있던 우메오 대학교 윤리위원회는 의학은행에 대한 대학 경영진의 관련성이 '불명확하므로 조사해야 한다'고 주장했다. 나아가 윤리위원회는 고작 4인으로 구성된 조정위원회가 표본을 기초로 한 연구에 대한 기준을 정하게 하자는 우메오 대학교의 제안은 윤리위원회의 법적 책임과 스웨덴 바이오뱅크 법률에 규정된 내용에 모두 위배된다고 주장했다. 그러나 얼마 지나지 않아 대학 당국은 할만스가 자신이 의학은행의 연구 책임자이면서 계약 체결의 책임 서명자임을 주장함에도, 그를 의학은행의 소장에서 해임했다. 소규모 신생 생명공학 회사로서는 이러한 상황을 버텨낼 수 없었을 것이다. 특히 아주 견실한 생명공학 사업 외에는 투자를 주저하는 주식 시장에서는 더욱 그렇다. 이렇게 해서 우만게노믹스는 4년도 안 되어 기껏해야 '명목상의' 생명공학 회사밖에 되지 못했다.

그렇다면 다른 방도가 있을까? 신생 생명공학 회사를 매개로 관련 이해 당사자, 특히 바이오뱅크를 설립한 연구자들의 개입 없이 개발하려 할 때 부딪히는 어려움은 마츠 한손 팀의 상업적 변호사들의 실용적 결론을 한층 강화시켰다. 그들은 이런 결론을 내렸다. "생물학 연구 결과가 원래 과학자에 귀속되는지 아니면 대학 당국에 귀속되는지 여부가 스웨덴 법률에 명확하게 규정되어 있지 않기 때문에, 외부 계약 당사자에 대한 우리의 조언은 … 그 소유권이 양측 모두에게 양도되도록 확실히 하라는 것이다."[7]

이것은 법률, 경제, 그리고 연구 전략의 문제이다. 윤리와 정보에 기반한 동의에 지나치게 집착한 우만게노믹스 모형은 분명히 적합하지 않았다. 《사이언스》와 《네이처》가 극찬한 '윤리적 모델'이었지만, 법적·윤리적 문제를 결합하여 지적재산권 문제를 해결하는 기회를 놓쳤다. 의학은행의 특이한 역사를 고려해볼 때, 틀림없이 딜로네르와 할만스 모형이 표본 제공자부터 연구자들, 그리고 책임있는 당국에 이르기까지 모든 이해 당사자들의 지지를 더 잘 확보했을지도 모른다. 잘못 칭송된 '윤리적 모델'보다는 분명 덜 현란하지만, 이 역동적이고 다면적인 분야에서는 사회적 기업 모델이 기초부터 착실하게 더 잘 발전할 수도 있을 것이다.

카타진

곧 분명해지겠지만, DNA 바이오뱅크 열광주의자들은 눈길을 끄는 이름이 회사의 가치를 높이는 데 결정적이라고 보았다(대문자와 소문자의 혼합은 상업적 유전체 회사의, 아니 상업적 유전체 회사가 되는 데 필수불가결한 요소다). 카타진 CARTaGENE이라는 이름도 그런 연유에서 나왔다. 2002년에 몬트리올 대학교와 맥길 대학교에 기반을 둔 생의학 연구 집단이 바이오뱅크를 설립하자고 퀘벡 주에 제안했다. 이 그룹에는 생화학자이자 변호사인 버사 크노퍼스Bertha Knoppers가 포함되어 있었는데, 그는 유전자 윤리를 둘러싼 논쟁에서 중요한 역할을 하고 있는 세계적인 인물이었다. 그들은 프랑스계 퀘벡 사람들 집단이 아이슬란드처럼 유전적으로 동질적이며, 특히 DNA 바이오뱅크를 만들기에 '적합하다'고 주장했다. 아이슬란드인들처럼 퀘벡 사람들의 계통도, 비록 1000년은 안 되지만, 조상들이 프랑스에서 이주해온 이후부터 적어도 5대까지는 (즉 최장 150년까지) 가계를 추적할 수 있다. 카타진 프로젝트는 약 6만 명의 퀘벡 자원자로부터 적법한 동의 절차를 밟아서 건강과 사회 인구학적 크기와 계통에 부합하는 조직 표본을 수집하자고 제안했으며, 이를 위한 예산으로 3800만 캐나다달러를 산정했다. (당시 환율로 캐나다달러는 미국 달러의 약 60퍼센트 정도로 미국이 향유했던 전성기 동안 캐나다가 미국에 뒤처진 이후로 사상 최저 수준이었다.) 게놈캐나다Genome Canada로부터 대규모 자금을 지원 받으려고 했던 초기의 시도는 거절당했다. 게놈캐나다는 대규모 유전체 연구를 지원하는 국가 전략을 수행하고 발전시키기 위해서 캐나다 정부가 2억 5000만 캐나다달러 예산을 투입하여 설립한 비영리 조직이다. 맥길 대학교의 의학인류학자 질 비보Gilles Bibeau의 말에 따르면, 게놈캐나다는 이 프로젝트가 재정적 면에서 비현실적이란 이유로 거절했지만, 한편으로는 아이슬란드의 소동을 보며 카타진의 조직 구조와 대중들이 이 프로젝트를 수용할지 여부에 대한 우려도 있었다고 한다.[8] 디코드의 경우 아르나손과 마찬가지로 비보 역시 퀘벡 사람들의 유전적 동질성에 관한 주장이 타당하다고 보지 않았다. 우만게노믹스처럼 이 프로젝트를 둘러싼 갈등이 일차적으로 지역적이었고 아주 심했음에도, 디코드와 달리 이 갈등은 세계 언론의 주목을 끌지 못했다. 게놈캐나다로부터 거절당한 뒤, 카타진 지지자들은 먼저 퀘벡 주 정부와 몬트리올 대학교로부터 재정 지원을 받은 다음, 적절한 시기에 게놈캐나다에서 지원을 받자는 축소안을 제시했다. 2010년까지 40세에서 69세 사이 연령대의 참가자 2만 명 모집이라는 축소된 목표를 달성한 후(영국 바이오뱅크와 동일한 연령 범위이고 달성 시기도 같았다) 카타진은 이제 사업을 위해 연구 플랫폼을 공개하겠다고 발표했다.

퀘벡 사람들이 유전적으로 다른 집단인지와는 관계없이, 설사 카타진이 6만 명을 확보했다 해도 독립된 바이오뱅크 연구 플랫폼으로 역할을 하기엔 너무 작은 집단이었을 것이기 때문에 2만 명은 더욱이 그러했다. 그런데 크노퍼스는 우후죽순처럼 생겨나던 크고 작은 수많은 바이오뱅크들 사이에서 데이터 수집을 조정하는 역할을 하는 국제 컨소시엄인 유전체학집단프로젝트Population Project in Genomics(PPG)를 설립하는 데 주도적 역할을 한 인물이기도 했다. (이 바이오뱅크들은 모두 자신들의 독자적인 프로젝트의 과학적 타당성과 사회적 중요성을 주장하면서 출발했다.) 필경 이러한 소규모 프로젝트들은 세계 유전체학의 일원이 되고, 생의학적 재정적 풍요라는 전망에 포함되기 위한 방도라고 보는 편이 더 현실적일 것이다.

영국 바이오뱅크

신노동당은 과학기술 정책이 일절 포함되지 않은 공약으로 1997년 총선을 성공적으로 치렀다. 토니 블레어는 선거 운동 기간 동안 자신은 이메일 보내는 법을 모른다고 솔직히 인정했다. 블레어는 당시 생명공학과 정보과학이라는 새로운 기술과학의 잠재성에 대한 감각이 거의, 아니 전혀 없었던 것 같다. 영국의 '현대화'를 주창했음에도, 예비 내각의 과학기술 장관직에 야당 인사를 임명할 때는, 이미 과학기술 하원 특별위원회 위원이었던 생화학자 하원의원 린 존스Lynne Jones 대신 문과 출신이면서 빈곤 퇴치 운동가인 리즈 시 하원의원 존 배틀John Battle을 임명했다. 배틀은 방대하고 빠른 속도로 변화하는 업무를 파악해야 했을 뿐 아니라 자신이 믿는 가톨릭 교리(배틀은 하원에서 시종일관 낙태 반대표를 던지기도 했다)와 과학부 장관이 되기 위한 야심 사이에서 갈등했다(과학부 장관이 되면 이제 인간발생학 연구에 자금을 지원하는 책임을 맡아야 했다). 어쩌면 배틀은 1980년대에 나타나기 시작하여 오늘날에는 흔해진 새로운 유형의 하원의원의 한 예에 불과할 수도 있다. 이 신종 하원의원들은 정당 정치 외에는 어떤 분야에도 거의 또는 전혀 전문성이 없는 전문 정치인들로, 능수능란한 계략과 선거 운동, 언론 브리핑과 로비에는 고도의 솜씨를 갖추고 있다.

1997년 총선으로 생의학 연구와 집행에 경험이 많은 두 명의 노동당 초선 하원의원이 거대 여당의 일원으로서 의회에 진출했다. 한 사람은 이스트앵글리아 대학교 생명과학대학 학장 이언 깁슨Ian Gibson이고, 다른 한 사람은 생명공학 및 생물학연구위원회의 과학행정가인 필리스 스타키Phyllis Starkey다. 그러나 둘 다 내각에 들어가지 못했다. 미래를 설계하는 데 과학과 기술이 어떤 역할을 하든 그와 관련된 정책은 노동당 내에서 만들어지지 않을 것이며, 공공의 장에서 토론되지도 않을 것이라는 분명한 메시지였다.

블레어가 끊임없이 되뇐 현대화라는 주문은 영국이 변해야 한다는 인식을 요구했다. "국가 현대화라는 우리의 임무를 중심으로 사람들이 단결하면 우리는 세상의 횃불이 될 것이다"라는 블레어의 연설은 "과학기술혁명의 백열白熱로 사회주의를 단단히 벼려내자"는 해럴드 윌슨Harold Wilson의 1964년 연설의 수사를 따라 한 것이었다. 그러나 둘 사이에는 결정적 차이가 있었다. 노동당 당헌 4조를 폐기함으로써 블레어는 노동당의 오랜 숙원이었던 산업 국유화라는 목표를 내던져버리는 데 성공했다. 핵심이 빠져버리고 노동당 사회주의가 껍데기만 남으면서 이제 대처주의와 신노동당 간에 이념 차이가 거의 나지 않았다(그 때문에 결단력이 부족한 그의 후계자 고든 브라운이 2008년 금융 위기 때 노던록 은행을 국유화해서 사태를 더욱 어렵게 만들었다).

독자적인 연구 의제가 전무했던 신노동당은 분자의학과 금융, 그리고 산업계의 거물들이 만든 제안에 대해 더 개방적이었다. 그 제안은 자신들과 정부가 공동으로 협업하여 국가의 안녕과 부를 자신들과 같은 비율로 향상시키자는 것이었다. 비판적이었던 사회학자 마이클 러스틴Michael Rustin은 《사운딩스Soundings》 지에 기고한 글에서 블레어의 신노동당에서 새로운 것은 노동당의 역사에 그런 정당이 있다는 사실 그 자체라고 말했다.

> 처음으로 자본의 힘, 그리고 자본에 권력을 부여한 시장의 힘은 의심하고 저항할 문제나 세력이 아니라 수용해야 할 실재, 피할 수 없는 현실로 간주되었다. '세계화' '개인화' 심지어 '정보화'라는 추상적 개념들은 당대의 세계를 지배하는 실제 행위자와 이해관계를 구체화하는 데 사용될 수 있다.[9]

그대로였다. 러스틴의 분석은 새빌 거리에서 맞춘 양복처럼 신노동당의 연구 정책에 딱 들어맞았다. 실제 행위자와 이해관계는 '커다란 텐트' 아래 모든 이해당사자들을 쓸어 넣는 언어 속에서 용해되었다. 선출된 전문가들은 — 특히 나중에 과학기술 하원 특별위원회 의장이 되었지만, 신노동당에 완전히 참여하지 않은 것으로 알려진 깁슨의 경우 — 선출되지 않은 열광주의자들보다 신노동당의 정책을 덜 반겼다.

자본과 노동의 구조적 적대 관계를 믿지 않았거나, 좀더 완곡하게 말해서 고용주와 피고용인의 서로 다른 이해관계에서 나타나는 구조적 적대감을 믿지 못했거나, 그것도 아니면 세계화된 산업과 영국의 미래 사이에 서로 다른 이해로 인한 구조적 반목을 결코 믿지 않았기 때문에, 블레어 정부는 유전체학과 정보과학이 제공하는 웅대한 상상의 세계에 대해 더 개방적이었다. 배틀의 후임으로 엄청난 부를 축적한 세인즈버리 슈퍼마켓 가문의 데이비드 세인즈버리David Sainsbury를 즉각 임명한 사실보다 더한 증거는 없을 것이다. 데이비드 세인즈버리는 1960년대 케임브리지 대학교 재학 시절 정치학과 과학에 가졌던 열정을 계속 발전시켜왔다. 일찌감치 노동당에 가입했지만 점점 증폭되는 노동당 내부 혼돈과 갈등에 실망해 충성 대상을 새로운 사민당으로 바꾸었다. 그러나 독립을 유지하자는 측과 자유당과 합병을 하자는 측의 사민당 내부 갈등에서 패배한 쪽에 섰던 그는 다시 신노동당의 지지자이자 중요한 기부자로 말을 갈아탔다. 1990년대에 집안의 슈퍼마켓 체인 회사의 CEO 자리에 오르면서, 그는 '프랑켄푸드'에 대한 유럽 전역에 걸친 대중들의 반발로 자신과 같은 생명공학파들이 패배했던 GMO 갈등을 최전방에서 몸소 겪었다. 그 여파로 슈퍼마켓과 급식 공급 업체들은(세인즈버리 슈퍼마켓 체인 및 의회와 왕립학회에 급식을 제공하는 외부 위탁 업체들을 포함하여) 자신들의 식품이 유전자 조작이 아니라고 보증할—그리고 공개적으로 선언할—필요성을 깨달았다.

블레어가 1998년 7월에 세인즈버리를 과학혁신부 장관에 임명하면서 세인즈버리가 꿈꿔온 두 가지 열정은 비로소 실현되었다. 세인즈버리가 1997년 9월에 100만 파운드를 노동당에 기부한 일도 그가 성공으로 가는 길을 방해하지 못했다. 세인즈버리는 기부한 지 한 달 뒤에 귀족 계급으로 신분이 상승되었다. 이 일련의 사건들은 격렬한 의견 대립을 야기했으며, 노동당 전국집행위원회 위원인 마크 세던Mark Seddon은 세인즈버리가 돈으로 당을 샀다고 맹렬히 비난했다. 분명 세인즈버리는 노동당 역사상 단일 기부자로는 가장 큰 금액을 기부한 사람이었다. 그런데 탈정치화된 신노동당은 세인즈버리의 기부(수년간 총 1100만 파운드)와 장관 급여 수락 거절을 교육과 연구 사업에 대한 기부를 통해 이미 정평이 나 있는 그의 관용성으로 단순하게 이해했다. 세인즈버리는 신노동당에 없어서는 안 될 인물이 되었고, 블레어와 브라운을 제외한 그 누구보다 오랜 기간 장관직을 수행했다.*

영국 DNA 바이오뱅크 프로젝트의 존재를 대중들이 처음 알게 된 것은 디코드 이야기가 언론을 강타한 1998년 가을에 방송된 BBC 프로그램 〈뉴스나이트〉를 통해서였다. 아이슬란드 이야기가 모든 언론 매체의 관심을 사로잡는 것이 마땅치 않았던 웰컴재단은 훨씬 더 큰 영국 바이오뱅크에 대한 뉴스가 뉴스 편집실에 가게끔 만들었다. 그들이 흘린 비밀에 의하면 웰컴재단과 MRC가 공동 기획하고 있는 영국 바이오뱅크는—아이슬란드 바이오뱅크보다 두 배가 넘는 크기로—50만 명의 성인을 포함하고 있으

* 블레어주의에 대한 세인즈버리의 열광은 2010년에 노동당 정부가 몰락한 뒤에도 계속되었다. 현재 그는 블레어의 싱크탱크인 프로그레스Progress의 주요 재정 후원자다. 프로그레스는 현 노동당 당수인 에드 밀리번드의 정책을 상당 부분 반대하고 있다. 자본주의 세계화라는 회전목마에서 현재 세인즈버리의 슈퍼마켓 체인 지분의 4분의 1은 카타르 국부 펀드가 소유하고 있다.

며, 예비 자금으로 2500만 파운드를 합의했는데, 이 자금 또한 스테판손이 디코드를 후원한 벤처 자본에서 확보한 금액의 두 배가 넘었다.

영국 바이오뱅크 계획을 중심으로 엘리트 과학자들과 투자자들, 그리고 거대 제약회사들이 모인 이 강력한 네트워크 밖에 있던 사람들에게 이것은 상당히 놀라운 일이었다. 1999년에 무역산업부는 세인즈버리의 후원을 받아 생명공학이 영국에 가져다줄 경제적 잠재성과 전략적 중요성에 관한 보고서를 발간했다.《게놈 밸리Genome Valley》라는 보고서의 제목은 많은 것을 연상하게 만들었다. 이 보고서는 IT 혁명에 이어 생명공학이 그 뒤를 이을 것이며, 기초 연구와 제약 분야에서 이미 갖추고 있는 저력으로 영국이 생명공학에서도 유리한 위치를 점하게 할 것이라고 주장했다. 그러나 연구개발과 벤처 자본은 모두 유동적인 입장이었다. 따라서 재정적 유인책으로 영국을 투자하기에 매력적인 곳으로 만들 필요가 있었다. 그러려면 대학과 기초 연구에 더 많은 공적 투자가 필요했으며, 흥미롭게도 이러한 요구는 '과학에 대한 대중의 신뢰를 높이는' 방향으로 옮아갔다. 신노동당의 자본 껴안기 방침에 따라 이 보고서 작업에 참여한 32명의 실무 그룹 중 25명이 제약사와 생명공학회사 사람들이었다. 나머지는 대부분 정부와 정부 연구기관 사람들이었다. 그러나 영국 바이오뱅크가 출현할 조짐이 처음 나타난 것은《게놈 밸리》보다 훨씬 전이었다. 이미 1995년에《미래예측 보고서Foresight Report》는 일반 질병의 유전학을 주요 투자 분야로 규정했다. 이 보고서는 질병에 대한 개인의 위험을 예측하는 초기 능력이 영국의 생명공학과 제약 산업을 최첨단에 서게 만들 것이라고 내다봤고, 예상되는 '강력한 고객의 요구'와 '고도의 수출 잠재력'을 개발하는 문제를 숙고했다.

바이오뱅크 구축

디코드가 DNA 바이오뱅크들 중에서 토끼라고 한다면, 영국 바이오뱅크는 의심의 여지없이 거북이일 것이다. 영국 바이오뱅크는 1998년에 처음 설립 사실이 알려진 이후 2010년에 데이터 수집이 완료되기까지 12년이 걸렸다. 그런데 토끼가 파산했음에도 느리지만 꾸준한 거북이의 전설적인 힘이 정말로 해낸 것일까? 연구 플랫폼은 구축되었지만, 과연 과학적으로 그리고 상업적으로 성공할 수 있을지는 의문으로 남아 있다, 많은 지도급 인사들이 예견한 것처럼 건강관리가 탈바꿈할 수 있을까?

디코드와 에스토니아 유전자 은행 프로젝트는 카리스마 넘치는 과학자 스테판손과 메츠팔루가 밀어붙여 진행되었다. 웰컴재단의 야심을 무시할 수 없다 할지라도 영국 바이오뱅크에는 그런 인물이 없었다. 그 대신 사업 제안은 협동조합 모델로 그물망처럼 연결된 위원회들을 통해 진행되었다. 이 모델에서는 모든 주요 이해 당사자들의 참여와 긴밀한 협조가 세계화의 원활한 성장을 보증하는 것으로 간주된다. 처음부터, 특히 민간 부문은 바이오뱅크 혼자로는—HGP가 할 수 있는 것 이상으로—발전할 수 없다는 것을 인식하고 있었다. 《미래예측 보고서》는 국가와 자선 재단들이 경쟁 이전 단계 연구에 자금을 지원하도록 독려했다. HGP와 마찬가지로, 영국의 바이오뱅크도 실질적 연구 수행이 아니라 연구 플랫폼 구축이 목적이었다. 민간 부문을 포함한 모든 이해 당사자가 과학기술적 '승자들'을 선별하는 일에 착수하는 동안 플랫폼 구축에 따르는 최초의 위기는 공공 부문이 떠맡아야 했다. 만약 이 프로젝트가 정말 '승자'가 된다 해도, 그 과실은 공유되어야 한다. 그런데 이미 HGP의 강력한 간섭론자인 웰컴재단의 개입이 가지는 중요성을 인정하더라도, 과학 기술에 관한 뚜렷한 정책이라고는 전무한 신노동당 정부가 집권한 영국이 그렇게 중요한 과학 프로젝트에 어떻게 적극적으로 관여할 수 있었을까?

《미래예측 보고서》 이후 위원회 그물망 내에서는 주요 인사들의 이름이 거듭 거론되었다. 데이비드 쿡제이 경Sir David Cooksey, 존 벨 경, 크리스토퍼 에반스 경Sir Christopher Evans이 그들이다. 날로 신자유주의로 치닫던 영국에서 이러한 인물들이 한쪽의 이해관계만 대표하는 경우는 드물다. '유전자감시Gene Watch' 소장이었던 헬렌 월리스Helen Wallace가 이들을 생명공학의 남작들이라고 부른 데에는 이유가 있었다(영국 바이오뱅크 이야기에서 두드러진 존재인 '유전자감시'는 영향력 있는 공익 연구 그룹으로, 론트리 개혁 재단이 자금을 제공하고 있다. 이 재단은 민주적 개혁, 시민의 자유와 사회 정의를 촉진하자는 정치적 캠페인에 자금을 대는, 영국에서 몇 안 되는 비자선 재단 중의 하나다).[10] 이 선구적 생명공학 남작들 중 기술자이자 기업가인 쿡제이는 1981년에 선구적 영국 벤처 자본 회사인 애드번트Advent를 설립했다. 애드번트는 디코드에 투자한 회사 중 유일하게 미국 기업이 아니었다. 쿡제이는 1995년에서 1999년까지 웰컴재단의 이사장을 맡기 전 24년 동안 국가감사위원회를 비롯하여 주요 정부, 학계, 경제계 위원회의 의장을 역임했는데, 공공 부문과 민간 부문 모두에서 주요한 인물이었고 현재도 그렇다. 쿡제이는 1995년에 새로운 영국벤처자본협회를 이끌었으며, 그 뒤 10년 동안 영국의 싱크로트론 연구 업체인 다이아몬드라이트소스Diamond Light Source의 사장을 역임했다. 이 회사의 대주주가 웰컴재단이었다. 쿡제이는 2005년 영국은행Bank of England 이사장에서 퇴임한 뒤, 2006년에 번역 연구를 강화하기 위해 영국 보건 연구 자금 지원을 평가하는 하원 재무위원회 의장을 맡기도 했다.

존 벨 경은 보건 연구 전략 조정실장이자 바이오뱅크UKBiobank UK(자선회사) 이사회 이사이면서 동시에 과학 위원회 위원장이다. 세 개의 생명공학 회사의 설립자인 그는 로슈와 그 계열사인 생명공학 회사 제넨테크의 임원이기도 하다. 임페리얼 대학교의 교수 크리스토퍼 에반스 경은 여러 생명공학 회사들을 설립했고, 현재 벤처 자본 기업인 메를린Merlin의 사장을 맡고 있으며, 1997년 총선 전후에 데이비드 세인즈버리처럼 토니 블레어와 긴밀히 협력했다. 이 3인의 생명공학 남작들은 영국 정부와 유럽의 자문위원회, 학계와 산업계의 연구소들, 국내외 과학과 산업 단체들, 그리고 정부 및 자선 기금의 주요 이사회를 쉬지 않고 넘나들고 있다.

영국 바이오뱅크가 거의 확실한 '승자'가 될 것이고 웰컴재단이 가공할 자금력을 풀 것이라는 데 이 세 남작이 의견 일치를 보았다는 것은 바이오뱅크 기획위원회가 이미 반쯤 열린 문을 밀고 있다는 것을 의미했다. 2001년에 영향력 있는 상원 과학기술특별위원회는 보건부(DoH)의 반대를 묵살하고 바이오뱅크를 지지했다. 당시 보건부는 NHS에서 생물 정보의 지역화를 선호했는데, 지역 수준에서 건강관리를 향상시키는 것에 목적이 있었기 때문이다. 그에 비해, 전국 차원의 생물 정보는 주로 연구에 목적을 두고 있었고, 특히 영국 바이오뱅크가 그러했다. 지역주의가 밀려나고, 2002년에 보건부는 웰컴재단과 MRC가 제공한 초기 자금 2500파운드에 더해서 2000파운드를 추가로 지원했다. 2003년에 역학연구자 존 뉴턴John Newton을 CEO로 임명한 것은 실패였다. 그는 처음부터 이 사업을 제대로 파악하지 못했다. 바이오뱅크에 대해 보고하기 위해 의회 과학위원회에 갔을 때, 그는 이 사업이 개인의 위험이 아니라 집단의 위험을 예측하려는 것이며, 약제적 돌파구뿐 아니라 환자에게 사회적·정서적 관리를 제공할 것이라고 주장했다. 뉴턴은 곧 옥스퍼드 대학교 동료 역학연구자 로리 콜린스에게 자리를 내주어야 했으며, 영국 바이오뱅크는 비로소 속도를 내기 시작했다.

영국 바이오뱅크 기획

《미래예측 보고서》에서 개괄한 뼈대에 살이 붙기 시작한 것은 MRC와 웰컴재단 사이에 협의가 진행되면서부터였다. 런던 위생대학원의 역학 교수 팀 미드Tim Meade가 의장을 맡은 합동위원회는 포스트의 전국 규모 프로젝트는 시기상조라는 결론을 이미 내렸고, 제안된 집단 크기를 100분의 1로 줄였다. 영국의 바이오뱅크 주창자들은 가장 큰 사망 원인을 — 일반 질병 — 설명하는 데 '천성'과 '양육'(또는 유전자와 '환경')의 기여도를 구분할 수 있는 영국 바이오뱅크 특유의 잠재력을 제기했다. 그들은 디코드보다 2배 이상 많은 50만 개의 표본이 적당하다고 생각했다. 이 수치는 통계유전학자를 비롯하여 여러 사람들로부터 신랄한 비판을 받았음에도 절대 바뀌지 않았다.

따라서 최초의 과학 프로토콜은 일반 개업의들이 진료 과정에서 모집한, 45세에서 69세까지 50만 명을 참여시키는 것이었다. 참여자들은 혈액과 소변 표본을 기증하고, 기본적인 생물 데이터의 일부를 기록하도록 허용하고, 자신들의 출생시 체중부터 지난 7일간 섭취한 음식물에 대한 기록에 이르기까지 건강 관련 설문지를 작성하게 된다. 프로토콜은 향후 오랜 기간에 걸쳐 진행되면서, 특정 질병을 연구하기에 충분한 사례들을 제공하는 데 필요한 코호트cohort의 크기를 명시했다. 방광암 사례 5000건을 모으는 데는 30년, 고관절 골절에는 15년, 알츠하이머 질환에는 13년, 당뇨병에는 4년이 걸릴 것으로 예상되었다. 50만 명에 이르는 중년과 노년층 참여자는 바이오뱅크 설립에 '훌륭한 집단'을 제공할 것으로 여겨졌다.

미드의 위원회는 대중의 신뢰를 얻고 유지하는 것이 아주 중요하다고 보았고, 따라서 독립적인 윤리·거버넌스위원회가 필요하다고 생각했다.

건강 정책 자문위원인 윌리엄 로런스William Laurance가 이 두 번째 기획 집단의 의장이 되었다. 생의학 데이터의 이차적 사용과 프라이버시 문제에 대한 로런스의 관심은 영국 바이오뱅크가 직면하고 있는 문제들과 직접 연관되는 것으로 보였다. ('이차적 사용'이란 환자의 치료를 위해 수집한 데이터를 연구를 위해 다시 사용하는 것을 뜻한다.) 보안에 대한 우려의 목소리가 높아졌지만 데이터 보안 전문가는 과학위원회와 관리위원회 어디에도 채용되지 않았다.

이 위원회는 대중 자문을 시작했고 시장 조사 업체에 의뢰해서 포커스 그룹 조사와 여론 조사를 실시했다. 미드와 그의 동료들도 대중과의 회합에서 발언했다. 바이오뱅크에 대한 대중의 신뢰를 확보하기 위한 이러한 시도는 1999년 HGC의 설립에서 도움을 얻었을 것이다. 미드의 위원회는 정기적으로 공개 회의를 개최하여 유전학이라는 빠른 속도로 변화하는 분야의 복잡한 윤리적·사회적 측면들에 대해 토론했다. 그러나 HGC가 관련 전문성을 갖춘 저명한 사회과학자들을 참여시켰지만, 영국 바이오뱅크는 그렇게 하지 않았다. 그 결과, 기획위원회도 시장 조사자들도 10년 전에 경제사회연구협의회Economic and Social Research Council가 수행했던 '대중의 과학 이해The Public Understanding of Science' 프로그램에 대해 알지 못했던 것 같다. 당시 이 프로그램에서 사회학자들이 수행한 사례 연구는 '대중 이해' 모형을 폐기하고 그 대신 '대중 참여' 모형으로 이행하게 되는 근거를 제공했다. 즉 과학자의 역할은 대중에게 과학을 설명하는 것이고, 대중은 오로지 그것을 듣고 배우는 식의 일방향 모형에서 대화라는 쌍방향 모형으로 이행한 것이다. 사회학자들의 사례 연구는 그들이 면담했던 일반인들보다 과학자들의 설명에 자동적으로 특권을 부여하지 않았다. 그들의 관심사는 일반인들이 특정한 과학 관련 쟁점, 예를 들어 컴브리아의 방사능이나 심장병에 대한 유전적 소인, 화학 공장 인근 거주의 위험성 등의 주제를 어떻게 이해하는가였다.[11] 이러한 접근방식은 사례 연구에서 다루었던 과학 관련 주제들에 대해 경험에서 얻은 지식이 뚜렷하게 기여한다는 것을 연구할 수 있게 해주었다. 반면, 일방향 모형에 사로잡혀 있던 시장 조사자들은 포커스 그룹 중 하나가 "유전자 연구에 도움이 되지 않는 부정적인 태도를 상당히 보였고 간혹 잘못된 정보와 가정에 근거한 견해를 가지고 있다"고 보고했다. 시장 조사자들은 자신들이 조사했던 사람들에게 발언권을 주지 않았고, 때때로 피조사자들이 말한 내용이 과학적으로 적합한지 충분히 판단할 수 있다고 생각했다.

초기에 대중들을 자문 과정에 끌어들이기는 했지만, 대중들의 견해는 때로 평가 절하되었을 뿐 아니라 다음과 같은 중요한 물음은 결코 공개적으로 제기되지 않았다. 과연 영국 바이오뱅크는 돈에 걸맞은 합당한 가치를 제공했는가? 영국의 다문화 시민들의 건강을 향상시킬 수 있을까? 그 기회비용과 위험은 무엇이었는가? 포커스 그룹 조사에서도 다음과 같은 물음이 제기되었다. 예를 들면, 일반 개업의들이 영국 바이오뱅크와 함께 일하느라 들인 시간 때문에 환자를 치료하는 시간이 줄어들지는 않을까? 완성된 바이오뱅크에 보험회사와 담배회사의 접근을 허용할 것인가? 이러한 구체적인 우려 사항들은 영국 바이오뱅크가 자선 업체로 '공익을 위해 활동하는 것'만이 허용되어야 한다는 점을 재확인했을 뿐이었다.

영국 바이오뱅크의 경영 구조는 세 조직을 중심으로 구축되었다. UK 바이오뱅크 이사회, 과학위원회(현재는 CEO에 대한 조정 그룹), 그리고 윤리·거버넌스위원회가 그것이다. 이 중에서 마지막 조직이 공익을 수호하는 역할을 담당하는 것으로 보인다. 이 글을 쓰고 있는 시점에서, 자금 지원자들과 MRC, 웰컴재단 대표들이 포함된 이사회의 의장은 NICE 전 의장이 맡고 있으며, 생의학 연구자 5명, 회계 감사 1명, 스코틀랜드와 잉글랜드 및 웨일즈 보건부에서 온 공무원 2명, 그리고 이전에 윤리·거버넌스위원회를 기획하는 데 참여했던 변호사 1명이 이사회에 포함되어 있다. 그러나 처음 기획위원회와 마찬가지로 사회과학자는 단 한 명도 없다. 조정 그룹은 오로지 생의학 연구자들로만 구성되어 있으며, 변호사가 위원장을 맡고 있는 윤리·거버넌스위원회에는 생명윤리학자 4명, 사회 과학자 2명, 환자협회 전 회장, 역학자 1명, 노인병 전문의 1명, 시민 참여에 관심 있는 퇴직 기술자 1명이 포함되어 있다. 이사회와 조정 그룹의 구성원은 일부 중복되지만, 윤리·거버넌스위원회의 구성원은 다른 어느 조직과도 중복되지 않는다. 신뢰 문제의 관점에서 조직 구조나 구성원을 개혁하려는 시도는 거의 또는 전혀 없었다. 예를 들어, 미국의 한 DNA 바이오뱅크가 설립한 공동체자문평의회Community Advice Council에 해당하는 조직도 없다. 이 평의회에서는 일반인들이 독립적인 포럼에서 여러 쟁점을 토론할 수 있다.

과학 프로토콜; 비판 관리하기

최초의 과학 프로토콜은 기획위원회가 선발한 익명의 국제 심사위원 12명에게 보내졌다. 심사위원들은 프로토콜의 세계적 경쟁력, 시의 적절성, 투자 대비 합당한 가치와 연구 설계 등에 대해 논평해줄 것을 요구받았다. 영국 바이오뱅크는 보고서를 보여 달라는 하원 과학기술특별위원회의 요구에 응하지 않다가 '유전자감시'가 정보 공개 청구를 하자 그제야 자료를 내놓았다. 바이오뱅크 제안자들이 직접 선정했기 때문에 심사위원들이 바이오뱅크 계획에 대해 적극적으로 지지할 가능성이 높았음에도 그들은 여러 측면에서 심각한 우려를 표명했다. 심사위원들은 계획의 시기가 적절하고 영국이 설립에 적합한 곳이라는 데 동의했다(그러나 두 명은 보다 포괄적인 건강 기록을 보유한 스칸디나비아 국가들이 더 나을 것이라고 제안했다). 투자 대비 가치에 대해서는 바이오 뱅크가 그렇게 싼 비용으로 설립될 수 있다는 데 아연해 했고, 어림짐작으로 추산할 수 있는 대략 1000파운드의 비용에 비해, 50만 개의 조직 표본과 생물사회적biosocial 데이터를 건당 100파운드 정도로 수집하고 관리 및 저장할 수 있다는 가정에 의문을 제기했다.

연구 계획 자체는 더 혹독한 비판을 받았다. 심사위원 두 명은 장래 연구의 전체 개념에 의문을 품었고, 가족 연구와 사례 대조 연구라는 전통적 접근 방법이 비용이 더 적게 들고 효과적이라고 주장했다. 세 명은 계획에서 제시된 45세에서 69세 연령 그룹에 대해 문제를 제기했고, 계획에 따를 경우 수많은 초기 발병 질병과 특히 폐경 이전 여성들을 빠뜨릴 수 있다고 주장했다(최종 프로토콜은 이 비판을 인정하고 표본 수집 연령을 40대로 낮추었다). 또한 표본 추출과 집단 규모에 대해 중요한 우려도 제기되었다. 프로토콜은 일반 개업의를 통해 접촉한 사람의 40~50퍼센트가 응답할 것이라고 예상했는데, 심사위원 한 명은 그것은 비현실적이며 25퍼센트가 좀더 가능성 있는 수준이라고 생각했다(곧 살펴보겠지만, 실제 응답률은 그보다 훨씬 낮게 나왔다). 게다가 일부 심사위원들은 모집 과정을 볼 때 자원자들이 집단 중 더 건강한 사람들에서 나올 가능성이 높고 인종적 소수자의 표본이 과소 대표될 수 있다고 생각했다. 무엇보다 50만 개의 크기가 충분한지에 대한 의문이 있었다. 한 심사위원이 지적했듯이 각 연령 코호트에서 성별로 나눌 때 표본 숫자는 겨우 5만 개로 통계적으로 유의미하기에 충분하지 않았다. 심사위원들은 이 프로젝트에 통계유전학자나 역학유전학자가 한 명도 포함되어 있지 않은 데 특히 우려했으며, 심지어 해당 분야에서 자문을 받아야 할 영국 학자들의 이름을 직접 제시하기까지 했다. 이 사업이 '천성'과 '양육'이라는 요인을 구분해내는 것으로 기술되었음에도 수집될 '환경적' 또는 표현형 데이터가 오염원 조기 노출과 같은 결정적 요인들을 놓칠 수 있다는 점도 지적되었다. 또한 과연 얼마나 많은 노령 인구들이 자신의 출생시 체중을 정확하게 기억해낼 수 있을까? 이러한 비판에 직면하자, 최고의 평가를 받은 계획들 중에서도 일부만이 자금을 제공받게 될 기간 안에, 아직 이 계획에 태도를 분명히 하지도 않은 검토 위원회가 후원에 동의할 것 같지 않아 보였다.

이와는 별개로, DNA 지문 기술의 창시자인 영국의 유전학자 앨릭 제프리스 경Sir Alec Jeffreys은 적절한 표본 수집과 관리 비용이 수십억 파운드에 이를 것이며, 낙관을 가장한 거짓 판단의 위험은 심각한 해를 입힐 수 있다고 주장했다. 심사위원들의 보고서 발표와 통계유전학자 데이비드 클레이튼David Clayton과 폴 맥케이그Paul McKeigue가 쓴 비판적 글[12]로 인해, 웰컴재단 이사장 마이클 덱스터Michael Dexter와 MRC의 CEO 조지 래다George Radda와 톰 미드Tom Meade는 모두 몹시 기분이 상했다.[13] '유전자감시'는 이러한 비판을 근거로 영국 바이오뱅크의 목표가 논란의 여지가 많고 과학적 능력도 의문스러우며, 자원자들을 유전자 정보의 오남용 가능성으로부터 보호할 법적 보장 조항이 부족하다는 주장을 하원 과학기술위원회에 제출했다. 하원의원인 생물학자 이언 깁슨이 위원장을 맡고 있는 이 위원회는 영국 바이오뱅크가 합당한 과학적 권한을 얻지 않은 상태에서 승인되었다고 주장함으로써, 이러한 비판을 수용하는 데 큰 역할을 했다. MRC는 가장 중요한 연구 계획에 자금을 지원하는 데 실패한 꼴이 되었기 때문에, 바이오뱅크에 대한 자금 제공은 생의학 연구에 혹독한 기회비용을 치르게 되었다. 2003년 영국 의학 학술지 《랜싯The Lancet》에 발표된 보고서에 따르면, 조사 대상이었던 생의학 연구자들 사이에서 "유일한 합의점은 이 계획에 대한 충분한 토의가 없었다"는 것이었다.[14] 깁슨은 짧은 하원 휴회 토론에서 이 문제를 제기했고, 의회는 충분한 토론을 약속하며 그를 달랬다. 그러나 끝내 그 토론은 이루어지지 않았다.

승리한 거북

검토자들의 의견에 부응하여 일부 수정을 하고 지금은 '자원자'라고 명칭을 바꾼 수천 명의 참여자들을 포함한 파일럿 연구를 한 다음, 모집이 본격적으로 시작된 것은 2007년이었다. 최초의 프로토콜에서는 40~50퍼센트의 응답률을 가정했지만, 파일럿 연구는 참여 권유를 받은 사람 중 10퍼센트만이 실제로 참여했다는 것을 보여주었다. 열에 아홉이 거절했다면 비정상적으로 높은 비율임에도, 기획 그룹 중 그 누구도 이를 문제 삼지 않았다. 거부 비율이 특히 두드러진 것은 대상자들이 일반 개업의들을 통해 권유받았기 때문인데, 이 방식은 일반적으로 무작위 전화 권유보다 더 높은 응답률을 달성해왔던 절차다. 거절한 사람들에 대해 연구를 했다면 계획했던 40~50퍼센트의 응답률을 달성하기 위해서 이 연구가 어떻게 수정되어야 하는지를 알 수 있었을 것이다. 단지 그들이 시간이 없었던 것이 실제 문제였을까? 거부한 사람들은 자신들의 건강에 관해 어떠한 피드백도 받지 못하는 것이 불만이었을까? 자신들의 데이터를 사용할 사람들에 대해 자신들이 어떠한 통제도 하지 못하게 되는 상황이 우려되었을까? 범죄 DNA 데이터뱅크의 남용을 둘러싸고 동시에 발생했던 추문들이 DNA 데이터뱅크에 대한 신뢰에 영향을 미쳤을까? 경찰이 계속 보관하기로 결정한 범죄 DNA 데이터뱅크에는 유죄로 판정난 사람들뿐 아니라 피해자들과 범죄 조사 동안 심문을 받은 사람들, 10세 미만의 아이들과 재판에서 무죄를 선고받은 사람들에게서까지 채취한 유전자 정보까지 포함되어 있었다. 인권 문제는 유럽 법정에 서게 되었고, 범죄 데이터뱅크는 위반을 시인했고, 영국 정부는 마지못해 개선을 결정했다. 다른 바이오뱅크 계획에서 수행한 거부자들에 대한 연구를 보면, 비응답자들은 응답자들에 비해 훨씬 가난하거나 어리거나 소수 인종 출신이거나(또는 이 모든 요건들이 중첩된 사람이거나) 아니면 이 연구에 담긴 선의의 의도를 불신하거나 사회적 이동성이 낮을 가능성이 매우 높다고 한다. 소극적 거부자든 적극적 거부자든, 공통점은 대부분 자원자보다 더 열악한 조건과 가난한 환경에서 살고 있을 가능성이 높다는 것이다.

낮은 응답률을 벌충하기 위해 영국 전역의 35개 모집 센터에서 각 센터 10마일 반경 안에 거주하는 해당 연령 집단의 남녀 500만 명에게 참여를 권유했다. 자원자들은 터치패드의 설문지를 작성했다. 흡연 및 음주 습관, 현재의 직업, 우편번호와 자동차 이용 여부(이것은 생활환경을 알아보기 위한 대리 질문이다)에 관한 정보를 제공하고, 더불어 신장, 체중, 엉덩이 둘레, 혈압, 폐활량과 악력 등의 기본적인 데이터를 기록했다. 또한 혈액 및 소변 표본도 제공했다. 로리 콜린스Rory Collins가 영국 바이오뱅크는 순수한 유전자 프로젝트라기보다는 역학 프로젝트라고 주장하면서 앨릭 제프리스를 반격할 수 있었던 것은 우편번호와 생활양식에 대한 데이터와 같은 환경 수치들 때문이었다. 이미 이전에 심사위원들이 그 계획서의 '환경'이라는 개념이 적절하지 않고 애매모호하다고 지적했음에도 말이다. 제프리스는 콜린스의 주장을 수용했음에도 설문지에서 수집한 사회적 정보는 상대적으로 '연성soft' 데이터이고, 생물지표들만이 '견고한hard' 데이터이며, 무엇보다도 한 사람의 평생 동안 안정된(돌연변이가 없다면) 유일한 척도는 DNA뿐이라는 주장을 여전히 굽히지 않았다. 따라서 충분히 대표되지 못한 '표본'의 문제에 더해서, 이 문제는 다시 한 번 설명을 유전학으로 밀어붙이고 있다.

정보의 수집은 예산 문제로 엄격히 제한되며 전체 과정은 90분을 넘지 않아야 한다. (파일럿 연구에서 100분이 걸렸으며, 이로 인해 비용이 상당히 증가했다.) 표본은 최장 20년까지 저장되고, 만약 자금이 허용된다면, 코호트에 포함된 2만 5000개 하위 집단의 건강과 병력이 2~3년마다 추적될 것이다. 이 연구 플랫폼을 이용하기 원하는 대학의 연구자들과 제약회사들은 영국 바이오뱅크에 제안서를 내고 조정 그룹과 윤리·거버넌스위원회 모두로부터 승인을 받아야 한다.

스파인

바이오뱅크가 제대로 작동하려면, 임상의들이 사용하고 환자들의 데이터를 기록하는 효율적인 전자 의무 기록 시스템에 대한 접근권을 반드시 가져야 한다. 그리고 그것은 사용하는 의사와 자신의 정보를 기록하는 환자들이 수용할 만한 시스템이어야 한다. 1990년대 말 정부의 지원으로 일반 개업의들은 최상의 진료를 도와줄 전자 의료 기록을 수립했다. 이 기록은 병원과 일반의들 모두 공유하도록 한 것이어서 주로 지역에 초점이 맞춰졌다. DNA 바이오뱅크들이 상원 과학기술특별위원회의 심의를 받고 있을 때, 이들은 SKB의 조지 포스트를 방문한 적이 있었다. 당시 그들은 지역화된 기록을 고도로 중앙 집중화된 IT 시스템으로 전환하기 위한 연구 사례를 듣고 설득됐다. 시스템 구축 비용에 대한 초기 예상은 약 60억 파운드였다. 지역주의에 대한 임상적 몰이해를 희생하는 대가로 바이오뱅크 연구를 위한 전적으로 새로운 가능성을 활짝 열어줄 것이라는 주장이었다. 2001년에 제정된 보건복지법Health and Social Care Act에서 제대로 주목되지 않았던 60조가 이러한 데이터 중앙 집중화를 위한 길을 열어주었다. 이 조항은 전자 기록에 편입된 환자들의 세부사항에 대해 추정된 동의의 원칙을 도입했다. 앞서 윤리·거버넌스위원회를 세우기 위해 보건 정책 전문가 로런스를 임명한 데서 이미 그 징후가 나타났듯이, 원래 환자의 치료를 위해 수집된 정보를 연구 목적으로 이차 사용하는 것은 중대한 윤리적 문제를 일으킨다.

임상의들의 절차 정지 신청이 있었음에도, 2002년에 영국 정부는 그 아이디어를 채택하여 NHS '스파인SPINE'이라고 명명된, 비군사용으로 세계 최대 규모인 공공 IT 프로젝트 구축을 승인했다. 기본적으로 스파인은 아이슬란드의 HSD와 같은 형태로 전 인구를 포괄했고, 최초의 HSD처럼 옵트아웃이 허용되지 않았다. 옵트아웃을 주장했던 한 환자가 의료 관리에 대한 접근을 공식적으로 거부당하면서(그녀의 가정의는 이 점을 무시했다) 격렬한 싸움 끝에, 아무런 불이익도 받지 않고 데이터베이스에 포함되지 않을 수 있었다. 그러나 스파인 구축은 예상보다 훨씬 어렵고 비용이 많이 들어가는 것으로 드러났다. 많은 IT 회사들이 계약과 해지를 반복했고, 12년 간 120억 파운드의 공공 자금이 투입되었지만 아직도 실현되지 못하고 있다. 임상 데이터의 원활한 흐름은 아직 병원에 도달하지 않았다.

보건 전문가들로부터 충분한 자문을 받지 않고 중앙 집중화 모델을 밀어붙였기 때문에, 스파인의 개념은 처음부터 심한 비판을 받았다. 게다가 정부와 정부의 IT 자문위원들은 고도의 기밀을 요하는 이 데이터들이 안전할 것이라고 주장했지만, 그 위원회에는 생의학 데이터 보안 전문가가 한 사람도 포함되어 있지 않았다. 아이슬란드 HSD를 혹평한 영국 의학협회 고문이자 케임브리지 대학교 컴퓨터 보안 전문가 로스 앤더슨 교수는 이 점을 맹렬히 비난했다. 현재 앤더슨은 전국적인 '빅옵트아웃Big Opt-Out' 운동을 지원하고 있다. 이 운동은 환자들에게 자신의 정보가 NHS의 중앙 집중 시스템에 업로드되기를 원하지 않는다는 것을 자신의 가정의들에게 알리도록 촉구했다. 아이슬란드에서처럼 많은 임상의들이 이러한 움직임에 기꺼이 참여했다. 그동안 신원 도용 문제가 많은 사람들 사이에서 근심거리가 되면서 프라이버시에 대한 불안은 한층 더 커졌다. 2006년에는 블레어의 의료 기록까지 해킹당했다. 잘 알려져 있듯이 정부 부처들의 컴퓨터 디스크, 비밀을 요하는 개인의 파일과 정보를 담고 있는 NHS 컴퓨터 디스크의 분실과 도난으로 사람들은 확신을 갖지 못했다. 빅옵트아웃 운동이 지적하듯이, NHS 직원 40만 명이 이 데이터에 접근할 수 있는 스마트카드를 갖고 있어서, 심각한 카드 분실 위험성이나 돈을 받고 데이터를 유출할 가능성이 존재한다.

시민적 자유를 옹호하는 사람들은 카드 구매를 할 때마다 더 많은 데이터를 동의 없이 기업들에게 제공하는 문화에서의 프라이버시 유출을 우려한 반면, 많은 사람들은 디지털 사회가 이미 개인의 프라이버시를 크게 훼손했다고 생각하고는 포기해버렸다. 이와는 전혀 별개로, 학계의 저명한 IT 전문가들은 스파인의 기술적 실행 가능성에 의문을 품었다. 1997년 노동당 정부는 쿡제이, 에반스, 그리고 그밖의 사람들의 주장에 따라 미래 영국의 번영이 대규모의 공공 자금 투입으로 최첨단 기술, 특히 IT와 생명공학을 육성하는 데 달려 있다고 확신했다. 브라운도 최소한 블레어만큼 열광적이었다. 그런데 거창한 IT 프로젝트들이 줄줄이 비용과 시간을 초과하거나 기술적으로 실행 불가능하다는 것이 판명되면서(여권 전산화의 대실패는 숱한 실패 사례 중 하나에 불과하다) 스파인의 실현 가능성은 멀어져갔고, 2010년 새로 구성된 연립 정부에 의해 결국 중지되었다가 요약관리기록 Summary Care Record이라는 새로운 형태로 부활되었을 뿐이다.

헬렌 윌리스가 꼼꼼히 기록한 영국 바이오뱅크에 대한 자료에서 알 수 있듯이, 일부 지지자들은 50만 인구 표본이 페어스와 포스트의 5900만 전체 표본으로 가기 위한 예행연습으로 간주했다. 이러한 예측과 일치해서, 2011년 12월 초에 데이비드 캐머런 총리는 NHS 기록을 공개해서 사기업들이 이용할 수 있게 하겠다고 발표했다. 그의 주장에 따르면 유전체학 연구와 약품 개발을 위해 비할 데 없는 자료가 되리라는 것이었다. 옵트아웃은 허용되지 않지만, 데이터는 익명으로 처리될 것이다. 그러나 이러한 조치는 여전히 법적 저항 가능성을 남겼다. 환자 단체들이 신속하게 지적했듯이, 만약 우편번호와 출생일, 인구통계학적 세부사항들이 모두 이용된다면 익명이라고 해도 결코 안전하지 않기 때문이다. 처방전만으로도 강력한 단서가 될 수 있다. 레트로바이러스는 에이즈를 암시하고, 향정신약은 정신질환이 있음을 알려준다. 많은 사람들은 이러한 문제들이 프라이버시로 지켜지기를 원할 것이다. 사기업들이 데이터를 채굴하는 특혜에 대해 대가를 지불해야 할지에 대해서는 알려진 것이 없었다. 그렇지만 정부가 사용한 수사는 HSD에 대한 스테판손의 견해와 아주 비슷했다. 자신들의 정보를 자발적으로 제공하는 것은 '국익을 위해' 그리고 연립정부의 '관리 아래 안전한' NHS의 지속적 존립에 보은해야 하는 환자들의 '공동의무'라는 것이다.

공공 부문 연구에 대한 추가 유인책으로 번역 생명공학 연구 개발을 부양하기 위한 1억 8600만 파운드 투자가 제시되었다. 《가디언》의 정치 분석가를 지낸 앨리그라 스트래튼Allegra Stratton에 따르면, 2011년 초에 경고 신호가 나타나면서 정부의 이러한 움직임이 취해졌다고 한다. 당시 파이저, GSK, 노바티스를 비롯한 거대 제약회사들은 주요 연구 시설(호쉠에서 노바티스사의 소재지는 재무장관 조지 오스본의 선거구다)을 폐쇄한다고 발표했고, 그에 따라 수많은 과학기술 전문직 일자리도 사라졌다(좀 더 자세한 내용은 다음 장들에서 다룰 예정이다).[15] 캐머런의 자문위원들은 유전학 관련 세미나를 열었고, 경영 상담사 맥킨지, 생명공학 남작 존 벨, 웰컴재단의 CEO 마크 월포트가 연설했다. 생명공학 분야는 영국 경제 성장에 세 번째로 기여하는 산업으로, 4000개의 회사에 16만 명이 고용되어 있고, 결합 매출액이 총 500억 파운드에 달한다. 거대 제약회사들은 일차적으로 자신들의 주주들에게 책무가 있었다. 따라서 어떤 연구 분야가 성공하기 어렵다는 판단이 내려지면 회사는 그 연구를 종결한다. 지난 세기에 쇠퇴하는 대규모 기술 과학 프로젝트를 종결한 영국 정부의 기록은 지극히 형편없다. 과연 1억 8600만 파운드가 거듭된 실패 뒤에 좋은 결과를 가져올 수 있을까? 다시 말해, 지난 15년간의 경험에 비추어 볼 때, 전국적인 전자 의료 기록을 지원 받는 영국 바이오뱅크가 건강이나 부에서 어떤 식으로든 이익을 발생시킬 것이라고 기대할 수 있을까?

훌륭한 집단

인구 집단 기반 DNA 바이오뱅크들이 구축되는 기간 내내, 바이오뱅크의 관리 및 과학과 윤리 문제에 대부분 관심을 기울였다. 설령 최선의 환경이라도 과연 바이오뱅크들이, 지지자들이 그렇게 강하게 주장해온, 건강

관리 혜택을 줄 수 있을지에 대해서는 거의 논의되지 않았다. 오히려 유전자에 대한 지식이 늘어남에 따라 데이터가 쌓이면 이러한 혜택이 명백해질 것이라는 생각이 당연시되었다. 유전자가 식별될 것이고, 바이오뱅크와 제약 산업 사이의 공사公私 동반자 관계가 개인 맞춤형 의료 발전을 가능하게 한다는 것이다. 그러나 이런 믿음에 대해 계속 이구동성으로 비판적인 목소리가 있어왔다. 비판의 출처는 공중 보건을 과도하게 유전자 지향적으로 접근하려는 경향에 회의적인 진영이 아니라 유전학계 자체였다. 처음에는, 통상 질환이나 복합 질환과 관련된 유전자를 식별할 수 있게 해줄 '훌륭한 집단'을 구성하는 것이 무엇인지에 대한 우려였다. 디코드가 설립된 1990년대에 스테판손은 아이슬란드인 집단이 유전적으로 동질적이어서 제시된 연구에 이상적이라고 주장했다. 이 주장이 타당하든 아니든—5장에서 지적했듯이, 이 주장은 격렬하게 반박되었다—더 폭넓은 의문은 그러한 동질성이 실제로 유전자 연구를 위한 '훌륭한 집단'의 요건인지 여부다. 그것은 단지 발견된 결과가 더 다양한 집단이 아니라 특정 집단에 적용될 것이라는 의미가 아닐까? 이것은 카발리-스포르차의 HGDP에 대해 제기되었던 방법론적 비판(윤리적 비판과 구별되는)이었고, 이 비판으로 1장에서 살펴본 국제 햅맵 프로젝트를 위해 여러 민족이 뒤섞인 도시의 인구집단이 선택되었다. 집단의 이종성heterogeneity이 갖는 장점은 영국의 전체 인구를 포괄하는 바이오뱅크 프로젝트를 위해 피어스와 포스트가 제기한 주된 논변 중 하나였다. 그러나 최종적으로 50만 개의 표본으로 결정되면서 그들의 주장은 받아들여지지 않았다.

그렇다면 이런 연구의 규모가 얼마나 커야 할지, 전 국민을 포괄하지 못한다면 참여자를 어떻게 모집해야 하는지를 어떤 근거로 결정할 수 있을까? 한 가지 분명한 기준은 유전자 분석이 가능하려면, 관심 대상이 되는 질병이나 조건을 가진 사람들을 수적으로 충분히 포함할 만큼 표본이 커야 한다는 것이다. 두 번째 기준은 표본의 크기가 모집단을 대표해야 한다는 것이다. 영국 바이오뱅크 기획자와 심사위원이 모두 인정했듯이, 이 기준을 만족시키기란 쉬운 일이 아니다. 다양한 생물 지리적 조상을 가진 작은 규모의 수많은 소수 민족이 포함된 인구집단에서, 표본이 그들을 충분히 대표한다고 보장할 수 있을까? 현재까지 이루어진 모든 바이오뱅크 연구 참가자 중 96퍼센트는 유럽인 혈통인데, 일부 사람들은 이 두 가지 기준 모두 대부분의 세계 인구 집단에서 유전자 정의를 박탈하고, 또한 비유럽 인구집단에 존재할 수 있는, 특정 질병의 위험을 증가시키거나 감소시키는 희귀 유전자 변이를 규명할 기회를 잃게 만든다고 주장하면서 카발리-스포르차의 HGDP에 대한 비판을 완전히 뒤집었다.[16]

질병 유형은 계층 간에 차이가 있으며 — 제2차 세계대전이 끝나기 전 수개월 동안 기아에 허덕였던 로테르담 인구집단의 건강에 대한 획기적인 역학 연구가 이루어지면서 — 여성이 아기를 가졌을 때 영양 상태가 좋지 않으면 아기의 건강에 심각한 영향을 줄 수 있다는 사실이 알려졌다. 이환률과 사망률의 지역적 양상은 영국 전역에서 다르게 나타나며(런던 켄싱턴 지역 남성은 글래스고의 일부 남성보다 기대 수명이 14년이 더 길다), 유전자 빈도도 마찬가지다. 심지어 웨일즈 북부와 남부 거주 주민들 사이에서도 차이가 난다. 영국 바이오뱅크 계획의 초기 심사위원들이 통계 및 역학 유전학자가 포함될 필요성을 강조하면서 지적했듯이, 영국 바이오뱅크에 참여하도록 권유받은 사람 중 90퍼센트가 응하지 않았다는 사실은 그 계획이 피어스와 포스트가 처음 예상했던 의미에서 훌륭한 집단을 제공할 수 없다는 것을 분명히 해주었다.

DNA 바이오뱅크는 가족력으로 나타날 수 있지만 단일 유전자가 결정적으로 관여하지 않는 것처럼 보이는 통상 질병들의 병인학에서 유전자가 원인이 되는 역할을 한다는 단순화된 가정에서 출발한다. 이러한 복잡성의 비임상적 — 예를 들면 특정 환경에서 키는 유전적 경향이 강하지만 단일한 '키'의 유전자는 없다* — 유전체의 서로 다른 영역에서, 성인 남성의 키에 작은 영향을 미치는 유전자 변이를 표시하는, 서로 다른 SNPs의 숫자는 90개 이상이다. 일반 질병의 경우, 이러한 변이를 찾기 위해 표본을 수집해야 하는 집단의 크기는 두 가지 요인에 달려 있다. 그 질병이 얼마나 자주 그 집단에서 발생하는가, 그리고 얼마나 많은 유전자가 그 원인으로 관여할 수 있는가다. 국제 자폐증 컨소시엄처럼 특정 질병을 연구하기 위해 만들어진 전문가 바이오뱅크의 경우, 첫 번째 문제는 그 질병을 가진 것으로 진단받은 사람들에게 표본을 수집한 후 짝지은 대조군(환자-대조군)에서 얻은 표본과 비교함으로써 해결된다.[17] 그러나 향후 가능성이 있는 집단 기반 DNA 바이오뱅크들은 해당 질병으로 진단받은 사람들을 전체 코호트에서 추출한 다음, 대조군과 짝을 지어 비교해야 한다('코호트 내 환자 대조군 연구nested case-control'라 불리는 방법). 집단 바이오뱅크들은 관상동맥 심장질환(CHD)과 같은 통상 질환에서 중요한 유전자 수가 5개를 넘지 않을 정도로 작을 것이라는 데 도박을 걸었다. 이러한 근거 위에서, 그리고 인구집단에서 이미 알려진 관상동맥 심장질환의 발병률을 토대로, 수십만에 달하는 바이오뱅크 안에서 서로 다른 유전자를 얻어낼 수 있는 감염된 연구 대상을 충분히 발견할 수 있을지 모른다는 것이다. 경제적이나 정치적 근거가 아닌 유전적 근거라면 영국 바이오뱅크의 50만 개 표본을 위해 찾을 수 있을 것으로 여겨졌다.

* 영국과 일본 같은 나라들에서 지난 세기 동안 평균 신장이 꾸준히 높아졌다는 사실은 유전이 운명을 뜻하지 않는다는 것을 보여준다. 환경을 바꾸면 유전 가능성도 바뀐다.

그러나 2장에서 살펴보았듯이, 그리고 HGP 이후 10년간 유전자 염기서열분석자들이 확실히 깨닫게 해주었듯이, 유전 가능성이 단순하지 않은 이유에는 여러 가지 근거가 있다. DNA 바이오뱅크들의 근본 가정은, '환경' 측정이 연성 데이터를 만들어내는 반면 DNA 프로파일과 SNPs는 견고한 데이터를 주기 때문에 유전체가 무엇보다 중요하다는 생각이다. 유전체의 판독에 후성 유전의 과정이 중첩되고, 상위성(유전자와 유전자 사이의 상호작용)이 나타나지만, 이런 과정에 대한 이해는 빈약하다. 유전 효과를 모형화하는 사람들이 입에 발린 소리로 '환경'을 언급하기는 하지만, 그들의 공식은 유전자와 환경 사이의 영향은 거의 전적으로 부가적인 것이어서 적절한 통계적 방법으로 분리해낼 수 있다는 명백히 잘못된 뿌리 깊은 가정을 기반으로 하고 있다.

낙관론자들은 이러한 의구심을 공연한 트집 잡기, HGP 출범을 훼방하기 위한 습관적인 회의론쯤으로 묵살했을 수도 있다. 지난 5년간, 바이오뱅크들이 가능하게 만든 전장유전체연관분석(GWAS) 결과가 과학 문헌에 보고되기 시작했다. 2011년까지 1000여 건의 연구가 보고되었다. 정신분열증, 관절염, 허혈성 심장질환의 경우, 해당 주요 학술지에 연구 논문들이 높은 우선순위로 게재될 만큼 환영받았으며, 언론 보도자료는 문제의 질병에 '관여하는' 유전자 또는 유전자들이 발견되었다고 선언했다. 그러나 애석하게도 바이오뱅크 관계자들의 희망과는 달리, 그들의 발견은 세 개나 네 개, 또는 다섯 개의 주요 유전자가 아니라 수십 개, 심지어 수백 개의 유전자가 관여한다는 것이었다. 100명이 넘는 저자들의 공동 연구는 혈중 지질 수준과 연관된 95개의 유전자 자리가 발견되었고,[18] 관상동맥 심장질환에는 수백 개의 유전자,[19] 정신질환에는 약 100개 정도가 관련될 수 있다고 보고했다.[20] 각각의 유전자가 해당 질병에 걸리는 데 관여하는 정도는 1퍼센트의 수분의 1에 불과할 것이다. 모두 165개 정도의 통상 질환과 관련된 유전자 자리가 1200개 이상 밝혀졌다. 이처럼 많은 유전자가 연관되고, 이들 유전자와 관여하는 복잡한 생화학 경로로 인해 개별화된 의료의—특정 유전체 프로파일에 대한 맞춤 의약품의—약제유전체학 가능성은 멀어졌다.

바이오뱅크의 몇 안 되는 성공 사례 중 하나는 일부 사람들이 특정 의약품에 부작용을 나타내는 이유를 해명하고, 처방을 내리기 전에 이를 확인할 수 있도록 도와준 것이다.[21] 극히 일부 사례에서 DNA 검사는 처방을 내리는 데 긍정적 지표를 제시할 것이다. C형 간염 환자들 중 절반가량은 유전자 IL28B와 비슷한 SNP를 갖고 있는데, 이것은 1년간의 복합 의약 요법을 받아야 치료될 수 있다는 것을 의미한다. 그러나 이 요법은 너무 힘들어서 모든 환자들이 이 치료를 받을 수 있는 것은 아니다.

그러나 바이오뱅크 열광주의자들의 반응은 현재 진행 중인 여러 나라의 시도를 연결해서 바이오뱅크의 집단 규모를 키우자는 주장이었다. 가령, 2012년에 가동될 예정인, EU의 자금을 지원받는 바이오뱅킹 및 바이오분자 자원 연구기반Biobanking and Biomolecular Resources Research Infrastructure(BBMRI)을 통해 자원을 제공받는 범유럽 바이오뱅크를 만들자는 것이다. 그러나 집단 DNA 바이오뱅크에 대해 가장 예리한 비판을 제기하는 유전학자 중 한 사람인 데이비드 골드스테인Davimd Goldstein은, 유전자 식별로 출간 가능한 과학적 데이터는 계속 만들어지겠지만, 그 영향이 점점 더 작아지는 유전자를 아무리 많이 찾아낸들 그 연관성의 상당 부분은 거짓임이 밝혀질 수 있고 건강에 별다른 기여를 할 수 없을 것이며, 심지어 제약 산업을 위한 잠재적 표적도 제공하기 어려울 것이라고 지적했다.[22] 더욱이 식별된 위험 요인들이, 이 요인들이 부가적이라는 미심쩍은 가정과 연결될 경우, 관찰된 모든 유전 가능성을 설명하지 못한다. 얼마간 절망에 빠진 유전학자들은 질병과 인과적으로 연관되는 유전자가 아니라, 현재의 방법으로는 찾을 수 없는 그밖의 알려지지 않은 요인들, 즉 유전체 안에 있는 '설명되지 않는 유전 가능성hidden heritability'과 '블랙홀'에 대해 언급하기 시작했다.[23] 그러나 에릭 랜더와 그의 동료들은 이것은 설명되지 않는 유전 가능성의 사례가 아니라 유전 가능성이라고 착각한 것일 수 있다고 지적했다. 다시 말해서, 유전 가능성처럼 보이지만 실제로는 유전자들 사이의 상호작용과 발생 과정의 유전자 경로에 의한 결과, 즉 상위성epistasis이라는 것이다. 위험 관련 유전자 자리 71개가 밝혀진 크론병을 모형화해서 그 유전 가능성의 21퍼센트만 설명함으로써, 그들은 단 3개의 생화학 경로 간의 상호작용이 그 질병을 설명할 수는 있다는 것을 보여주었다. 그러나 그것을 식별하려면 대략 50만 사례의 표본 크기가 필요하다. 이것은 영국 바이오뱅크의 가정과는 크게 다르다.[24]

웰컴재단, MRC, 그리고 보건부가 공동으로 발표한 언론 보도에 따르면, 2003년 4월에 당시 영국 바이오뱅크의 CEO였던 존 뉴턴은 의회와 과학위원회에서 영국 바이오뱅크가 '인구 집단의 질병 위험을 예측할 수 있게' 해주고, '질병의 유의미한 하위집단들을 밝혀내서 의약품뿐 아니라 사회적 및 정서적 치료를 비롯한 모든 종류의 치료 효과와 특성을 개선할' 것이며, '발병 전에 원인이 될 수 있는 단백질이나 생화학 물질의 존재 여부를 밝혀줄' 것이라고 발언했다. 뉴턴은 콜레스테롤이 높은 사람들(프래밍엄 연구는 오직 남자들만 대상으로 한 것인데 뉴턴은 이를 완곡하게 표현했다)이 심장병에 걸릴 가능성이 많다는 것을 입증한 미국의 프래밍엄 연구를 거론하면서 결국 이 연구로 인해 스타틴과 같은 콜레스테롤 저하제가 개발되었다고 했다. "만약 영국 바이오뱅크가 이 정도로 중요한 결과를 단 하나라도 내놓는다면, 공중 보건에서 가치 있는 일이 될 것이다."

500명 중 1명꼴로 나타나는 유전적 돌연변이로 발병하는 가족성 고콜레스테롤혈증(FH)을 예로 든 뉴턴의 선택은 비록 자신의 주장을 뒷받침해주는 예가 아니었다 할지라도 유익한 결과를 냈다. 유전되는 질병으로 오래전부터 알려져 있고, 심근경색으로 이른 나이에 죽음을 맞이한 가족력만이 표지가 되었던 이 질환은 오랜 세월 효과적인 치료 방법이 전혀 없었으며, 종종 의사들은 환자들에게 의심 징후가 무엇인지도 말해주지 못했다. 약물 치료가 가능해지면서, 의심 징후는 급격히 상승된 콜레스테롤 수치를 보여주는 혈액 검사로 확인할 수 있었다. 현재 FH는 생활양식에 대한 조치와 함께 두 가지 약품, 스타틴과 에제티미브로 상당히 성공적으로 치료되고 있다.

이와 같은 과학적 돌파구를 만든 것은 대조군과 FH 동종접합 환자들의 간세포 조직 배양을 비교한, 마이클 브라운Michael Brown과 조지프 골드스테인Joseph Goldstein의 연구였다. 약물 치료를 위한 표적을 제공함으로써, 이 연구는 효과적인 치료의 문을 열었고 두 사람에게 1985년에 노벨상을 안겨주었다. 브라운과 골드스테인은 유전질환을 연구하고 있었지만, 그 메커니즘에 대한 설명은 유전학이 아니라 생화학에서 나왔다. 그 이후 연구자들은 이런 단일 유전자 질병에 관여하는 약 700개의 돌연변이를 발견했다. 이 발견은 지금까지 매우 흥미로운 과학을 낳았지만, 스타틴보다 더 효과적인 새로운 블록버스터 약품을 만들어내지는 못했다. 따라서 임상의들에게 DNA 정보의 유무는 큰 차이가 없다. 비용만 증가시킬 뿐 치료를 향상시키지는 못하기 때문이다.

뉴턴이 영국 바이오뱅크의 전망을 발표한 지 8년 뒤, 랜더와 그의 동료들은 이런 유전자 연구가 개별화된 위험을 예측하고 맞춤형 의료를 제공하게 할 것이라는 믿음은 더 이상 옹호될 수 없다고 결론지었다.

> 인간 집단에서 하나의 변이가 표현형의 변이를 설명하는 비율은 형편없이 낮아서 생물학과 의학에서 유전자의 중요성을 예견하기가 힘들다. 그 전형적인 예가 HMGCoA 환원 효소에 관여하는 유전자 암호인데, 콜레스테롤 수치에서 나타나는 변이의 극히 일부만을 설명하지만 콜레스테롤 저하제(스타틴)의 강력한 표적이 되고 있다. 결국 생의학 연구의 가장 중요한 목표는 유전 가능성을 설명하는 것이 아니라—즉 개별화된 환자 위험을 예측하는 것이 아니라—질병 저변에 있는 경로를 이해하고 그 지식을 이용하여 치료와 예방을 위한 전략을 개발하는 것이다.[25]

유전학자 제임스 에반스, 보건심리학자 테리사 마토Theresa Marteau, 그들의 동료가 《사이언스》에 게재한 비판적인 글에서 위험에 대한 과학적 평가와 임상적 활용을 위한 그 번역 사이의 어지러운 관계를 지적하면서 "이제 유전체에 낀 거품을 뺄 때가 되었다"라고 결론지은 것은 더 이상 놀라운 일이 아니다.[26]

물리학의 역사에서, 점점 더 받아들이기 어려운 특수 요인들로 보강하면서 더 이상 작동하지 않는 이론을 구해내려는 시도들이 정기적으로 있어왔다는 토머스 쿤의 설명을 상기하면, DNA 바이오뱅크를 지탱하는 유전자 패러다임이 실패했다는 결론을 좀더 쉽게 내릴 수 있을지도 모른다.

7

재생의학의 성장통

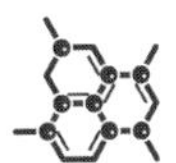

2009년에 새로 선출된 오바마 대통령이 처음 한 일 중 하나는 기존의 세포주가 아닌 인간배아줄기세포(hESC) 연구에 연방 기금이 사용되어서는 안 된다는 전임자의 2001년 결정을 뒤집은 것이었다. 오바마 취임 후 사흘도 지나지 않아서, 미국은 이 세포를 이용한 세계 최초의 임상시험을 승인했다. 그것은 돌리가 복제된 스코틀랜드 로슬린 연구소의 소유주인 캘리포니아 생명공학 회사 제론Geron이 개발한 척수 손상 치료를 위한 실험이었다.[1] 제론의 주가는 금세 두 배로 뛰었고, 런던의《가디언》지는 기쁨에 찬 사설로 오바마 대통령의 결정을 환영했다.

줄기세포 연구의 잠재성은 그 규모가 엄청나다. 신체가 스스로를 재생할 수 있으면 무엇이든 될 수 있는 이 세포들의 능력은 대단해서, 다음 세대는 살아가는 동안 시각 장애인이 앞을 볼 수 있고, 신체 장애인이 걸을 수 있고, 청각 장애인이 들을 수 있게 될 것이다. 줄기세포는 낭포성섬유증을 치료할 수 있고 근육위축증의 진행을 억제할 수 있을 것이다. 그러나 줄기세포는 의학 연구에서 가장 풀기 어려운 문제 중 하나도 제기하고 있다. 국민 건강에 커다란 도움을 줄 수 있는 무언가가 국가 경제에 보탬이 되지 않는다는 이유로 간과되지 않게 하는 것이 그것이다. … [이것이] 미국을 다시 경주에 나서게 만들었고 … 위기를 견뎌내면서, 과학자들은 투자가 밀려들기를 기대하고 있다. 만약 이것이 시행된다면, 기초 연구와 치료 과정 사이의 차이가 크다 할지라도 조작된 세포의 특허 전망이 그 후원자들을 부유하게 만들어줄 것이다.[2]

이 사설은 복제된 인간 배아에서 얻은 줄기세포가 "암, 파킨슨병, 당뇨병, 골다공증, 척수 손상, 알츠하이머병, 백혈병, 다발성경화증의 치료법을 발견해서 수십만 명의 삶을 완전히 바꾸어 놓을 성배聖杯임이 입증될 것"이라는 9년 전 당시 보건부 장관 예베트 쿠퍼Yvette Cooper의 주장을 되풀이하고 있다.[3] 이런 식의 과장은 1980년대 이후 기대주 중 하나로 급부상한 줄기세포 무용담의 특징으로, 요란하게 나타났다가 얼마 후 철회된 의학적 주장들, 뻔한 사기, 비윤리적 연구, 검증되지 않은 치료법, 줄기세포 의료 관광과 규제제도 등 확실한 것에서 존재하지도 않았던 것까지 다양하다. 부시 정부의 금지 조치와 대조적으로, 유럽 국가 대부분은 〈워녹 보고서Warnock Report〉의 견지를 채택했다. 그 보고서는 배아에 살아 있는 아이와 똑같은 도덕적 지위가 있지는 않지만, 잠재적 생명으로 특별한 도덕적 배려가 필요하며 따라서 반드시 규제되어야 한다는 것이다.

계속해서 《가디언》 논설위원은 손상된 조직을 재생하기 위해 배아줄기세포가 아닌 환자 자신의 성체줄기세포(자가 세포)를 사용하는 대안적 방법은 '개인의 줄기세포를 특허 받는 것이 (정당하게) 불가능하기 때문에' 부를 창출할 수 있을 것 같지 않다고 주장했다. 1장에서 살펴보았듯이, 적어도 미국에서는 '하늘 아래 인간이 만든 모든 것'은 특허를 받을 수 있다는 1980년 다이아몬드 대 차크라바티 소송의 판결을 이 논설위원은 잊은 것이 분명하다. 이 판결은 게임의 판을 바꾸는 결정이었다. 2005년에 FDA는 자가 줄기세포를 의약품으로 분류했으며, 위스콘신 동문연구재단Wisconsin Alumni Research Foundation에 미국 내에서는 인간배아줄기세포를 만들거나 사용 또는 판매 및 수입할 수 있는 배타적 권리를 부여한 포괄적 줄기세포 특허가 주어졌다. 이 특허는 2015년까지 유효했다. 특허권이 미국에만 적용된다 해도, 다른 나라에서 개발한 줄기세포가 미국 내에서 사용되면 위스콘신 특허에 저촉될 것이다.

1998년 EU 지침은 '산업적 또는 상업적 목적으로 인간 배아를 이용하는 행위'를 금했고, 비도덕적이거나 비윤리적이라고 간주되는 발명에 대한 특허 부여를 금지했다. 이 절충안은 연구 진행은 허용하되 상품화는 제한하는 것이었다. 같은 해에 독일 특허청은 줄기세포를 신경세포의 전구세포precursor(특정 세포로 분화 및 성숙하기 이전 단계의 세포 — 옮긴이)로 바꾸는 기술로 신경과학자이자 줄기세포 연구자인 올리버 브루스틀Oliver Brustle에게 특허권을 부여했다. 이에 그린피스는 이의를 제기했고, 10여 년의 법적 소송과 항소가 이어진 후, 2011년 10월에 유럽사법재판소는 인간배아줄기세포의 파괴를 수반하는 어떤 생산 공정과 제품도 특허를 받을 수 없다고 판결했다. 그러자 유럽 줄기세포 학계는 혼란에 빠졌다. 케임브리지 대학교의 웰컴 줄기세포연구센터의 오스틴 스미스Austin Smith가 이끄는 12명의 저명한 유럽 줄기세포 연구자 그룹은 연구가 임상적 이용으로 진입하려면 생명공학 산업의 개입이 필요하며, 생명공학 기업은 특허의 보호가 필요하다는 근거로 이러한 권고에 '깊은 우려'를 표명했다.[4] 이중 세 명은 경제적 이익을 위해 계속 싸울 것이라고 선언했고, 다른 줄기세포 연구자들은 금지는 연구가 아니라 특허에 국한되기 때문에 특허보다는 기업 비밀을 기반으로 하는 기업들과 연구를 계속할 수 있을 것이라고 주장했다. 기업은 물론이고 대학들까지 명성 있는 연구자들을 더 높은 보수와 매력적인 조건으로 유인하는 현상이 일상화되고, 그들이 가진 지식이 함께 대학으로 가는 현실을 감안한다면, 그들의 주장은 비현실적으로 들린다.

인간배아줄기세포가 상처나 질병으로 인한 손상을 치료하는 데 사용될 수 있다는 가능성이 알려진 이후 30년 이상 격렬한 윤리적·종교적 논쟁이 벌어졌다. 가톨릭 신자든 근본주의 복음주의자든 모든 낙태 반대론자들은 배아가 살아 있는 아이와 동등한 도덕적 지위를 가진다고 주장한다. 따라서 낙태나 연구 과정에서 배아를 죽이는 행위는 살인을 저지르는 것이다. 종교인이 아닌 많은 페미니스트도 이런 연구에 반대했지만 그 이유는 전혀 달랐다. 그들은 배아의 도덕적 지위가 아니라 여성의 재생산 자유를 우려한다. 국제 페미니스트 연대인 '우리 난소를 가만두어라Hand Off Our Ovaries'에게 중요한 문제는 배아가 오로지 여성의 신체에서만 나올 수 있으며, 연구 재료를 얻기 위해 여성의 몸이 채굴되고 있다는 점이다. 체외수정의 선구자인 발생학자 로버트 에드워즈Robert Edwards와 산부인과 전문의인 패트릭 스텝토Patrick Steptoe—따라서 후자는 여성 배아의 게이트키퍼인—동맹은 인간배아줄기세포 팀들에서 그대로 모사된다. 여기에서 윤리적 문제는 환자로서 여성을 치료하는 것과 여성이 잠재적 난자 제공자가 되는 것 사이에 방화벽이 충분히 마련되어 있는가이다. 아이를 갈망하는 여성이 자신의 산부인과 전문의에게 신세를 갚아야 한다는 생각을 하지 않을까? 이 여성이 제공한 정보에 기반한 동의는 뉘른베르크 협약의 핵심인 '자발성'에 기초한 것일까?

몇 년간 종교계, 환경운동가, 페미니스트, 그리고 비종교계 반대론자 사이의 효과적인 연대와 저명한 철학자 위르겐 하버마스Jürgen Habermas의 지지로,[5] 독일은 인간의 존엄성과 양립할 수 없는 것으로 줄기세포 연구를 전면 반대하는 태도를 유지했다. 이 핵심적인 도덕 개념은 1945년 종전 이후, 승리를 거둔 연합군에 의해 대부분 제정된, 독일연방헌법에 그대로 간직되었고, 다시 1948년 〈국제연합 인권헌장〉에 그대로 반영되어 인간의 존엄성과 인권을 그 중심에 두게 되었다. 줄기세포 연구 금지를 우회하려는 시도는 최근까지도 저지되었다. 따라서 노르트라인베스트팔렌 주지사가 2001년에 이스라엘을 방문하여 규제가 좀더 유연한 하이파와 본 간에 인간배아줄기세포 공동 연구를 성사시키려 했지만, 그 계획은 대중들로부터 거의 지지를 받지 못했고 의회에서 단호히 거부당했다. 그 후 독일은 줄기세포 연구자들의 압력, 부의 창출을 지지하는 사람들의 독려, 그리고 인간의 존엄성이라는 개념이 덜 확고한 신세대 생명윤리학자들의 점진적인 정당화로 인간배아줄기세포 전면 반대에서 지지 쪽으로 조심스럽게 방향을 바꾸어나갔다. 사회학자 바버라 프레인색Barbara Prainsack과 그녀의 동료들은 이러한 방향 전환을 '윤리적 사유가 연구의 가치에 대한 도구적 사유로 변형되는 과정'으로 분석했다. '다시 말하면, 모든 사람들이 다루어야 할 문제가 기술 엘리트들에게 넘겨진 쟁점으로 되었다.'[6] 결국 이 새로운 기준이 '좋은 과학'의 기준이 되었다.

그러나 이 사회학자들은 역사의 진부한 반복을 놓쳤다. 다른 주제에서 의학 연구자들이 주장했던 것과 마찬가지로 발생학자들이 자신들은 단지 '좋은 과학'을 하고 있을 뿐이라고 확신에 차서 주장하는 것은, 뉘른베르크 재판에서 나치 의사들이 편 변론을 그대로 재연한 것이다. 뉘른베르크,

그리고 그 뒤 헬싱키에서 지적되지 않은 사실은 피할 수 없이 설득력 있는 이유가 없는 한, 동물에게 먼저 실험하지 않은 연구를 사람에게 수행해서는 안 된다는 것을 분명히 밝혔다는 점이다. 영국에서 최초로 허가된 인간배아줄기세포 연구 계획 중 하나인 운동 뉴런 질병처럼 인간배아줄기세포 연구자들이 목표로 삼았던 많은 질병의 경우, 사람의 배아를 대상으로 실험하기 전에 먼저 이용할 수 있는 훌륭한 동물 모형들이 있다. 인간배아줄기세포 연구자들은 정치인들과의 토론에서 동물권 운동의 힘을 감안하면 인간을 대상으로 한 연구가 오히려 정치적으로 덜 민감하다는 것을 자신들이 누차 강조했다고 공개적으로 발언했다.* 그리고 동물 줄기세포를 대상으로 한 연구자들은 인간배아줄기세포 연구자들보다 연구비를 얻기가 더 어렵다는 사실을 알게 되자 불만을 털어놓았다.

2006년이 되자 오스트리아, 사이프러스, 이탈리아, 아일랜드, 리투아니아, 노르웨이 그리고 폴란드를 비롯한 몇몇 국가만이 인간배아줄기세포 연구를 전면 금지했다. 대부분의 국가는, 줄기세포에 대한 언급이 없는 배아의 체외 연구를 허용했고, '잉여' 배아에 세포주를 만드는 것을 제한하거나 다른 규제를 부과했다. 일부 하급 법원에서는 여전히 법적 심판대에 올라 있기는 하지만, 부시의 금지 조치를 뒤엎은 오바마 정부의 승인으로 미국도 연구 허용 국가 목록에 추가되었다. 그러나 벨기에, 일본, 싱가포르, 한국, 스웨덴과 영국은 연구 목적을 위한 배아 창출을 명시적으로 허용함으로써 새롭고 중요한 한 걸음을 내딛었다.[7] 앞서 강조했듯이, 강한 규제 조치를 취하지만 대단히 관용적인 영국의 연구 체제는, 부를 창출하

---

* 동물권 로비에 대해 영국 정부가 잇달아 보여준 정치적 민감성은 저명한 동물실험 옹호자이자 MRC 의장인 콜린 블레이크모어에게 의장 임명과 동시에 관례로 주어지는 기사작위 수여를 거부한 데서 단적으로 드러난다.

는 방향으로 연구를 지향해야 한다는 역대 영국 정부들의 우선권 부여에 의해 형성되었다. 영국 유한책임회사에 돌아갈 상당한 몫으로 인해 2020년까지 대략 85억 달러에 이를 것으로 추정되는 인간배아줄기세포의 시장 잠재력이 강력한 유인 동기로 작용했다. 이렇게 완화된 태도는 자유주의 생명윤리학자들의 지지를 받았으나, 많은 유럽 국가는 연구 허용이 너무 빨리 그리고 너무 많이 이루어지고 있다며 이를 비판했다.

인간배아줄기세포 연구에 대한 영국 정부의 막대한 투자로 미국의 저명한 줄기세포 연구자들이 영국으로 이주할 가능성이 높아졌다. 일부 연구자들이 부시 집권 시절에 영국으로 이주했지만, 실제로는 미국의 결정이 연방 정부가 주는 연구비에만 적용되기 때문에 법적 구속력이 약했다. 각 주와 재단, 그리고 기업은 규제를 받지 않았다. 2004년에 공화당 주지사 아널드 슈워제네거의 열렬한 지지로 캘리포니아는 개정안 71에 찬성표를 던졌는데, 이 개정안은 부시 정부의 금지 조치를 무시하고 30억 달러의 연구 금맥을 캐기 시작했다. 몇몇 미국 주들이 그 뒤를 이었다. 투표에 이어 캘리포니아 재생의학연구소Californian Institute for Regenerative Medicine가 설립되었으며, 연구소 설립을 위해 성공적인 로비를 펼쳤던 부동산 개발업자 로버트 클레인Robert Klein이 소장으로 임명되었다. 이 연구소는 아낌없이 연구비를 받았지만, 다소 순탄치 않은 관리 실적으로 현재 미래가 조금쯤 불확실한 상태다. 연구와 연구자들은 매인 데 없이 자유롭게 떠돌며, 과학이 세계화된 기업이 된 상황에서 돈을 좇아 이동한다. 오바마가 내린 결정의 여파로, 스티븐 밍거Stephen Minger와 같은 영국 내 미국 줄기세포 연구자들은 영국의 재정 지원이 너무 제한적이어서 그들이 다시 미국으로 돌아가는 방안을 고려하게 될 것이라고 정확히 예측했고(밍거는 재직하던 대학을 떠나 영국 생명공학 회사 애머샴Amersham으로 왔었다), 캘리포니아가 아니면 그다음에는 싱가포르나 중국으로 가게 될 것이라고 했다. 이들 두 나라에는 2011년에 30개 연구 팀에서 300명이 넘는 박사급 연구자들이 줄기세포를 연구하고 있었다.

이렇게 해서 의료를 바꾸어놓을 것이라는 유전체학의 떠들썩한 주장들이 실현되지 못했던 21세기의 첫 10년이 끝나갈 무렵, 10년 전에 HGP를 뒤덮었던 희망과 과대광고는 다시 인간배아줄기세포로 옮겨가게 되었다.

왜 인간배아줄기세포인가?

인간배아줄기세포에 대한 기대는 1세기에 걸쳐 계속된 생의학 연구 개발의 세 가지 연관 분야가 결합하여 세워졌다. 배아 발생 과정 연구, 초기 보존과 이후 세포 복제를 목적으로 한 조직 배양 기술의 발달, 그리고 상처나 이식에 의한 감염 조직의 치료 가능성에 대한 연구가 그것이다. 뒤의 두 기술은 동물을 대상으로 개척되어 임상으로 옮아간 반면, 발생학은 처음 50년 동안 기초 과학으로 연구되었다. 이 연구는 생기론자와 기계론자 사이의 열띤 철학적 논쟁으로 시작되었다. 생기론자들은 이 연구 개발이 특정 생명 과정을 포함하고 있다고 주장했다. 그것은 물리·화학적 메커니즘으로 환원시킬 수 없는 생의 약동을 말한다. 그러나 1920년대에 이르자 기계론자들이 승리를 거두었다. 그들은 배아의 발생이 물리 화학적 과정이라고 결론지었다.[8] 1990년에도 저명한 발생생물학자 루이스 월퍼트Lewis Wolpert는 배아가 DNA 프로그램 안에 새겨진 구조에 대한 '계산 가능하고' 단순한 판독이라고 주장했다.[9] 이 주장이 사실이라면, HGP는 그 지지자들이 주장하는 모든 결과를 벌써 내놓았을 것이다.

외견상 기초 과학에 해당하는 이러한 발견을 검토해보면, 이 과학이 어떻게 오늘날의 줄기세포 산업의 선구자가 되었는지를 알 수 있다. 발생학자들이 던진 문제는 제기하기에는 간단해 보이지만 실험적으로는 접근하기 어려웠다. 도마뱀이 꼬리를 잃으면 새것을 자라게 할 수 있지만(가소성이라는 특성), 사람은 사지를 새로 자라나게 할 수 없다. 손상된 조직을 회복하는 방법을 찾으려는 노력은 그 역사가 길다. 포유류는 왜 양서류나 파충류처럼 할 수 없을까? 포유류의 배아세포도 양서류처럼 성체 세포로 발생할 가능성을 지니고 있다. 그러나 이 가능성은 양서류에서는 부분적으로 계속 보존되지만, 성체 포유류에서는 상실된다. 실제로 피부나 간과 같은 사람의 일부 신체 조직은 손상이 너무 심하지 않으면 자가 치료가 가능하여 손상되거나 죽은 세포 대신 새로운 세포를 대체한다. 그러나 심장이나 뇌를 비롯한 대부분이 장기는 일단 손상되면 영구적이다. 따라서 많은 질병과 장애의 직접적인 원인은 특정 세포의 괴사나 손상에 있다. 심근경색은 심장 근육 세포를 손상시킨다. 파킨슨병은 중뇌의 깊은 곳에 있는 흑질 substantia nigra이라는 일단의 신경세포의 괴사로 인한 것이다. 척수 신경의 파괴는 손상이 발생한 부위의 부상 정도에 따라 다양한 장애 급수의 마비를 일으킨다. 괴사된 세포는 흉터 조직으로 대체된다.

이러한 가소성 상실이 왜 일어나는지 이해하기 위해, 19세기와 20세기 초 생물학자들은 그 발달 과정을 연구하기 시작했다. 처음에는 미식가들이 좋아하는 성게 알이, 그 뒤에는 개구리와 두꺼비가 연구 대상이었다. 부화된 알이 올챙이를 거쳐 완전히 발생된 성체로 변화하는 과정은 현미경으로 쉽게 관찰될 수 있었고, 각 발생 단계의 개별 세포를 가느다란 핀셋으로 떼어내 실험적으로 조작할 수 있었다. 이 연구로 알게 된 일반 규칙은 수정(난자와 정자의 결합) 직후 부화된 알은 분열을 시작하여 약 닷새가

지나면(인간의 경우) 배아의 전 단계인 배반포라는 수백 개의 배아세포로 이루어진 공 모양이 된다는 것이었다. 세포 분열의 아주 초기 단계에는 나머지 세포가 충분히 기능하는 성체로 발생하는 것을 방해하지 않으면서 개별 세포를 떼어낼 수 있다. 이것은 생기론자들이 유기체에는 손상을 극복하는 힘이 있다며 자신들에게 유리하게 인용한 결과다. 그에 비해, 발생 후기에 세포를 제거하면 발생 중인 태아에 지속적인 손상을 입혀서 기계론자들을 기쁘게 하는 결과를 낳는다. 즉 손상된 배아가 스스로를 재조직화할 수 없게 된다. 외견상 양립할 수 없는 것처럼 보이는 이 발견들을 해소하는 데는 오랜 시간에 걸친 끈질긴 실험이 필요했다. 생물학에서 흔히 볼 수 있듯이 그 답은 '경우에 따라 다르다'이다. (여러 요인들 중에서 제거가 이루어지는 단계에 따라, 그리고 실험을 위해 선택한 생물의 종류에 따라 달라진다.) 그래서 생물학자들은 인간 사회 체계를 연구하는 학자들과 마찬가지로 신중하다.

합의된 결론은 초기 단계에서는 배반포의 개별 세포들이 어떤 성체 세포 유형으로도 될 수 있다는, 즉 전능하다는 것이며 지금도 이런 생각은 계속된다. 이것이 줄기세포다. 그러나 줄기세포가 분화될수록 발생 범위는 한층 제약을 받게 되어서, 처음에는 다능성이었지만 최종적으로는 신경, 근육 등으로 주어진 운명에 전념하게 된다('운명'과 '전념하다'는 발생생물학자들이 쓰는 전문 용어로, 이 용어의 폭넓은 반향은 생기론자와 기계론자 사이의 논쟁을 계속 투영하고 있다). 이처럼 수정부터 탄생까지 9개월에 걸쳐, 처음에는 분화되지 않았던 배반포 세포들이 간, 근육, 뇌 등 사람의 몸에 들어 있는 수많은 분화된 세포 유형으로(200여 개) 바뀐다.

이러한 성체 세포들은 세포 분열 또는 분화에 필요한 DNA를 잃지 않았고, DNA는 몸 속의 모든 세포 핵에 여전히 들어 있다(적혈구 세포는 예외로 핵을 가지고 있지 않다). 그러나 어느 유전자가 언제 활성화되는지를 제어하는 세포 조절 메커니즘은 세포질에서 — 핵을 둘러싸고 있고, 효소들로 가득 차 있는 부분 — 일어나는 어떤 과정을 통해 현재 원치 않는 유전자의 스위치를 꺼두었다. 따라서 어떤 세포가 전능한지, 다기능인지, 아니면 완전히 분화되는지 결정하는 것은 세포질의 상태다. 암의 경우, 이러한 유전자들 중 일부 스위치가 다시 켜져서 이 세포들이 위험하게 증식할 수 있게 만드는 것이다. 그러나 그 밖의 경우에는 소수의 줄기세포들이 — 특히 혈액 세포를 끊임없이 생성하는 골수와 후각신경구라는 뇌 부위에 — 남아 있을 뿐이다. 조절을 담당하는 대부분의 포유류 성체 세포의 세포질에 들어 있는 것이 무엇인지, 그리고 배아의 전능성을 회복시키기 위해 그것을 조작할 수 있는지 여부는 아직도 수수께끼다. 만약 성체 세포의 잃어버린 다기능성 또는 전능성을 회복할 수 있도록 세포질을 '재프로그램하는' 기술이 발견된다면, 인간배아줄기세포에 대한 임상적 요구는 사라질 것이고, 그와 함께 윤리 논쟁도 대부분 없어질 것이다. 실제로, 부시 법령이 낳은 결과 중 하나는 미국에서 오로지 이 가능성에만 집중하는 연구를 촉진시킨 것이었다. 그러나 미국 연구자들에 앞서서 그 돌파구를 연 것은 교토 대학교 약리학자 야마나카 신야山中伸弥가 이끄는 일본 연구 집단이었는데, 이들은 2006년에 처음에는 쥐에서, 그리고 1년 뒤에는 인간에서 중요한 진전을 이루었다. 이 주제는 나중에 다시 살펴보기로 하자. 사람 성인의 피부세포를 다시 한 번 만능이 되게 함으로써, 이 기술은 배아줄기세포를 둘러싼 윤리 논쟁의 뇌관을 제거했다고 환영받았다. 야마나카는 자신의 세포를 유도만능줄기세포induced pluripotent stem cells(iPSC)라고 불렀다.[10]

20세기 중반 무렵, 조직 배양액 속에서 세포를 거의 무한정 살아 있게 만들 수 있는 기술이 개발되었다. 페트리 접시에 영양분 젤리를 놓고 그 위에 배아세포를 펼쳐 놓은 다음, 산소가 공급되는 따뜻한 수프 속에서 쾌적한 상태로 놓아두면 배아세포가 성장, 분열, 그리고 분화할 수 있게 된다. 적절한 기술로 분화를 방지해서 세포들이 무한히 분열할 수는 있되 전능이나 다능 상태로 남아 있게 할 수 있다. 이런 세포를 불멸화 세포immortalized cell라고 한다. 이 명칭은 문화적 공명을 일으키는 은유들로 가득 찬 이 분야에 등장한 또 하나의 은유인 셈이다. 실험실 동물에서 얻은 이 '세포주들'은 주요한 실험실 도구가 되었고, 1950년대부터 사람의 암세포에서 유래한 비슷한 세포주, 특히 헬라 세포주가 여기에 합류되었다. 좋은 과학과 미심쩍은 윤리에서 배태된 헬라 세포주의 기원에 대해서는 3장에서 이미 살펴보았다.

세포 이식에 의한 손상 수선

인간배아줄기세포의 잠재적 가능성에 대한 열광으로 이어지는 복잡한 거미줄에서 그 마지막 가닥은 조직 손상을 치료하는 데 줄기세포를 이용할 수 있을지 모른다는 잠재성에서 찾을 수 있다. 손상되거나 감염된 조직을 다른 사람이나 동물로부터 이식된 건강한 대체물로 교체할 수 있을지 모른다는 생각은 그 역사가 오래되었다. 기술적으로 가장 쉬운 것은 혈액이며, 죽어가는 사람에게 생명력을 회복시켜주는 수혈에 관한 고대 신화도 있다. 그러나 서구 의학사에서 최초로 기록된 실험적 시도는 17세기부터 시작되는데, 특히 당시 설립 초기였던 왕립학회의 후원 아래 (세인트폴 대성당의 건축가로 더 유명한) 크리스토퍼 렌Christiper Wren이 개들에게 행했던 실험들이 잘 알려져 있다. 그 결과는 고무적이지 않아서, 동물들은 병들거나 죽었다. 사람에 대한 효과적 수혈은 혈액형과 면역 반응에 대한 지식이 늘어나게 된 20세기까지 기다려야 했다. 한편, 조직과 장기 이식은 면역 반응을 낮추고 거부 반응을 방지하는 기술이 나오기 전에는 불가능했다.

그러나 인도 의학에서 유래한 훨씬 오래된 전통에서는 손상된 코를 재건하는 데 그 사람의 피부 조직을 사용했다. 위팔에서 부분적으로 피부 조직판을 떼어내어 그 사람의 코에 이식한 것이다. 조직판을 팔에서 떼어낸 지 약 14일 후면 코를 재건하기 위해 모양을 만들 수 있다. 코 모양을 만들기까지는 3개월에서 5개월이 걸렸다. 이 전통은 이미 16세기 초에 이탈리아에 전해졌지만, 피부 이식 기술이 화상 환자들을 치료하는 데 핵심적인 역할을 하게 되기까지는 제1차 세계대전과 특히 제2차 세계대전의 절박한 상황까지 기다려야 했다. 이 분야의 선구자인 해럴드 길리스Harold Gillies는 손상된 얼굴을 복원하려면 예전의 자신으로 알아볼 수 있을 만큼 비슷해야 한다는 필요성을 인식했다. (최근 안면 이식 수술의 기술적 성공은 실체론적으로 볼 때 불가사의하다. 이 수술이 최근에서야 시행된 것을 고려하면, 인간의 유연함을 감안해도 자기 정체성에 대한 사람들의 인식이 불확실해진 것이 틀림없다.)

1950년대까지는 성공적인 이식에 자신의 조직이 필요했다. 이른바 자가 조직 이식이다. '이질적foreign' 조직을 성인에게 이식했을 때 나타나는 거부반응 문제는 1950년대와 1960년대에 런던에서 이루어진 피터 메더워의 연구로 상당 부분 해결되었다. 최초의 성공적 신장 이식은 1953년에 미국에서 시행되었으며, 최초의(논란의 여지가 많다) 심장 이식은 남아프리카에서 1960년대 말 크리스티안 바나드Christiaan Barnard가 시행했다. 그러나 그 이전에 오스트레일리아의 프랭크 맥팔레인 버넷Frank MacFarlane Burnet이 배아 조직은 자신과 '이질적' 세포를 구별할 수 없기 때문에 면역적으로 좀더 '관용적'이며, 따라서 이식을 위한 잠재성이 있음을 보여주었다.

버넷과 메더워는 이식 기술의 문을 연 공로로 1960년에 노벨상을 공동 수상했다.

수선 전략repair strategy의 확실한 표적은 뇌와 척수다. 오랫동안 중추신경계의 신경세포는 다시 자라거나 교체될 수 없다고 생각되었고(지금은 이런 믿음이 전적으로 옳은 것은 아님이 인식되고 있다), 따라서 뇌나 신경세포의 손상이나 파손은 되돌릴 수 없다고 간주되었다. 예를 들면 말초신경과 달리, 척수의 절단된 신경은 재생이 되지 않으며, 척수에서 손상이 일어난 위치에 따라 하반신 마비가 될 수도 있고, 사지 마비가 올 수도 있다. 이처럼 재생이 되지 않는 원인 중 하나는 성인의 척추신경을 둘러싼 보호 세포들이 재성장을 막기 때문이다. 그러나 배아의 경우는 사정이 다르다. 따라서 지난 수십 년 동안 연구자들이 성인의 보호 세포를 '재프로그램하거나' 아니면, 대안으로 재성장이 허용되는 배아 조직으로 교체하는 기술을 시도했지만, 거의 성공하지 못했다. 그러나 척수 재생을 돕기 위해 인간배아줄기세포를 사용하려는 시도가 호소력을 가지는 것은 분명하다. 특히 가장 잘 알려진 운동가 중 한 명으로, 슈퍼맨 역을 맡았고 그후 하반신이 마비된 배우 크리스토퍼 리브에게 그러하다.

파킨슨병과 마드라조 사건

세포 이식으로 기능 회복을 시도하는 또 하나의 유망한 후보는 파킨슨병이다. 이 병은 뇌의 흑질 부위의 신경세포 사멸로 발병된다. 이 세포들이 살아 있을 때에는 신경전달물질인 도파민을 분비한다. 이 질병의 치료약에는 소실된 이 전달물질을 대체하기 위해 도파민의 화학적 전구물질인 엘도파L-dopa가 들어 있었다. 쥐의 흑질을 파괴해서 파킨슨병 증상을 모사할 수 있는데, 그 결과 쥐들은 파킨슨병으로 고통 받는 사람들이 경험하는 것과 유사한 떨림과 운동장애를 나타냈다. 멀리 1970년대로 거슬러 올라가면, 당시 연구자들은 파킨슨병의 동물 모형들의 기능을 회복하기 위해서 이미 배아나 태아 조직 이식의 효과를 연구했다. 1983년에 스웨덴 룬드에서 안데르스 요르크룬드Anders Bjorklund가 이끄는 연구팀은 태아 쥐의 뇌에서 추출한 조직을 늙은 쥐의 뇌에 주입하자 운동 협응motor coordination(감각 입력과 운동 반응 사이에서 통합 조정이 이루어져서 원활한 운동이 가능해지는 것을 뜻한다 — 옮긴이)을 회복했다고 주장했다.[11]

이 실험을 비롯한 연관된 실험들은 이 분야의 연구자들 사이에 격렬한 논쟁을 불러일으켰다. 이식이 어떻게 성공했는가? 주입된 세포가 살아남은 것은 분명하지만, 이 세포들이 다른 세포들과 새로운 기능적 연결을 만들어 죽거나 손상된 숙주 조직을 대체한 것인가, 아니면 단지 소실된 도파민을 분출하는 일종의 생물학적 미니 펌프로 기능한 것인가? 일부 사람들은 심지어 아예 그 세포들을 주입할 필요가 있었는지에 대해 의문을 제기했다. 미국의 돈 스테인Don Stein은 어느 정도의 기능 회복을 자극하기 위해서라면 머리에 구멍을 내고 세포들을 주입한 다음, 다시 그것을 제거하는 것만으로도 충분했다고 보고했다.[12] 한편, 스톡홀름 카롤린스카 병원의 외과의사 올로프 바크룬드Olof Backlund는, 동물 실험과 병행해서, 부신 세포들도 파킨슨병으로 사멸한 신경세포처럼 도파민을 분비한다는 사실을 이용해서 파킨슨병 환자들에게 자가 조직 이식 실험을 하고 있었다. 바크룬드는 중증 파킨슨병으로 고통받는 환자 두 명에게 환자 자신의 부신에서 떼어낸 조직을 뇌에 이식해서 일시적이고 경미하기는 했지만 어느 정도 기능을 회복하는 것을 발견했다.[13]

그런 다음, 1987년에 기묘하게도 20년 뒤에 일어날 황우석 사태를 미리 보여주는 듯한 사건이 이 분야를 강타했다. 문제의 발단은 멕시코시티의 라라자 병원의 이그나시오 마드라조Ignacio Madrazo가 이끄는, 그때까지 거의 알려지지 않은 연구 집단의 놀라운 보고서였다. 마드라조는 파킨슨병 환자 두 명에게 환자 자신의 부신에서 떼어낸 조직을 이식하여 동작과 언어, 그리고 그 외 증상들을 극적으로 개선시켰다고 주장하면서 스웨덴의 실험을 앞질렀노라고 보고했다.[14] 여섯 달 뒤, 마드라조는 한 걸음 더 나아가, 이번에는 자연 유산된 태아 조직을 사용하여 기능을 회복시킬 수 있었다고 발표했다. 즉 더 이상 자가 조직 이식을 사용할 필요가 없다는 것이다. 이 환자들의 영상을 담은 비디오테이프는 세상을 놀라게 했고, 마드라조는 여러 임상과 과학 학술회의에서 큰 박수갈채를 받았다. 그는 하루아침에 유명인사가 되었고, 언론과 치료 요청 서신을 보내오는 전 세계 파킨슨병 환자들로 그의 주위는 북새통을 이루었다. "이 결과들은 어떤 식으로 잘못된 것이거나, 아니면 사실이며 극적이다. … 과학자들의 진실성에 의문을 품을 이유는 없다"라고 콜로라도 대학교의 커트 프리드Curt Freed는 말했다.[15]

스웨덴, 미국, 영국의 병원들은 유사한 시술에 대한 승인을 얻으려고 서둘렀으나, 1년도 채 지나지 않아 의문이 제기되기 시작했다. 태아 이식법을 사용하려고 앞다퉈 달려드는 미국 임상센터들이 '볼썽사납게 서두르고 있다'는 비판에 응답해서 미국 신경학회The American Academy of Neurology는 주의를 촉구하는 견해를 발표했다. 1988년 3월까지 100여 건의 태아 조직 이식술이 시행되었지만, 대부분의 결과는 부정적이었다. 이 연구 분야에서 세계적으로 가장 경험이 많은 스웨덴 룬드의 연구 집단도 멕시코의 데이터를 재연하는 데 실패했다. 머지않아 이 시술은 중단되었고 연구자들은 처음부터 다시 시작했다. 큰 문제들을 해결해야 했다. 세포를 '채취하고' 관리하는 것, 여러 배아에서 얻은 세포들을 합칠 수 있을지 결정하는 것, 이 세포들이 살아남아서 성장하고 사멸한 도파민 분비 세포를 대체하고 원치 않는 성장으로 뇌의 다른 영역들을 침범하지 않으면서 새로운 연결을 확실히 이루도록 뇌 속에서의 세포 성장과 분화를 지시하고 조절하는 방법을 발견하는 것 등이 모두 풀어야 할 숙제로 남아 있었다.

그로부터 25년이 지났어도 이 문제들은 여전히 풀리지 않고 있다. 동물실험은 계속되었지만, 1980년대와 1990년대를 지나면서 완전히 다른 접근 방법을 취하는 새로운 유전자 기술이 등장했다. 이제 체세포 유전공학으로 사멸하는 도파민 분비 세포를 대체할 수 있을지 모른다는 의견이 제시되고 있다. 유전자 조작 바이러스(플라스미드 벡터로 알려진)를 사용하는 것이 목표인데, 이 바이러스에는 도파민 합성에 필요한 효소를 만드는 DNA 암호가 삽입된다. 이 바이러스를 뇌에 주입하면, 이 이질적 DNA가 뇌세포에 통합되어 들어가 신경전달물질을 쏟아내기 시작하게 되리라는 것이다. 동물 모형들에서 얻은 결과는 기술적 가능성을 시사했지만, 큰 문제가 남아 있었다. 바로 유전자 조작 DNA가 변형시키려는 세포들에만 국한해서 들어가야 한다는 것이었다. 그 결과, 21세기가 시작될 무렵, 줄기세포의 전망 덕분에 유전자는 치료의 희망을 주는 생물학적 구조로 다시 한 번 부각되었고, 유전공학 접근 방법은 지난 세기의 실패한 꿈의 하나로 총애를 잃게 되었다.

한편, 존 슬래덱John Sladek과 이라 슐슨Ira Shoulson이 1987년의 통찰력 있는 논문에서 의문을 제기했듯이, 파킨슨병을 연구하기에 좋은 동물 모형들이 그렇게 많은데 왜 굳이 사람을 대상으로 연구하려고 몰려드는 것일까?[16] "연구자들이 압박감을 느껴 동물 연구를 인간에게 수행할 정도로 동물권 로비가 연구자들을 위협했는가?" 그들은 이렇게 물음을 제기하면서,

"먼저 이식과 관련하여 과학적이고 실질적인 당면 문제들이 동물 실험에서는 답을 찾을 수 없다는 것을 우리에게 납득시켜야 할 것이다"라고 주장했다. 슬래덱과 숄슨이 제기한 문제가 오늘날의 인간배아줄기세포 연구자들에게 그대로 적용될 수 있다.

복제와 줄기세포, 두 갈림길을 하나로 잇기

줄기세포 연구가 나아갈 수 있는 주요 임상 방향은 두 가지가 있다. 만약 문제가 피부 이식이나 척수 손상 치료처럼 손상된 조직의 치료나 교체 중 하나라면, 필요한 것은 자가 다능성 줄기세포를 공급하는 것이다. 피부 세포에서 유도만능줄기세포를 생성하는 야마나카의 기술이 개발되기 전에는 인간배아줄기세포가 최상의 기회를 제공하는 것처럼 보였다. 다능성은 세포질 속의 특정 요인에 의해 제어되지만, 사실상 모든 DNA는 세포핵 속에 있기 때문에 목표는 성인 환자에서 채취한 세포의 DNA를 다능성 세포의 세포질과 결합시키는 것이었다. 사실 이것은 여성에게 난자(아니 더 정확하게는 난모세포) 공급을('기부'라는 말이 흔히 사용되지만, 오늘날 제공되는 난자는 항상 증여되는 것은 아니며, 오히려 상품이다) 요구해서, 그 핵을 제거하고 그 대신 환자의 핵으로 대체하는 것을 의미한다. 발생 중인 배반포의 세포는 원래의 핵이 유래한 성체 세포와 동일할 것이며,* 따라서 배반포에서 추출한 세포주는 이 성체 세포의 클론이고 효과적인 자가 이식이다. 난모세포에서 핵을 떼어내 그 핵을 다른 성인의 핵으로 교체하는 과정을 체세

* 그러나 배반포가 여전히 난모세포의 핵 밖에 있는 DNA(미토콘드리아 DNA)를 가지고 있기 때문에 이것이 절대적으로 옳은 말은 아니다.

포핵이식(SCNT)이라고 한다. 또한 SCNT는 유전공학의 일부 형태를, 예를 들면, 유전적 위험 요인을 수반하는 DNA를 가지고 있는 핵을 다른 '건강한' 핵으로 교체하는 것을 가능하게 함으로써 두 번째 임상 꿈을 실현할 것이다. 그 밖에도 격렬한 윤리적 논쟁을 야기했던 또 다른 계통의 연구도 가능하게 할 것이다. 가령, 인간 세포의 핵을 동물에 이식해서 인간과 동물의 잡종이나 키메라를 탄생시킬 수 있을 것이다.

이 모든 것을 가능하게 만든 연구는 개구리에서 시작되었다. 1962년에 옥스퍼드대학의 생물학자 존 거던John Gurdon은 발톱개구리의 난자 핵을 제거하고 대신 올챙이 창자의 내벽 세포의 핵으로 교체했다. 이 난자는 이식된 핵을 제공했던 올챙이와 유전적으로 동일한 올챙이로 자라났다. 따라서 그 올챙이의 클론이었고, 척추동물의 복제가 가능하다는 것을 보여준 최초의 사례였다. 난자의 세포질은 올챙이 세포 DNA의 전능성을 회복시켰다. 과학계는 거던의 연구에 크게 흥분했다. 그러나 그의 결과를 다른 동물에 재연하려는 시도는 실패했고, 이 방법은 개구리에 국한된다는 결론으로 이어졌다. 완두콩에서 발견된 멘델의 그 유명한 비율이 다른 식물 종에서는 일어나지 않은 것처럼, 같은 접근방법을 한 종에서 다른 종으로 성공적으로 이전시키는 문제는 생명과학의 오랜 골칫거리였다. 두 과학자의 경우, 처음에는 이들의 찬란한 업적이 막다른 골목에 막힌 것처럼 여겨졌다.

돌리, 판돈을 올리다

거던의 연구를 포유류에서 재연하기까지는 무려 35년이나 걸렸다. 첫 성공은 1997년에 이루어졌는데, 로슬린 연구 팀이 복제 양 돌리의 탄생을 발표하면서였다. 이 연구 팀에서 가장 유명한 연구자는 이언 윌머트다. 돌리의 뒤를 이어 소를 비롯해서 여러 종의 복제가 성공적으로 이루어졌으며, 2005년에는 수의사 황우석이 이끄는 한국의 연구팀이 스너피라는 개를 복제하는 데 성공했다.

인간 배아 연구에 새로운 기술을 사용하는 데 따르는 윤리적·법적 함의를 둘러싸고 여러 나라에서 들끓었던 논쟁이 돌리의 탄생으로 한층 더 격화되었다. 인간 복제라는 생각 자체에 대해 광범위한 불쾌감, 심지어 혐오감이 만연했다(그러나 눈에 띄는 예외도 있었다. 리처드 도킨스는 1999년에 BBC에 출연해서, 복제에 대한 자기 딸의 생각이 어떤지 확실치 않지만, 자신은 딸의 복제에 반대하지 않겠다고 말했다). 사람을 복제한다는 생각은 자명하게 역겨운 것이어서, 영국 정부를 비롯한 많은 사람들은 인간 복제가 이미 불법이려니 가정했다. 가톨릭 활동가 조세핀 퀸터베일Josephine Quintavalle이 이런 한가한 가정에 이의를 제기했고, 법원이 이를 인정하면서 비로소 정부는 법률 제정의 필요성을 인식했다. 그리고 2001년 마침내 입법이 이루어졌다. 오늘날, 연구가 진행되는 모든 나라는 아니지만 대부분의 국가에서 인간 개체 복제는 불법이 되었으며, 2005년에 구속력은 없지만 인간 재생산 복제를 금지하는 협정이 국제연합에서 통과되었다.

복제 연구는 복제된 배반포로 이미 알려진 유전적 결함을 가진 특정 인체 세포주를 만들 수 있는 가능성을 열었으며, 이는 질병 연구에 귀중한 도구가 될 수 있다. 더 중요한 것은 SCNT 기술의 잠재적 치료 가치라고 연구자들은 주장했다. 그러나 복제된 인간배아줄기세포 또한 개체 복제에 쓰일 가능성이 있다. 그래서 이러한 금지에 대응하여 줄기세포 연구자와 생명윤리학자 동맹은 이 연구를 추진하는 의도성에 차이가 있다고 주장했다. 그러나 그동안 자신들이 실제로 인간 복제에 성공했다는 독불장군 과학자들의 주장을 뒷받침할 증거는 없다. (치료와 생식의 구분은 원자력과 핵무기의 관계를 떠올리게 한다. 정치가들의 지원을 받은 핵물리학자들은 오랫동안 이 둘은 완전히 별개라고 대중을 설득하는 데 성공했다. 그러나 이란의 핵 야망에 대한 서구의 반응에서 이것이 위선임이 드러났다.)

극복해야 할 기술적 문제들은 여전히 있었다. 돌파구를 마련한 것은 위스콘신에 기반을 둔 수의사이자 분자생물학자인 제임스 톰슨James Thomson과 그의 동료였다. 그들은 이스라엘 산부인과 전문의들과 공동 연구를 했는데, 그들의 환자들이 36개의 배아를 기증했다. 연구팀은 처음에는 쥐, 나중에는 영장류에서 개발한 방법을 사용해 5개의 서로 다른 ES 불멸화 세포주를 만들 수 있었는데, 3개는 남성, 2개는 여성 세포주였다.[17] 논문 저자들은 파킨슨병과 같은 질병의 약제를 발견하고 치료할 가능성을 지적하면서, 자신들의 연구가 갖는 잠재적 중요성을 추호도 의심하지 않았다. 논문이 발표된 《사이언스》는 산부인과 전문의이자 동료 줄기세포 연구자인 존 기어하트John Gearhart의 논평도 함께 실었다. (기어하트는 2009년에 백악관의 초대를 받아 부시의 금지를 뒤집은 오바마의 정책을 축하했다.)

> 사람의 ES 세포주가 어떻게 사용될 수 있을지 추측하는 것은 흥분되는 일이다. … 확실한 임상 표적으로는 신경퇴행성 질환, 당뇨병, 척수 손상… 등이 포함된다. ES 세포는 이식을 위해 많은 숫자의 순수한 세포 집단을 제공할 가능성뿐 아니라 이식 후 조직의 면역 거부 방지를 위한 전략에도 도움이 되고, 보편적인 공여자 세포주의 생성 … 유망한 수령자의 유전체를 포함하는 ES 세포주의 생산 등에도 도움이 될 것이며 … 결국 다능 줄기세포로의 핵 전이가 가능해질 수 있고, 그런 다음 그 세포는 성장해서 분화될 수 있을 것이다.[18]

황우석 사건: 도취, 과장, 그리고 사기

톰슨의 인체 세포는 쥐에서 유래한 '지지세포feeder cell'(줄기세포 배양 과정에서 흔히 배양기에 먼저 동물이나 사람의 세포 층을 깔아놓고 그 위에서 배아줄기세포를 배양한다. 이때 배아줄기세포 아래에 놓이는 세포들을 지지세포라고 한다. 최근에는 이종 세포간 오염을 막기 위해 지지세포를 사용하지 않는 배양 기술이 개발되고 있다—옮긴이) 층에서 성장했기 때문에 바로 치료에 사용하기에는 적합하지 않았으며, 이식된 세포의 면역 거부반응 문제도 해결되어야 했다. 그러나 6년 후, 톰슨과 그의 팀이 했던 약속이 극적으로 실현될 것처럼 보였다. 2004년에 황우석 연구팀은 SCNT를 이용해서 복제된 배반포에서 인간 배아세포를 생성했고, 중요한 것은 이 세포가 쥐가 아닌 사람의 지지세포에서 성장했다는 점이라고 주장했다.[19] 《사이언스》의 기자 그레첸 보글러Gretchen Vogler는 인쇄본에 앞서 나온 온라인판에서 '주목할 만하고 필연적인' 업적에 주의를 집중시켰다. 한국 연구진은(이번에도 수의사와 산부인과 전문의로 구성된 팀) 두 가지 최초의 업적을 이루었다. 하나는 인간배아줄기세포를 생성한 것이고, 다른 하나는 이 세포가 복제에 사용될 수 있다는 것을 입증한 점이다.[20] 언론과 연구자들로부터 경악과 환호를 동시에 이끌어낸 황우석은 거던이 최초로 개구리에 성공했던 연구를 마침내 사람에게 달성한 것처럼 보였다. 황우석은 16명의 기증자로부터 242개의 난자를 채취했고, 이것을 성공적인 SCNT를 위해 필요한 절차 개발에 사용했다. 두 논문 중 첫째 논문에서 황우석은 난자에서 핵을 제거한 다음, 동일 난자에 도로 넣어서 이 방법이 제대로 작동했는지, 그리고 그 결과로 생긴 배반포에서 세포주가 만들어질 수 있는지 점검했다.

다음 달 새로운 돌파구를 연 황우석의 논문이 인쇄본으로 출간되었고,

《사이언스》 편집장이자 환경과학자인 도널드 케네디Donald Kennedy는 〈돌아온 줄기세포〉라는 제목의 열광적인 사설로 새로운 발견을 알렸다.[21] 불과 1년 뒤, 황우석 연구 팀은 훨씬 더 극적인 두 번째 논문을 발표했다.[22] 황우석은 다시 11명의 여성으로부터 기증받은 난자 185개로 연구한 결과, 세포핵이 제거된 이 난모세포에 면역결핍이나 소아당뇨병, 또는 척수 손상과 같은 유전적 질환을 갖고 있으면서 생물학적으로 유연관계가 없는 사람의 피부 세포에서 추출한 핵을 이식하여 연구나 치료 목적의 복제에 잠재적으로 이용할 수 있는 환자 맞춤형 배아줄기세포주를 만들었다고 주장했다. 외견상으로는 그동안 난공불락이었던 기술적 문제들이 일거에 해결되어, 마침내 인간배아줄기세포의 약속이 실현된 것처럼 보였다.

줄기세포 학계와 영국 규제 기관의 반응은 즉각적이고 긍정적이었다. 영국 HFEA 의장 수지 레더Suzi Leather는 보도자료에서 이렇게 발표했다. "한국의 훌륭한 연구진이 흥분되는 진전을 이루었다. 이 과학자들은 퇴행성 질환을 위한 새로운 치료법을 개발하려고 노력하고 있다. … 그것은 기술의 책임 있는 사용이며 의학 연구의 중요한 영역이다."[23] 이에 뒤질세라 앨리슨 머독Alison Murdoch과 미오드래그 스토예코빅Miodrag Stojkovic의 뉴캐슬 팀은 황우석의 성공을 환영하고, 한국인들이 현재 이 분야를 이끌고 있는 것을 인정했지만, 한편으로는 자신들도 배반포를 성공적으로 만들어냈다고 발표했다. 따라서 영국은 여전히 게임을 진행 중이었다. 로슬린 연구소의 본거지인 스코틀랜드도 이 경주 대열에서 빠지지 않았으며 언론보도를 통해 스코틀랜드와 한국이 공동 세미나를 개최하고 황우석이 연사로 나설 것이라고 발표했다.

스스로를 독립적이고 '노골적인 친과학' 편에 서 있으며, 과학계의 목소리를 대중에게 전달하는 역할을 하는 조직이라고 자평하는 영국 과학미

디어센터UK Science Media Centre는 줄기세포 과학자들, 생명윤리학자 한 명, 그리고 환자 단체 두 곳의 회장들을 초청해 의견을 들었다.[24] 따라서 파킨슨병협회(지금은 영국 파킨슨협회로 바뀌었다)의 린다 켈리Linda Kelly와 환자 단체들의 연합조직인 유전자이해그룹Genetic Interest Group의 회장인 앨라스테어 켄트Alastair Kent가 초대되었다. (켄트는 오랫동안 시민단체인 로비워치로부터 생명공학산업과 밀접한 관련이 있다고 비판받았다.) 두 사람은 황우석의 획기적인 성공에 애정 어린 환영의 뜻을 표했다. 반면 장애인 운동 단체나 '우리 난소를 가만두어라' 같은 더 비판적인 단체들은 초대받지 못했다.

케임브리지 대학교 재생의학과 교수인 로저 피더슨Roger Pedersen은 "환자의 면역체계와 정확히 일치하는 이식 가능한 조직을 만들어내야 할 근거를 확실히 밝혔다는" 점에서 황우석을 칭찬했다. 생명공학회사 리뉴런ReNeuron의 수석 과학책임자 존 신든John Sinden은 다음과 같은 말로 환영사를 읊기 시작했다. "복제 양 돌리가 1996년에 창조된 이후, 과학자들은 줄곧 배아 복제가 사람에서도 가능한지 밝혀줄 성배를 찾아왔다." 이들은 이러한 수사와 함께, 인간 배아줄기세포 연구자들의 계획을 축하하기 위해 천지창조설의 표현과 아서왕의 기독교 기사들의 말까지 끌어댔다. 성배를 들먹이는 어법은 그보다 앞서 길버트가 HGP를 칭송하기 위해 했던 주장을 그대로 되풀이한 것이다. 그러나 인간 재생산에 대해 기독교의 은유를 동원한(별반 사람들을 안심시키는 조치는 아닌) 신든은 다음과 같은 말로 사람들을 다독이려 했다. "이것은 복제 아기 탄생이라는 망령을 다시 불러내려는 것이 아니라 수많은 난치병의 치료에 놀랄 만한 해결책이 될 수 있는 방책을 마련하려는 것이다." 여기서 신든은 보다 효과적인 치료 희망에 국한되지 않고, 말 그대로 '해결책'을 제공하겠다는 주장으로 질병으로 고통 받는 사람들에게 기대감을 부풀렸다. 과장된 표현으로 문화적 판돈을 한껏 올린 신든은 "지평선 초입에는 치료의 희망이 없다"고 덧붙여 자신이 조장했던 기대감을 진정시키는 말로 결론지었다.

황우석 연구팀을 둘러싼 언론의 법석은 (국민성에서는 차이가 크지 몰라도) 2000년에 한편에는 클린턴, 프랜시스 콜린스, 크레이그 벤터, 다른 쪽에는 블레어가 나서서 인간 유전체 '초안'을 요란하게 발표한 후 나타난 반응과 비슷하다. 당시 대서양을 사이에 두고 미국에서는 수완 있게 부를 창출하는 유전체학, 그리고 영국에서는 공익을 위한 유전체학이라는 반응이 나왔는데, 이는 전형적이면서 상보적인 국가주의를 드러내는 것이었다. 한국에서 황우석은 하룻밤 사이에 국가 영웅이 되었고, 그를 칭송하는 군중들에 둘러싸였으며, 우표에까지 그의 얼굴이 인쇄되었고, 한국 국적기 평생 무료 이용 혜택을 제공받았다. 언론의 우호적인 반응에 고무된 황우석은 한국을 '인간배아줄기세포 연구의 세계적 허브'로 만들자고 제안했다고 발표했다. 《타임》은 세계에서 가장 영향력 있는 인물 중 한명으로 황우석의 이름을 올렸다. 한편, 미국의 연구자들은 부시의 금지 법안 때문에, 윤리적 제약을 방해받지 않는 신흥 아시아 호랑이들에게 이 분야 연구의 주도권을 돌이킬 수 없이 빼앗기게 되었다고 씁쓸해했다. (그러나 실제로 한국은 이미 2년 전에 줄기세포 연구에 대한 윤리 지침을 만들었다.)

다른 나라들이 실패했던 분야에서 황우석의 연구는 어떻게 성공했을까? 황우석 본인은 자신을 비롯해서 연구진들이 핵을 추출하는 기술의 차이로 설명했다. 줄기세포 연구자들은 황우석의 연구를 열광적으로 환영하는 한편, 황우석 팀이 이용할 수 있었던 엄청난 수의 난자를 노골적으로 부러워했다. 《사이언스》는 미시건 주립대학교 줄기세포 연구자 호세 시벨리Jose Cibelli의 다음과 같은 말을 인용했다. "난자가 200개가 넘는다고? 와, 군침이 다 도네."[25] 황우석 자신도, 접근 방식을 계속 수정해가면서 마침내

세포주로 발생하게 될 배반포를 얻는 데 성공할 수 있었던 것은 풍부한 난자와 연구팀의 '마법의 손' 덕분이라고 말했다. 《사이언스》와 《네이처》는 모두 황우석 팀의 헌신적인 여성 연구자들이 1주일에 7일을 일했고, 일요일만 오전 8시에 시작했을 뿐 나머지 6일은 매일 오전 6시 30분에 연구를 시작할 정도로 일중독이었다고 보도했다. 황우석은 불교 신자로 매일 4시 30분에 일어나 절에서 예불을 드렸다고 보도되었다. 또한 언론들은, 비록 한국에서 개체 복제가 불법이지만, 이 성공적인 치료 복제가 생식적 복제의 문을 열었다고 떠들어댔다. 이렇게 언론들이 요란하게 떠드는 와중에 미국의 줄기세포 연구자 루돌프 재니쉬Rudolf Jaenisch만이 황우석의 주장에 의문을 품었다.

한국이 축제 분위기에 빠져 있을 때, 한 내부 제보자가 여성들이 자신들의 난자를 무료로 기증한 것이 아니라 황우석이 돈을 지불했다고 언론에 제보했다. 황우석이 2004년 2월에 첫 번째 논문을 발표한 지 채 한 달도 지나지 않아서 한국생명윤리학회Koraen Bioethics Association는 이 문제를 검토할 위원회를 소집했다. 위원회는 피해를 입기 쉬운 기증자들이 '이해관계에 있는 여성이거나 젊은 여성 연구자일' 가능성이 있는지 의문을 제기했다. 이어진 상황을 통해 판단하건대, 생명윤리학회는 사태의 추이를 지켜보았고, 열광적인 대중적 분위기를 고려해서 대단히 신중하게 접근했던 것 같다. 그럼에도 학회는 활동을 계속했고, 2005년에 사람의 난자를 대상으로 한 연구는 허가를 받아야 한다는 법안이 도입되었다. 한편, 한국 밖에서는 유명 과학 잡지들이 이러한 윤리적 우려 사항에 주의를 돌리기 시작했다. 2004년 5월에 《네이처》의 한 기자가 황우석 팀의 젊은 박사 과정 여학생을 면담했는데, 이 학생은 이타심과 애국심으로 자신의 난자를 기증했다고 주장했다. 황우석이 그 여학생이 기증자가 아니라고 부인한 뒤,

학생은 황급히 자신의 말을 철회하고 자신의 영어가 서툴러서 오해를 낳게 했다고 말했다.[26]

2005년 극적으로 논문이 발표된 지 다섯 달 뒤 황우석은 난자 기증자들에게 돈을 지불했고(한국에서는 불법 행위이다), 자기 연구팀 여성 연구원들의 난자도 사용했다는 사실을 시인했다. 황우석은 여성 연구원들의 프라이버시를 보호하려고 이들의 기증 사실에 대해 거짓말을 했다고 주장했다. 사건의 전말이 점점 드러나면서, 황우석의 특허 공동 소유자이자 동료였던 산부인과 전문의 노성일은 20명의 여성에게 1인당 150만 원(1430달러)을 지급했다고 시인했는데, '8~10일 동안 매일 주사를 맞아야 한다는 점을 감안하면 그리 큰돈은 아니'라고 강조했다.[27] 미국 대부분의 주에서는 인간 난자 매매가 합법인데, 대부분은 체외 수정을 위해 거래가 이루어지지만 줄기세포 연구를 위해서도 거래되고 있으며, 시벨리도 난자 매매를 했다. 유럽에서는 대가 지급이 불법이지만 '보상'은 용인이 된다. 영국에서는 HFEA가 그 경계를 750파운드로 정했는데, 이것은 황우석이 지불한 액수와 아주 비슷하다. 이러한 유사성으로 인해 대가 지급과 보상의 차이에 대한 문제 제기가 있을 수 있다. 그럼에도 한국의 생명윤리 학계는 엄청난 충격에 휩싸였고, 논문의 공동 저자 중 유일한 미국인이었던 제럴드 섀튼Gerald Schatten은 황우석과의 결별을 선언하고 논문에서도 자신의 이름을 빼겠다고 발표했다.

이 정도로도 황우석의 정당성에 금이 갔지만, 그후 벌어진 문제는 더 심각했다. 그것은 바로 과학 자체의 신뢰성 붕괴다. 서로 다른 환자의 세포주를 만들어냈다던 황우석의 주장이 한국의 한 방송사에서 의뢰한 독립적인 검증에서 거짓임이 밝혀졌다. 논문에 나온 세포의 사진 중 일부를 정밀 조사해보니 과거 논문에서 베낀 것으로, 사기임이 드러난 것이다. 줄기세포 연구자 8명은 황우석의 주장에 대해 독립적인 검증을 요청하는 서신을 보냈다. 결국, 2005년 12월에 서울대학교 조사위원회의 보고가 있은 후 논문들은—이 점을 반드시 기억해야 하는데, 그 논문들은《사이언스》가 요구했던 엄밀한 심사 과정을 모두 통과했다—공식적으로 철회되었다. 서구 언론이 황우석을 둘러싼 애국주의적인 열풍에 초점을 맞추었음에도 한국의 학계는 본보기가 될 만한 방식으로 행동했다. 한편, 각종 지위를 박탈당한 황우석은 자신의 연구 결과는 근본적으로 유효하다고 계속 주장하며, 자신은 계속 연구에 매진할 것이라고 단언했다.

키메라들: 윤리적 문제를 또 다른 문제와 거래하다

앞서 살펴보았듯이, 인간배아줄기세포의 공급과 사용에 대한 윤리적 우려에는 두 가지 견해가 있다. 하나는 연구 자료를 공급하기 위해 여성의 신체를 채굴하는 것에 대한 페미니스트 진영의 비판이고, 다른 하나는 인간배아의 사용에 대한 종교적 비판 및 인간 존엄성에 입각한 비판이다. 학계는 얼마 지나지 않아 첫 번째 비판을 회피할 제안을 내놓았다. 그러나 그 제안은 한층 심각하고 예기치 않은 도전을 받으며 두 번째 비판에 직면하게 된다. 다능성이 배아세포의 세포질에 있는 반면, 유전 물질에서 주요 비중을 차지하는 DNA는 세포핵에 있으므로, 아무 성체 세포에서나 세포핵을 채취할 수 있다. 가령 피부 세포에서 세포핵을 채취하여 SCNT 기술로 동물의 난자에 이식할 수도 있다. 그러면 그 결과로 생긴 배반포는 인간 유전자를 발현할 테고, 이것은 인간과 동물의 잡종이 될 것이다(종종 이런 잡종을 키메라라 부르기도 하지만 전문적으로 이야기하자면 키메라는 인간과 동물 세포가 짜

깁기를 하듯이 결합한 생물을 뜻한다). 이렇게 되면 더 이상 인간배아줄기세포는 필요 없게 되고, 자연히 페미니스트들의 비판도 누그러뜨릴 수 있게 된다.

그렇다면 이 잡종의 도덕적 지위는 어떻게 될까? 처음부터 유전자 조작 기술은 이러한 잡종을 만들어내는 데 사용되어왔으며, 3장에서 살펴보았듯이 처음에 제기된 우려는 윤리적 문제보다는 안전성에 대한 것이었다. 사람의 인슐린 유전자를 대장균에 주입하면 인슐린이 대량 배양될 수 있는데, 이렇게 얻어진 인슐린은 윤리가 아니라 제조상의 문제를 야기했다. 이 인슐린의 상표명인 휴물린humulin은 1978년에 젠테크에서 개발했으며, 그 후 지금까지 제약회사 엘리릴리Eli Lilly가 양산하여 판매하고 있다. 알츠하이머 질병과 관련된 유전자를 주입한 쥐를 비롯해 인간 질병을 위한 동물 모형들은 표준 실험 도구가 되었다. 그러나 복제양 돌리 이후로는 사람의 단백질을 만들기 위해 복제 소에 유전자를 주입하는 개념이 논의되었고, 생명윤리학자들은 이런 개념이 풍기는 '역겨움'이 연구 진행을 가로막는 불합리한 장애물이라고 비난하기 시작했다. 생명윤리학자들은 그것을 단지 불합리하다고 말함으로써, '역겨움'을 아직 명확히 드러나지 않은 윤리적 반응의 표현으로 분석하는 데 실패했다.

인간 DNA의 상당 부분이 발현될 인간-동물 키메라가 늘어나리라는 전망으로 논쟁의 분위기가 서서히 고조되었다. 스탠퍼드 대학교의 생명윤리학자들은 변호사 행크 그릴리Hank Greely가 제안한 사고 실험을 놓고 열띤 논쟁을 벌였다. 대형 유인원의 뇌를 구성하는 데 관여하는 유전자를 인간 언어 능력의 핵심이라고 주장된 FOXP2 유전자에 해당하는 사람의 유전자로 하나씩 교체한다고 상상해보자. 어느 지점에서 유인원이 인간이 될까? 10퍼센트? 30퍼센트? 50퍼센트? 유인원과 인간이 유전자의 98퍼센트 이상을 공유한다는 것을 감안할 때, 이러한 사고 실험으로 얻을 수 있는 것이 무엇인지 가늠하기는 힘들다. 물론 이런 일이 실제로 일어날 가능성이 없을지라도 이러한 추측들이 생명윤리학 학술지의 지면을 점령하기 시작했다.

2007년에 영국 인간수정배아관리국(HFEA)은 인간-동물 잡종과 키메라의 이용에 대해 시민들을 대상으로 대중적인 자문을 구하기 시작했다. 당시 미국에서는 인간배아줄기세포 연구를 위한 연방 재정 지원이 여전히 막혀 있었고, 특히 키메라를 만드는 것은 캐나다, 오스트레일리아와 유럽 일부 국가에서 금지되어 있었다. 자신들이 가진 지식이 '잘못된 정보'임이 밝혀졌을 때 생각을 바꾸는 경향이 있었지만, HFEA의 여론조사 응답자들과 공개적인 대중 토론회 참석자들은 이러한 연구에 반대했다. 이와는 대조적으로, 질문을 받은 과학자들은 모든 분야에서 연구를 계속 진행해야 한다는 데 압도적으로 찬성했다. (스티븐 밍거는 자신이 이러한 잡종 개발을 위해 영국 의회와 정부를 대상으로 로비를 하는 데 얼마나 많은 시간을 쏟았는지 기술했다.) 심사숙고 끝에 HFEA는 허가를 전제로 연구를 허용해야 한다고 결론 내렸다.[28] 2008년에는 1990년에 제정된 인간수정과배아에관한법률Human Fertilisation and Embryology Act의 개정안이 제출되었다. 오푸스데이Opus Dei('하느님의 사업'이라는 뜻으로, 스페인에 뿌리를 두고 중남미, 아프리카 일부, 로마 교황청에서 세력을 키워가고 있는 가톨릭교회 내 가장 보수적인 집단 — 옮긴이)와 밀접한 루스 켈리Ruth Kelly처럼 노동당 내각의 가톨릭 구성원들이 지지하는 하원의 정당 간 교류 단체와 토리당 예비 내각의 대다수는 '구세주 형제'와 함께 잡종의 생산을 금지하는 개정안을 제출했다(치명적인 희귀병을 앓는 자녀의 치료를 위해 시험관 수정을 한 배아 중에서 건강한 유전자를 가진 배아를 골라서 만든 맞춤형 아기를 가르키는 말이다. 영국 하원은 이 같은 '구세주 형제'법안과 인간-동물 잡종 배아를 허용하는 법안을 통과시켰다. — 옮긴이). 그러나 자유 투표에서 이 개정안은 부결되었다. (당시 야당 당수였던 데이비드 캐머런과 총리 고든 브라운은 잡종을 허용하는 데 표를 던졌다.)

3년 뒤, 영국 의학아카데미Academy of Medical Sciences 작업 그룹이 이 문제를 다시 논의했는데,[29] 당시까지 영국 연구자들은 약 150건의 잡종 혹은 키메라에 관한 연구 허가를 받았다. 의학아카데미는 1998년에 설립된 비교적 신생 기관으로, 학계와 산업계 사이의 교량 역할을 하는 것을 주요 목표로 삼고 있다. 과학자 회원 외에도 명예 회원으로 데이비드 쿡지 경과 세인즈버리 경이 있다. 이후 계속된 대중 자문 활동과 여론 조사 결과, 대중들이 인체 유래 물질이 포함된 동물을 이용하는 연구를 '광범위하게 지지한다'는 사실을 알게 되었다. 인간의 뇌나 생식계와 관련된 특정 세포나 유전자가 키메라에 포함되는 문제를 제외하고는, 많은 응답자들에게 인간의 존엄성보다는 동물 복지가 더 중요한 관심사였다. 의학아카데미는 이와 관련된 모든 안건이 전문가 패널에서 숙고되어야 할 것이라고 결론 내렸다. 원래 〈워녹 보고서〉에서 정한 내용에 따르면, 인간과 비인간 영장류 사이의 키메라와 잡종 배아는 14일 이상 살아 있게 해서는 안 된다.

유도만능줄기세포 구출 대작전?

줄기세포 연구자들의 확신과 산업계와 정부 내 지지자들의 더한 자신감은 황우석 사건의 여파로 잠시 훼손되었지만 곧 회복되었다. 황우석은 사과 상자 속에 으레 하나쯤 들어 있는 썩은 사과였을 뿐이며, 서구에서는 일어날 수 없는 아시아에 국한된 현상이라는 주장에는 인종차별주의 색조가 다분했다. 이런 시각은 극심한 경쟁으로 과학 사기가 이미 생명과학계의 고질적 문제가 되었고, 그래서 미국과 유럽의 과학 학술지 편집자들이 이 문제를 그토록 많이 거론했다는 사실을 무시한 것이었다. 이런 관점은 생명과학계가 미국이 주도하는 기관인 국제줄기세포연구학회International Society for Stem Cell Research(ISSCR)와 주요 학술지의 엄격한 심사 절차를 통해 자기 규찰을 할 것이라고 희망했다. 생명과학계로서는 다행스럽게도, 이 해에 예기치 않게 야마나카의 유도만능줄기세포라는 형태로 구세주가 나타났다. 야마나카 연구팀은 처음에는 쥐, 다음에는 인간을 대상으로 레트로바이러스를 이용해서 배아 발생과 관련된 것으로 알려진 네 개의 유전자를 DNA에 주입하는 방법을 이용해 인간 성체 피부 세포를 재프로그래밍하는 데 성공했다. 이렇게 형질이 전환된 세포는 만능세포가 되었다.

완전히 새로운 세계가 열렸다. 사람의 피부 세포를 사용하기 때문에 아무런 윤리적 문제도 없었고, 재료 공급도 거의 무한정 가능했다. 자신의 세포를 사용하기 때문에, 예상할 수 있는 면역 거부 반응을 방지할 자가 조직 세포주를 만들 수도 있었다. 게다가 유전질환으로 고통받는 사람의 피부 세포를 추출함으로써 그 질환의 세포 과정cellular process과 어쩌면 치료까지도 체외에서 연구할 수 있게 될 것이다. 2011년에는 심장질환에서 정신분열증에 이르기까지 모든 질병을 모형화할 수백 종의 세포주가 만들어졌으며, 악성 유전성 피부질환인 이영양성 수포성 표피박리증을 치료하기 위한 최초의 시도가 캘리포니아에서 이루어졌다.

일부 줄기세포 연구자들이 열광적으로 유도만능줄기세포로 방향을 전환하는 한편, 인간배아줄기세포에 자신들의 경력을 걸어왔던 연구자들은 인간 배아를 이용한 실험을 계속하는 이유를 정당화하기 위해 방어에 나서야 했다. 이들은 유도만능줄기세포를 만드는 데 필요한 유전자 조작은 결국 고유의 만능 세포인 배아세포와 정확히 똑같지는 않다는 것을 의미하며, 형질 전환에 필요한 레트로바이러스가 암을 일으킬 수 있어 위험할 수도 있다고 주장했다. 유도만능줄기세포 연구자들은 이러한 주장에 대해 야마나카의 기술을 변경하는 것으로 응답했는데, 그들은 세포를 변형하는 데 바이러스 대신 화학 약품을 사용했다. 그러나 새로운 문제가 계속 나타났다. 그 세포들은 완전한 만능성이 아니었으며, 연구자들은 이 세포들에 대해 경험을 쌓아나가면서 차츰 면역적·유전적·후성유전적 변칙성을 발견하게 되었다.[30]

실험실에서 안방까지 — 줄기세포 관광

항상 그렇듯이 연구 현장에서 안방까지 가는 길은 그리 간단하지 않다. 세포 배양 실험실의 통제된 조건에서 페트리 접시에 소수의 유도만능줄기세포나 인간배아줄기세포를 배양하는 데 성공할지라도 임상에 적용하는 데 필요한 수십억 개의 세포를 공급하기 위해 대량 생산을 하려면 전혀 다른 기술이 필요하다. 이것은 특히 유도만능줄기세포와 연관된 문제로, 레트로바이러스를 사용하든 화학물질을 쓰든 전체 세포의 1만 분의 1도 안 되는 극히 일부만이 만능성을 갖게 되기 때문이다. 이 형질전환 세포가 증식되면 돌연변이를 일으키거나 발암성이 되거나 세포주가 오염될 위험이 있다. 극적으로 빠른 치료를 찾는 사람들에게는 포드주의적 생산 라인, 엄격한 품질 관리, 세포 분류 기술, 수십 개의 규제 기관이 관련된 저장과 수송이 이 과정을 너무나 느리게 만드는 것으로 보였다.

이런 문제들이 모두 극복된다 할지라도 결정적인 문제는 줄기세포가 실제로 효과가 있는가이다. 일부 질환의 경우, 자가 세포가 사용되었을 때 그 대답은 분명히 '그렇다'이다. 예를 들어, 피부 이식이 그러하고, 기관지 암을 치료하기 위해서 중합체를 기반으로 한 뼈대에 환자 자신의 줄기세포를 심어 인공 기관지를 만든 2011년의 획기적인 생명공학의 업적이 그렇다. 또한 특수한 형태의 줄기세포를 이용해서 손상된 각막을 재건할 수 있는 가능성도 보인다. 그러나 21세기를 맞이하면서 예베트 쿠퍼가 그렇게 열광적으로 예언했던 수많은 치료에 도달하기까지의 여정은 여전히 멀기만 하다, 파킨슨병이 그 전형적인 예다. 얼마나 많은 세포를 주입해야 하는지, 주입된 세포의 성장을 어떻게 제어하고 뇌의 적합한 영역에 어떻게 자리 잡게 할 것인지, 그리고 이 새로운 신경세포들이 이웃 세포들과 기능적 접촉을 이루게 할 방법은 무엇인지의 기본적인 문제들 중 어느 하나도, 수십 년의 연구에도 불구하고, 동물 실험에서조차 해결되지 못했다.

2011년에 오바마 입법의 첫 결실 중 하나로 여겨진, 줄기세포를 이용한 뇌졸중 치료 시도가 있은 지 고작 2년 만에, 제론 사가 암 치료에 집중했던 줄기세포 연구와 그동안의 실험을 포기하겠다고 발표해서 줄기세포 학계 전반에 충격을 주었고, 빠른 진전에 대한 기대는 큰 타격을 입게 되었다. 실험에 등록한 환자들이 어떻게 되었는지는 확실치 않았다. 이번에는 투자에 비해 충분한 수익이 보장되지 않는다는 사업 전망에 의해서, 희망이 또 다시 미뤄졌다.

극히 일부 경우를 제외하고는 줄기세포 치료가 임상실험 단계를 지나 FDA 승인을 받는 단계에까지 이르지 못하지만 여전히 기적의 치료에 대한 과대광고와 희망이 크게 선전되고 있는 상황에서, 국제 시장이 해결책을 내놓았다. 지불 능력이 있는 사람들을 위해서, 플로리다에 기반을 둔 리제노사이트테라퓨틱스Regenocyte Therapeutics, 중국의 베이케바이오테크놀로지Beike Biotechnology, 태국의 테라비태Theravitae 같은 실체가 불분명한 업체들이 줄기세포 관광으로 화려한 장사를 시작했다. 네덜란드와 아일랜드에 있는 다른 회사들은 규제 당국에 의해 문을 닫게 되었고, 독일의 엑스셀센터XCell-Center는 파산 신청을 했다. 이들 회사의 웹사이트는 전통적 치료법으로 실패한 폐, 심장, 척수질환 치료를 약속하고 있고, 환자들의 현란한 추천글로 후끈 달아올라 있다. 미국과 서유럽 회사들의 경우, 치료센터는 루마니아나 도미니크공화국, 태국 등 국외에 있다. 전형적인 미국인 환자가 진정한 글로벌 네트워크에 가입하려면 최소 2만 달러 이상을 지불해야 하고, 그러면 환자의 혈액과 골수 추출물이 규제가 약하고 기술 수준이 높은 이스라엘로 보내진다. 그곳에서 추출된 줄기세포는 성장 요소들과 혼합되어 증식된 후, 환자가 도착할 시간에 맞추어 남아메리카나 아시아, 또는 동유럽에 위치한 치료 센터로 보내진다. 그런 다음, 이 줄기세포는 심장, 폐 또는 다른 질병 기관에 주입될 것이다. 그들의 주장에 따르면 세포 주입 후 3개월에서 6개월이 지나면 호전을 보이기 시작한다고 한다.

과연 이 치료가 효과가 있을까? 유럽과 미국의 저명한 줄기세포 연구자들은 회의적이다, 이들 회사는 자신들이 수행한 방법, 대조군 연구나 성공률 통계 자료 등에 관한 상세 정보를 거의 공개하지 않고 있으며, 자신들이 제공하는 치료에 대해 동료 평가를 거의 받지 않고 있다. 새로운 약이나 치료가 승인을 받으려면 반드시 거치도록 공들여 수립한 단계들은 간단히 무시되고 생략되었다. ISSCR은 국제적 규제가 불가능하다는 것을 알면서도 이들 회사들을 비판하고 더 엄격한 규제를 요청했다.[31] 이런 맥락에서, 스탠퍼드 대학교의 윤리학자 찰스 머독Charles Murdoch과 크리스토퍼 스콧Christopher Scott은 소셜 미디어를 이용할 때 다음과 같은 윤리적 의무가 있다고 주장했다.

1. 환자들의 재력과 관련하여 이러한 절차에 들어가는 비용을 포함해서, 여행과 개입으로 인한 육체적·정신적·경제적 위험 가능성을 [치료 대상이 되는 환자들에게] 밝히고 논의해야 한다.

2. 규정된 개입으로 예상되는 위험이나 혜택에 대한 독립된 과학적 증거를 밝히고 전달해야 한다.

3. 윤리적 부정행위나 문제가 될 수 있는 활동에 대한 모든 증거를 공개해야 한다. 여기에는 다음 사항들이 포함된다.

- 지역적 또는 전국적 감독의 증거를 제공하지 않는 행위
- 문제의 소지가 있는 환자 모집 활동에 가담하는 행위
- 명백한 거짓 설명, 사기, 혹은 환자 학대[32]

세계화 시대에 생명윤리에 대한 권고가 넘치도록 많은데도, 이 특별한 고양이 목에 누가 방울을 달 것인지에 대해서는 침묵만이 있을 뿐이다.

8

신경기술과학의 필연적 등장

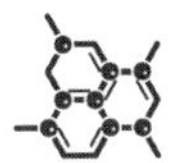

1990년대는 단지 인간게놈의 시대만이 아니었다. 조용하게, 팡파르도 울리지 않으면서 미국 NIH는 1990년대가 뇌과학의 시대이기도 하다고 선언했다. 항상 미국보다 한두 걸음 뒤처져서, EU의 연구재단들도 실질적으로 1990년대 중반에 같은 슬로건을 채택했다. 그러나 미국이나 유럽 어느 쪽도 과거 HGP가 설정했던 인간 유전체의 염기서열분석처럼 분명한 목표를 설정하지 않았으며, 1990년대가 끝나갈 무렵 클린턴이나 블레어가 뇌의 신비가 '해결'되었다는 극적인 선언을 하지도 않았다. 그러나 확실한 것은 정부, 제약회사, 연구재단, 그리고 군부의 연구비 지원이 크게 늘어났다는(더 괄목하게는 신경과학자들의 숫자가 급속히 증가했다는) 사실이다. 새로운 천년대가 시작할 무렵 연구자들은 신경과학이 이제 "정신의 시대 Decade of the mind"에 진입했다고 주장했고, 출판업자들의 발간 목록에는 신경본질주의neuroessentialism를 주장하는 책들이 봇물을 이루고 있었다. 그러나 정신질환과 신경질환이 기록적인 수준으로 진단되었던 2011년은 향정신성 약품을 연구하고 개발하고 판매하고 있는 최대 규모의 제약회사들이 스스로 그 분야에서 철수해서 좀더 다루기 쉬운 질병, 수익이 확실한 특정 암과 같은 질병에 초점을 맞추겠다고 선언한 해이기도 하다.

이 장에서는 지난 20년 동안의 변화 과정을 개괄하고, 신경과학을 약진하게 만든 동인이 무엇이었는지 물음을 제기하고자 한다. 신경과학자에게 인간의 뇌를 이해하고 뇌를 통해서 마음 자체를 이해하려는 시도는 생물학의 마지막 프론티어였다. 정신병 학자들로서는, 유전체학과 신경과학에서 이루어진 진전으로 1950년대에 이루어졌던 약속이 한층 탄력을 받게 되었다. 그것은 신경과학자들에게, 그들이 오랫동안 갈구해왔던, 내과의나 외과의와 동등한 지위를 얻기 위해 필요한 과학적 기반을 부여해주겠다는 약속이었다. 정신질환이 늘어나고 치료 비용이 높아지면서, 신약들은 환자에게 전례를 찾아볼 수 없는 강력한 치료를 약속했고, 각국 정부에게는 엄청난 부를 창출할 수 있는 잠재력을 약속했다. 오늘날 거대 제약회사들은 신경약리학neuropharmacology이 처음에 했던 약속을 실현하지 못하고 있다는 것을 인정했지만, 지금껏 꿈도 꾸지 못했던 신경 치료제들이 시장에 도입되었다. 그 주역은 — 생명공학 기업들처럼 — 학계와 산업계 사이의 잡종으로, 새로 설립된 신경 기술 기업들이다.

NIH가 선포한 "뇌의 시대"가 끝난 해에 열린 미국신경과학회American Society for Neuroscience 연례 학술회의에는 전 세계에서 무려 3만 5000명의 참석자가 몰렸다. (유럽의 비슷한 학회에 8000명 이상이 참석한 경우는 한 번도 없었다.) 그 중에는 대학이나 제약회사의 연구소뿐 아니라 새로 창설된 신경기술 기업들의 대표, 그리고 조금쯤 실체가 불분명한 군 관련 업체 관련자까지 있었다. (이처럼 여러 영역이 한데 얽혀 있기 때문에, 야망을 품은 연구자들이 네 영역 모두에서 손과 발, 봉급, 그리고 연구비를 구하는 것이 가능했다.) 이제 완전히 성숙한 기술과학으로 변모한 신경과학은 이후 10년 동안 더욱 성장했고, 개별 국가나 국제적인 연구 재단, 그리고 유럽의 대규모 공동 연구개발 프로그램인 EU 프레임워크 프로그램EU framework Programme에서 유전체학과 나란히 최우선 연구비 배정 분야로 떠올랐다. 영국의 《미래예측 보고서》는 이 분야를 이른 시일 내에 부를 창출할 수 있는 주요 성장 분야로 내다보았다. 미국의 경우, 전미 신경기술 이니셔티브를 추진하려는 법안이 의회에서 발이 묶였지만, 국립연구회의National Research Council는 인지 신경과학과 연관 기술의 잠재력을 크게 강조했다. 신경기술 산업은 점차 조직화되었고, 2010년에는 미국-기반 신경기술 산업 조직의 설립자인 잭 린치Zack Lynch가 100개 이상의 기업들을 대변했다. 같은 해 여름에 출간된 〈신경과학 기업 보고서Neurotech Business Reports〉에 따르면, 이 분야의 거래 총액은 43억 달러에 달했으며, 2014년까지 102억 달러로 늘어날 것으로 추산되었다.[1]

'정신의 시대'가 도래하면서, 신경과학적 주장들은 점차 터무니없는 수준으로 치달았다. 그것은 HGP가 처음 출범했을 때 코쉴랜드Koshland가 했던 주장, 즉 정신분열증에서 노숙자 문제에 이르기까지 사실상 모든 문제를 해결할 것이라는 주장, 심지어는 줄기세포 연구로 절름발이가 걷고 봉사가 눈을 뜨게 될 것이라던 어느 《가디언》 논설위원의 주장마저 훌쩍 넘어서는 정도였다. 신경과학의 주창자들은 이 분야가 정신병이나 신경질환을 정복하는 데 그치지 않고, 신다윈주의가 아직 해결하지 못했던 생명의 가장 큰 수수께끼, 즉 인간 의식의 신비에 도전할 것이라고 믿고 있었다. 그들은 신경과학이 도덕성, 이기심, 그리고 종교적 경험의 원천을 설명하고, 낭만적 사랑, 윤리, 법률, 그리고 심지어는 미학적 경험과 문학 비평이 이루어지는 뇌의 위치를 파악할 수 있는 새로운 틀을 제공해줄 것이라고 설명했다. 새로운 유형의 내부 골상학이 다시금 탄생하고 있는 셈이다.

지도적인 신경과학자들 사이에서는 더 이상 마음-뇌 문제는 논쟁거리가 아니었다. 프랜시스 크릭에 따르면 "당신은 그저 뉴런 덩어리일 뿐이다."[2] 노벨상 수상자 에릭 칸델Eric Kandel도 "당신은 당신의 뇌이다"[3]라는 비슷한 주장을 제기했다. 그는 한때 정신분석의였지만 지금은 최고의 환원주의적 기억 연구자다. 그가 연구 모형으로 삼는 생물체는 캘리포니아 해삼이다. 퍼트리샤 처치랜드Patricia Churchland[4] 같은 신경철학자들에게, 환원주의 연구 의제는 매우 명확하다. 즉 그들이 통속심리학이라고 부르면서 깔보는 언어는 남김없이 쓸어버리고, 신경-계산의 엄밀함으로 대체시켜야 한다는 것이다. 그리 다르지 않은 접근방식으로, 정신분석학자 마크 솔름스Mark Solms는 신경과학이 크게 발전했기 때문에 과거 프로이트가 처음 제기했던 생물학적 프로젝트, 즉 영혼 문제를 뇌 속에서 일어나는 특정한 과정으로 간주하려는 계획으로 돌아갈 시간이 되었다고 주장했다.[5] 심지어 달라이 라마도 신경과학에 기반하는 미국인 추종자들이 명상과 관련된 뇌의 과정을 스캐닝해서 명상의 효능을 입증하려는 시도를 환영했을 정도였다. 그러나 많은 철학자와 심리학자에게, 신경과학의 진전은 새로운 문제를 야기했고, 그로 인해 신경윤리neuroethics라는 새로운 분야(또는 필경 이번에도 새로운 사업)의 출현 가능성을 열어주었다. 정신이 뇌에서 일어나는 처리 과정의 부차적 산물에 불과하다는 사실을 신경과학이 입증해냈다면, 자유의지와 자율성이라는 개념은 어떻게 되겠는가? 윤리학자와 신경과학자는 계속 이 물음을 사회학에 기반한 인간 능력이라는 개념 대신 전통적인 철학의 언어라는 더 새로운 틀로 다루고 있다.

만약 사람의 행동이 분석 가능한 두뇌 과정의 산물이라면, 책임이라는 법적 개념에 무엇이 남겠는가? 일부 신경과학자는 의식의 지위를 대뇌 피질의 특정 영역에서 일어나는 분자적 과정으로 떨어뜨리는 "무자비한 환원주의"라고 칭하는 것에 만족한다. 다른 과학자들은 도킨스가 이기적 유전자의 폭정이라는 개념을 제기하면서 했던 것과 유사한 속임수를 써서 이 주제를 얼버무렸다. 따라서 면역학자에서 의식 연구자로 방향을 바꾼 노벨상 수상자 제럴드 에델먼Gerald Edelman에 따르면, "당신은 당신의 뇌 더하기 자유의지다."[6] 어떤 행동을 할 것인지에 대한 결정이 그 사람의 뇌에서 의식적으로 그 결정을 내렸다는 것이 통보되기 10분의 수초 전에 이미 내려진다는 것을 입증한 신경생리학자 벤저민 리벳Benjamin Libet은, 설령 우리에게 자유의지가 없더라도, 의식적인 정신의 장 속 어딘가에 "하지 않을-의지free-won't"를 가지고 있기 때문에 뇌의 결정을 취소할 수 있다는 말로 자신의 주장을 누그러뜨리려 했다.[7]

얼핏 심신 문제가 해결된 것처럼 보이면서, 신경과학자들은 앞으로 더 많은 연구에 자원이 투여된다면, 우울증에서 알츠하이머병에 이르기까지 정신병이나 신경질환으로 진단된, 빠른 속도로 증가하고 있는 질병들에 대한 새롭고 효과적인 치료법을 찾아낼 수 있다고 확신한다. 이미 영국에서만 70만 명이 알츠하이머병 진단을 받았고, 2020년까지 노령 인구에서 그 숫자는 두 배로 늘어날 것으로 예상되고 있다. WHO는 전 세계에 걸쳐 우울증이 확산되고 있다고 선언했고, 2011년에는 정신질환과 신경계 질병이 전 세계에서 전체 질병의 13퍼센트를 차지한다고 발표했다. 이 결과에 따르면, 대규모 제약회사들이 최선의 노력을 다함에도 세계는 날로 정신적으로 병들어가는 셈이다. 조울증의 경우, 수십 년 전까지만 해도 드물게 진단되었지만 2000년대가 시작되면서 미국인 40명 중 한 명이 이 질병에 해당하는 것으로 진단되고 있다. 영국에서는 주의력결핍과잉행동장애

Attention Deficit hyperactivity Disorder(ADHD)가 1980년대에 어린이 500명 중 한 명 꼴이었지만, 오늘날에는 25배나 더 자주 발견되는 것으로 추정된다. 2011년에 유럽뇌연구위원회European Brain Council는 유럽 전체 인구의 38퍼센트인 1억 6500만 명이 정신질환을 일으킬 것이고, 그로 인한 연간 비용은 8000억 파운드, 즉 유럽 대륙 전체의 건강관리 예산의 24퍼센트에 달할 것이라고 추산했다. 그렇지만 위원회는 1억 6500만 명 중 대다수가 그 사실을 인지하지 못할 것이고, 치료를 받지도 않을 것이라는 점을 인정했다.[8]

소비되는 향정신성 약품의 총량은 매년 증가해왔다. 2008년부터 2011년 사이에 영국에서 항우울증 진단을 받은 사람은 3400만 명에서 4340만 명으로 늘어났다. 불안완화제와 수면제를 복용하는 사람은 990만 명에서 1020만 명으로 늘어났다. 그 이유는 악화일로를 걷는 경제위기로 인해 불확실성이 점차 늘어나기 때문일 것이다. ADHD에 대한 처방은 1990년대 초에 연간 2000건에서 2010년에는 60만 건으로 늘어났다. 같은 해에 정신질환과 관련된 약품의 세계 시장은 약 750억 달러 규모였다. 그렇지만 그로 인한 이익이 대규모 제약회사들에게만 주어진 것은 아니었다. 많은 약품의 특허 기간이 경과했고, 흔히 인도에서 제작된 값싼 복제약들이 쏟아져 나오면서 기존 약품들은 경쟁력을 잃었다. 새로운 블록버스터 급의 약품이 개발될 수 있는 여지는 없었다. 그런 맥락에서, 서구의 많은 사람들은 허브 치료로 눈을 돌렸다. 특히 성 요한의 풀로 알려진 허브는 우울증과 불안감을 완화시켜주는 것으로 알려졌고, 이 허브를 이용한 자가 치료 결과는 제약회사들이 만든 대부분의 약보다 부작용이 훨씬 적은 것으로 보고되었다. 한편 정신분열증 협회나 알츠하이머 환우회 같은 환자 단체는 뇌와 정신 건강에 지출되는 생의학 분야 연구비가 암이나 심장질환에 비해 훨씬 적다는 불공평함에 대해 항의했다. 영국 신경과학회장은 영국의 건강관리 예산의 3분의 1이 정신질환이나 뇌 이상에 몰리는 반면, 신경과학은 생의학 연구 예산의 6분의 1밖에 받지 못하고 있는 이상한 현상을 지적했다. 이러한 사정은 미국도 비슷하다.

그럼에도 가장 큰 규모의 제약회사들이 제각기, 그러나 거의 잇달아 정신분열증이나 우울증 같은 정신병 치료를 위한 신약 개발 시도를 접고 있고, 실험실을 폐쇄하고 연구진을 해고하고 있다고 발표한 것은 상당한 충격이었다. 그들은 자신들이 신체의 덜 불분명한 건강 문제에 다시 초점을 맞추기 위해서 이런 결정을 내렸다고 말했다. 이러한 움직임은 지난 20여 년 동안 제약 산업이 격동의 역사를 겪었다는 맥락에서 이해될 필요가 있다. 그 기간 동안 제약 산업은 동시에 상반되는 두 방향으로 변화되었다. 한편에서 분석가들은 소규모 제약회사가 너무 많아서 향후 소규모의 전지구적인 기업을 만들기 위한 합병이 이미 예견되었다고 주장했다. 따라서 1980년대부터 스미스클라인 사와 프렌치 사는 스미스클라인비첨으로 합병되었고, 글락소는 글락소-웰컴이 되었다. 그리고 마침내 두 기업이 다시 합쳐서 글락소스미스클라인이 되었다. 론풀랑크 사는 회스트와 합병했고, 그후 다시 사노피-아벤티스와 합쳤다. ICI의 제약 분과는 스웨덴 기업인 아스트라와 합쳐서 아스트라제네카가 되었다. 시바는 시바가이기가 되었고, 산도즈와 합병해서 노바티스가 되었다. 그러나 기업의 규모가 점차 커지면서 새로 설립된 작은 생명공학 기업들에 연구를 맡기는 외주 관행이 시작되었다. 예를 들어, 로쉬는 제넨테크와 디코드에 외주를 주었다. 이들 작은 기업들 중 일부는 거대 기업들을 능가하는 빠른 속도로 발전했다. 가령 제넨테크는 이미 많은 이익이 나는 암 치료에 초점을 맞추고 있었다.

2011년에 향정신성 약품 연구에서 철수를 주도한 업체는 파이저였다. 현재 대규모 제약회사 중에서도 전 세계에서 가장 큰 이 회사는 영국 켄트

주의 샌드위치에 있는 핵심복합연구소의 문을 닫았고, 2500명의 연구원이 일자리를 잃었다. 뉴욕에서 옥스퍼드에 이르기까지, 뛰어난 신경과학자들을 CEO나 책임 과학고문으로 둔, 신규 창업한 생명공학 기업들은 기억력을 높이고 기억을 지우고 알츠하이머병을 치료할 수 있는 열쇠를 쥐고 있다는 가능성을 토대로 벤처 기업들로부터 자금을 지원받았지만 도산했다. 영국 정부의 강력한 압박에도 노바티스는 오스트레일리아의 호르샴에 있는 생산 기지와 연구개발 설비의 일부를 폐쇄해서 550명이 일자리를 잃었고, 바젤의 신경과학 연구 설비도 문을 닫았다. 글락소스미스클라인과 아스트라제네카도 곧 뒤를 이었다. (잘 알려지지 않았지만, 사실상 이들 기업 중 여러 곳은 단지 이전만 했을 뿐이다. GSK는 상하이의 새로운 염기서열분석센터에서 신경 퇴화에 관해 연구하고 있으며, 노바티스는 매사추세츠 케임브리지에 정신병 유전학을 연구하기 위한 새로운 연구 분과를 열었고, EU는 우리가 6장에서 살펴보았던 디코드의 정신분열증 연구에서 나온 전장유전체연관분석 데이터를 연구할 공적-사적 협력 관계를 수립하기 위해 2500만 유로를 지원했다.) 그에 대한 대응으로, 정부는 4곳의 연구 캠퍼스에 1억 파운드를 지원하겠다고 선언하고 나섰다. 거기에는 케임브리지와 노위치 인근 생명과학 연구센터들이 포함되었다. 그로써 과거 영국 정부가 과학 분야 연구 예산 14억 파운드를 삭감한다고 발표하고, 전문직 일자리를 줄임으로써 발생했던 손실을 조금이나마 벌충한 셈이었다.

한편, MRC는 번역 연구 전략의 일환으로 아스트라제네카와의 특별 협약에 조인했고, 그 회사에서 출시하는 약품들의 조성에서 새로운 작용을 연구하고자 하는 연구자들에게만 특정해서 1000만 파운드를 지원하기로 했다. 지난 수십 년 동안 대학과 기업의 관계에서 나타난 변화, 즉 상대적으로 자율적인 관계에서 융합과 잡종성으로의 변화가 이 프로젝트로 결실을 맺었다. 그런데 설령 이 프로젝트가 성공적이었고, 연구와 임상 사이의 간격을 넘었다고 해도, 아스트라제네카가 연구와 생산의 근거지를 계속 해서 영국에 두고 있다는 점이 문제다. 이처럼 신중을 기하는 데는 나름의 이유가 있다. 그동안 대규모 제약회사들은 항상 조건을 저울질하면서 언제든 이 나라 저 나라를 옮겨다닐 수 있었다. 세계화의 시대에, 중요한 것은 보조금을 주는 나라에서 계속 이익을 내는 것이다. (이 목표를 달성하는 한 가지 방법은 그 나라가 특정 기업에 직접 투자하는 '수익-조건부-대출'. 즉 해당 상품이 성공적일 경우에만 배당금을 받는 것이다. 따라서 자신 있는 자본주의 국가인 독일은 투자를 국가 경제와 결부시키는 반면, 영국은 대규모 제약회사에만 보조금을 지급한다.)

하나의 신경과학 또는 여러 신경과학들?

신경과학neuroscience이라는 이름은 하나지만, 전국 학회와 국제 학술지는 여럿이다. 따라서 신경과학은 유전체학처럼 단일한 과학이 아니다. 이 말은 1960년대에 과학 몽상가들에 의해 창안되었다. 그런 사람들 중 핵심 인물은 MIT의 신경생리학자 프랜시스 슈미트Francis Schmidt였다. 그것은 뇌와 신경계가 연구되는 서로 다른 수많은 방식들 — 신경학, 심리학, 그리고 약리학 연구에서 생리학과 해부학을 통해 분자생물학과 유전학으로 — 을 하나로 통합시키기 위한 의도적인 노력의 과정에서 탄생했다.

지난 수십 년 동안 신경과학이 약진할 수 있게 해준 기술로는 무엇보다 유전체학genomics과 정보과학informatics을 꼽을 수 있을 것이다. 전자는 아래로부터, 그리고 후자는 위로부터의 접근방식이다. 아래로부터 이루어진 유전체학의 진전은 질병과 연관된 유전자뿐 아니라 기질, 열망, 그리고 자신감과 같은 인간의 특성과 관련된 유전자까지 확인하기 위한 연구 계획을 가능하게 해주었다. 가령, 사람의 정신병과 신경 질병을 흉내 내는 동물 모형을 만들기 위해서 특정 유전자를 마음대로 쥐에게 넣거나 뺄 수 있게 되었다. 분자신경과학은, 성인의 뇌를 구성하는 수천억 개의 뉴런과 뉴런들 사이의 100조 가닥에 달하는 연결을 이루기 위해 스스로 결합하는, 복잡한 단백질들 사이의 정교한 상호작용을 도표로 작성하고 있다.

위로부터는 기능성자기공명영상(fmRI)과 양전자방출단층촬영(PET), 그리고 자기뇌파검사(mEG)의 등장으로, 사람의 뇌에 열린 창문들을 통해 그저 손상되거나 질병에 걸린 뇌의 영역을 찾아낼 뿐 아니라 수학 문제를 풀거나 사랑하는 사람의 사진을 보는 등 여러 과제를 수행하는 사람의 뇌 활동에서 나타나는 변화를 검출할 수 있게 되었다. 정보기술의 비약적인 발전에 고무된 야심찬 연구자들은 사람 뇌의 완전한 모형을 구축하려는 시도를 하기에 이르렀다. 다른 신경과학자들의 회의론에도 스위스 로잔의 헨리 마컴Henry Markham은 IBM을 설득해서 그 작업을 수행하도록 설계된 슈퍼컴퓨터 블루브레인프로젝트Blue Brain Project에 자금을 지원하게 만들었다. 좀더 실제적으로, 정보기술은 뇌와 컴퓨터 사이에 양방향 커뮤니케이션을 가능하게 만들기 시작했다. 전신마비 환자의 경우, 뇌의 운동영역에 전극을 이식하면 뇌의 메시지를 컴퓨터로 보낼 수 있다. 그러면 컴퓨터는 로봇에게 그 사람의 생각을 실행에 옮기라는 지시를 내릴 수 있다. 따라서 아직까지 줄기세포 치료법으로 해결할 수 없는 마비라는 다루기 힘든 생물학적 문제를 우회할 수 있는 셈이다.

그렇지만 이러한 신기술들은 가장 깊은 곳에 놓여 있는 이론적 문제를 해결하는 데 거의 기여하지 못했다. 서구 사상사에서 오랫동안 계속되었던 철학적 논쟁에서 유래한 이 해묵은 이분법(신경/심리, 본성/양육, 인식/감성)은 지금도 새로운 사고를 방해하고 있다. 여전히 뇌에 대한 접근방식들은 신경과학이라는 위세 높은 우산 아래 모였던 종전의 학문 분과들의 방법론과 그 문제점을 투영하고 있다. 크릭의 중심 도그마나 다윈의 자연선택 논리에 필적할 만한 뇌 이론이나 실제적인 통합은 아직도 존재하지 않는다. 노벨상 수상자의 강연을 듣기 위해 총회에 모인 것이 아니었다면, 미국신경과학회 회의에서 만난 3만 5000명의 각 분야 전문가들은 거의 관계가 없었다. 표면적으로는 기억과 같은 동일 주제를 연구하고 있고, 인지 심리학자, 분자생물학자, 그리고 뇌영상 처리 연구자 들이 같은 용어를 사용하면서 연구하더라도 그 현상에 대한 전혀 다른 이해에 기반하고 있기 때문에 사실상 접점이 거의 없는 셈이다. 예를 들어, 각 분야의 지도적인 전문가인 분자생물학자와 인지심리학자가 기억을 주제로 각기 쓴 두 권의 교과서는 공통된 참고문헌이 거의 없다.[9] 분자생물학의 경우, 단기기억은 뉴런들 사이의 연결 변화를 통해 기억이 고정되는 것으로, 수 시간 동안 지속된다. 반면 인지심리학 교과서에서 단기기억은 뇌가 특정 과제를 수행하기 위해서 동원하는 것으로 불과 수초 동안 지속되는 일시적이고 변덕스러운 현상으로 기술된다.

기능성자기공명영상과 사회신경과학

신경과학이 근원적으로 안고 있는 방법론적 문제는 분석의 단위가 개인이라는 점이다. 반면 인간은 사회적인 동물이고, 추상적인 문제를 풀기 위해서가 아니라 복잡한 사회 환경에서 살아남기 위해 진화한 뇌를 가지고 있다. 따라서 사람들은 타인이 자신과 비슷한 의도, 감정, 그리고 욕망을 가지고 있다는 것을 인식할 수 있어야 한다. '마음의 이론theory of mind'에 따르면 뇌에 손상이 있거나 자폐증에 걸린 사람은 이런 능력을 결여하고 있다고 한다. 신경생리학자들이 거의 우연히 발견한 사실에 따르면, 원숭이와 사람의 뇌의 일부 영역에 개인이 특정한 행동을 할 때뿐 아니라 그/그녀가 타인의 비슷한 행동을 관찰할 때에도 반응을 나타내는 뉴런(거울뉴런)이 존재한다. 이 발견은 사회신경과학social neuroscience이라는 새로운 분야를 열어주었다. 이것은 다른 사람의 느낌이나 감정을 인지하고 반응하는 데 관여하는 뇌의 사건들을 연구하는 것이다. 이 분야의 연구는 정기적으로 언론의 관심을 끈다. 그 이유는 가령 피실험자가 사랑하는 사람의 사진을 보거나 게임에서 다른 사람들과 경쟁을 벌이거나 협동할 때, 그리고 투자 결정을 내릴 때 뇌의 특정 부위가 활성화되는 것을 극적으로 강조하는 화려한 색깔의 영상을 보여주기 때문이다.

개인을 넘어 사회로 나아가려는 시도의 중요성은 인정할 수 있지만, 이러한 연구에는 지나친 해석의 위험이 도사리고 있다. 문제는 두 가지 수준에서 발생한다. 하나는 기술적인 것이고, 다른 하나는 개념적인 것이다. 사회신경과학 연구에서 사용되는 기법인 fMRI는 뇌의 작은 영역에서 산소가 풍부한 혈류를 측정하는 방법을 사용한다. 첫 번째 문제는 이 기법의 한계에서 기인한다. 아무리 잘 봐도, fMRI는 뇌 조직에서 직경 0.5밀리미터 정도의 작은 블록에서 약 2초 동안 일어나는 활동의 평균값이다. 이러한 조직의 블록이 작은 것처럼 여겨질지 모르지만, 이 작은 블록에 약 550만 개의 뉴런과 22킬로미터에 달하는 수상돌기, 그리고 550만 개의 뉴런 연결이 포함되어 있다. 뉴런들이 1000분의 1초의 시간 척도에서 작동한다는 점을 고려하면, 2초는 긴 시간이다. 또한 신경세포들이 신호를 방출하는 다른 신경세포들을 자극하거나 억제시키는 데 에너지를 쓰기 때문에 혈류에서 나타나는 모든 변화는 자극이나 억제를 의미할 수 있다. 그런데 이런 문제는 시작에 불과하다. fMRI를 보도한 신문기사를 장식하는 과장된 색깔을 사용한 이미지들은 혈류 변화에 대한 가공하지 않는 관찰 결과를 수학적으로 변형시킨 결과이며, 여기에는 뇌의 어떤 영역을 연구하고 견본의 크기를 어떻게 선택할 것인가에 대한 선험적인 가정이 내재한다. 사회신경과학 연구 집단에 돌을 던졌던 한 비판적인 분석은 이 분야에서 가장 권위 있는 54편의 논문을 검토한 끝에 그 논문들을 마술적 상관관계voodoo correlations라고 서술했다. 그것은 그 논문들이 '통계적으로 부적절한 데이터 선택을 통해 믿기지 않을 만큼 높은 상관관계'를 보여주고 있기 때문이다(설득 끝에 저자들이 원래의 논문 제목을 덜 자극적인 것으로 바꾸었지만, 이 분석으로 해당 논문들은 학문적 권위에 큰 손상을 입었다[10]). 더욱 고약한 것은, 한 대학생 그룹이 죽은 연어로부터 겉보기에 의미있는 fMRI 이미지를 얻었다고 보고한 일이었다.[11] fMRI 연구에 대해 호의적인 평자들도 그 이미지들이 기껏해야 지도에 불과하다고 주장한다. 즉, 인과적 메커니즘에 대한 설명이 아니라 단지 지도 그리기 작업에 불과하다는 것이다.

그러나 우리의 관점에서, 이러한 연구에 대한 가장 치명적 비판은 기술적인 것이 아니라 그 개념에 관한 것이다. 그들이 최대한 사회적인 시도를 하는 경우에도, 그 방법론은 본질주의자essentialist의 그것에서 벗어나지 못한다. 살아 있는 사람이 가지는 경험의 복잡성이 실험적 조작이 가능한 장난감처럼 가벼운 문제들로 환원되며, 이 과정에서 실제 삶의 준거는 모두 사라지고 만다. 2장에서 마크 하우저의 도덕적 딜레마에 대한 논의를 하는 과정에서 다루었듯이, 윤리에 대한 그의 신경과학은 신경과학의 윤리에 대한 그의 착오로 빛을 잃었다. 예를 들어, 2008년에 사이언스에 실린 〈옳음과 선함; 분배정의 그리고 평등과 효율성의 신경적 부호화〉[12]라는 논문이 그런 예에 해당한다. 연구자들은 우간다 고아원에서 굶주리는 아이들에게 원조 식량을 나눠주고 있는 자신을 상상하라는 과제를 받은 피실험자들의 fMRI 반응을 연구했다. 문제는 모두에게 돌아갈 충분한 식량이 없기 때문에 피실험자들은 부족하지만 공평하게 나누어줄 것인지(평등) 아니면 선택된 소수에게 충분한 식량을 나누어줄 것인지(효율)를 선택해야만 한다는 것이다. 분명히, '평등'을 선택한 사람들의 경우 뇌의 특정 영역인 섬엽insula이 관여했고, 다른 쪽 그룹은 조가비핵putamen이라는 영역이 관여했다. 그러나 정작 자원봉사자들이 이런 식의 단순한 양자택일의 상황에 처하는 경우는 극히 드물다. 그들은 대상 선별에 대한 훈련을 통해 끔찍할 정도로 복잡한 상황에서 가능한 한 많은 사람들을 구하도록 지시받았다. fMRI 장치의 조금 시끄럽지만 따뜻한 터널 속에서 혼자 안전하게 누워서 이런 선택을 하도록 요구받는 것은 폭력으로 멍들고 상처받은 나라의 지독한 기아 환경에서 일하는 활동가들이 처한 상황에 견주어볼 때 지나치게 추상적인 것이다. 따라서 연구자들이 진지하게 제공한 데이터에 대한 단순한 해석을 받아들이기는 힘들다.

이런 비판에도 가장 낙관적으로 볼 때 비침습성 신경영상화noninvasive neuroimaging 기술은 살아 있는 뇌에 창문을 연다는 은유를 통해 개별 생물체들의 — 캔들의 해삼, 알츠하이머 쥐, 또는 인간이라는 동물 등 — 신경과학의 인식론적 문턱을 넘어 신경과학이 인간이라는 동물의 심원한 사회성에 대해 많은 성과를 얻을 수 있는 가능성을 열어주었다.

불안한 마음과 손상된 뇌

1950년대까지, 생물학을 지향하는 정신의학자들이 쓸 수 있는 치료법은 거의 없었다. 얼마 안 되는 치료법이라야 전기충격, 중추신경 흥분제 메트라졸을 이용한 경련, 인슐린을 사용한 혼수상태 유도, 그리고 최후의 조치로 전두엽 절제술처럼 매우 거칠고 잔인하고 대상을 특정할 수 없는 무작위적인 방법들뿐이었다. 그런데 향정신성 약제들이 개발되면서 상황이 바뀌었다. 뇌 속의 특정한 생화학적 체계를 표적으로 삼은 그것들은 단지 치료법을 제공하는 수준을 넘어 자신들이 치료하는 질병에 대한 설명까지 제공하는 듯했다. 그러나 정신적 고통을 나타낼 수 있는 생화학적 또는 생리적 표지가 없으며, 혈압이나 혈당 상승과 같은 물리적 척도가 없고, 뇌에 아무런 이상도 나타나지도 않는다는 문제가 있었는데, 이런 문제는 지금까지 여전하다. 이런 생물학적 표지가 발견된다면, 정신의학자들은 관찰된 행동과 현상적 기술을 토대로 하는 진단을 넘어 생화학적 검사를 기반으로 삼는 단계로 나아갈 수 있게 될 것이다. 이상적으로는, 오랫동안 당뇨병 진단을 위한 혈당 측정에 사용된 소변 검사지처럼 간단한 색깔 변화로 이상을 감지할 수 있게 될 것이다. 얼마 동안, 정신의학자들은 소변 검사지와 같은 방식으로, 혈소판의 세로토닌 대사에 관여하는 효소의 활동에 대한 검사로 우울증을 진단할 수 있을 것이라고 생각했다. 그러나 이런 희망은 곧 물거품이 되었다. 정신분열증으로 진단받은 사람들의 혈액이나 소변에 들어 있는 독특한 물질을 찾아내기 위해 수십 년을 보냈지만, 그 결과는 늘 손아귀를 빠져나갔다. 소변에서 찾아낸 대사산물이 알고보니 정신병 환자가 병원에서 홍차를 너무 많이 마시는 바람에 나타난 부산물로 밝혀지는 식이었다. 생물학적 정신의학자들의 '분열증 소변'은 극히 짧은 환원주의의 생명을 누리고 끝났다.

이처럼 아무런 물리적 척도도 없는 상태에서, 미국정신의학협회American Psychiatric Association(APA)는 정신의학자들의 '경전'이 된《진단 및 통계 편람

Diagnostic and Statistical Manual》(DSM)을 발간했다. 협회는 이 편람 판매로 톡톡히 수익을 올렸다.[13] 1952년에 초판이 발간된 이후 지금까지 15차례 개정판이 나온 이 편람은 보고된 징후와 증상을 모아놓은 목록이다. 이런 징후와 증상들은 정신병이나 신경계 질환을 분류하는 기반이 된다. 그런데 이런 범주들은 종종 정신병학자 자신이 가지고 있는 인종이나 젠더의 가치에 영향을 받았으며, 그 결과 부적절한 진단이나 처방이 내려지는 경우가 적지 않았다. 두드러진 한 가지 예로, 폐경기를 겪고 있는 여성의 증상을 병리적인 불안과 우울증으로 분류한 경우가 그에 해당한다. 그 결과 습관성 약품인 다이아제팜을 복용시키는 과잉 처방이 내려졌다. 처음에 동성애는 DSM의 질병 목록에 올랐었고, 게이와 레즈비언 운동이 고조되었던 1973년에야 재분류되었으며, 이후 발간된 DSM에서 삭제되었다. 오래된 질병들은 사라지거나 명칭이 바뀌었다. 미소뇌기능장애Minimal Brain Dysfunction가 ADHD로, 다중인격장애Multiple Personality Disorder가 해리성정체장애Dissociative Identity Disorder로, 그리고 조울증Manic-Depression이 양극성장애로 바뀐 경우가 그에 해당한다. 공황장애나 외상후스트레스질환과 같은 새로운 진단도 등장했다. 어떤 상자를 건드리느냐에 따라, 하나의 진단이 나오고 약이 처방된다. 편람이 미국에서 나온 까닭은 정신의학 연구를 통해 확장된 범주들 때문이라기보다는 날로 시장화되는 의료계의 요구에서 기인한다. 이처럼 시장화가 가속화되는 체계에서 임상의들은 자신들에게 제기된 증상들이 의료보험으로 지불 가능한 것으로 분류된 경우에만 치료를 제공할 수 있다.

최초의 향정신성 약품인 클로르프로마진(영국에서는 라가틸, 미국에서는 토라자인으로 불린다)의 역사는 수많은 사례 중에서 가장 전형적인 경우다. 이 약품은 처음에 프랑스 제약회사 론풀랑크가 항히스타민제를 개발하는 과정에서 부산물로 얻은 것이다. 이 약이 입원 환자들을 진정시키는 효과가 있다는 사실이 거의 우연히 밝혀졌기 때문이다. 1960년대부터 정신의학 표준 교과서에 쓰인 내용을 인용하자면, '노인성 치매로 인한 안절부절 증세, 갱년기우울증의 흥분에서 망상과 환각으로 인한 감정적 분리에 이르는 폭넓은 증상들에 대해 진정 효과'가 있다. 이 약품은 1954년에 스미스클라인앤드프렌치SmithKiine and French 사에서 허가를 받았고, 정신분열증과 조병躁病 치료에 사용되었다. 불과 10년 만에 전 세계 5000만 명에 이르는 환자들에게 투약되었지만, 클로르프로마진이 지속적인 두뇌 손상, 심각한 운동 장애 등 정신병 환자와 정신의학자가 모두 라가틸 후유증이라고 부르는 증상을 나타낸다는 사실이 밝혀진 것은 훨씬 후였다. 그러나 향정신약의 역할이 어떻게 '잘못된 분자가 병든 마음을 야기하는지' 이해하는 것으로 바뀐(스티븐이 연사로 나섰던 미국의 한 환자 보호자 모임에서, 한 생물학적 정신의학자가 표현했듯이) 새로운 시대에 이 약품의 사용은 이미 예고되어 있었다.

얼마 지나지 않아 신경안정제, 항우울제, 그리고 불안완화제가 쏟아져 나왔다. LSD와 같은 일부 약품은 화학자들이 실험실에서 다른 연구를 하다가 우연히 발견했다. 다른 약품들은 약학의 생물해적질biopiracy(선진국들이 아프리카나 인도 등 제3세계 주민들이 누천년 동안 치료제 등으로 이용했던 토착 지식이나 생물자원을 빼앗아 제품을 개발하고 이익을 독점하는 현상을 말한다. 자세한 내용은 반다나 시바의 《자연과 지식의 약탈자들》을 참조하라 — 옮긴이), 즉 아직 산업화되지 않은 나라의 주민들이 오랫동안 가지고 있었던 특정 식물의 치료 효과에 대한 토착 지식을 훔쳐 만들어낸 것이었다. 아유르베다 의학Aryuvedic medicine(힌두교의 고대 의학, 장수 의술이다 — 옮긴이)을 의학적으로 적용한 것 중 하나인 인도의 아열대 식물 라우월피아 나무에서 유래한 정신병 치료제 리서핀Reserpine은 가장 잘 알려진 예다.

클로르프로마진과 마찬가지로, 서구의 대부분의 향정신성 약제는 경험적으로 발견된 것들이었다. 다시 말해서, 어떻게 작동해서 그런 효과가 있는지에 대한 이론이 전혀 없었다. 작동 원리를 밝혀내기 위해 통상 사용되는 생의학적 방식으로, 약리학자들은 실험실 동물, 대부분 쥐를 대상으로 약품의 효과를 검사했다. 그 결과, 많은 약들이 뇌 속의 한 신경세포에서 다른 세포로 신호를 전달하는 신경전달물질의 기능과 간섭을 일으킨다는 사실이 밝혀졌다. 따라서 가장 단순한 결론은 정신병 자체가 신경전달체계 기능 이상의 결과이며, 약이 그 이상을 고친다는 것이다. 예를 들어, 우울증은 뇌의 핵심적인 영역에서 일어나는 신호 전달이 모자라거나 넘치기 때문에 일어날 수 있다. 이 점을 좀더 검사하기 위해서, 연구자들은 몇 가지 방식으로 사람의 질환을 흉내 내는 동물 모형을 개발하기 시작했다. 간단한 신경질환에서는 이런 일이 그리 어렵지 않다. 쥐의 뇌 일부 영역에 공급되는 혈액을 차단시키면 뇌졸중과 같은 결과를 일으킬 수 있다. 또한 흑질에 있는 뉴런을 파괴하면 파킨슨병과 비슷한 효과를 일으킬 수 있다. 그러나 쥐에게 우울증이나 신경쇠약, 또는 정신분열을 일으키기는 훨씬 어려우며, (불가피하게 되풀이되는 전기충격과 같은) 실험에서 얻은 발견을 신념에 따라 사람에게 외삽하기에는 종종 그 과정이 지나치게 극단적이었다. 그럼에도 이런 문제는 도외시된 채 우울증이나 신경쇠약에 걸린 동물을 상대로 가능성 있는 약품을 실험할 수 있으며, 실험동물의 증상이 완화되면 사람을 대상으로 한 실험이 진행되곤 했다.

지난 수십 년 동안 신경약물학과 신경생리학자 들은 점점 더 많은 신경전달물질을 발견했고, 발견된 시기의 약제적 개입의 표적이 되었다. 아세틸콜린, 글루타민산염, 도파민, 노르아드레나린, 감마아미노낙산, 엔도르핀 등이 그런 경우였고, 1980년대 이후 점차 열광하게 된 세로토닌은 우울증 치료제인 엘리릴리 사의 프로작과 글락소스미스클라인이 개발한 세로자트의 표적이 되었다. 1950년대의 클로르프로마진과 마찬가지로, 선택적 세로토닌 재흡수억제제specific serotonin reuptake inhibitors(SSRIs)는 새로운 기적의 약이 되었다. 피터 크레이머Peter Kramer(미국의 정신의학자로 《프로작에게 듣는다》, 《우울증에 반대한다》와 같은 책을 써서 우울증을 프로작과 같은 약물로 치료해야 한다는 주장을 적극적으로 제기했다. 그는 우울증을 생리학적 질병으로 보지 않고 감수성이나 창조성과 결부시키는 식의 '우울증 낭만화'에 반대했다 — 옮긴이)와 같은 가장 극단적인 옹호자들은 프로작과 같은 향정신성약이 '상태를 호전시키는 것' 이상의 치료 효과를 줄 수 있다고 강력하게 주장했다.[14] 기적의 약이 주는 행복이 멋진 신세계를 현실로 만들었다. 그것이 가능하다면 말이다…….

증거가 쌓이기 시작하면서, 단일 신경전달물질을 표적으로 삼는 약품의 효과가 그다지 높지 않다는 사실이 밝혀졌다. 따라서 이론도 바뀌었다. 어쩌면 서로 다른 신경전달물질들 사이의 균형이 문제가 아닐까? 세로토닌-노르아드레날린 재흡수억제제(SNRIs)처럼, 여러 종류의 약제를 섞은 새로운 칵테일 요법이 지체 없이 개발되었다. 그런데 두 가지 이론 모두 직면하고 있었던 어려움은 정신병으로 진단받은 사람들의 뇌에서 신경전달물질의 이상이 있다는 어떤 증거도 나타나지 않는다는 사실이었다. 향정신성 약품이 신경전달체계에 중요한 영향을 미치는 것이 분명하다는 것은 오로지 약효에 의한 추론일 뿐이었다. 인체에는 복원력이 있으며, 자신의 세포 생화학적 성질을 재조직하는 방식으로 외부 손상에 대응한다. 따라서 뇌세포들은 약제가 표적으로 삼는 신경전달물질의 효력을 변화시키는 방식으로 장기 투약에 대응한다. 클로르프로마진의 경우처럼 극단적이지는 않지만, 치료로 인해 발생하는 결과는 심각할 수 있다.

정신병 진단의 증가 추세가 부분적으로 이러한 약품의 장기적 사용에 따른 결과일 수 있다는 증거가 있다. 우울증이나 정신분열과 같은 질병이 처음 진단되었던 지난 세기에는 대개 증상 발현이 짧았고, 곧 완화되고 재발하지 않았다. 반면 오늘날 정신질환은 오랫동안 지속되고, 종종 아주 어린 시절에 시작해서 평생 되풀이되는 만성 질환으로 간주되고 있다.[15] 카디프 대학교 정신의학 교수인 데이비드 힐리David Healy와 같은 비판론자들은 제약회사가 미국정신의학협회와 함께 진단 질병의 숫자와 종류를 늘리고, 그에 상응하는 약품을 처방해서 자신들의 시장을 확장하고 있다고 주장한다. 따라서 한 정신질환에 대한 특허가 만료되어도, 그 약은 이름을 바꾸어 다른 질병에 대한 용도로 다시 특허를 얻을 수 있다. 힐리는 특히 9·11 이후 미국에서 공황장애 진단이 급증했고, 그로 인해 오래전에 개발된 약품들을 불안완화제로 재포장하는 사태로 이어진 현상을 지적했다.[16]

지난 10년에 걸쳐 제약회사들이 약품의 검사와 마케팅에서 저지른 부정행위에 대한 증거는 계속 쌓여왔다. 대학의 유명 학자들이 쓰거나 공동 저술한 것으로 위장한 학술 논문들은 정작 회사들이 직접 쓴 것으로 밝혀졌다. 대학의 저명한 정신의학자들은 암암리에 제약회사에 고용되어, 회사가 작성해준 대본을 그대로 읽으며 '핵심 여론 주도자' 역할을 해왔다. 문제의 논문이 실린 학술지는 저자들이 자신들의 재정적 이해관계를 밝혔다고 주장했지만, 학술지 자체도 기업에 유리한 약품 시험 보고서를 실어달라는 유혹을 받는 실정이다. 논문이 게재되면 제약회사는 그 학술지를 수천 부 구입해서 의사들에게 나누어준다. 제약회사가 수행하는 임상시험은 위약僞藥이나 경쟁 약품에 비해 자사 약품의 우수성을 체계적으로 강조한다. 부정적인 자료나 부작용에 대한 보고는 최소화되거나 아예 발표하지 않는다. NICE가 모든 데이터를 요청해서 메타 분석을 했을 때에야 비로소 부정적인 결과가 드러나곤 한다. 힐리가 광범위하게 수집한 추문들

덕분에 《영국의학저널British Medical Journal》의 전 편집자인 리처드 스미스Richard Smith는 임상시험을 공적 자금으로 수행해야 하며, 그 결과를 공개적으로 발표해야 한다는 요건을 밝혔다.[17] 제약 산업이 NICE를 좋아한 적이 한 번도 없었다는 것은 그리 놀라운 일이 아니다. 이 기관이(NHS가 처방할 수 있는 약을 통제하려고 쏟아부은) 돈에 비해 건강에 기여한 가치나 효율성에 대해 내린 판단이 제약회사들의 판매 노력을 방해하기 때문이다. 뒤이은 연립 정부의 대응은 이 기관의 지위를 낮추는 것이었다. NHS를 부분적으로 민영화하기 위한 정책의 일환으로 만들어진 일반의(GP) 기반 보건 협의체(영국은 2010년 보수당이 집권하면서 NHS 개혁을 추진했고, 그 결과 기존의 NHS가 아니라 지역의 의료제공자[GP]를 중심으로 한 협의체에 보건의료 서비스를 결정할 권한을 크게 강화했다. 정부는 이를 통해 관료주의의 폐해를 막고 효율성을 증진할 것이라 주장한 반면, 의료계와 시민단체는 의료서비스가 NHS 이전으로 후퇴할 것이며 이 제도의 실제 목적은 NHS의 민영화에 있는 것이라 비판하고 있다—옮긴이)는 NICE를 무시하고, 스스로 어떤 약을 처방할지 선택할 수 있게 되었다. 가장 좋은 약과 가장 값싼 약이 일치하지 않을 때, 새로 구성된 협의체에 대해 가해질 시장의 압력은 건강관리의 질이 아니라 이익을 극대화시키는 방향으로 나아갈 것이다.

문제는 광고에서 제기되는 주장에도 증거가 쌓이지 않는다는 점이었다. NICE에 의한 메타-분석에 따르면 SSRIs는 앞선 세대의 항우울제에 비해 효과가 높지 않았다. 게다가 부작용에 대한 보고는 늘어났고, 심지어 어린이들 사이에서 자살이 나타나기도 했다[18] 미국에서 프로작은 여러 차례 법정에 섰고, 결국 엘리릴리 사가 법정 밖에서 원고와 500만 달러로 추정되는 액수로 합의를 보면서 사태가 일단락되었다.[19] GSK는 자사의 SSRI인 팍실의 유해한 효과에 대한 증거를 감춘 사실이 밝혀졌다. "파록세틴에 대한 평가가 나빠질 수 있기 때문에 그 효능이 입증되지 않았다는 문구를 넣을 수 없다"는 GSK의 내부 메모가 드러났다.[20] 2012년 미국 정부의 한 관계자가 미국 역사상 가장 큰 규모의 건강관리 사기 사건이라고 부른 사례에서, GSK는 고객들에게 잘못된 정보를 기반으로 부정 판매하고, 의사들을 매수하고, 의학 학술지에 잘못된 논문을 게재한 혐의로 29억 달러의 벌금을 물었다. 많은 환자들은 심각한 금단 증상을 겪지 않는 한 해당 약품을 끊기 어렵다. 또한 해당 제약회사들은 그러한 자료를 은폐했다. 더욱 고약한 일은, 메타 분석 결과 오래된 것이든 신약이든 모든 항우울제가 장기적으로 위약보다 나은 효과를 나타낸 것이 하나도 없다는 사실이 밝혀졌다는 것이다. 점차 명백해지는 사실은 정신질환이 신경전달물질의 이상으로 일어난다는 이론이 잘 봐줘도 아직 입증되지 않은 수준이라는 점이다. 목발과 마찬가지로, 이런 약품들이 고통과 스트레스에 시달리는 사람들을 도와주고 증상을 완화시킬 수는 있지만, 원인을 다루지는 못한다. 무엇보다 중요한 것은 우울증, 양극성장애, 그리고 그밖의 정신질환을 진단받은 사람들의 수가 지속적으로 늘어나고 있다는 점이다.

신경유전학, 무엇이 잘못되었는가?

생물학적 정신의학자들은 DSM의 기준을 좀더 비판적으로 살펴보기 시작했다. 가령 우울증이 단일한 질환이 아니라 여러 가지 생화학적 원인에 의해 일어날 수 있는 현상적 상태이며, 그 원인들에 관여하는 특정 유전자가 있다고 가정해보자. 하나의 질병에 듣는 약은 다른 병에는 약효가 없을 것이기 때문에, 인구 집단의 한 부분 집합에 이로운 효과가 있더라도 부정적 결과라는 바다에 매몰되고 말 것이다. 그러나 그 유전자들이 식별될 수만 있다면… 이것이 당시 약리유전학의 희망이었고, 제약회사와 정신의학자 들이 그런 희망으로 처음에 HGP, 그리고 나중에는 바이오뱅크에 접근했다. 이들 새로운 질병에 관여하는 유전자가 발견되자 그들은 유전공학을 통해 유전자를 쥐에 삽입해서 우울증이나 정신분열증을 비롯해 무슨 질병이든 동물 모형을 만들 수 있었다. 이론상, 이처럼 개인 유전체별 맞춤형으로 설계한 약을 개발해서 급속도로 특허가 만료되는 약품들을 대체할 수 있을 것으로 생각되었다.

신경질환과 관련된 사람의 특정 유전자 돌연변이를 찾아낼 수 있다면, 쥐의 모형을 만드는 것은 상대적으로 간단하다. 좋은 예가 알츠하이머병이다. 대부분의 알츠하이머병은 노년에 발병하지만, 중년에 나타나는 희귀한 형태가 (이 질병을 가진 사람들의 약 5퍼센트가 여기에 해당한다) 하나 있다. 유전되는 이 유형은 아밀로이드전구단백질(APP)을 만드는 유전자의 특정 돌연변이와 연관된다. '정상' 쥐는 알츠하이머병과 유사한 아무런 증상도 나타나지 않지만, 해당 유전자를 갖게 된 알츠하이머 쥐와 그 후손들은 나이가 들면서 같은 배의 다른 새끼들과 비교했을 때 학습이나 기억에 확실한 어려움을 겪는다. 따라서 알츠하이머 치료제가 될 가능성이 있는 약제가 쥐의 인지 능력 저하를 방지하거나 최소한 억제하는 효력이 있는지 검사할 수 있다.

미로를 통과하는 경로를 학습하고 기억하는 쥐의 능력 변화를 사람의 알츠하이머병에 그대로 적용할 수 있는지는 논의의 여지가 있다. 또한 사람의 APP 돌연변이는 이 질병의 초기 발병 사례에서 아주 드물게 발견될 뿐이다. 대부분의 알츠하이머병에서 가장 큰 위험 요소는 노화이며, 여성의 경우 문제가 되는 것은 ApoE4, 즉 아포지질단백 E4의 유전자 변이이다. 그럼에도 생명공학 기업과 제약산업은 알츠하이머 쥐와 그들의 과제

학습 능력이 약의 효능을 평가하는 표준 프로토콜인 것처럼 세간의 인식을 굳혔다. 효과적인 항 알츠하이머약이 개발된다면 그 시장 규모는 엄청날 것이며, 계속 늘어나는 추세다. 따라서 제약회사들이 알츠하이머병 (또는 좀더 일반적인 신경퇴화) 연구에 엄청난 투자를 할 동기는 매우 높다. 그러나 지금까지 이 질병에 대해 승인된 약품은 네 종류에 불과하며, 그중 어느 것도 효과가 높지 않으며, 세 가지 약품은 1980년대와 1990년대에야 시판되었다. 실험실 시험에서 미로를 달리는 쥐의 학습 능력을 향상시킬 수 있는 물질이 알츠하이머병 환자의 기억력 상실을 예방해줄 것으로 보이지는 않는다. 학생들의 시험 성적을 올리기 위한 똑똑해지는 약, 즉 인지 향상 약물로 기능할 가능성은 더욱 없다. (그보다는 주의력 향상을 위한 리탈린Ritalin, 각성 효과를 얻기 위한 모다피닐Mordafinil 또는 커피가 훨씬 나은 효과를 얻을 수 있고 부작용도 거의 없다.) 실험에서 부정적인 결과가 나오면서, 오랜 동물 연구를 통해 유망하다고 간주되었던 합성물과 인체 시험을 위한 규제 승인을 얻기 위한 복잡한 사업은 엄청난 비용을 치르고 포기될 수밖에 없었다.

이런 문제는 신경질환에서 충분히 어렵지만, 심리적 이상의 경우에는 훨씬 심각하다. 우울증이나 정신분열증과 연관된 주요 유전자에 대한 보고는 HGP나 바이오뱅크보다 먼저 학술 문헌에 등장했고, 대중적으로 비상한 관심을 끌었지만, 실험을 재연하려는 시도가 거듭 실패하면서 새로운 발견이 철회되거나 잊히는 과정은 훨씬 조용히 이루어졌다. 바이오뱅크로 GWAS이 가능해지면서, 실패의 이유도 분명해졌다. 그것은 제각기 작은 영향을 미치는 수십 또는 수백의 유전자가 진단된 각각의 질병과 연관될 수 있기 때문이다. 애석하게도, 서로 다른 인구집단에 기반한 각각의 새로운 정신분열증이나 우울증 GWAS는 다른 유전자 배열을 내놓았다. 유전 가능성이 사라지는 문제를 다룬 《네이처》의 어느 기사는 프린스턴 대학교의 진화생물학자 레오니드 크루글략Leonid Kruglyak의 연구를 인용하면서, 정신분열증을 '있어야 할 유전자가 사라져버린 특성'이라고 기술했다.[21] 이처럼 복잡한 상황은 신약 개발을 위한 단서를 거의 제공하지 않음에도 제약회사들은 여전히 마지막 희망을 걸고 그 가능성에 매달리고 있다.

군사적 연구

뇌와 마음의 이해에 관심을 둔 집단이 생의학과 제약산업만은 아니다. 군대도 전투 능력을 향상시키고 적군의 능력을 저하시킬 수 있는 약품에 오랫동안 관심을 가져왔고, 그 목적을 위해 독자적인 연구 예산도 배정하고 있다. 주의력을 높이고 긴장 상태를 유지하거나 전투에 대한 공포를 없애도록 돕는 약의 역사는 아주 오래되었다. 그런 노력의 현대판 총아가 리탈린과 모다피닐이다. 거기에 덧붙여서, 베트남전 이후 병사들이 두려움을 없애기 위해 복용하는 흥분제가 있다(다발성경화증 환자들에게 오래전부터 알려졌던 효과적인 통증 완화제도 같은 종류다). 군사적으로 중요한 의미가 있는 신경과학 분야의 미래를 예측해달라는 요구를 받자, 미국 국립연구협회는 좀더 효과 높은 인지 향상 약물 개발에 높은 우선순위를 두었다.[22]

적에 대항하기 위해 신경가스(독일과 영국이 1940년대와 1950년대에 발명했고, 사담 후세인이 1988년에 쿠르드족의 할라브자 마을에 살포해서 많은 사람들을 살상했다)와 보툴리눔 독소가 사용되었다. 매우 강력한 신경독인 보툴리눔 독소는 10억 분의 3그램 정도만 있어도 치사량이다. 1914년에서 1918년에 걸쳐 벌어진 끔찍한 가스전에 대한 혐오감으로 1925년에 제네바 협약이 맺어진 이후 계속된 국제 협약으로 이들 화학 및 생물 무기는 금지되었다. 그러나 신경과학은 그와는 다른 무언가를 약속하고 있다. 죽이지 않고 무력화시키는 약이라면 괜찮지 않은가? 이런 약제는 최루가스와 마찬가지로 국제적인 금지 대상에서 벗어날 수 있다. 이것은 미국이 1960년대에 베트남 민족해방전선의 투사들을 대상으로 최루가스 CS를 대량 사용하면서 제기한 주장이었다. 또한 같은 시기에 연구 예산이 크게 늘어나면서, 미국의 군부는 적군이 방향 식별력을 잃고 혼란에 빠질 수 있는 약품을 발견했다고 주장했다. 암호명 BZ인 그 약품은 환각제 LSD와 약간 비슷한 방식으로 작용한다. 군부가 제작한 선전용 영화에서 화학전 부대는 BZ에 노출된 병사들이 정신없이 웃음을 터뜨리고, 총을 내동댕이치고 명령을 무시하는 모습을 비춘다. 그러나 안타깝게도, 실전에서는 지휘관들이 너무 조심스러워서 이 약품을 사용하기 어려울 것 같다.

1990년대에 완전히 새로운 세대의 행동 불능 화학제가 손짓을 했다. 외부에서는 이 약품에 완곡하게 진정제라는 이름을 붙였다(내부에서는 '졸도제' 또는 '정신 나가는 약'이라는 이름으로 불린다). 해당 연구가 국제 협약 위반이라는 지적의 작은 빌미도 주지 않으려고, 연구비는 민간 예산에서 가져왔으며 '진정제'가 군중과 폭동 진압용으로 개발되었다고 주장했다. 국제 협정은 전쟁에서의 화학물질 사용을 규제할 뿐 질서 유지를 위한 내부 사용까지 포괄하지는 않는다. 새로운 행동 불능 화학제에 대한 연구는 여러 나라, 특히 미국과 이스라엘에서 큰 관심을 끌지 않고 조용히 진행되었지만, 2002년에 러시아 특수부대가 모스크바 극장에 억류된 인질들을 구출하기 위해 사용하는 과정에서 끔찍한 효과가 드러나면서 전 세계의 주목을 받았다. 특수부대가 오피오이드opioid 유사체인 펜타닐fentanyl을 극장의 통풍장치에 주입해 최소한 130명의 인질이 목숨이 잃었다. 이 사건을 통해 이른바 '비치명적인 무기non-lethal weapon'(최루가스처럼 전투력만 상실시키는 효과를 가진다고 알려진 무기를 뜻한다―옮긴이)라는 것이 실제로는 기껏해야 '덜 치명적'이라는 사실이 입증된 셈이다. 그보다 훨씬 규모는 작지만, 2011년에 각기 따로 일어난 사건들이 있었다. 잉글랜드 북부에서 두 명의 건강한 젊은 남성이 경찰이 뿌린 CS 최루액으로 사망했다(그중 한 명은 최근 경찰이 점차 사용을 늘리고 있는 테이저 총에도 맞았다. 이는 끝에 갈고리가 달려 있는 한 쌍의 가느다란 철사가 발사되는 장치로, 갈고리가 표적의 신체나 옷에 부착되면 극심한 고통을 주고, 때로는 몸을 마비시키는 전기충격을 가한다).

미국에서 무역센터 빌딩에 대한 9·11 공격이 이루어지고, 그 직후 치명적인 탄저균 포자가 들어 있는 편지가 정치인들에게 배달된 후, 생물테러bioterrorism라는 새로운 망령이 갑작스레 공포를 불러일으켰다. 그런데 거의 언급되지 않은 역설적 사실은 정작 탄저균 포자가 군대에서 개발되어 미국의 국방 연구 프로그램의 일부로 제조되었고, 정부에 불만을 품은 이 프로그램의 전직 고용인이 훔쳐내서 하원의원들에게 우편으로 보냈다는 것이다. 그럼에도 국토안보부(이것은 나치 독일식 국가주의를 연상시키는 용어로, 영국의 블레어도 흉내를 냈지만 부수되는 막대한 연구비 지원은 없었다)의 지원으로 생물무기와 신경무기, 그리고 생물테러에 대한 보안 대책의 모든 측면에 대한 연구비는 급증했다. 조지 W. 부시의 2003년 생물테러 연구비 예산은 110억 달러라는 경이적인 액수에 달했다. 미국 대학 연구자, 신경기술 기업과 산업 모두 하늘에서 떨어지는 만나와 같은 막대한 돈을 환영했고, 공황 상태에 빠진 정부는 점점 더 큰 규모의 연구 계획을 승인했다. 스티븐의 연구 논문 중 한 편에서 분명치 않게 언급된 내용이 미국의 거대 화학무기 연구센터인 에지우드 병기창의 보툴리누스균 연구자들의 눈에 띄었다. 이전까지 기억 연구자들은 알츠하이머병을 위한 인지 향상 약물을 발견하는 데 초점을 맞추었는데, 그 뒤로는 무역센터 빌딩 생존자 혹은 날로 그 숫자가 증가하는, 이라크와 아프가니스탄에서 정신장애를 입고 돌아오는 사람들의 외상성스트레스질환을 치료할 수 있는 기억을 지우는 약제 개발을 목적으로 삼고 있다. 공상과학소설이 따로 없는 셈이다.

그동안 신경약물학은 신경과학에 대한 군부의 관심에 국한된 부수적인 연구 주제에 머물렀지만, 1960년대 이후 대학을 기반으로 한 미국의 거의 모든 인공지능 연구 프로그램들은 미국 국방고등연구계획국US Defense Advance Research Projects Agency(DARPA)의 연구비를 지원받고 있다. DARPA의 관심은 이중적이다. 하나는 뇌에 직접 접속해서 전투 부대(요즘에는 새로 '전사war-fighter'라는 그럴싸한 이름이 붙었지만)의 전투 능력을 향상시킬 수 있는 가능성이다. 스마트 병기 시대의 스마트 병사인 셈이다. 뇌의 전기적 움직임을 읽어낼 수 있는 전극이 장착된 전투모가 이 목적에 이용될 수 있을 것이다. 1990년대 그리고 새로운 천년대가 시작되면서 한층 가속된 직접적인 뇌-컴퓨터 접속brain-computer interfaces의 전망은 가시적인 단계에 들어서고 있다. 2011년에 DARPA는 지능 정보를 분석하고 특정한 신경계에 자극을 가해서 열의를 높이고 학습을 가속시킬 수 있을 뿐 아니라 전사가 멀리서도 빠르게 위협을 감지하고 식별할 수 있는 능력을 높일 수 있는 접속에 대해 연구하고 있다. 그뿐 아니라 NRC는 사람의 신체적 능력을 확장하기 위해 설계된 로봇 의족과 보조구를 통해서 인지와 감각 능력을 향상시키는 연구를 추가적으로 수행할 것으로 제안했다.

신경전자neuroelectronic 연구에 대한 군부의 야망은 아군의 전투력을 강화시키는 수준을 넘어서 적군의 전투 능력을 약화시키는 방안으로까지 확장되고 있다. 수십 년 동안 DARPA는 적에게 빔을 발사해서 방향 감각을 잃고 전투 의지를 상실하게 만들고, 심지어는 그들의 의도를 읽어내고 생각을 바꾸기까지 하는 극초단파 복사 장치를 개발하는 데 관심을 가졌다. (과거 냉전 시대에는 이런 공작을 세뇌라 불렀고, 주로 음식을 주지 않거나 잠을 재우지 않거나 심리적 충격을 주는 식의 좀더 고전적인 기법을 통해 이루어졌다.) 그러나 희망과는 달리 — 일부 미국 시민들이 자국 정부가 실제로 복사파를 통해 자신들을 암암리에 조종하려 한다는 의구심을 품기도 했지만 — 실제 결과는 아무것도 없었다. 21세기에 들어서면서 또 하나의 전망이 제기되었다. 그것은 뇌 속 신경세포 사이의 소통이 전자기적으로 이루어진다는 사실에 착안했다. 전류가 흐르면, 전류와 직각 방향으로 자기장이 발생한다. 따라서 그 자기장에 간섭을 일으키면 뇌 신호를 교란시킬 수 있다. 현재의 기술 수준에서, 경두개자기자극transcranial magnetic stimulation(TMS)을 가하려면 자석을 직접 그 사람의 머리 근처에 가져가야 하며, 그것도 뇌의 특정 영역에 초점을 맞추어야 한다. 임상실험에서 이러한 자극은 우울증, 강박 행동, 그리고 파킨슨병을 치료하는 데 사용되어왔다. 만약 이 기술을 먼 거리에서 사람의 생각을 조종하거나 행동을 바꾸는 데 사용할 수 있다면? DARPA가 미국의 기업과 대학들을 상대로 TMS 관련 계약을 하느라 한바탕 소동이 벌어졌다는 사실은 그리 놀랍지 않다.

그 가능성은 아직 공상과학 수준을 벗어나지 못할 수 있다. 그러나 오바마 대통령의 서명 이후 승인된 막대한 군사 예산 덕에 계약이 넘쳐나면서, 이른 시일 안에 이러한 연구에 쏟아붓는 예산이 줄어들지는 않을 것 같다. 더구나 자신들에게 투자되는 연구비를 갈망하는 신경과학자들도 계속 늘어날 것이다. 연구자들을 상대로 신경과학 연구를 군사적 목적에 사용하지 않겠다는 서약서의 서명을 받으려던 미국의 신경과학자 커티스 벨Curtis Bell은 테크노사이언스 정치경제학의 파도 속에서 애처로울 정도로 미미한 반응을 얻는 데 그쳤다.

언제나 변함없이, 피부 이식과 항생제에서 뇌-컴퓨터 접속에 이르기까지, 전쟁은 의학적 치료를 발전시킨다. 제1차 세계대전에는 극소수의 정신의학자들만이 심리적 접근방식을 채택했다. 그후에는 오직 장교들만을 대상으로 심리 치료가 이루어졌다. 이것은 포격 충격shell-shock(제1차 세계대전은 참호전으로 전선이 교착되며 장기화되었다. 그러자 포격전이 주된 양상을 이루게 되면서 포격과 그 충격으로 정신질환을 앓는 병사들이 급증하면서 붙여진 이름이다—옮긴이)으로 전투신경증을 앓던 8만 명에 달하는 영국 병사에게 육군과 군의사가 제공했던 야만적인 처치와 대비된다. 1939년에서 1945년까지, 포격 충격이라는 말은 사용이 금지되었으며, 그 대신 뇌진탕후증후군post-concussional syndrome이라는 용어가 도입되었고, 직업적 훈련과 요법으로 처치되었다. 이라크와 아프가니스탄 전쟁의 미군과 나토군 사이에서도, 도로변에 장치된 급조폭발장치improvised explosive device(IEDs)(정규전의 전투 행위와 다른 방식으로 도로변에 급조한 폭탄으로 흔히 도로변 폭발물roadside explosive이라고 불린다. 비정규전을 수행하는 게릴라 등이 자주 이용한다—옮긴이)를 이용한 폭탄 공격을 겪은 병사들을 비롯해서 비슷한 증상이 나타나서 가벼운 외상후뇌손상으로 재분류되었고, 물리치료사에 의해 물리치료, 약물, 그리고 재활치료 등을 받았다. 외상후스트레스질환과 연관된 증상에는 상담, 심리요법 등이 적용된다. 그러나 기억 형성과 연관된 생화학적·신경생리적 과정에 대한 지식이 늘어나면서, 미군은 약물이나 심지어 TMS를 이용해서 스트레스를 야기하는 기억을 지울 수 있는 가능성을 탐구하고 있다. 이런 시도를 풍자한 영화가 찰리 카우프만Charlie Kauffman이 2004년에 제작한 〈이터널 선샤인Eternal Sunshine of the Spotless Mind〉이다.

이라크와 아프가니스탄 전쟁에서 심한 부상을 입고 귀환하는 병사들의 생존율이 크게 높아지면서, 환자의 뇌파에서 나오는 신호로 직접 작동할 수 있는—이 신호는 '머리망'처럼 촘촘한 그물망으로 짠 전극에서 감지

된다—의수나 의족을 개발해야 할 필요성이 높아졌다. 비슷한 방식으로 빛을 감지하는 전극을 뇌의 시각 영역에 삽입하면 줄기세포를 이용한 방법보다 더 확실하게 시각장애인에게 도움을 줄 수 있다. DARPA의 한 연구 계획은 컴퓨터 입력을 통해 손상된 뇌 영역들을 우회해서 뇌손상으로 상실된 병사의 기억을 복원시키는 방안을 모색하고 있다. 만약 이 연구가 성공을 거둔다면, 민간인 환자들도 도움을 얻을 수 있을 것이다.

사회 질서 유지하기—범죄성을 예측한다

사회 질서 유지는 모든 나라의 중심적인 과제이며, 스파이나 정보원들은 그 사회에 닥칠 문제를 미리 경고하는 가장 오래된 수단이었다. 만약 혁명가, 범죄자, 살인자, 강도, 심지어 골치 아픈 10대 비행소년이 될 가능성이 높은 사람들을 미리 식별해낼 수 있다면, 사회 질서를 유지하는 일이 훨씬 쉬워질 것이다. 19세기말 이마의 경사도와 귀의 형태에서 두개골의 비대칭에 이르는 두개골의 형태로 범죄 성향을 찾아내려고 했던 롬브로소의 시도 이래, 과학은 국가의 조력자로 그 비중을 높여왔다. 사회과학과 생명과학 모두 롬브로소의 시도를 계속 이어나갔다. 1940년대에 시작된, 범죄학자 엘리너와 셸던 글룩 부부Eleanor and Sheldon Glueck의 장기 연구는 미국의 빈민가에서 비행청소년과 그렇지 않은 청소년을 비교했다. 당시는 사회적 설명이 선호되던 시기였기 때문에, 두 사람은 어린이가 후일 비행청소년이 될 수 있는 가장 중요한 요인이 가정환경과 부모의 양육이라는 결론을 내렸다. 지금까지도 타당한 한 가지 결론은 부모가 아들과 대화를 나누지 않을수록 체벌에 더 많이 의존하게 되며, 그 결과 아이가 비행청소년이 될 가능성이 높아진다는 것이다.[23] 남자아이들이 비행청소년이 되면 국가도 감당하기 힘든 범죄자가 될 가능성이 높은 반면, 여자아이들의 비행은 성적인 것이었고 가정 내의 사회적 질서에 국한되므로, 이러한 연구에서 소녀들이 배제되는 것은 당연하게 여겨졌다.

오늘날 범죄 유전자에 관심이 쏠리면서 범죄자의 뇌와 마음은 뒷전으로 밀려나고 있다. 앞에서 지적했듯이, 우생학 초기에는 학자들이 신빙성이 떨어지는 가족력 기록과 쌍둥이 연구에 몰두했다. 얼마간의 유전적 연관성을 뒷받침하는 좀더 신뢰할 만한 자료는 스웨덴과 노르웨이에 남아 있는 쌍둥이와 그들의 입양에 관한 포괄적인 기록에서 나왔다. 이 자료는 입양된 아이의 아버지가 범죄 기록이 있으면 아이가 반사회적이고(혹은) 범죄 행동을 나타낼 가능성이 높아진다는 것을 보여주었다. 그러나 이러한 상관관계는 사소한 절도와 같은 경미한 범죄에서만 나타났고, 폭력에는 적용되지 않았다.[24] 이러한 양상에 연구자들은 혼란스러워했다. 유전자가 사람을 좀도둑으로 만들기는 해도 강도가 되게 하지는 않고, 소매치기는 되도 노상강도는 안 된다는 말인가? 만약 그렇다면, 최소한 좀도둑이나 소매치가 되도록 예정된 아이들의 경우, 미리 정해져 있는 행동이 실행될 수 있다는 뜻이 된다. 그렇지만 어떤 행동이 범죄로 간주되는지 여부는 고도로 사회적인 문제다. 자신의 나라를 비합법적인 전쟁으로 몰아넣은 수상이나 분별 없이 다른 사람의 돈으로 투기를 하는 은행가의 경우는 이런 범죄자의 범주에 들어가지 않는 경향이 있다.

한 브루너Han Brunner와 동료 연구자들은 남자들이 높은 수위의 비정상적인 행동을 나타낸 네덜란드 가계에 대한 연구에서 폭력에 초점을 맞추었다. 그들은 '충동적 폭력, 방화, 강간 미수, 노출증'을 나타내거나 그런 행동에 관여했던 사람들 중에서 '3대에 걸쳐 각기 다른 시대에 네덜란드의 서로 다른 지역에 살고 있는' 8명의 남자들을 연구했다.[25] 반사회성에서 범죄에 이르는 다양한 문제를 나타낸 남자들은 모두 모노아민산화효소(MAOA)를 암호화하는 유전자에 돌연변이가 있었다. 그후 MAOA는 '폭력 유전자'로 널리 알려졌다. 브루너의 원래 연구는 재연되지 않았지만, 2010년에 《네이처》에 실린 한 논문이 핀란드 폭력 범죄자들의 견본에서 세로토닌 신진대사와 관련되는 유전자의 돌연변이 형태를 보고했다. 그것은 범죄자들이 폭력 행동을 하는 경향을 일으키는 충동 유전자가 있는 것처럼 기술하고 있지만, 연구 대상이었던 96명의 범죄자들은 그밖에도 다양한 형태의 정신질환을 나타냈으며, 그들이 폭력 범죄를 저지른 것은 거의 모두 술에 취해 있을 때였다.[26]

2002년에 압살롬 카스피Avshalom Caspi와 그의 동료 연구자들은 좀더 복잡한 결론에 도달했다. 그들이 얻은 결론은 사회적 설명과 생물학적 설명 사이에 다리를 놓는 것이었다. 그들은 3세 이후 계속 추적 조사가 이루어진 26세 뉴질랜드 남성 1000명으로 이루어진 코호트를 대상으로 연구했다. 그들 중 일부는 어린 시절에 학대를 당한 적이 있었고, 성인이 된 후에도 일부는 폭력이나 반사회적 성향을 나타냈다. 이것은 판결문이나 개인에 대한 평가를 토대로 한 판단이다. 연구 결과 어린 시절에 학대당했던 남성들은 성인이 되어서 폭력적이거나 반사회적인 사람이 될 가능성이 더 높았다. 카스피는 범죄나 반사회적 행동과 MAOA 사이의 연관성을 찾으려고 시도했다. 어린 시절에 학대받은 경험이 있으면서 높은 수준의 MAOA를 일으키는 유전자의 변형을 가지고 있는 남성은 낮은 수준의 활성을 일으키는 유전자의 변형을 가진 사람에 비해 성인이 되어서 범죄자나 반사회적 인물이 될 가능성이 상대적으로 낮았다.[27] 연구자들은 세로토닌 신경전달물질과 연관된 유전자의 서로 다른 여러 형태들이 생활 스트레스와 우울증 사이의 관계를 조절한다는 주장으로까지 나아갔다.[28] 그런데 카스피의 연구 역시 도전을 받았다. 실험을 재연하려는 여러 차례의 시도가 있었지만, MAOA 변이체가 어린 시절에 학대를 받았던 사람들을 제외하고는 별다른 차이를 가져오지 않는다는 사실을 발견하게 되었다. 따라서 결과를 예측하게 해주는 것은 학대지, 유전자가 아니었다.

원인이 무엇이든 전문가들의 관심사는 이러한 반사회적 행동을 예견하거나 예방하는 것이 가능한지 여부였다. 미국 법무부는 후일 비행으로 이어지게 되는 전조가 치료되지 않은 ADHD라고 주장했다. 영국을 비롯해서 유럽의 여러 나라에서도 미국과 마찬가지로 점차 NICE의 평가 가이드라인을 무시하는 추세가 늘어났고, 부모나 교사들의 보고를 기반으로 아이들에게 ADHD가 진단되고 있다. 영국의 한 유명한 교육학자는 ADHD의 증상을 이렇게 기술했다.

> ADHD가 있는 아이들이 … 부모와 교사에게 어려움을 주는 까닭은 학업 성취도가 일정하지 않기 때문이다. … 이 점이 교사들을 격앙시키는 원인 중 하나다. 이따금 아이가 높은 성적을 내고 기지를 발휘하거나 뛰어난 상상력을 보여주지만, 성적은 들쭉날쭉하기도 한다. 이런 아이는 절대 자신의 자리에 가만히 앉아 있지 않으며, 끊임없이 같은 반 급우들을 괴롭히고, 거의 신뢰할 수 없고, 대체로 과제는 하지 않는다. 이런 학생은 전혀 예측할 수 없고 기대에 따르지 않고 실수를 통해 교훈을 얻지 못하기 때문에, 어느 과목이든 그 학생을 가르치려는 노력이 수포로 돌아갈 수 있다.[29]

장난기가 있는 아이? 학교가 싫증난 뛰어난 아이? 부모의 보살핌을 제대로 받지 못해 고통받는 아이? 아이들의 행동은 더 이상 그 소년(대부분 소년이다)과 그가 다니는 학교나 부모의 관계로 인식되지 못하고, 아이의 뇌 속에 이미 뿌리박혀 있는 것으로 간주되고 있다. 원인이 무엇이든 그런 아이는 성가신 존재이고, 그의 행동을 통제하려면 반드시 약으로 치료를 받아야 한다는 식이다.[30] 이런 경우 선택되는 약은 암페타민Amphetamine과 같은 계열의 중추신경자극제인 메틸페니데이트Methylphenidate인데, 리탈린이라는 이름으로 시판되고 있으며 집중력과 주의력을 높이는 데 쓰인다. 또한 리탈린은 인지 향상 약물의 새로운 세대를 대표하는 약이 되었다. FDA는 처방된 약이 학교 운동장에서 거래되고 있고, 인터넷에서 처방 없이 언제든 구입 가능하다고 경고했다. 2010년에 《네이처》가 독자를 대상으로 실시한 조사에서, 수백 명의 미국 대학생과 중고등 학생이 성적을 높이기 위해 리탈린과 모다피닐을 복용하고 있다고 응답했다. 지난 15년 동안 리탈린의 합법적인 생산은 17배, 암페타민은 30배나 늘어났다.

청소년에게 리탈린을 처방해서 비행을 막을 수 있든 그렇지 않든, 신경근본주의neuroessentialism는 행동 결과가 뇌의 과정 속에 배태되어 있다고 주장한다. 이러한 주장에 따르면, 설령 유전자가 폭력을 예방할 수는 없지만, 뇌 스캔을 통해서는 가능한 셈이다. 그동안 정신병질자psychopath로 진단받은 범죄자들에게 특별한 주의가 기울여져왔다. 정신병질자란 지절대고, 듣기에 그럴싸한 말을 하지만 거짓말쟁이이고, 무감각하고 남을 잘 속이며, 책임을 인정할 줄 모르고, 충동적이고 양심의 가책을 느끼지 않는 등의 증상을 가진 사람들을 가리킨다(성공한 기업가, 언론계 거물, 그리고 정치가 중 몇몇도 이 범주에 속할 수 있다). 실제로 죄를 저지르지 않는 한 그들이 이런 범주에 포함되는지 알아내서 연구할 길이 없기 때문에, 그동안 연구는 감옥에서 이루어졌다. 미국 연구자들은 수감 중인 20명의 폭력범 정신병질자들의 뇌를 MRI로 스캔해서 다른 범죄자들과 비교했고, 정신병질자의 경우 감정이입과 감동에 관여하는 뇌의 두 영역인 복내측 전두피질과 편도체 사이의 관계에서 비정상적인 특징을 발견했다.[31] 그와는 대조적으로, 영국 내무성 범죄수사 아동정신의학자를 지냈고 현재 펜실베이니아 대학교에 재직 중인 애드리언 레인Adrian Raine은 범죄자 정신병질자의 뇌 속 다른 두 영역인 해마와 뇌량에서 차이를 발견했다.[32] 이러한 발견들은 모순될 뿐 아니라 시간의 전후를 인과관계로 혼동하는 허위 논법이다. 그들이 연구한 사람들은 범죄, 투옥, 마약, 그리고 알코올 중독의 전력이 있으며, 이런 이력들은 모두 뇌 구조에 영향을 미쳤을 수 있다. 이 점만으로도, 뇌 스캔의 예견적 가치는 의문스럽다. 블레어 정부에서 내무장관을 맡기도 했던 데이비드 블렁킷David Blunkett이 정신병질자들이 죄를 저지르기 전에 미리 진단해서 격리시킬 수 있는 가능성을 감개무량한 어조로 떠들었지만 말이다. (이런 바람은 유죄가 판명되기 전까지 무죄라는 근본 권리에 대한 그의 공약이나 기술적 가능성에 대한 이해에 기반한 것이라기보다 뿌리 깊은 권위주의에서 나온 것이다.)

MRI 스캔이 뇌 구조의 정지 영상을 제공하는 데 비해, fMRI는 동적이며 금세 사법적 목적으로 이용되었다. 브레인핑거프린팅Brain Fingerprinting이라는 회사는 9·11 이후 부시가 선포했던 '테러와의 전쟁'에 호응해서 심문을 받고 있는 용의자가 테러리스트이거나 스파이인지 여부를 판정하는 데 P300파라는 뇌 전기 신호를 검출하는 오래된 기술을 사용할 것을 제안했다. 이 회사의 웹사이트에는 다음과 같은 안내문이 적혀 있다.

> 사람의 뇌에 특정 정보가 저장되어 있다면 그것을 과학적으로 알아낼 수 있게 해주는 최초의 신기술이 있다. 뇌지문감식기술brain fingerprinting technology은 테러리스트 훈련이나 테러 단체 가입 여부와 같은 특정 정보의 존재 유무를 알아낼 수 있다. 이 놀라운 신기술은 테러와의 전쟁에서 향후 결정적인 요소들이 무엇인지

> 파악하는 데 도움을 줄 수 있다. [이 기술은] 테러 행위에 누가 직접 또는 간접으로 참여했는지 확인하는 데 도움이 될 수 있다. 설령 지금은 '휴면 중인' 세포 안에 들어 있고 오랫동안 활성화되지 않았더라도, 미래에 테러를 할 가능성이 있는 훈련된 테러리스트가 누구인지 식별할 수 있다. 테러 조직이나 활동과 연관된 사람이 누구인지, 은행 업무, 재정, 그리고 통신 등의 훈련을 받은 인물이 누구인지 찾아내는 데 도움이 된다. 또한 테러 조직 안에서 누가 지도자인지 찾아내는 데도 도움이 된다.

CIA나 FBI가 이런 유혹을 받아들였는지는 확실치 않지만, 미술사가이자 여왕의 초상화 보관 책임자였고 오랫동안 소련을 위해 일한 유명한 케임브리지 스파이 5인방(1930년대 케임브리지 대학교 재학 시절부터 1950년대까지 소련의 스파이로 활동하며 영국의 정보를 소련에 넘긴 5명의 스파이를 말한다—옮긴이) 중 한 명이기도 했던 앤서니 블런트Anthony Blunt 경이라면 이런 기술을 어떻게 이겨냈을지 추측해볼 수 있다. 브레인핑거프린팅 사의 CEO 래리 페어웰은 이 기술이 법정에서 사람들의 결백을 밝히는 데 사용되어왔다고 주장했다. 미국에서는 사용이 금지된 EEG 기술이 최소한 인도 뭄바이의 한 법정 소송에서 사용되었다. 만병통치약이 버려졌듯이 EEG 기술이 쓰레기통에 던져지자, EEG가 아니라 MRI를 사용하는 다른 기법이 등장했다. 샌디에이고를 기반으로 2006년에 설립된 회사 노리엠리NoLiemRI는 거짓말 탐지에 스캐닝 기법을 사용할 것을 제안했다. 그러나 그에 대한 신경과학과 신경윤리 학계의 대응은 매우 적대적이었다. 2008년에 《네이처 뉴로사이언스》 지의 사설은 이런 기술의 적용은 시기상조이고, 신뢰성이 낮으며, 양성이나 음성에 대한 판정이 모두 틀릴 가능성이 매우 높다고 평했다.[33] 그럼에도 2010년 NRC는 정보기관들이 배신자를 색출하는 능력을 증진하는 데 비상한 관심을 가지고 있다는 점에 주목했고, '정신적인 상태와 의도를 드러내는 신경생리학적 표지'를 찾는 연구에 높은 우선순위를 부여했다.[34] 문제는 법률 제정자의 귀에 본질주의 신경과학자들의 지배적인 주장과 공상이 울려퍼지는 상황에서, 엉터리 만병통치약이 공포 사회에 무척 매력적으로 비칠 수 있다는 점이다.

신경열광주의

법률가들에게 신경과학이 제기한 쟁점은 새로운 기술이라기보다 정신을 뇌로 환원시킬 때의 법률적 책임이라는 주제에 어떤 변화가 나타날 것인가라는 좀더 포괄적인 문제다. 범죄 의도mens rea라는 법률의 핵심 개념은 '내 뇌가 범죄를 저지르게 했다'는 주장의 도전을 받게 되었다. 어린아이들은 법적 책임을 면제받으며, 뇌 손상이나 정신이상으로 판정된 사람들도 마찬가지다. 정신질환자에게 법적 책임을 묻지 않은 역사는 19세기에 제정된 맥노튼법M'Naghten rules에까지 거슬러 올라간다. 일부 발생신경과학자들은 아이들은 뇌가 아직 미성숙해서 위험을 무릅쓰는 경향이 있기 때문에 그들의 행동에 완전한 책임을 부과하기 힘들다고 주장한다. 스티븐 세들리 판사가 주장했듯이, "다른 사람에게 해를 입힌 행위의 책임에 대한 법은 역사적·도덕적 타협의 집합이다."[35] 영국 법정에서는 기분전환 약물이나 알코올의 영향으로 죄를 범했다는 피고인의 변명이 받아들여지지 않는다. 그러나 어떤 사람이 범죄를 저지르도록 미리 예정하는 뇌의 생물표지(신경전달물질 신진대사에 관여하는 효소의 대립 유전자나 뇌의 여러 영역들 사이의 연결에서 일어나는 변화와 같은)가 발견된다면 상황이 바뀌게 될까? 미국에서 이런 식의 변호가 시도되었지만 기각되었고, 앞으로도 법원이 이런 변

론을 받아들이지 않을 가능성은 높다.[36]

법정의 회의적인 분위기와 달리, 다른 영역에서는 신경열광주의가 전혀 수그러들 기미가 보이지 않는다. 미술, 문학, 음악 비평가, 그리고 실제 미술가, 소설가, 음악가 들도 미술 작품이나 음악, 그리고 소설의 인기를 그런 작품이 특정 뇌 구조와 어떻게 공명하는가라는 관점에서 설명하곤 한다. 예술 작품의 인기 자체가 깊은 진화적 역사의 산물이라는 것이다. 이러한 주장은 사회생물학자 E. O. 윌슨에까지 거슬러 올라간다.[37] 그는 진화적으로 우리가 풀, 나무, 그리고 물이 있는 풍경에 반응하게끔 되어 있다고 주장했다. 건축이론가 찰스 젱크스Charles Jencks는 윌슨이 좋아했던 장르를 런던의 '배터시 길거리 미술'로 규정하면서 무자비하게 일축했다.[38] 그러나 신경과학이 일상생활로 들어온 가장 놀라운 사례는 두 분야가 하이픈으로 연결된 영역인 신경-교육neuro-education이다.

신경교육학자들은 동물 학습에서 얻은 증거를 아이들을 가장 잘 교육시키는 방법을 찾기 위한 중요한 단서로 간주한다. 여러 가지 의심스러운 영양제들과 함께 IQ를 높인다고 주장되는 두뇌 체조brain gyms는 소비자들에게 직접 전달되는 텔레비전 광고의 융단폭격과 신경과학에 대한 지식이 전무한 유명인사들의 상품 보증 덕분에 엄청난 사업이 되었다.

실험실 실험에서 초파리와 쥐를 비롯한 다양한 생물들은 특정한 향을 인식하거나 피하도록 훈련시킬 수 있고, 전기충격의 위협으로 행동을 변화시킬 수 있다. 일반적으로 파리나 쥐가 실험자가 가르친 대로 확실하게 움직이게 만들려면 여러 차례 시도를 해야 한다. 그런데 여러 차례 몰아서 집중 훈련을 시킨 다음 휴식을 취한 뒤 다시 집중 훈련을 시키는 식으로 연속적인 시도를 하는 경우(집중 훈련), 훈련 회수는 같지만 덜 집중적으로 띄엄띄엄 훈련을 시키는 경우(간격 훈련)보다 학습이 더 빨리 이루어졌다. 이 사실이 언론에 알려지자 영국 북부의 교장들은 학교의 시간표를 다시 짰다. 따라서 아이들은 10분 집중 교육을 하고 휴식을 취한 뒤 다시 교육을 하는 식으로 교육을 받게 되었다. 동물이나 곤충의 훈련에서 얻은 발견을 아이들의 교육에 적용시키는 것은 동물 실험에서 안전성과 효과가 어느 정도 입증된 약을 사람에게 그대로 적용시키는 것과 마찬가지로 윤리적 및 기술적 문제를 도외시하는 것이다.

좀더 근본적인 문제는 훈련과 교육이 마구 뒤섞이는 현상이다. 훈련과 교육은 특정 기술이나 특정한 종류의 행동을 습득하는 경우에는 중첩될 수 있지만, 양자는 엄연히 다르다. 교육은 영어로 번역되지 않고 번역하기도 힘든 독일어 개념 '도야Bildung'가 의미하는 것을 수행한다. 이 개념은 가르침과 배움의 두 차원을 모두 지칭한다. 단지 지식이나 기능뿐 아니라 가치, 기풍, 개성, 진정성, 그리고 인간애까지를 모두 포괄한다. 이 개념에서 교육적 성취는 자신의 개인적 재능과 능력의 계발을 증진하는 실제 활동을 통해 얻어지며, 다시 이러한 성취가 그가 속한 사회의 발전으로 이어진다. 따라서 '도야'는 사회 정치적 현상을 그대로 받아들이지 않으며, 사회 비판에 참여하고 궁극적으로 자신의 가장 높은 이상을 실현하기 위해 현상에 도전할 수 있는 능력까지 포함한다. 독일보다 실용주의적인 영어권 문화는 이러한 야심 만만한 언어를 회피하고 있다. 그러나 대부분의 교육자는 자신의 아이들이 이러한 고귀한 자질을 계발하기를 원한다. 아이들을 초파리나 실험용 쥐와 똑같이 다루는 한, 이러한 이상은 실현되기 힘들다.

그럼에도 교육 분야의 신경과학 신화는 날로 늘어나고 있다. 교사들은 신경과학과 연관된 어처구니없는 내용들을 담은 광고 우편물을 1년에 최대 70차례나 받는다고 보고했다. 발달에 중요한 기간, 좌뇌와 우뇌의 학습, 또는 시각 학습과 청각 학습 등에 대한 내용이 그런 광고에 포함되었다. 이런 엉터리 약을 파는 업자들은 임상시험이나 의사의 처방에 대한 NICE의 요구와 같은 보호 장치를 갖지 못한 교사들을 대상으로 판매 공세를 펼치고 있다. 지난 몇 년 동안 이런 상황을 비판하는 일련의 보고가 이루어졌다. 영국 경제사회연구위원회UK Economic and Social Research Council(ESRC)와 경제협력개발기구Organisation for Economic Cooperation and Development(OECD), 그리고 최근에 왕립학회는 신경과학자와 교육자 들이 함께 이러한 신화에 맞서고, 엉터리 약물을 파는 업자들에 저항하고, 이들이 좀더 적극적으로 연구를 기획하는 동등한 협력자가 될 것을 촉구했다.

그러나 이러한 보고서들의 약점은 눈앞에 있는 거대한 코끼리에 대해 이야기하기를 꺼린다는 점이다. 그것은, 과거 유전학자와 줄기세포 생물학자가 그랬듯, 열광적으로 자신들의 프로메테우스 신화를 전도하고 있는 대학의 신경과학자들이다. 유전학자와 줄기세포 연구자들이 단일한 목소리를 냈던 데 비해, 신경과학들을 포괄하는 우산은 신경화학자와 신경생리학자들의 침습적인 연구에서 비침습적인 fMRI 연구자와 심리학자들의 블랙박스에 이르기까지 전혀 다른 접근방식들을 포괄한다. 이익에 대한 기대로 증거를 꾸며내는 시장화가 격화되는 경제 속에서 무수한 로비를 받는 신경과학자들은 하나의 언어로 말하지 않으며, 바벨탑처럼 서로 다른 언어를 사용하여 서로 다른 주장을 펼치고 있다.

9

프로메테우스의 약속, 누가 혜택을 받는가?

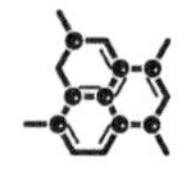

1818년에 메리 셸리는 뛰어난 고딕적 상상력으로 타이탄족의 프로메테우스를 과학자 빅터 프랑켄슈타인으로 변형시켰다. 그 이후, 20세기 말과 21세기 초의 상상력은 또 다른 변형을 내놓았다. 타이탄족이 성배를 찾는 아서 왕의 기사가 된 것이다. 분자유전학자들이 최초로 그 역할을 자임한 기사들이었고, 이들의 성배는 인간 유전체였다. 하버드 대학교 월터 길버트는 1991년에 HGP에 착수하면서 이렇게 말했다. "우리가 누구인지 밝히는 성배를 찾는 작업은 이제 그 정점에 도달했다." 제넨테크의 설립자 허버트 보이어에게는 염기 서열이 '유전학의 성배'였다. 다른 분자생물학자들이 그 뒤를 따랐고, 식물유전학에서 유방암에 걸리기 쉬운 유전자에 이르기까지 모든 탐구에 이 비유가 동원되기까지는 그리 오랜 시간이 걸리지 않았다.

그리고 이제는 유전자에서 세포로, 그런 다음 뇌에까지 나아갔다. 리뉴런 사의 존 신든에게 줄기세포는 '배아 복제가 인간에게 가능할지를 결정하는 성배'가 되었다.[1] 런던 킹스칼리지의 피터 브로드Peter Braude에게는 그의 연구팀이 만든 인간 배아줄기세포가 '재생 의료에서 모든 사람들을 위한 진정한 성배'였다.[2] 그리고 미네소타 의과대학의 레오 퍼쉬트Leo Furcht에게 이 세포들은 '묘약, 의학의 성배'였다.[3]

늘 그렇듯 신경과학자들은 멀리 뒤쳐지지 않았다. 그들의 성배는 숭고한 것에서부터 하찮은 것에 이르기까지 다양하다. 한 동영상 강의에서 저명한 신경학자이자 저자인 빌라야누르 S. 라마찬드란Vilayanur S. Ramachandran은 "우리가 자의식이라고 부르는 것에 관한 연구가 신경과학의 성배"라고 설명했다. 블루브레인프로젝트에 자금을 지원한 IBM의 헨리 마컴과 메이슨 대학교의 컴퓨터 신경과학자 조르조 아스콜리Giorgio Ascoli는 '가상 뇌virtual brain'의 구축을 '신경과학의 성배'로 보았다.[4] 다른 성배들은 좀더 실제적이다. 신경기술 회사인 인텔렉트뉴로사이언스Intellect Neuroscience의 CEO 대니얼 체인Daniel Chain은 '예방 백신을 알츠하이머병 관리의 성배'로 보았다.[5] 일부 성배는 터무니없는 경우도 있었다. 쥐들에게 회피 반사를 촉발하는 육식동물 소변에서 새로운 분자를 발견한 하버드 대학교 신경과학자 스티븐 리벌스Stephen Liberles는 '화학물질에서 수용체, 신경회로, 그리고 행동으로 이어지는' 경로의 한 단계로 자신의 발견을 규정하며, 그것이 '신경과학의 성배'라고 했다.[6]

성배 찾기에서, 원탁의 기사 중 가장 순수한 기사인 갤러해드 경만이 예수의 피를 받았던 성배를 얻을 수 있었다. 그러나 갤러해드의 순수함은 흉갑 아래에 주식 옵션과 회사 지배권으로 단단히 무장한 채 보물을 찾는 오늘날의 과학자들과는 거리가 멀다.

생물학자에게 지난 수십 년은 확실히 흥분되는 시기였다. 한때 조그만 가내 수공업에 지나지 않았던 생명과학은 온갖 곳에서 넘쳐나게 자금을 지원받는 거대한 기술과학 사업으로 탈바꿈했다. 이러한 변모는 정보과학과의 결합을 통해서 가능하게 되었다. 과학이 탄생한 바로 그 순간부터 현재까지 계속 미제로 남아 있는 유전의 본질과 뇌의 작동 방식 및 발생 과정에 대한 근본적인 과학적 의문에 대한 새로운 접근과 이해는, 한때 휴면 상태였던 연구 분야에 활기를 불어넣었다. 데이터들이 실험실에서 폭포수처럼 흘러나와 소규모의 생명공학회사와 거대 제약회사의 생산체계로 흘러들었다. 새로운 유형의 과학 기업이 대학에서 창발되어 기업계로 뛰어들었다. 전에는 가장 저명한 핵물리학자들에게만 보여주었던 존경의 마음으로, 사람들은 저명한 생명공학 과학자들의 발표를 경청하게 되었다. 오늘날 그들은 정부와 산업계에 자문을 해주고 다보스 포럼에서 세계 지도자들에게 가장 인기 높은 강연을 하고 있다.

이들의 말은 문화가 되었다. 재잘대기 좋아하는 사람들은 말할 것도 없고, 언론이나 정치가들까지도 DNA, 고정 배선, 다윈의 자연선택, 그리고 진화와 같은 쟁점들을 거론하지 않고 지나가는 날이 하루도 없을 정도다. 생명과학의 규정력에 대한 이러한 맹종은 더 널리 확산되어서 철학, 예술, 윤리학, 사회학, 정치학과 법학 등 생명과학의 주장에 대해 찬반을 분명히 할 필요가 있다고 느끼는 모든 분야로 퍼져나갔다. 정체성이 유전자에 있는가, 아니면 신경세포나 홍적세의 과거에 있는가? 재생의학이라는 프로메테우스의 약속을 요구하는 신자유주의적 자아는 도래했는가?

유전자 성배에 대해, 필경 가장 쌀쌀맞은 평가는 HGP의 핵심 인물 중 한 사람으로부터 나왔다. 에릭 랜더는 백악관에서 한 연설에서 다음과 같이 말했다. "우리는 인간 유전체를 청사진, 성배, 그리고 그 밖의 온갖 것들로 불러왔다. 그것은 일종의 부품 목록이다. 만약 내가 보잉 777의 10만 개 부품 목록을 여러분에게 준다고 하자. 나는 여러분들이 그 부품들을 조립할 수 있다고 생각하지 않는다. 그렇다고 여러분이 보잉 777이 하늘을 나는 이유를 전혀 모른다고도 생각하지 않는다."[7]

줄기세포라는 성배 탐구는 계속되고 있으며, 지금은 배아줄기세포보다는 성체줄기세포 쪽으로 연구가 이루어지고 있다. 의식과 자아를 탐구하는 신경과학의 떠돌이 기사Knight-errant들에 대한 우리의 견해는 이들이 어디로도 질주하고 있지 않다는 것이다. 정신은 뇌가 없으면 존재할 수 없지만 그렇다고 뇌로 환원시킬 수도 없다.

너무 적은 유전자와 너무 많은 유전자

안타깝게도 유전자는 성배가 될 수 없었지만, 훨씬 더 많은 사람의 이야기를 들려준다. HGP가 출범할 당시에는 인간 유전체 30억 개의 아데닌(A), 시토신(C), 구아닌(G), 티민(T) 안에 얼마나 많은 유전자가 들어 있는지 아무도 몰랐다. 선호된 추정치는 약 10만 개였다. 경주가 진행되면서 분석자들은 정답에 가장 근접한 사람에게 상으로 독점권을 주는 내기를 했다. 일단 인간 유전체가 해독만 되면, 염기서열이 그 안에 든 유전자가 어떻게 인간 한 사람의 몸에 100조 개의 세포를 만들어낼 수 있는지, 그리고 지구상 70억 인구가 디지털 DNA 열에서 저마다 고유하게 아날로그적 판독을 하게 되는지 밝혀낼 것이라고 자신했다. 공공 부문과 민간 부문의 갈등, 염기서열을 열린 자원으로 간주해서 제약산업에서 특허를 낼 수 있도록 공개하자는 진영과 처음부터 접근을 통제해서 염기서열을 닫힌 책으로 보자는 진영 사이의 갈등으로, 염기서열을 완성하려는 경주는 과학의 새로운 정치·경제학 속에서 여러 세력이 서로 대립하는 전형이 되었다.

분자유전학자들은 인간 유전체 해독이 과학적 쾌거 이상으로, 건강과 부의 측면에서 혜택의 보고로 통하는 문을 열어젖힐 것이라고 주장했다. 건강 위험을 나타내는 각 개인의 유전체들이 CD에 기록될 것이다. 그리고 분자생물학자들은 생명과학 최초의 거대 프로젝트에 대한 지지를 확보하기 위한 노력으로, 넋을 잃은 관중들에게 이 반짝이는 디스크를 높이 들어 올릴 것이다. 2001년 유전체 계획 초안이 발표되기 훨씬 전에 아이슬란드의 디코드가 진두지휘하는 바이오뱅크들을 위한 계획이 진행되고 있었다. 바이오뱅크들은 수십 억 달러가 들어가는 전장유전체 염기서열 해석 비용을 들여서, 훨씬 겸손하게, SNPs을 찾겠노라고 주장했다. SNPs는 특정한 일반 질병을 앓는 사람들이 공유하는 유전자 서열에서 나타나는 변이들로, 바이오뱅크들은 유전체 약학을 통해 예측과 개별 맞춤형 의료의 문을 열 의도로 이를 주장했다.

바이오뱅크들이 특정 질병의 유전적 요인뿐 아니라 환경적 요인을 식별할 수 있을 정도로 개인에 대한 충분한 정보를 수집할 수 있다는 바람을 가지고 있지만, 지금까지는 물리·사회·문화 등 복합적 환경의 특징을 나타내는 '소프트' 데이터보다는 DNA 분석이라는 '하드' 데이터, 즉 유전자 해독에 역점을 두어왔다. 더욱이 사람의 풍부한 유전적 변이 중 특정 부분 집합을 표본 조사할 수 있을 뿐이었고, 여태까지 주로 고등교육을 받은 유럽 혈통의 유전자만 연구해왔다.

영국에서는 영국 바이오뱅크가 민족적 소수자에게 가중치를 주지 않고 일반 개업의의 환자에게 초대장 발급을 확대했다는 사실로 비추어볼 때, 계급은 말할 것도 없고 생물지리적 혈통의 다양성이 과소 대표되고 있음을 알 수 있다. MRC는 규제를 받지 않고 있으며, 적절한 대표는 연구자의 양심에 맡겨져 있는 실정이다. 이와는 대조적으로 미국의 과학 정책은 여성과 소수자를 연구하는 생물의학의 실패에 정치적으로 대응하면서 연방 기금의 지원을 받는 연구에서 여성과 소수자가 적절히 대표될 것을 요구하고 있다.

HGP의 결과가 나오기 시작하자, 웰컴재단의 CEO 마이클 덱스터는 이 계획의 완수는 인간을 달에 보낸 것보다 더 중요하며 바퀴의 발명에 필적한다고 주장했다. 사실 그 결과는 유전자 중심주의를 이론적으로 당혹스럽게 만드는 것이었다. 가장 복잡한 뇌를 가지고 있으며 진화의 정점으로 추정되었던 인간이 겨우 초파리 수준으로 약 2만 개의 유전자만 갖고 있다는 것이 밝혀졌다. 인간 생명의 모든 것이 선형 DNA 열에서 해독될 수 있으리라고 자신 있게 예견했던 분자생물학자들은 침묵에 빠졌다.

그에 대응해서, 랜더와 크레이그 벤터는 개별 유전자에서 유전체, 단백질 유전정보, 그리고 유전적 우위와 후성유전학 같은 발생 과정의 풍부한 상호작용으로 성배 찾기를 한 단계 승격시켰다. 자연과학계 여타 분야의 반응은 다양했는데, 주요 저널들은 조금 놀라기는 했지만 밋밋하게 결과를 보고했고, '우리가 바나나랑 유전자 절반을 공유하고 있다니 재미있네'라는 농담으로 이 문제를 넘긴 학자들도 있었다. 그런가 하면 인류학자 조너선 마크스는 '**침팬지와 98퍼센트가 같다는 의미가 무엇인가**'에 대해 더 진지하게 성찰했다.[8]

바이오뱅크로서는 상황이 더욱 악화된 셈이었다. 유전자 수가 너무 적을 뿐 아니라 특정 질병 조건에 포함된 유전자는 오히려 너무 많다는 것이 밝혀졌다. 영국 바이오뱅크가 대상 모집을 완료하고 2011년에 사업을 개시했을 당시 이미 초기 GWAS 결과에서 유전학자들의 예상보다 질병과의 관계가 훨씬 더 복잡하다는 것이 드러났다. 여러 저자의 논문들이 국제 컨소시엄에서 쏟아져나왔고, 주요 저널에 발표되었다. 당시까지만 해도 유전학은 상황이 좋았지만(물론 유리한 환경은 사라졌지만), 건강이나 부의 측면에서 내놓을 만한 결과는 보잘것없었다.

디코드가 국제 네트워크를 통해 전체 집단의 규모를 확대해서 기술적 해결책을 모색했지만, 세간의 이목을 끄는 논문들도 파산을 피하지는 못했다. 한편으로는 회의적인 유전학자들이 '설명되지 않는 유전 가능성' 문제를 거론했고, 다른 한편으로는 특히 《의학 유전학Genetics in Medicine》 편집자 제임스 에반스James Evans와 보건심리학자 테레세 마토Therese Marteau가 유전학의 거품이 터지고 말았다고 주장했다.[9] 유전체 계획과 바이오뱅크들이 구축했던 거대한 재정 및 기술 체계가 위태로운 이론적 토대를 기반으로 삼을 수 있단 말인가?

NIH 원장이자 인간 유전체의 염기 서열분석을 성공적으로 완성하는 데 중심 역할을 한 프랜시스 콜린스는 초기의 희열감을 진정시켰지만, 찰스 디킨스의 소설《데이비드 코퍼필드》에 나오는 인물 미코바처럼 여전히 낙관적이어서 중요한 무엇인가가 나타날 거라고 생각했다.[10] 콜린스는 인간 유전체 해독이 완성되는 10년 동안 새로운 지식이 임상치료를 완전히 바꾸어놓을 것이라고 주장했지만 그것이 실현되지 않자 자신의 주장을 바꾸었다. 이제 콜린스는 초기 열광주의자들이 너무 많이, 그리고 너무 성급하게 새로운 기술에 대한 약속을 하는 바람에 기대를 지나치게 부풀린 경향이 있었다는 것을 인정했지만, 결국에는 선구자들이 품었던 최고의 바람을 넘어서게 될 것이라고 했다.

사태가 그리 간단치 않다는 사실이 밝혀진 것은 유전자 중심주의를 썩 달갑게 여기지 않는 사람들에게는 별로 놀라운 일이 아니었다. HGP와 바이오뱅크들이 밝힌 것은 생물학적 복잡성이 높다는 것이었다. 이미 오래

전에 환원주의에 덜 경도된 생물학자들이 그런 생각을 품어왔지만, 염기서열분석가와 그 지원자 들이 일편단심으로 자신들의 목표를 추구하면서 눈을 감아버렸던 것이다. 랜더가 옳았다. 인간 유전체 염기서열 해석의 완성은 조립 방법에 관한 안내 책자 없이 부품 목록만을 만들어낸 격이었다. 유전자 결정론자들은 겉으로는 유전자 숫자가 적다는 사실에 동요하지 않는 것처럼 보였지만, 랜더나 벤터 같은 사람들은 바로 반응했다.

유전체 지도 작업에 드는 비용이 급격히 감소하고 있다는 것은 머지않아 1000달러만 있으면 누구나 개인의 전체 유전체 정보를 한 장의 CD에 담거나 스마트폰에 다운로드 할 수 있다는 것을 의미한다. 이것은 23앤드미나 그 경쟁사들이 제공하는 불확실한 유전자 표지를 크게 뛰어넘는 단계지만, 생물 정보가 아무리 많이 쏟아져 나와도 제약사들이 환자의 특정 유전 변이를 치료하는 맞춤 약을 개발하지 못하면 환자나 의사에게는 거의 소용이 없다. 그러나 복잡한 질병에 대한 GWAS의 결과가 입증되면 그렇지 않을 수 있다.

이러한 유전적 복잡성은 예측 가치가 거의 없는 위험 평가를 쏟아냈으며, 이는 의학과 사회적 이론화 모두를 힘들게 만드는 현상이다. 예측 가치의 상실로 사회학자 카를로스 노바스Carlos Novas와 니콜라스 로즈Nikolas Rose가 주장했던 생물학적 시민권biological citizenship 논변은 난관에 직면하게 되었다. 두 사람은 다음과 같이 주장했다.

> 오늘날 자신에 대한 책임은 '육체적' 그리고 '유전적' 책임을 모두 함축한다. 사람들은 오랫동안 육체의 건강과 질병에 대해 책임을 졌지만 이제 자신의 유전체가 갖는 함의도 알고 관리해야 한다. 자신의 미래에 대한 지식의 견지에서 현재를 관리해야 할 책임을 '유전적 사리분별genetic prudence'이라고 일컬을 수 있다. 이 사

> 리분별의 규범이 윤리적 선택과 생물학적 감수성에 대한 좋은 주제와 나쁜 주제 사이에 새로운 구분을 도입했다. 우리 시대의 생물학적 시민권은 우리가 '희망의 정치경제학'이라 부르는 것 속에서 작용한다. 생물학은 더 이상 맹목적인 운명이 아니며, 예측하지만 어찌할 수 없는 숙명도 아니다. 그것은 알 수 있고 바꿀 수 있으며 개선할 수 있고 분명히 조작 가능하다. 물론, 희망의 이면은 두말할 필요 없이 불안, 두려움, 심지어 자신이나 자신이 우려하는 사람들의 생물학적 미래가 가져올 수 있는 것에 대한 공포다.[11]

GWAS의 결과가 나오기 시작하면서 유전적 위험을 안고 있는 개인들에게 유전학이 혜택을 줄 가능성은 희박해졌다. 대부분의 사람들에게, 자신의 미래에 영향을 줄 수 있는 특별한 자기 훈련 활동 같은 것이 있는가? 21세기에 건강 증진이라는 일상적 조언을 채택하는 것 이상으로 새로운 권고 사항이 있는가?

유전적 확실성이 주어지는 것은 우성 단일 유전자 질병의 위험에 노출된 사람들뿐이며, 여기에서 그 메시지들은 너무도 분명하다. 가령 헌팅턴 무도병Huntington's chorea의 경우를 살펴보자. 노바스는 이 질병 위험군에 있는 사람들의 온라인 토론을 분석했다. 조기에 발병하는 이 신경계 퇴행성 질환의 유전자는 30년 전에 밝혀졌다. 그 후 엄청난 과장 선전이 있었지만, 아직까지 어떠한 치료제나 유전자 치료법도 나오지 않았고 검사만 계속될 뿐이다. 위험군에 속한 많은 사람들이 검사를 거부하는 것은 자신들의 유전적 미래를 바꾸기 위해 자신들이 취할 수 있는 효과적인 행동이 없다는 것을 알고 싶지 않다는 결정을 뜻한다. 차라리 불확실성을 견디는 편이 더 낫다는 것이다.

또 다른 단일 유전자 질병인 가족성 고콜레스테롤혈증(FH)은 상황이 다르다. 이 질환은 콜레스테롤 수치를 높여 심장질환으로 인한 조기 발병과 사망 위험률을 높인다. 이 경우에는 생활방식을 바꾸면서 복용할 경우 위험을 줄일 수 있는 효과적인 약이 있다. FH가 있는 힐러리는 FH 협회 회원인데, 그녀는 협회 회원들의 동의를 얻어 이들을 연구했다. FH 협회는 상호 지원을 제공하지만 회원들은 유전학을 결코 거론하지 않는다. 그 대신 위험한 콜레스테롤 수치를 떨어뜨리도록 설계된 기존 방식과 근본적으로 다른 치료법 이야기를 나누거나, 주로 식생활 관리에 대한 유익한 생활방식 정보를 나눌 때가 더 많았다. 이 협회의 일부 회원들에게는 자신들이 공유하고 있는 유전적 위험이 자신들만의 작은 섬polis이 되었고, 이 국가에서 그들의 시민적 의무는 개인의 위험을 줄이는 것으로 제한되었다. 그들 사이의 토론이 위험과 관련된 논의로 매몰되는 정도는 상황에 따라 달랐지만, 작은 모임, 가령 남자 형제가 FH인 교구목사 부인이 주도하는 저녁 만찬 모임 같은 상황에서도 다른 주제는 거의 화제에 오르지 않았다.

충분한 근거가 있는 불안감에도, 힐러리는 자신이 이 제한된 섬에 화가 난 것을 깨달았다. 그녀는 FH보다는 생활과 시민권을 더 중요하게 여겼기 때문이었다. 연구가 끝나자 힐러리는 이 집단을 떠났지만, 노바스와 로즈가 주장했듯이, 그녀는 자기 삶의 FH 부분에만 (대부분) 국한하도록 잘 훈련된 적극적인 유전적 시민genetic citizen이 되었다. 적극적인 생물학적 시민권biological citizenship은 근거가 충분한 희망을 필요로 하며, 이 희망은 오늘날 통상 질환의 유전적 설명을 지배하고 있는 GWAS의 복잡성과 약한 예측력으로는 제공할 수 없는 것이다.

개별화된 의학이라는 주문은 유전체학의 실현 가능한 전망보다는 개인주의 이데올로기에 더 잘 어울리는 것처럼 보인다. 특정 유전자 변이가 무엇을 수반하든 의사들이 쓸 수 있는 가장 실질적인 전략은 여전히 광범위한 스펙트럼의 기존 의약품 중 하나를 사용하는 것이다. FH와 관련된 단일 유전자의 수백 가지 서로 다른 돌연변이가 확인되었음에도, 대부분의 사람들에게는 스타틴이 효과적인 치료제인 것이다. 개별 맞춤형 의학이 상상의 세계를 노니는 반면 두루 적용되도록 만든 스타틴은 많은 사람들에게 효과를 주고 있다. 스타틴의 특허 기간이 끝나고 가격이 하락한 것은 환자와 건강관리 제공자들에게는 반가운 소식이었지만, 제약회사의 손익 측면에서 볼 때에는 나쁜 소식이었다.

여기서 영국의 2000만 인구에게 스타틴을 처방하도록 권고한 영국 심장재단이 일부 자금을 지원한 연구를 거론하지 않을 수 없다.[12] 이 제안은 더 많은 인구를 환자로 만들어 거대 제약회사의 시장을 키워준 것처럼 보인다. 이러한 정책은 WHO의 1980년대 유럽 건강 증진 프로그램과는 거리가 먼 것이었다. WHO의 프로그램은 운동을 권장하고 음식에서 포화 지방 감소를 권장해서 심장병과 조기 사망의 높은 비율을 낮추려고 했다. 핀란드에서는 이 프로그램 덕분에 현저한 개선이 이루어졌다. 그와 대조적으로, 심장병과 당뇨병, 그리고 조기 사망과 관련된 한 원인인 비만이 영국에서는 사상 최고치에 달하고 있다. 유전학 연구나 한 알의 알약이 이 복잡한 문제를 해결할 것 같지는 않다.

그래서 누가 이득을 보는가?

거대 제약회사의 이익은 계속 증가해왔다. 2010년 《포춘》이 선정한 500대 기업 목록에 오른 상위 12개 미국 제약회사들의 총 매출액은 2500억 달러로 지난 3년 사이 5퍼센트 증가했으며, 이익은 같은 기간 평균 25퍼센트 증가한 것이었다. 그중 가장 큰 회사인 존슨앤존슨만이 이익이 소폭 감소했다고 발표했다. 새로운 블록버스터급 의약품의 부재와 현재 특허 제품들의 기간 만료로 제약회사들은 문제가 있다는 것을 잘 알고 있다. 혁신이 이들의 생명선임을 감안할 때, 제약회사들의 대응은 모순이 아닐 수 없다. 상위 12개의 글로벌 제약회사들에 대한 최근 조사에 따르면, 개발이 상당히 진행된 임상 시험 단계에서 신약들이 거듭 실패하면서 이들은 연구개발 비용을 줄이고 연구 시설을 폐쇄했다고 한다. 2010년에 겨우 23개의 신약만이 임상시험 단계에 이르렀고, 2011년에는 18개로 감소했다. 반면에 하나의 신약이 시장에 성공적으로 진입하는 데 들어가는 비용은 8억 달러에서 10억 5000만 달러로 증가했다.

매출 유지를 위해, 제약회사들은 기존의 합성약을 위한 새로운 타깃을 찾는 기존의 관행으로 돌아갔다. 한 가지 방법은 9·11 이후 '공황 장애'의 경우처럼 그 의약품이 효과적으로 여겨질 수 있는 새로운 질병의 범주를 창출하는 것이다.[13] 또 다른 방법은 바이딜BiDil처럼 그 의약품이 특정 집단에게만 효과적이라고 주장하는 것이다. 바이딜은 여러 인종이 섞여 있는 집단을 대상으로 한 임상실험에서는 실패했지만, 아프리카계 미국인의 울혈성심부전 치료에는 FDA의 승인을 받은 복합약이다. 아프리카계 미국인의 아프리카 조상은 심장병 위험의 상승과 관련이 있었다. 바이딜은 생의학이 소수자에게 더 기여해야 한다는 NIH의 책무를 구현하는 약품으로 홍보되었다. 그럼에도 바이딜은 논란을 불러일으켰는데, 비판자들은 자기 보고에 의한 인종 정체성을 근거로 삼은 인종적 처방은 안전하지 않다고 주장했다.[14]

앞 장에서 살펴보았듯이, 새롭고 효과적인 향정신성 약품을 찾을 가능성이 희박하다는 것이 거대 제약회사들의 예상이다. 정신분열증과 기타 중증 정신질환에 대한 치료를 제공하겠다던 HGP 출범 당시의 과대 선전과 희망은 점점 시들해졌고, 우울과 불안이라는 전 세계적인 불행 유행병이 매년 증가함에도 주요 제약회사들은 이 분야의 연구를 중단하고 있다. 향정신성의약품도 급성 정신병을 앓는 환자나 우울증을 관리하는 데는 도움이 될 수 있지만, 장기 복용할 경우 내성의 악순환과 돌이킬 수 없는 뇌의 변화를 일으키는 등 문제가 많다. 생물학적 정신의학 비판자들이 주장하듯이, "당신의 약이 당신의 문제일 수 있다."[15] 특히 여러 약을 섞어서 복용하는 이른바 칵테일 요법을 사용할 경우 더욱 그러하다. 과거에 생물정신의학에 몰두했던 사람들 사이에서조차 마치 뇌의 화학작용을 조작하여 정신 장애와 고통을 치료하거나 완화시킬 수 있는 것처럼 가정하는 정신병 치료의 전체적 접근방식이 잘못되었다는, 즉 또 하나의 엉터리 패러다임이라는 주장이 나오기 시작했다.

그러나 거대 제약회사들의 혁신 실패는 최고경영자의 보수에 반영되지 않았다. 영국 고연봉조사위원회UK High Pay Commission의 2011년 보고에 따르면 전체 상공업 경영자의 연봉은 전년 대비 49퍼센트가 오른 데 비해 일반 직원들의 연봉은 겨우 2.7퍼센트 인상되었을 뿐이라고 한다. 영국 런던증권거래소에 상장된 시가 총액 상위 100개 기업의 지수인 FTSE 100에 든 기업의 CEO들은 평균 380만 파운드를 받았고, 2012년에는 연봉이 480만 파운드로 인상되었다. 이에 비해 2010년 영국 전국 평균 임금은 2만 5900파운드였다. 임원들의 경우 총 연봉 중 기본 급여가 세제 혜택이나 연금, 보너스 같은 부가 항목의 액수보다 적었다. 총 연봉의 40퍼센트에 해당하는 보너스만 보더라도 기본 급여보다 많았다.

FTSE 100대 기업 중 제약회사의 CEO들은 정유회사의 CEO에 버금가는 연봉을 받고 있다. 경제 불황에도 이들의 연봉은 지속적으로 인상되었고, 일부 경우 천문학적으로 올랐다. 2012년 3월에는 GSK의 CEO 앤드루 위티Andrew Witty에게 지급된 670만 파운드에 대해 시민들의 항의가 있었다. 이 액수는 글로벌 CEO 시장에서 'GSK의 경쟁력을 유지하기 위해' 두 배가 되었다. 그 당시에도 이 액수는 부적합하다고 여겨졌다. 미국에서 이 기간 동안 GSK의 사기에 가까운 부정 판매(지금까지 영국은 이에 대해 어떤 조치도 취하고 있지 않다)에 대한 증거가 상당히 수집되었음에도, 위티는 자신의 연봉이 거대 제약회사들 중 최저 사분위에 속한다는 근거로 연봉을 1040만 파운드로 인상시키는 데 성공했다. 사실 미국 기준으로 볼 때, 위티의 연봉은 보잘것없었다. 존슨앤존슨의 전 마케팅 임원이었던 윌리엄 웰던William Weldon은 2010년에 CEO가 되면서 연봉이 2700만 달러로 인상되었다. 존슨앤존슨의 이익이 1년 뒤 감소했다는 것을 감안할 때, 이런 성과급의 효력은 미심쩍지 않을 수 없다.

이런 터무니없는 연봉은 효율적인 회사 경영과는 거의 무관하며, 연봉조정위원회의 구성 및 탐욕, 남성성의 척도로서 높은 연봉이 상징하는 것과 더 밀접한 관련이 있다. 여성의 경우, 임원의 수가 극히 적고, 보수를 가장 많이 받는 여성 임원이라도 가장 적게 받는 남성 임원보다 조금 적은 정도다. 거대 제약사의 CEO 중 생의료 분야에 경력이 있는 사람은 아무도 없다. 영국 회사의 이사 중 43퍼센트만이 연구개발 이사고, 그런 회사에서 그들의 연봉은 CEO보다 훨씬 낮으며 심지어 최고재무책임자Chief Financial Officer(CFO)보다도 낮았다.

CEO들의 보너스는 계속 올라가고 있지만, 이른바 '주주의 봄Shareholder Spring'(투자자들이 최고경영자의 연봉 승인을 거부하려는 움직임을 나타내는 말이다. 2012년 봄에 첫 시도가 이루어져서 그런 명칭이 붙여졌다—옮긴이)이 효과를 내고 있다는 징후들이 있다. 이익이 재난 수준으로 감소한 아스트라제네카의 마케터 출신

CEO 데이비드 브레넌David Brennan은 사임 압력을 받기 전에 '가족과 더 많은 시간을 보내기 위해서'라는 이유로 자진해서 물러났다. 2011년에 퇴직 수당 500만 파운드와 함께 급여와 특별 수당으로 900만 파운드 이상을 더 받게 된 브레넌은 사임 결정을 어렵지 않게 했을 것이 분명하다.[16]

제약회사들의 문제는 다른 생명공학회사들로 번져 나갔다. 가장 많이 팔리는 암과 빈혈 치료제를 보유하고 있는 세계 최대 생명공학회사인 암젠은 2012년에 영업이익이 50억 달러였지만, 나머지 다른 생명공학회사들은 한 번도 이익을 낸 적이 없었다. 선도적인 줄기세포 회사들 중 대대적으로 홍보했던 자체 임상시험을 최근에 중단한 제론 사는 자본금이 6억 3000만 달러고, 오시리스테라퓨틱스 사는 4억 7400만 달러, 스템셀즈 사는 1억 7400만 달러다. 그러나 어느 회사도 아직까지 시장에 단 하나의 제품도 출시하지 못하고 있거나 이익을 내지 못하고 있다.

제론 사는 줄기세포 벤처사업을 위해 생명공학 임원인 존 스컬릿John Scarlett을 새로운 CEO로 임명했다. 그의 연봉은 신고되지 않았지만, 이전 직장에서 700만 달러의 스톡옵션이 들어 있었던 것으로 보아 그보다 삭감되지는 않았을 것이다. 그에 반해 현재 이윤 창출을 목표로 하는 회사들은 줄기세포 회사에 필요한 장비를 제작하고 화학약품을 만드는 회사들이다. 신경기술의 경우도 대체로 비슷하다. 매출이 약 40억 달러인 회사들은 대학이나 공공 부문 연구실에 필요한 장비를 생산하는 업체들이다. 그러나 이러한 연구로 인한 건강 혜택은 아직 실현되지 않고 있다.

생명기술과학의 잡종성은 산업계의 가치가 학계에 점점 더 깊숙이 침투하고 있다는 것을 의미한다. 최근 수십 년간 영국 연구회들의 수장은 처음에는 조심스럽게 의장secretary이라고 불렀지만 이제는 CEO로 바뀌었다. 오늘날 연구회의 의장이나 임원들은 산업계나 금융계에서 선발되고 있다.

영국 경제사회연구위원회의 의장은 투자은행 임원이다. 의학연구위원회 Medical Research Council(MRC) 의장은 존 치점John Chisholm 경으로, 의학이나 생명과학 분야의 경력이 없으며 방위 연구 실험실을 사서 기업 키네티크 QinetiQ에 매각하는 일을 총괄한 공무원이었다. 그 뒤, 존 치점은 키네티크의 회장이 되었다. 《가디언》의 칼럼니스트 조지 몬비엇George Monbiot이 지적했듯이, MRC 이사진에는 '파이저, 카디아테라퓨틱스Kardia Therapeutics, 마이크로젠Microgen 출신 중역과 이사들이 있지만, 이들 중 의료 구호 단체나 다른 공익 단체에서 일하면서 생계를 꾸리는 사람은 아무도 없다.'[17]

마치 이 점을 강조라도 하듯, 2012년 더블린에서 열린 유로사이언스오픈포럼Euro Science Open Forum의 절정은 '과학에서 사업으로Science-2-Business'라는 이름이 붙은 세션이었다. 아일랜드의 연구혁신부 장관이 도입한 이 세션의 기조 연설자는 생명공학회사 알테크Alltech의 설립자이자 사장인 피어스 라이언스Pearse Lyons였다. 그는 "어떻게 벤처 자본이나 외부 투자 없이 1만 달러로 30년 동안 120여 나라에서 수십 억 달러의 사업체를 운영하게 되었는지, 그러면서 과학 분야에서 항상 최고 지위를 유지하게 되었는지"에 대해 이야기했다. 그것은 《샌프란시스코 크로니클》의 과학 기자 톰 아바테Tom Abate가 했던 다음과 같은 말을 그대로 보여주었다. "우리는 이익이 될 만한 유전자를 대학 문화와 접합시켜서 새로운 유기체를 창조했다. 그것은 재조합 대학이다. 우리는 과학을 이끄는 동기를 재프로그램했다. 과거에 대학의 규칙은 '논문을 내라, 아니면 사라져라'였다. 그러나 이제 생명과학자들에게 다른 대안이 생겼다. 그것은 바로 '특허와 이윤'이다."[18]

누가 생물학적 결정론의 대가를 치르는가?

지난 세기에 유전학과 우생학은 결합쌍둥이였고, 그 역사는 서로 얽혀 있었다. 20세기 초의 소박한 유전자 결정론은 단일 유전자 안에서 도덕적 타락, 의지박약과 범죄성을 찾았지만 1930년대 말에 약화되었고, 1950년대 중반에 주류 유전학에 의해 폐기되었다. 그러나 학문적 유전학자들이 이 개탄스러운 쌍둥이를 외과적으로 깨끗이 분리시키려고 모색하면서, 강제 불임이라는 의학이 주도하는 우생학적 실행이 계속되어왔다. 미국에서는 주로 아프리카계 미국인에 대해 시행되었지만, 유럽에서는 북유럽 국가들이 '어머니가 되기에 부적합한' 여성들을 불임시켰고, 영국과 네덜란드에서는 성 차별과 감금 정책이 계속 시행되었다.

윌슨의 《사회생물학》과 함께 유전자 결정론이 다시 돌아왔다. 그런데 우생학으로 되돌아간 것이 아니라 이 사회의 모든 불의와 결부된 기존 사회 질서를 이데올로기적으로 정당화하는 것으로 복귀했다. 그러나 보수주의자임을 자인한 윌슨과 급진적 페미니스트 비판가들 사이에 뒤이어 일어난 격론으로 윌슨의 주장이 논란의 여지가 많은 이론이라는 점이 분명해졌다.

스스로를 사회생물학을 넘어선 과학적 진보로 생각하는 진화심리학이 생물학적 결정론을 구원하고 나섰는데, 진화심리학의 주장에 따르면 인간 본성은 홍적세기에 '정해'졌으며, 그 뒤 이 본성이 변화할 진화적 시간이 충분하지 못했다고 한다. 진화심리학이 이룬 중요한 수정은 인간성의 통일을 주장하고 급격한 차이를 폐기하려는 것이었다. 진화심리학자들은 자신들이 다윈주의자라고 주장함에도 이들의 결정론적 입장은 다윈의 진화론이 갖고 있는 급진적 미결정성indeterminacy과 정면으로 충돌한다.

새로운 천년대가 시작되면서 신경 영상 촬영이 번성했고, 초기에 주로 의학적 진단에 사용되던 단계를 넘어섰으며 이제는 진화심리학자들과 인지신경과학자들이 새로운 사회신경과학으로 세력을 결집하면서 점차 논쟁에 부름을 받는 빈도가 높아지고 있다. 그들은 정신적 속성을 뇌의 특정 위치에 할당하면서, 내부 골상학internal phrenology(19세기에 등장한 골상학은 주로 두개골의 크기나 안면각 등 외부 특징을 이용해서 지능과 같은 정신적인 특성을 측정할 수 있다고 생각했다. 반면 오늘날은 두개골 안쪽의 뇌를 촬영해서 정신적 특성을 식별할 수 있다는 생각으로 골상학을 변형시켰다는 뜻이다—옮긴이)을 창안했다. 이 내부 골상학은 자의식에 의한 우리의 사고와 감정, 그리고 의사 결정이 그 자체로 선택의 결과인, 두뇌 과정들의 우발적 산물에 지나지 않는다고 주장한다. 이런 주장을 통해 그들은 다윈 진화론의 가장 오래된 관심사들 중 일부로 다시 돌아갔다. 그것은 다름 아닌 이타주의, 도덕적 판단, 미술, 음악, 인종주의, 사랑과 의식의 기원들이다. 그들은 이 모든 것이 약 20만 년 전에 일어난 자연선택과 성선택의 산물이라고 주장했다. 여기에서 역사가 가지는 의미의—시간의 경과라는 의미와 인간 사회와 문화를 탐구하고 해석하는 훈련이라는 이중적 의미—중요성은 남김없이 지워졌다. 마치 진화심리학은 진실을 말하는 데서 그치지 않고 모든 진실을 말한다고 주장하는 것처럼 보인다.

인간의 자유의지가 전대상구라는 뇌의 영역에서 일어난다는 프랜시스 크릭 또는 낭만적인 사랑이 섬엽과 조가비핵에 위치한다는 세미르 제키르Semir Zekir의 주장처럼 내부 골상학의 일부는 성적으로 중립이다. 신경과학의 다른 영역에서 제기된 과학적 성차별은 호르몬과 뇌와 성의 상호작용에 새롭게 초점을 맞추면서 불온한 문화적 복귀를 하고 있다. 20세기 초에 발견된 호르몬 중 성적으로 특화된 호르몬이 두 가지 있다. 테스토스테론과 에스트로겐이 그것이다. 이 명칭들은 무척 노골적이어서 이 호르몬들이 남성성과 여성성, 즉 남자와 여자, 남성다움과 여성다움을 결정하는 것 외에는 다른 일을 할 가능성이 거의 없다는 인상을 주었다. 오늘날에는 그런 주장이 사실과 거리가 멀다는 것이 알려졌지만 말이다. 이런 관념은 1970년대에 남성은 테스토스테론에 의해 성공을 추구하고, 여성들은 에스트로겐에 좌우된다는 생명정치의 주장으로 인해 부풀려졌다. 이 주장은 즉각 여성 운동에 적극적인 생물학자와 해체주의자의 거센 비판을 받았다. 이들은 결정론자들이 최신 호르몬 이론의 복잡성에 대해 제대로 알고 있는지 의문을 품었다. 생물학자 게일 바인스Gail Vines는 결정론자들이 이 호르몬들을 조잡하게 배타적인 양자택일로 환원시켜서 체내에서 일어나는 상호작용을 중상하고 있다고 맹렬히 비난했고,[19] 해체론자deconstructionist인 넬리 오드수른Nelly Oudshoorn[20]은 우성과 열성을 결정하는 또 하나의 잘못된 이분법에 지나지 않는다고 지적했다.

지난 10년 사이 이러한 갈등은 심리학자 사이먼 배런-코언에 의해 재개되었다. 사이먼은 호르몬 이분법으로 회귀하여 '뇌 조직 이론'에 따라 남성과 여성의 '본질적 차이'를 찬양했다.[21] 그의 주장에 따르면, 유전자에 암호화되어 있는 이 본질적 차이는 남아 태아기의 마지막 3개월 동안 '테스토스테론의 왕성한 분비'로 고정되는 뇌 구조의 극미한 차이에서 비롯되며, 이 차이로 언어나 감정적 기능 면에서 여성이 우월함을 보이고 공간과 조직화 능력에서는 남성이 우월하게 된다는 것이다.

페미니스트 신경과학자 리베카 조던-영[22]과 코들리아 파인Cordelia Fine[23]은 최근의 이러한 남성주의적 본질주의의 출현에 문제를 제기한 학자들이다. 심리학자인 파인은 신경과학에 날카로운 방법론적 비판을 가하여 본질주의자와 성차별주의자들의 결론을 일축했다. 조던-영의 표적은 뇌 조직 이론이다. 페미니스트 과학 연구에 기반을 둔 그녀는 뇌 조직 이론 연구자들이 채택한 방법론을 비판하면서 본질주의가 의존하는 단순한 자연/문화 이분법을 더욱 급진적으로 거부했다. 오랜 이론적 논쟁을 익히지 않은 최근 페미니스들은, 그들이 페미니스트가 된 것이 삶의 경험에서 기인한 것이든 사회과학을 공부했기 때문이든, 자연/문화의 경계가 점차 지속적인 협상을 벌이고 있다는 것을 발견했다. 생물학이든 사회학이든 그 어느 쪽도 최종 결정을 내릴 수 없다는 것은 자명하다.

생명윤리학은 생명공학이라는 고양이 목에 방울을 달 수 있을까?

20세기 초 인간에 대한 대규모 실험이 시작되었다. 대부분 학습장애인, 죄수, 기타 사회적 약자를 대상으로 한 공중 보건 혹은 군사적 목적의 연구였다. 자신들은 좋은 과학을 하고 있으며 자신들의 피험자들은 선천적으로 '열등한 인간'이라는 나치 의사들의 정당화는 터키와 과테말라 그리고 기타 지역에서 공중 보건 연구자들이 했던 변명과 몹시도 흡사했다. 항상 부분적으로는 연구자들 자신의 이해관계에서 출발한 이러한 연구는 건강하고 생산적인 민간 인구 집단과 유능하고 효율적인 군대를 유지하려는 국가의 이해관계에서 그 동기를 얻었다. 급성장하고 있는 생의학과 제약산업의 재정적 이해관계가 동기를 부여하게 된 것은 한참 뒤였다.

학문 분야이자 제도로서 생명윤리의 기원이 뉘른베르크 전범 재판에 있든, 아니면 그 역사의 미국판에 있든, 또는 미국 시민권 운동으로 폭로된 추문에 의한 것이든, 연구 피험자들이 강압이나 불이익 없이 자발적이고 자유롭게 동의하거나 철회할 수 있어야 한다는 기본적인 윤리 서약은 공통된다. 인간 유전체학의 등장으로 생의학 지식 생산에 엄청난 변화가 생기기 전까지 정보에 근거한 동의라는 미국 생명윤리학자들의 개념은 견지되었다. 생명윤리학자 아서 캐플런Arthur Caplan이 비난했듯이, 만약 유전자 치료를 위한 정보에 근거한 동의서가 15쪽에 달한다면, 이 개념은 '파기된' 것이고 수정이 필요하다.[24] 문제는 수정을 하느냐 마느냐가 아니라 누가 수정을 하느냐다.

생명윤리를 변모시킨 윤리적·법적·사회적 함의에 배당된 예산은 HGP 전체 예산의 5퍼센트나 되었다. 이 돈은 너무 거액이었고 가동할 수 있는 전문가와 전문지식의 풀에 비해 극도로 균형이 맞지 않았다. 수준 낮은 연구와 공허한 학술회의, 도저히 읽을 가치가 없는 보고서와 전문 학술지 들이 잡초처럼 자라났고, 넘치는 연구비에서 기인한 이러한 혼란 속에서 오늘날 생명윤리라 일컬어지는 학문적 산업이 출현하게 되었다.

미국 사회학자 에린 콘래드Erin Conrad와 레이먼드 드 브리스Raymond de Vries가 말했듯이, 이들 새로운 전문가들은 "의학과 생명과학이라는 산업 기반의 환심을 사는 데 성공했다."[25] 그러나 《네이처》는 이러한 전개 과정을 만족스럽게 보면서, 이제 대학의 생의학 연구자들이 '생명윤리가 필요하면 E에 다이얼을 돌려' 캠퍼스에서 생명윤리학자에게 상담을 할 수 있게 되었다고 평했다.[26] 같은 캠퍼스에 있다는 것은 과학자와 생명윤리학자 사이에 필요한 대화를 촉진시키지만, 다른 한편 친분으로 인한 위험과 생명윤리학자의 독립성 상실을 수반한다. 과학자와 윤리학자가 같은 연구 예산에서 지원을 받는다고 하자. 이런 일은 일어날 수 있고, 실제로 일어나고 있다. 그럴 때, 독립성의 문제는 더 복잡해진다.

오늘날 인간 피험자가 포함된 유럽의 연구와 연방 기금을 지원받는 미국의 연구는 모두 공식적인 윤리 평가를 받아야 한다. 생명공학 회사들은 정기적으로 윤리자문 이사진을 임명한다. 국제 단체, 특히 유네스코는 오랫동안 생명윤리위원회를 설치했다. 유전자윤리와 신경윤리 같은 새로운 하위 분야가 생겨났으며, 그 창시자들은 각 분야가 서로 뚜렷이 구별되는 별개의 윤리 문제를 제기하고 있다고 주장하며 분화된 전문성과 전용 기금을 요구했다. 콘래드와 드 브리스가 결론지었듯이, "생명윤리는 전문성의 영역임을 주장하여 자신을 의학과 의학 연구에 필수불가결한 영역으로 만드는 데 확실히 성공했다." 그 결과 생의학 연구의 잠재적 결과에 대한 도덕적 고려는 다른 사람들에게 위탁되었고, 자격 있는 전문가들에게 '하청'되었다.

세계화 속에서 기술과학에 맡겨진 긴급한 책무 때문에 과학자와 기술자가 맡은 사회적·도덕적 책임의 외부 하청이 제도화되었다. 이제 과학자들은 일반 시민보다 더 특별한 도덕적 책임 의식을 갖지 않게 되었고, 대신 과학과 과학 관련 위험에 대한 전문 지식 덕에 특정한 역할을 맡게 되었다. 하청된 생명윤리가 세계화된 생명공학 경제에 점점 더 긴밀히 편입되면서 생명공학의 활동을 억제할 기회는 줄어들었다. 이성과 합리성, 객관성에 대한 근대 과학의 요구는 오랫동안 사랑과 책임, 그리고 모든 도덕적 감성을 배제시키려 애써왔다. 연구와 관련된 윤리적 문제와 직면했을 때, 과학의 오랜 제도적 대응은 관계를 끊는 것이었다. 즉 과학은 중립적이라고 주장하는 것이다.

사회학자 지그문트 바우만Zygmunt Bauman이 지적했듯이, "세계화로 추방된 감정들 중 가장 중요한 것은 도덕적 감성들이었다."[27] 세계화와 그 위기의 목적이 다수를 희생하여 소수를 윤택하게 하는 것이라는 점에서 바우만의 말은 확실히 옳다. 그러나 충분한 조건이 마련되면 도덕적 사고와 감성이 여전히 꽃필 수 있다. 뉴욕 임신부 진료소에 다니면서 급증하는 진단 검사에 직면하는 여성들을 연구해서, 그런 진단 검사들이 태어날 아기와 가족 그리고 임신부 자신에게 무엇을 의미하는지 밝혀낸 레이나 랩Rayna Rapp의 연구는 이 점을 훌륭하게 입증했다.[28] 생명윤리의 원칙에 따라 자동적으로 그리고 인지적으로 추동되는 개인은 어디에서도 찾아볼 수 없었고, 대신 여성들은 자신들의 방책을 찾기 위해 관계적 윤리를 실천하고 있었다. 랩은 이런 여성들을 그들이 직면하고 있는 새로운 생의학 기술의 엄청난 규모를 감안해 '도덕적 선구자'라고 적절하게 칭했다. 여기서 우리는 전문가들의 위로부터의 생명윤리와 대조되는 아래로부터의 생명윤리를 볼 수 있다.

마찬가지로, 연골형성부전증이 있는 사람들의 자치 단체인 미국왜소증협회Little People of America가 설립하고 관리하는 DNA바이오뱅크는 아래로부터의 생명윤리뿐 아니라 효율적인 규제를 제공하고 있다. 아예 관계가 없지는 않지만 종종 자신들의 문제와 동떨어진 것처럼 여겨지는, 끊임없이 혈액 샘플을 요구해대는 유전자 연구자들에게 질려버린 그들은 스스로 통제권을 갖기로 결정했다. 이제는 그들이 신뢰하는 연구 계획을 진행하는 유전자 연구자들만이 승인을 받아 이 바이오뱅크에 접근할 수 있다.

그러나 모든 환자 단체가 그러한 권력을 누리고 있는 것은 아니다. 재정적으로 독립된 환자 단체들은 예외다. 제약회사들이 다수의 유사 단체를 육성하고 자금을 지원하고 있으며, 최악의 경우에는 연구 기금의 증액과 값비싼 신약의 규제 승인을 위한 회사의 로비 활동에 일부러 동원하기도 한다. 뻔뻔스럽게도, 전문가들만이 참석한 밀실에서 기업 측의 고위급 대표들이 그 실행을 승인하고 있다.

잘 가시오 진리, 어서 오시오, 신뢰?

20세기의 마지막 25년 동안 '과학'과 '사회'의 관계에 괄목할 만한 변화가 보였다. 과학이 자연에 대한 명명命名에 최종 결정권을 가졌으며, 과학의 진리 주장이 다른 어느 분야보다 더 강력하다는 관념이 약화되기 시작했다. 이러한 주장은 새로운 사회 정의 운동과 그 운동을 벌이는 지식인들에 의해 아래로부터 도전을 받았으며, 급기야는 빠른 속도로 팽창하는 과학학science studies 분야에 의해 전복되었다.

1970년대에 이르면 진리의 수호자로서 생의학 전문가를 존경하는 문화는 여성의 몸에 대한 페미니스트 운동의 생물사회적 구성과 더불어 무너지기 시작했다. 《우리의 몸, 우리 자신Our Bodies, Ourselves》은 안내서이자 상징이었다. 이단적 평등주의 인식론을 기반으로 집합적으로 생산된 이 지식은 공식적인 전문성보다는 여성의 몸으로 살아가는 삶의 공유된 개인적 경험을 이야기한다. 많은 사람들이 현대 생의학을 전적으로 거부했다. 가부장주의적 과학에 대한 버지니아 울프의 적개심을 공유한 이들은 동종요법과 유사 대체 치료법에 의지했다.

과학이 세상을 탈신비화하는 데 기여했던 곳인 학계에서, 과학에 대한 사회적 연구social studies of science라는 다학문적 연구가 성장하면서, 과학 자체의 신화를 깨뜨리는 데 기여했다. 과학학의 체제 전복적인 움직임은 과학 지식을 다른 지식과 똑같이 다루는 것이었다. 실험실은 그저 새로운 장소였고, 과학자들은 과학 지식을 구축하는 자신들의 작업을 수행하는 새로운 연구 대상 집단에 지나지 않았다. 인류학자 브루노 라투르Bruno Latour가 캘리포니아의 솔크연구소 소속 생의학 연구자 집단과 그들의 과학적 '사실'의 구성을 연구한 후, 사회학자 스티브 울가Steeve Woolgar와 함께

쓴《실험실 생활Laboratory Life》은 이런 움직임을 전형적으로 보여주었다.[29]

과학적 진리, 그리고 그후 과학에 대한 신뢰는 스스로 자초한 일련의 상처를 입었다. 유럽에서는 GM 식품에 대한 집단 거부가 있었다. 사람들은 GM 식품이 안전하다는 과학계와 정부, 기업의 장담을 곧이곧대로 듣지 않았다. 공공의 안전보다 상업적 이익이 우선시되는 것이 모두에게 너무도 자명해 보였다. 특히 영국은 여러 차례의 추문으로 큰 타격을 입었다. 광우병(BSE)에 대한 정부의 잘못된 대처, 장기를 비밀리에 떼어낸 올더헤이 병원의 병리학자, 치명적 무능력으로 수술을 집도한 브리스틀의 소아심장외과 사건에 격분했다. 홍역, 볼거리, 풍진 예방을 위한 MMR 백신이 자폐증과 관련이 있다는 논문이《랜싯》에 발표된 뒤(그 후 이 논문은 철회되었다) 부모들이 느끼는 불안에 대해 마치 보호자처럼 굴었던 공중 보건 당국의 대응은 아무런 도움이 되지 않았다. 보건 당국의 소통 실패로 부모, 특히 어머니들은 자녀의 백신 접종을 더욱 거부하게 되었고, 그 결과 집단면역 감소의 위험은 잠재적으로 높아졌다.

그러나 일부 과학자는 자연에 대한 진리를 말할 수 있는 자신들의 독점적인 문화적 권위에 제기된 의문이 지적으로나 심리적으로 자신들이 감내할 수 있는 수준을 넘어섰다고 느꼈다. 과학전쟁Science Wars이라고 알려진 사건(1996년 미국의 물리학자 앨런 소칼이 포스트모던 인문학자들의 학술지인《사회적 텍스트Sicial Text》에 양자역학과 철학, 과학학의 이론들을 버무려서 그럴듯한 제목을 붙인〈경계를 넘어서, 양자중력의 변형적 해석학을 위하여〉라는 엉터리 논문을 투고하고 게재가 확정되자 자신의 논문이 형편없는 가짜였음에도 과학에 무지한 인문학자들이 학술지에 실어주었다고 폭로한 사건이 일어났다. 한 차례의 우스꽝스러운 지적 소동으로 끝났음직한 이 사건은 평소 인문학자와 과학사회학자가 과학에 대해 잘 알지도 못하면서 비판한다고 불만이 많았던 과학자들이 소칼을 두둔하고, 반대로 포스트모던 계열의 인문학자와 과학학자가 소칼을 비판하면서 일련의 논쟁으로 비화되었다. 이러한 논쟁 과정을 총칭해서 '과학전쟁'이라고 부른다 — 옮긴이)에서 이들 과학자의 첫 반격은 1990년대 중반 미국에서 발간된 《고등 미신: 학문적 좌파와 과학에 대한 그들의 헛소리Higher Superstition: The Academic Left and its Quarrels With》라는 책으로 시작되었다.[30] 이 책의 저자들은 과학에 대한 인문학과 사회과학의 비판적 논의를 공격했으며, 페미니스트 이론가들에게 가장 큰 적대감을 나타냈다. 그들의 주된 표적은 입장이론standpoint theory을 제기한 샌드라 하딩Sandra Harding이었다(샌드라 하딩은 페미니스트 입장이론의 대표적 학자로, 과학이 객관적인 진리라는 가치중립적 통념을 비판하고 사회적으로 위치지어진 지식situated knowledge이라는 개념을 제기했다. 이를 통해 과학적 진리가 인종, 계급, 지역, 성별 등 다양한 사회적 위치에 따라 다른 방식으로 구성될 수 있다고 주장했다. 또한 이러한 주장이 상대주의로 흐르는 것을 막기 위해 '강한 객관성' 개념을 통해 여성의 삶이 남성보다 덜 왜곡된 지식을 낳을 수 있다고 말했다 — 옮긴이).

그들에게는 과학이 그리고 과학만이 진리를 말할 수 있었다. 대중 참여에 대한 발의가 과학과 사회의 관계를 바꾸려고 노력하고 있는 상황에서, 과학전쟁은 과학학이라는 가상의 적에 대항하는 과학주의 이데올로기 수호자들의 최후의 상징적 저항선이었다. 그들이 반反과학으로 본 것은 문화에 나타난 변화의 일부였으며, 이 변화로 인해 과학과 과학에 대한 사회적 연구는 더 이상 서로 다른 이야기를 하는 것이 아니라 — 낙관적으로 보자면 — 과학과 사회의 관계를 재협상한다는 공유된 목적을 가지고 서로 이야기를 하게 되었다. 그러나 이 논쟁은 제대로 끝나지 않았고, 이미 계획된 연구를 승인받기 위해 사회과학자와 생명윤리학자, 그리고 그밖의 학자를 시녀로 동원하는 식의 실행도 완전히 철회되지 않았다.

신뢰라는 중요한 문제와 맞붙는 과학자 공동체의 싸움은 이러한 느린 변화를 보여주었다. 1990년대에 여러 추문이 터지기 전에도 영국의 왕립학회는 과학 지식의 권위에 대한 점증하는 위협(오히려 과학 연구에 대한 공적 자금 지원이 사라질 위협이라는 편이 더 적절할 것이다)을 심각하게 받아들일 필요가 있다고 보았다. 왕립학회는 문제의 원인이 대중의 무지라고 보았고, 세상에 대해 자신들의 과학을 설명하는 과학자들이 이 무지를 치유해야 한다고 생각했다. 그들은 진리에 대한 자신들의 이야기가 언젠가는 신뢰를 회복할 것이라는 행복한 결과를 예견했다.

관심 있는 일반 청중들에게 자신들의 연구를 이야기하기 좋아하는 대학의 과학자들은 엄청난 열정으로 이 명분에 매달렸다. 한편 연구회들은 대중의 이해가 대중들에 대한 선전과 다르지 않다는 견해를 채택했다. 그 결과, 일부 과학 기자들에게는 무척 반갑게도, 하루아침에 선전 부서가 대중의과학이해 부서로 개명하기에 이르렀다.

이런 보호막 아래에서 과학에 대한 무비판적인 찬양이 난무하는 반면, 비판적인 반응에 대해서는 제대로 된 연구비가 지원되지 않는 상황이 벌어지게 된다. 1991년 에든버러에서 지역 예술축제의 자매 행사로 선구적으로 시도되었던 과학 페스티벌들이 우후죽순처럼 생겨났고, 유럽과 미국 전역에 과학 카페들도 잇달아 생겨났다. 영국과학진흥협회 연례총회라는 수수한 명칭이 영국과학축전으로 바뀌었다. EU의 연례 행사인 과학인식주간Science Awareness Week처럼 그 행사도 대체로 과학에 대해 무비판적인 행사로 남았다.

안타깝게도 1990년대에 벌어졌던 일련의 추문은 대중의 과학 이해가 충분하지 않다는 것을 보여주었다. 신뢰를 회복하기 위해서는, 과학 기관들이 대중에게 직접적으로 영향을 주는 문제들에 대해 과학 자체의 문화적 변화가 필요하다는 것을 인식할 필요가 있다. 더 이상 대중은 과학적 진리가 자신들에게 주어지기만을 수동적으로 기다리는 빈 그릇으로 간주될 수 없었다. '대중'은 단일한 동질 집단이 아니라 복수複數의 다양한 대중으로 이루어져 있다는 점을 인식해야 했다. 과학과 관련된 쟁점들에 관한 정책 자문에서 신뢰를 유지하기 위해서, 정부와 과학자들은 과학 전문가가 여전히 필요하지만 보통 사람들의 전문성을 배제한 것이 실수였음을 점차 인정하게 되었다. 전문가의 독백은 대중과의 대화에 백기를 들 수밖에 없었다.

1997년에 들어선 영국 노동당 정부는 이미 과학 자문 과정에 비전문가를 참여시킬 필요성을 인식하고 있었다. 서론에서 언급했듯이 인간수정배아관리국(HFEA)과 이전 정부의 HFEA에 대한 개혁을 기반으로 설립되어 HFEA처럼 규제력을 갖춘 식품표준국Food Standards Agency, 그리고 인간 유전자와 농업 및 생명공학 관련 자문 기관의 지위를 가진 두 상설위원회 모두 일반인 대표자들로 넘쳐났다. 일부 초기 과학학자들이 볼 때, 과학 민주화를 시도했지만 대체로 실패에 그쳤던 1960년대의 기획이 재연되는 것처럼 보일 수도 있지만, 이번에는 과학-과-사회 관계에 대한 정교해진 이해와 대중 참여의 새로운 사회적 기법에 대한 부활된 관심으로 채비를 갖추고 있다.

대중 참여

20세기 중반의 과학 엘리트는 그들의 후배들이 대중들을 상대로 이야기하는 것을 잘 인정하지 않았다. 그런 일은 그들에게 주어진 진정한 소명에서 벗어나는 것이고, 실험실에서 보내야 할 소중한 시간을 허비하는 일이라고 본 것이다. 그러나 오늘날 연구회들이나 왕립학회는 대중과의 대화를 특별히 장려하고 있으며, 젊은 과학자들에게 과학적 소통 능력을 높이는 훈련을 시키기 시작했다.

더 이상 전문가로서 위신이 떨어진다는 비난을 받지 않으면서 다양한 대중과 좀더 편안하게 대화를 나누는 새로운 유형의 과학자들이 등장했다. 이 새로운 종류의 과학자들은 과학에 대한 시민의 참여를 중시했고, 시민들은 과학에 대해 학습하고 통찰력있는 질문을 제기하는 것을 확연히 즐겼다. 참여하는 시민들은 정치적으로 수동적이지 않았다. 새로운 인체 유전학의 사회적 함의를 주제로 웨일스에서 열렸던 시민배심원회의citizen's jury(시민 참여 제도의 하나로, 12~24명의 시민 배심원을 무작위 표집으로 모집해 너댓새 동안 숙의 과정을 거쳐 권고안을 발표해 과학기술적 쟁점에 대한 해결 방안을 모색하는 제도다 — 옮긴이)에서 배심원들은 웨일스의 흑인 주민들이 참여하지 않은 점을 비판했다. 이 회의를 조직한 주최 측은 흑인들이 결정에 영향을 미칠 만큼 통계적으로 충분한 숫자가 아니라고 답했다. 당연히 다문화주의자들인 참여자들의 견해는 다른 문화권에서 온 웨일스 사람들이 모두 발언권을 가지는 것이 그들이 차지하는 비율보다 더 중요하다는 것이었다.

그런데 대중 자문을 어렵게 만드는 한 가지 문제는 유럽 인구집단에서 날로 늘어나는 다양성을 적절히 대표하기 위해 어떤 사회적 기술을 선택할 것인가이다. 대표 집단을 대상으로 삼을 것인가, 아니면 그들의 일상생활에서 유래한 관련 전문성을 가진 일반인들을 선발하는 쪽이 더 많은 성과를 거둘 수 있는가? 신체 부자유자 운동의 강력한 신조인 "참여 없이 정책 없다nothing about me without me"(정책 결정 집단에 당사자들이 직접, 그리고 충분히 참여하지 않고서는 올바른 정책이 나올 수 없다는 뜻으로, 다른 사람들이 대변하는 것이 아니라 당사자들이 충분한 결정권을 가지고 직접 참여하는 것의 중요성을 말한다 — 옮긴이)는 말은 이러한 일반 전문가lay expert들을 배제시키는 것이 실수임을 시사하고 있다.

2004년에 유럽에서 있었던 중요한 대중 자문 활동은 "정신에 대한 회의, 뇌 연구에 대한 시민 숙의The Meeting of Minds: The Citizens' Deliberation on

Brain Research"라는 제목으로 열렸다. 제목에서 알 수 있듯이 '정신'이 '뇌'와 완전히 같은 의미로 간주되고 있다. EU가 자금을 지원했지만 킹보드 재단이 조직한 이 대중 자문 활동은 '유럽 사람들'이 뇌 연구에서 무엇이 가장 우선해야 한다고 생각하는지 알아내고, EU 위원회와 의회에 조심해야 할 사항을 권고하는 것이 그 목적이었다. 이 계획은 비슷한 종류의 시도 중에서 가장 야심찬 것이었고, 자금 지원도 가장 충실했다. 아홉 개 나라에서 모집한 126명의 패널이 '유럽인'을 대표했다. 유럽의 다양성을 대변하겠노라는 당초 취지를 감안할 때, 이 활동에 참여한 신경과학자 스티븐의 관찰에 따르면 전체 패널 중에서 백인이 아닌 사람은 단 한 명밖에 보이지 않았다는 사실은 줄잡아 이야기해도 혼란스럽다. 정신건강 서비스를 이용하는 흑인을 비롯한 소수 민족의 경험이 매우 다르고, 그들의 연구 참여에 대해 이미 알려진 적대감을 고려할 때, 그들의 부재는 최종 권고 사항에 상당한 함의를 가지는 것이 분명하다.

시민들은 국가별로 그리고 국제적으로 집단을 이루어서 신경전문가들에게 질문을 했고, 마지막 이틀 동안 브뤼셀에서 전체 회의를 가지고 공식적인 권고 사항을 작성했다. 그렇다면 무엇을 근거로 이러한 권고가 작성되었는가? 자문이나 견해를 제공한 전문가와 단체들로 개인 신경과학자, 뇌 연구에 대한 기금을 늘리기 위한 로비 단체인 유럽뇌연구위원회, 그리고 제약회사 대표들이 참석했다. 그런데 유독 생물학적 정신의학에 비판적인 사람들이 눈에 띄지 않았다. 물론 아무리 노력을 해도 정신병원의 회전문을 멈추거나 늘어나는 정신질환자들의 숫자를 막기에는 불충분하지만 말이다. 제공된 배경 정보가 거의 없다는 사실은—가령 유럽의 뇌 연구에 얼마나 많은 돈이 들어가는지, 또는 연구와 치료 사이의 균형은 이루어지는지 등—시민들이 충분한 정보에 기초해서 판단을 내리는 것을 훨씬 힘들게 만들었다.

전체 회의에서 열성적인 촉진자들은 권고 합의 목록을 얻어냈다. 거기에는 뇌 연구자들에게 더 많은 자원을 제공하고, 낙인찍기에 맞서기 위한 대중 교육 프로젝트를 추진하고, 거버넌스에 일반인들을 더 많이 포함시키고, 윤리적 감독을 강화하는 방안 등이 포함되었다. 유럽 전체에 걸친 탈-낙인화 캠페인과 유럽 연구 체계의 초기 단계에 일반인들의 참여를 늘리기 위한 노력의 실질적인 성과는 아직도 불확실하다. 그러나 잘 조직된 유럽뇌연구회는 자신들의 관점에서 심장이나 암 연구에 비해 상대적으로 연구비가 적게 지원되고 있다고 계속 문제를 제기했다. 반면 '사회'는 그와 유사한 조직적 기반을 결여하고 있기 때문에 자신의 목소리를 증대시킬 기회가 별로 없다. 정치가들이 정치적 항의나 도덕적 위기에 직면해서 강제로 비판의 목소리를 들을 때를 제외하면 말이다. 유전자 조작식품에 대해 유럽에서 분노가 표출되었던 때가 그런 경우였다.

대중 참여가 과학 정책을 좀더 민주적으로 수립하는 방식으로 간주되는 데 비해서, 아이슬란드의 임상의, 유전학자, 윤리학자, 그리고 일반 대중은 의회와 언론에서 디코드의 전국 바이오뱅크에 대해서 격렬한 논쟁을 벌이는 양상을 나타내고 있다. 이것은 참여가 아니라 윤리적·정치적·과학적 근거를 스스로 동원한 반대다. 찬성과 반대가 비슷비슷하다는 미국의 폴 래비노우Paul Rabinow와 아이슬란드의 기슬리 팔손[31] 두 인류학자의 정치적 판단은 영세한 다윗이 신자유주의 정부의 지원으로 풍부한 자금을 가진 골리앗과 맞닥뜨렸을 때 실제로는 그 힘이 대동소이하다는 것이었다. 그럼에도 정보에 근거한 동의와 아이슬란드의 생명정보 상업화에 초점을 맞춘 옵트아웃 운동은 성공했다. 이 점은 사망자와 소수자에 관한 기록의 포괄이 헌법에 위배된다는 상소 법원의 판결로 확인되었다. 이 극적인 과정은 아이슬란드인들을 대상으로 DNA 바이오뱅킹의 윤리적·사회적·법률적 함의에 대한 대중 교육 프로젝트로 거의 우연히 이루어졌다. 그런데 애석하게도 이 교훈은 다른 곳에서는 제대로 받아들여지지 않았다.

아이슬란드에서 전국적으로 벌어졌던 논쟁의 강도, 그리고 그보다는 덜했지만 여전히 격렬했던 스웨덴의 논쟁은 모두 영국 바이오뱅크를 둘러싼 조용한 논쟁과 무척 대조적이다. 의회의 심의는 하원특별위원회로 한정되었기 때문에 많은 연구비를 바이오뱅크에 몰아줌으로써 나타나는 기회비용의 문제가 제기되었지만, 처음에 암시되었던 충분한 의회 내 논쟁은 결코 벌어지지 않았다. 더 고약한 일은, 특별위원회가 요청한 심사자들의 보고서가 '유전자 감시'의 정보공개 청구가 있은 후에야 간신히 제출되었다는 점이다. 심지어 영국의 저명한 의학 학술지에서 표명한 날카로운 의문과 독립적인 유전학자들의 비판이 아이슬란드에서 벌어진 것과 비슷한 대중 논쟁을 전혀 일으키지 않았다.

실제로 영국 바이오뱅크는 대중들의 신뢰를 구축하기 위해 여러 차례 천천히 대중 자문 연습을 했다. 대중들의 신뢰를 얻는 데 성공했다는 한 가지 확실한 척도는 참여율, 즉 자문을 요청받은 사람들이 실제로 자문에 응한 비율이다. 영국 바이오뱅크 심사위원의 지적에 따르면, 최근에 유전자 집단연구 참여율은 계속 떨어져서 대략 60~40퍼센트 사이를 오르내리는 것으로 알려져 있다. 원래 계획은 조심스레 25퍼센트를 예상했지만, 정작 시험 연구에서 나타난 응답률은 10퍼센트로 비참할 정도였다. 바이오뱅크 지지자들은 이런 낮은 응답률이 DNA 집단 연구 계획에 영향을 미치지 않는다는 입장이었지만, 다른 사람들은 영국 인구집단의 높은 다양성을 감안해서 대표성에 우려를 제기했다. 더구나 사회경제적 그리고/또는 소수자라는 지위로 인해 주변화된 사람들이 참여를 꺼린다는 사실이 이미 문서로 입증되었기 때문에 그러한 우려는 충분한 근거를 가졌다.

영국의 바이오뱅크는 스스로 의뢰한 사회적 연구에서 받은 재보증으로 오도된 것인가? 아니면 낮은 참여율이 대중의 신뢰 결여를 나타내는 지표인가? 바이오뱅크 계획자들이 보험회사나 담배회사가 표본과 정보에 접근할 가능성을 배제하는 데 저항했다는 점이 일부 의뢰자들을 불쾌하게 만들었다. 영국 바이오뱅크의 주요 후원자들 중 일부는 질병에 대한 좀더 나은 설명을 제공할 뿐 아니라 개인화된 의학으로 나아가는 길을 여는 목표를 가진 생의학 프로젝트에 참여한다는 이타주의에 호소했다. 그러나 90퍼센트의 거부율은 영국 바이오뱅크가 이타주의를 발휘할 기회라고 이야기한 것이 — 그들의 의학 기록과 유전자라는 인구집단의 선물 — 정작 권유받은 사람들의 대다수에게는 그런 식으로 이해되지 않았다는 것을 시사한다.

일부를 위한 이타주의?

영국의 저명한 사회정책 분석가인 리처드 티트머스Richard Titmuss의 이름이 시민들에게 자신의 개인적인 건강 정보와 조직을 바이오뱅크 연구에 기증해달라고 설득하기 위해 자주 들먹여졌다. 이타주의를 타인에 대한 선물로 본 티트머스의 유명한 논의로 이어지게 된 것은 그가 1970년에 했던 영국의 헌혈에 대한 연구였다.[32] 티트머스는 자신의 논제를 선물에 대한 인류학 이론의 맥락에 위치시켰지만, 정작 그는 그 문헌을 잘못 이해했다. 케임브리지 대학교의 인류학자 에드먼드 리치가 너그럽게 평했듯이, "티트머스의 인류학은 조금 위태로울지 모르지만, 그의 도덕적 주장은 확고한 반석 위에 올려져 있다."[33]

모르는 환자를 위해서 헌혈을 하는(생의학 연구의 경우가 아니라) 이타주의는 티트머스에게 복지국가의 결속력을 위해 필수불가결한 요소였다. 그의 이타주의 개념은 NHS가 제공하는 무조건적인 안전에 뿌리를 두고 있었다. 그것은 티트머스에게 복지국가라는 왕관에 박혀 있는 보석과도 같았다. 그는 건강관리의 제공이 소득이 아니라 필요에 의해 결정되어야 한다는 집단적 합의에 공감하고 그것을 주창했으며, 혈액이 상품화되면, 피를 사고파는 미국처럼, 그 질을 더 이상 보장할 수 없게 될 것이라고 지적했다. 혈액이 안전하려면, 상품 관계에서 벗어난 선물로서의 지위가 옹호되고 지지되어야 한다는 것이다.

티트머스의 이타주의 개념은 사람들의 삶에서 뿌리 뽑혀 표류하는 개념이 아니라 상호 집단주의에 배태되어 있는 것이었다. 자신을 죽이려드는 암을 치료하기 위해 암 병동에서 대기하던 경험을 회상하면서, 그는 의사들이 다음 순서로 결정한 환자에 대해 이야기했다. 이 결정은 부나 사회적 지위에 의한 것이 아니었다. 대학 교수라고 버스 차장보다 먼저 치료받는 것도 아니었다. 그 순서는 오로지 선착순이라는 런던 교통체계의 엉뚱한 규칙에 의한 것이었다.

재생의학의 핵심으로 인간배아줄기세포의 가능성이 대두하면서, 처음에 연구자들은 인공수정을 해서 잉여 배아를 가지고 있었던 여성들을 잠재적인 제공자로 보았다. 이미 그에 대한 선례도 있었다. 여성들은 다른 여성들과 난자를 공유했으며, 이러한 이타주의적 행동은 좀더 빠른 시술 제공으로 격려(또는 동기부여?)되었다. 과거에는 한 나라 차원에서 규제되었지만, 이제는 이러한 관행이 세계화된 자본주의 덕에 어디든 갈 수 있는 자유분방한 윤리에 의해 도전받고 있다. 돈이 있는 사람들은 언제든 생식 관광, 즉 규제가 약하고 비용이 저렴한 나라로 눈을 돌릴 수 있게 되었다. 사이프러스는 전 세계적인 인간배아 교역의 중심지가 되었다. 이곳에서 가난한 여성들의 난자에 지불되는 비용은 부자 나라 여성들의 경우보다 훨씬 저렴하다. 그중에서도 우크라이나와 러시아 여성들의 난자가 가장 싸다. 이스라엘 사람이 운영하는 진료소들이, 세계에서 가장 높은 이스라엘의 체외수정률을 유지하기 위해 이곳에서 난자를 수집한다. 이스라엘은 팔레스타인과의 인구 경쟁의 일환으로 정부 차원에서 체외수정에 많은 지원을 하고 있다. 티트머스의 논문을 진지하게 받아들인다면, 난자가 사고 팔릴 때 어떻게 믿을 만한 품질의 관리가 가능할 수 있겠는가?

난자 부족은, 설령 어떤 커플이 정보에 기반한 동의를 했다손 치더라도, 연구자들이 이식에 충분치 않다는 생각으로 거부할 가능성이 높다는 것을 의미한다. 따라서 황우석 사태에서 살펴보았듯이, 과학자들은 생식이 아니라 연구를 위해 질 좋은 난자 확보에 비상한 관심을 가지게 될 것이다. 이미 사회과학자들은 시험관 수정을 하는 대부분의 여성들이 난자 제공이 거래가 아닌 선물이 되어야 한다고 생각하며, 실험보다는 생식을 위해 난자를 기증한다는 생각에 더 편안함을 느낀다는 사실을 알아냈다. 그런데 최근 연구에서는 더 많은 여성들이 재정적 보상을 더 선호한다고 응답했고, 인간배아줄기세포 연구를 위해 난자를 제공하는 데 좀더 대범해졌다는 사실이 밝혀졌다. 이러한 입장 변화가 신자유주의의 가치들로 문화적 변화가 일어난 결과의 일환일까? 그것은 우리 자신으로부터의 소외, 그리고 우리의 몸이 날로 상품화된다는 뜻일까?

난자 '증여' 문제를 다룬 너필드 위원회의 보고서는 티트머스가 고취시켰던, 이 글에서 우리가 제기했던 것과는 전혀 다른 근거를 기반으로 생명윤리학자들이 부추겼던, 이타주의에 대한 촉구를 저지한다.[34] 그들은 다른 여성에게 난자를 기증하는 것과 인간배아줄기세포 연구를 위해 난자를 제공하는 것은 전혀 다르다고 주장한다. 그 관점에 따르면, 전자는 본질적으로 이타적인 행위지만, 후자는 좀더 도구적 행위이며 대가 지불이 적절하다는 것이다. 페미니스트를 포함해서 여성들의 관점이 위원회에 강하게 대표되었지만, 연구에 필요한 자원을 확보하기 위해 여성의 몸이 채굴되는 것에 반대하는 페미니스트의 논변은 대표되지 못했다. 그 대신 난자 제공자들이 받는 사망 위험(0.05퍼센트)이 임상 1상 시험에 참여하는 건강한 자원자들의 사망 위험과 비교되었다. 이것은 종교계나 일반 반대론자들이 동요할 수 있는 시나리오를 만들어낼 뿐이다. 인간배아줄기세포를 지지하는 회의는 19세기에 출몰했던 집안의 천사Angel in the House라는 끝없이 자신을 희생하는 여성들의 망령을 되살려내면서 이타주의를 고취시켰다. 결국 연구를 위해 난자를 기증한 여성들이 줄을 잇지 않게 하기 위한 조치가 필요함에도 불구하고, 여성들의 이타주의는 끊임없이 찬양되어왔다. 반면 여성들에게 가해지는 부정의는 간과되었다. 이타주의의 도덕성이 남성보다 여성에게 강조되는 편향성은 인간배아줄기세포에서 다시 나타나고 있다. 재생의학 교수이자 저명한 인간배아줄기세포 연구자인 앨리슨 머독이 새로운 인간배아줄기세포 제안서에 대해 했던 논평에서 이 점이 잘 드러난다.

> 많은 여성들이 다른 사람을 돕는 데 관심을 나타낸 것은 병에 걸린 친구나 가족이 있거나 … 또는 연구를 돕는 데 관심이 있기 때문이다. 지금까지 우리는 비환자 기증자를 찾을 수 없었지만, 이제는 상황이 바뀌었다. 상담을 받은 후, 이 여성들은 이타적으로 난자를 기증할 수 있었다. … 그리고 이 기증이 최근까지 치료할 수 없었던 질병을 몰아내기 위해 연구를 진행시킬 수 있는 연구자들에게 난자를 공급하는 원천을 마련하는 데 활력을 불어넣을 것이다.[35]

헤겔은 지혜가 미네르바의 부엉이처럼 황혼이 저물어야 날개를 편친다고 말했다. 생명윤리의 지혜에서의 마지막 기회 역시 그러하다. 이 전회는 연대를 위한 정치적·윤리적, 그리고 실행이라는 전제조건이 모두 떠난 후에야 '연대'를 촉구하고 있다. 너필드 생명윤리위원회의 최근 보고서가 제기한 연대는 도덕적 가치와 실행이라는 두 가지 핵심적인 차원을 가지고 있다.[36]

연대의 도덕적 가치는 생물 표본과 건강 및 생활 양식 정보를 제공하는 것과 같은 대규모 생의학 연구에 대한 대중의 참여를 지지한다. 그러나 연대의 도덕적 가치는 실제에서 어떻게 달성되는가? 한때 그 모범이었던 스웨덴의 복지국가 체제가 몰락한 이후 가장 최근에 영국사회태도조사British Attitude Survey가 연대라는 개념 자체에 대한 대중들의 거부감을 보고하기까지, 복지국가의 집단적 실행은 지난 30여 년 동안 지속적으로 침식되었다. 복지국가 체제가 강력했던 시기에 이루어졌던 빈부격차를 줄이려는 노력은, 오늘날 소수에게 몰린 극단적인 부와 나머지 대다수에게 격화되는 불안정성으로 대체되었다. 선정적인 언론과 정치 계층이 힘을 합쳐 만들어낸, 나라를 등쳐먹는 사회보장 혜택자Scroungermania라는 개념도 톡톡히 제 역할을 했다. 이런 맥락에서 생명윤리학자들이 간곡히 호소한 연대는 새로운 정치적 전망에 대체물이 되지 못했다.

이처럼 대규모 생의학 연구에 이타적으로, 즉 아무런 물질적 대가 없이 참여하고자 하지 않는 추세는 상품 관계가 집단주의를 대체시킨 소비사회의 발로다. 지금도 헌혈이 이루어지고 있다는 점에서 생명-연대는 죽지 않았다. 그러나 일반적으로 기증자들이 선물로 여기는 것은 연구가 아니라 치료를 위한 목적이다. 소비자 선택을 이야기하면서, 날로 국가 통제로 치우치는 권위주위는 영국 상원이 2000년 제출한 보고서에서 과학과 사회의 관계 변화를 언급하면서 권고했던 과학 정책에 대한 상향식 대중 참여에서 크게 후퇴했다. 따라서 2012년 봄, HFEA는 뉴캐슬 대학교의 미토콘드리아 연구팀에 제출한 연구 계획서가 야기한 사회적 및 윤리적 쟁점들에 관한 대중 자문을 받겠다고 선언했다. 이 연구팀은 인간배아줄기세포 사용을 요구했기 때문에 공식적인 승인이 필요했다. 아이를 원하는, 미토콘드리아 질병이 없는 여성의 난자에서 추출한 핵을 다른 여성이 기증한 인간배아줄기세포에 삽입할 예정이었다. 언론은 즉시 핵심적인 윤리 문제를 지적했고, 이 경우를 '세 부모' 수태의 사례로 반겼다. 그러나 대중 참여는 웰컴재단이 그 연구소에 460만 파운드를 제공한 이후에야 이루어졌다. 이것은 웰컴재단이 영국 바이오뱅크에 관여하는 과정과 크게 다르지 않았다. 상향식 대중 참여는 거의 실현되지 않았다.

벤처 자본가, 저명한 대학의 과학자, 그리고 대규모 제약회사 들은 참여율을 높일 가능성이 별로 없는 연대 이야기에 관심이 없는 대신 전자 의료기록에 대한 자동적인 접근을 주장했다. 그렇게 되면 이미 CCTV 카메라가 국가에 제공하고 있는 파놉티콘의 감시, 그리고 구글과 슈퍼마켓의 신용카드가 낱낱이 보고하는 상업적 거래에 이어서, 우리의 신체적이고 정신적인 삶에 대한 가장 내밀한 세부 기록이 —DNA, 건강 기록, 그리고 뇌신경 스캔 이미지— 공공 부문과 상업적 부문 모두에게 데이터 채굴의 원천으로 제공된다.

2007년에서 2008년의 금융 붕괴 이후, 유럽과 미국의 신자유주의 지도자들은 다수, 특히 가장 취약한 집단에 대한 복지가 은행가들에 대한 복지기금 지불welfare payments로 대체되어야 한다는 데 동의했다. 1929년 대공황 당시의 은행업자에 비해 현재 세대의 탐욕스럽고 무능력한 은행업자 중에서 자살을 하거나 가난뱅이로 추락한 사람들이 없다는 점이야말로, 이러한 복지 기금 지불이 수령자들에게 심리적 안정을 준다는 사실을 더 잘 입증해주는 다시 없는 사례일 것이다. 그들은 끊임없이 더 많은 기부를 요청하면서, 자신들이 빈곤층에 대해 그토록 개탄하는 과도한 복지 의존의 모든 징후를 드러내고 있다.

이 구슬픈 이야기의 예외가, DNA 바이오뱅킹 이야기가 처음 시작된 작은 나라 아이슬란드다. 정치적·윤리적 그리고 과학적 반대는 최고 법원의 판결로 한층 공고화되어 나라 전체의 유전체와 연결된 전국적 전자 의료 기록 체계를 구축하려는 상업적 계획을 좌절시켰다. 이 반대는 지지를 얻었고, 디코드와 그 협력자인 신자유주의 정부를 모두 패퇴시켰다. 당시 정부를 이끈 다비드 오드손 총리는 신기술의 진보를 가로막을 수 있는 모든 윤리적 제약을 일소하겠다고 공공연히 선언했다. 한편, 아무런 제약도 받지 않은 아이슬란드 은행들의 투기는 계속되었고, 오드손은 당시 아이슬란드 중앙은행 총재였다.

정치가와 은행가들의 잘못으로 인한 손실을 시민들이 부담해야 한다는 통상적인 제안 후에 은행은 붕괴되었고, 민주주의는 고양되었다. 임의로 선발된 시민들에 의해 새로운 헌법이 입안되었고, 진상조사위원회는 재정위기의 책임자로 네 명의 정치가를 지적했다. 그중에는 당시 총리 게이르 하르데와 오드손이 포함되었다. 의회는 하르데를 중과실 혐의로 고소했으며, 2012년 4월 그는 자신에게 고발된 혐의 중 하나에 대해 유죄 판결을 받았다.

이것이 하나의 교훈이다.

후기

과학의 민주적 책무를 말하다

전 지구적 신자유주의 경제는 지속적인 혁신을 요구하고 있고, 그것의 자발적 동맹군인 생명기술과학은 계속해서 그러한 필요를 충족해왔다. 우리가 이 책의 초고를 완성한 지 18개월이 지났기 때문에, 그 이후에 일어난 핵심적인 변화 양상들을 간략하게 검토해볼 시점이 되었다. 여기서는 신경과학과 유전체학에 초점을 맞출 것인데, 그 이유는 이 두 분야가 벤처 자본과 국가 투자 모두에서 엄청난 성장세를 기록하면서 가장 극적인 변화를 겪었기 때문이다. 신경과학은 거대과학의 시대로 접어들었고, 유전체학에서는 중국이 전 세계의 서열분석가들 사이에서 주요 행위자로 입지를 굳혔다.

신경과학

정신의학과 신경과학 분야에서 2013년은 하나의 프로젝트가 정점에 달하고 두 개의 새로운 프로젝트가 시작된 해로 기록되었다. 세 개의 프로젝트 중 그 어느 것도 심각한 비판을 피해가지 못했다. 14년간의 힘겨운 배태기를 거친 후 미국정신의학협회는《진단 및 통계 편람》5판(DSM-5)을 출간했다. 학계의 합의를 담은 — 비록 논쟁적 합의이긴 하지만 — 800쪽에 달하는 이 목록에는 정신 장애를 이루는 것으로 생각되는 징후와 증상들이 망라되었다. 정상성의 바깥에 있는 것으로 판단된 인간 활동과 행위를 수록한 안내 책자인 셈이다. 낡은 범주들(가령 아스퍼거증후군)은 포기됐고, 새로운 범주들(자폐범주성장애)이 도입됐다. 수줍음에서 짜증(파괴적기분조절곤란장애)에 이르는 점점 더 많은 활동과 행위 영역들이 정신과 의사들의 진단 및 치료 소관으로 편입되었다. 새로 나온 5판은 엄청난 비판에 직면했다. 심리치료사 게리 그린버그는 핵심 행위자와 그 비판자 대부분을 인터뷰해 그 결과물을 책으로 출간했다.[1] DSM-5의 비판자들이 보기에 편람 편찬자들은 제약회사와 지나치게 밀착해 있었고(실무진의 67퍼센트가 제약회사와 연결돼 있었다), 일상적인 근심들을 의료화하는 데 무척 열중해 있었다. 범불안장애니 주요우울장애니 하는 진단명들은 친지와의 사별로 인한 슬픔이 며칠 이상 지속되는 것을 병리적인 것으로 분류한다. 심지어 영국심리학회British Psychological Society조차 이러한 의료화와 그 속에 내재된 상의하달식 접근법을 비판하는 데 동참했다.[2]

그러나 아마도 가장 영향력이 컸던 목소리는 정신과 의사이면서 하버드대학교 교수인 스티븐 하이먼Steven Hyman의 비판일 것이다. 그는 NIH 산하 국립정신보건연구소National Institute of Mental Health의 소장을 역임했고 국제신경윤리학회International Neuroethics Society의 초대 회장을 지낸 인물이다. 하이먼은 DSM의 범주들이 현상학에 불과하다는 오랜 비판에 힘을 보탰다. 합리적인 신약 연구 전략이나 치료법을 위한 목표물로 기능할 수 있는 관련된 생물학적 표지가 전혀 없다는 것이다. 그렇다면 우리가 8장에서 주장한 것처럼, 정신 장애를 치료하기 위한 신약 발견이 중단되었고 제약회사들이 이 분야에서 후퇴해 좀더 안전한 암 영역으로 옮겨간 것은 별로 놀랄 일이 못된다. 그가 누차 이야기하듯이, 오래된 약들은 그다지 효과가 없었고 좀더 새로운 약이라고 해도 별반 다를 바가 없었다. 또한 동물들은 복잡한 인간의 정신 장애에 대한 좋은 모델이 되어주지 못한다. 그러나 하이먼은 희망이 멀지 있지 않다고 결론 내린다. 최신의 이미지 신경기술과 유전자 서열분석의 잠재력을 결합하면 정신적 고통의 근원으로 여겨지는, 좀처럼 잡히지 않는 생화학적·신경학적 비정상들을 추적하는 것이 마침내 가능해질 거라고 그는 믿고 있다. 이제 DSM의 현상학을 포기하고 줄기세포와 유전체학으로 눈을 돌릴 시점이다. 배아줄기세포나 환자와 '정상인'에게서 얻은 유도만능줄기세포는 배지에서 뉴런으로 변화시킬 수 있고, 유전체를 서로 비교하고 후보 약물을 그것에 시험해볼 수 있다.[3] 정신의학을 견고한 생물학적 기반 위에 올려놓겠다는 그 오래된 꿈이 마침내 눈앞에 다가온 것이다. 거대 제약회사들도 이에 호응해 유럽에 있던 좀더 전통적인 제약 연구소들을 폐쇄하고 미국과 아시아에 있는 거대 유전체학 센터에 인접한 새 연구소에 투자했다. 케임브리지에 있는 하이먼 자신의 연구소에서 걸어갈 수 있는 거리에 새롭게 위치한 파이저의 대규모 시설이 대표적인 예다.

그리고 두 개의 프로젝트가 새로 시작되었다. 두 프로젝트는 모두 HGP의 성공을 모방하려는 목표를 갖고 있지만, 서로 매우 다른 접근법을 취하고 있다는 점에서 신경과학자들 간의 합의 부재를 너무나 분명하게 드러내고 있다. 단지 방법의 측면에서뿐 아니라 심지어 뇌의 수수께끼—마음의 수수께끼는 일단 접어두더라도—를 '풀기' 위해 던져야 하는 질문들 자체에 대해서도 합의가 존재하지 않는다는 말이다.[4] 먼저 출범한 것은 EU가 발표한 추정 예산 12억 유로의 인간뇌프로젝트Human Brain Project(HBP)였다. HBP는 EU가 주력으로 내세운 미래신기술 프로그램의 '위대한 도전' 경쟁에서 승리한 두 개의 프로젝트 중 하나다. 해당 웹사이트에 따르면 프로젝트의 목표는 '신경과학과 의학 및 컴퓨팅에서의 뇌 관련 연구를 위해 완전히 새로운 정보 컴퓨팅 기술 하부구조를 건설함으로써, 인간의 뇌와 그 질병을 이해하고 궁극적으로는 그것의 컴퓨팅 능력을 모방하는 전 지구적 협력 시도에 촉매 역할을 하는 것'이다.[5]

웹사이트에는 HBP의 프로그램이 신경과학과 컴퓨팅 분야의 전문가 300명에 대한 자문을 거쳐 만들어졌다고 나와 있지만, 그중에서 한 사람, 로잔에 기반을 두고 있는 헨리 마크램Henry Markram이 특히 두각을 나타냈다. 마크램의 연구소와 정보기술 거대기업 IBM의 연구소는 로잔에서 불과 몇 분 거리에 위치해 있고 지난 수년간 '블루 브레인' 프로젝트에서 서로 협력해서 일했는데, 인간의 뇌 모델을 실리콘으로 구현하겠다는 이 프로젝트의 목표는 EU의 HBP에 자연스러운 출발점이 되어 주었다. 그렇게 보면 마크램이 HBP의 과학 이사회 내에서 핵심 행위자로 부각된 것은 그리 놀라운 일이 아니다. 그는 열정적으로 웅변했다. "이것은 뇌의 힉스 입자Higgs boson(입자물리학의 표준 모델에서 상정하는 근본 입자 중 하나로 1964년 영국의 물리학자 피터 힉스가 처음 제안했다. 2012년 유럽입자물리연구소에서 거대강입자충돌기를 이용해 실험적 검출에 성공함으로써 그 존재가 입증되었다—옮긴이)이자 마음을 나타내는 노아의 방주가 될 것이며 … 미시적 수준부터 거시적 수준까지 뇌의 우주를 가

로질러 미칠 수 있는 망원경이 될 것입니다."[6] (낡아빠진 성배의 은유가 더 이상 나타나지 않은 점은 반가운 일이다.)

유럽의 뒤를 바싹 쫓은 것은 오바마 대통령이 나란히 발표한 대규모 뇌 프로젝트였다. '새로운 혁신적 신경기술을 통한 뇌 연구Brain Research through Advancing Innovative Neurotechnologies(BRAIN)'라는 이름의 이 프로젝트에는 10년간 30억 달러의 예산이 투입된다. HBP와 마찬가지로 BRAIN은 이전에 나왔던 연구 제안에 근거를 두고 있는데, 이번에는 인간 피질에 있는 1000억 개 뉴런의 연결에 대한 동적 지도를 만들어내는 것을 내세웠다. 처음에는 좀더 소박하게 생쥐의 뇌에 있는 수만 개의 연결에 대한 지도만 만들기로 했지만 말이다.[7] 대다수의 신경과학자에게 이는 유럽의 실리콘 뇌보다 더 매력적이고 달성 가능한 프로젝트처럼 들렸다. NIH와 국방 기구 DARPA를 포함한 미국 내 여러 연방기구의 협력으로 이뤄진 이 프로젝트는 다시 한번 원대한 수사를 동원했다. 이것이 '세상을 바꿀' 것이고, '우리의 두 귀 사이에 있는 1.5킬로그램짜리 물체의 신비'를 풀어낼 것이며, 부를 창출해낼 거라는 얘기였다.[8] 이 프로젝트는 연결을 추적하고 기록하는 데 필요한 새로운 기술들—광유전학, 나노입자, 극히 소형화된 신경탐침, DNA 컴퓨팅—에 초점을 맞출 것이었다.[9]

HBP, BRAIN, 그리고 1990년대의 HGP 사이의 유사점은 자명하며, 심지어 부를 창출할 수 있는 잠재력이라는 수사까지 똑같다(오바마는 바텔메모리얼연구소의 추정치를 인용해 연방정부가 HGP에 지출한 돈 1달러가 미국 경제에 141달러를 벌어주었다고 했다. 건강이 아니라 부의 추정치가 중요했던 것이다). 그러나 뇌는 유전체가 아니다. HGP를 추진했던 분자생물학자들에게는 분명한 목표가 있었고, 인간 유전체의 30억 개 염기서열을 해독한다는 단일한 과업이 있었다. 그들은 고속 서열분석기의 발명이 제공한 엄청난 가속화가 도래하기 이전의 기술로도 비록 느리긴 하지만 이를 해낼 수 있음을 알고 있었다. 그러나 새로운 프로젝트들에는 그처럼 분명한 목표가 존재하지 않으며, 유전체나 힉스 입자 탐색에 해당하는 것도 존재하지 않는다. 왜냐하면 마음은 고사하고 뇌가 어떻게 작동하는지, 혹은 어떤 수준에서—분자 수준부터 시스템 수준까지—뇌를 연구해야 하는지에 대한 분명한 이해가 존재하지 않기 때문이다. HGP가 단일 프로젝트로 진행된 것과 달리, 유럽과 미국이 제각기 뇌의 수수께끼를 풀겠다며 두 개의 매우 다른 프로젝트를 들고나올 수 있었던 이유가 바로 여기에 있다. 마음을 뇌로 환원할 수 있다며 '시냅스 자아synaptic selves'와 '분자 인지molecular cognition'를 들먹이거나, 낭만적인 사랑과 정치적 선호부터 의식 그 자체에 이르는 모든 것을 뇌 구조 속에 물화하고 위치지을 수 있다고 호언장담하는 대담한 주장들은 아직까지 그저 수사에 불과하다.

두 거대 프로젝트는 신경과학 공동체 전반으로부터 폭넓은 회의적 태도에 직면해왔다. 이는 협력 연구소의 네트워크에 끼지 못한 사람들이 '못 먹는 감 찔러나 보자'는 식의 태도를 보이는 것이 아닌, 좀더 근본적인 어떤 것이다. EU의 프로젝트가 가장 많은 비판을 받았다. 인간 뇌의 작동 모델을 컴퓨터의 실리콘 회로로 구현하려면 뇌의 어떤 구성요소—분자, 세포, 연결—가 포함되어야 하는가에 대한 어느 정도의 이해가 있어야 하지만, 마크램의 주장에도 불구하고 신경과학자들은 이 점에 대해 아직 합의를 보지 못하고 있다. 그리고 설사 합의가 가능하다 하더라도, 그가 가정하는 것처럼 그러한 모델이 진정으로 뇌의 질병과 장애—정신병과 정신장애는 일단 접어 두더라도—의 원인과 치료법에 해결의 실마리를 던져줄 것인가? HBP는 유럽이 정보통신기술의 발전을 따라잡기 위해 수십 년간 분투해온 과정의 일부를 이루는 또 한번의 노력에 좀더 가까워 보인다.

미국의 프로젝트는 적어도 실리콘 모조품이 아닌 진짜 생물학적 뇌 — 생쥐의 뇌라는 점만 빼면 — 에 초점을 맞추고 있지만, 그곳에서도 많은 신경과학자들은 하나의 거대 프로젝트를 추진할 만한 시기가 무르익지 않았다고 주장한다.[10]

이러한 거대 프로젝트들은 엄청난 국가 자금의 투입을 요한다. 만약 오바마가 인용한 바텔의 추정치가 옳다면, 초기 투자의 140배에 달한다는 엄청난 수익은 누구에게 돌아갈 것인가? 서섹스의 경제학자 마리아나 마추카토Mariana Mazzucato가 주장했던 것처럼, 대중이 위험을 부담하고 민간 산업이 수익을 거둘 것인가?[11] 두 프로젝트가 모두 자금을 대고 있는 기본적인 분자화, 디지털화, 이미징 기술 중 일부는 분명 예상치 못한 방식으로 다른 분야에 파급효과를 미칠 것이다. 뇌와 컴퓨터 인터페이스를 연결하는 신경보철학neuroprosthetics은 군사적 우선순위가 높으며 의학적으로도 중요하다. 이라크와 아프가니스탄에서 사제 폭발물로 뇌손상을 입은 젊은 상이군인들이 밀려 들어오고 있기 때문에 특히 그렇다. 앞선 장들에서 썼던 것처럼, 신경질환과 정신질환 및 장애에 지출되는 비용 규모가 거침없이 증가하고 있다. 이러한 프로젝트들의 과장광고와 희망은 무엇보다도 여기서 찾아야 하며, 흥미롭게도 하이먼이 예언한 유전체학과 신경과학의 접점에서 발견될지도 모른다.

유전체학

유전체학에서는 신체에 대한 재산권,[12] 더 나아가 신체 정보에 대한 재산권[13]이 다시 한번 요동치기 시작했다. 새로운 벤처 자본과 국가 자금이 기술의 가속화와 합쳐지면서 유전체학 연구의 패턴과 목표를 변화시키고 있다. 기성 회사와 창업 회사를 막론하고 생명공학 회사들로 들어가는 자본이 급증했는데, 이러한 현상은 주로 미국에서 두드러졌다.[14] 한편 과거에 그러한 급증을 떠받친 기반이었던 특허의 가정 밑에 깔린 근거도 변화를 겪었다. 2013년 여름에 미리어드지네틱스가 보유한 유방암 유전자 BRCA1, BRCA2 특허에 대한 오랜 도전이 마침내 미국 대법원에 도달해 인정을 받았다. 대법원은 유전자가 자연적으로 생겨난 사물이므로 특허의 대상이 될 수 없다고 판결했다.[15] 미리어드는 강하게 반발했고, 자사의 수익률 높은 진단 검사에 대한 권리를 지키려 했다. 그러나 법원은 다른 회사들이 대체 검사를 내놓을 수 있는 길을 열어주었고, 두 회사가 즉시 이러한 사업에 나섰다. 그러나 유럽의 법률은 여전히 유전자 특허를 허용하고 있다. 미리어드는 위험 분산을 위해 유럽에 새로운 사무실과 연구소를 세우고 있다고 발표했다.

특허 법률가와 연구자들은 이 판결이 미칠 결과에 대한 평가에서 의견이 엇갈리고 있다. 일부는 이 판결이 벤처 자본 투자를 저해할 거라고 주장하지만, 다른 일부는 오히려 이것이 촉진될 거라고 말한다.[16] 그러한 분쟁은 자본주의 경제 내에서 법률과 과학 사이에 빚어지는 문제적 관계에서 드문 일이 아니다. 지금까지 상품 관계 외부에 있던 존재들이 그 내부로 끌려 들어오면서 누가 무엇을 소유할 것인가를 결정하는 것이 중요해진 영역에서는 특히 그러하다. 유전자 특허는 새로운 생명공학 산업을 보호하는 역할을 했고, 존 무어의 사례(152쪽을 보라)에서 볼 수 있듯 자신의 몸과 그것에 관한 정보는 자기 소유라는 사람들의 인식을 지켜주지는 못했다. 무어가 보상을 받은 것은 담당 의사가 무어의 DNA 검체를 치료뿐 아니라 연구에 썼기 때문이었지, 의사가 무어로부터 충분한 정보에 근거한 동의를 구하지 않았기 때문은 아니었다. 그러나 특허가 상업적 기업에서 제기능을 하지 못하게 된 것은 혁신이 빠른 속도로 쉴새없이 이어져 유전체학이 계속해서 모습을 바꾸었기 때문인지도 모른다.

이러한 법적 분쟁이 전개되는 와중에도, 특허의 기획은 전장유전체서열분석whole genome sequencing(WGS) 서비스가 등장하면서 그 근거를 잃어 가고 있었다. 이제 한 사람의 유전체를 해독하는 데 3000달러의 비용이면 충분하며, 능력을 갖춘 그 어떤 서열분석 실험실에서도 불과 몇 주면 제공할 수 있다. 이러한 발전을 지켜본 옥스퍼드의 생명공학 기업가이자 의대 교수인 존 벨 경은 100파운드 유전체의 시대가 멀지 않았다고 예측하기도 했다.[17] 그러나 현재의 3000달러도 최초의 인간 유전체 서열분석과 비교해보면 비용과 시간이 엄청나게 줄어든 것이다. 최초의 인간 유전체 서열분석에는 10년이 걸렸고, 참여 국가의 공공 및 민간 유전체 연구소들의 결집된 노력이 필요했으며, 30억 달러의 비용이 소요된 것으로 추정된다. 사반세기도 채 못 되어 가격표에서 0이 여섯 개나 떨어져나간 것은 생명과학의 역사에서 유례가 없는 일이다. (주택 가격이 비슷한 정도로 떨어진다면 1990년에 100만 달러이던 주택을 지금 1달러면 살 수 있다는 얘기가 된다!) 같은 값이면 유전체 전체의 서열분석이 가능한 지금에 와서 미리어드 사에 3000달러를 지불하고 BRCA1과 2 검사를 받는 것은 합리적이지 않은 듯 보인다. 그리고 100파운드 유전체의 시대가 멀지 않은 지금, 23앤드미 같은 회사들이 직접 소비자를 대상으로 유전체 광고를 하는 것도 마찬가지다. 대체로 예측 가치가 낮은 몇 개의 유전자 표지만 검사하기 위해 회사에 99달러를 지불할 이유가 뭐가 있겠는가? 조금만 더 지출하면 당신의 유전체 전체의 서열분석이 가능한데 말이다.

이러한 비용 폭락은 과학에도 엄청난 함의를 던져주었다. 그 정도 가격이라면 SNP의 차이를 찾아 유전체 전체를 샅샅이 훑는 GWAS—일급 논문을 만들어내지만 유용한 건강상의 혜택은 별로 주지 못하는—가 낡은 것이 되어버린다. WGS가 GWAS를 대체했고, 서열분석 능력의 무게중심도 중국의 선전에 세워진 베이징유전체학연구소Beijing Genomics Institute(BGI)로 옮겨졌다. 카리스마 넘치는 연구소장 왕지안은 크레이그 벤터 같은 다른 생물기업가들과 별반 다르지 않다. 벤터가 요트를 타고 대양을 가로지르는 여행을 한다면, 왕지안은 에베레스트를 오른다. 2010년에 국가개발은행에서 15억 8000만 달러 상당의 융자를 얻은 BGI는 최신 기술의 DNA 서열분석 기계 128대를 대당 50만 달러를 주고 사들였다. 이제 이 연구소는 여러 제조업체에서 사들인 서열분석기 156대를 보유하고 있으며, 전 지구적으로 생산되는 모든 DNA 데이터 중 10~20퍼센트를 책임지고 있다. 지금까지 이 연구소는 5만 7000명의 인간 유전체를 완전히 해독했다고 주장하고 있는데, 이는 다른 어떤 그룹과 비교하더라도 훨씬 많은 수치다.[18] 이러한 역학관계의 변화를 상징적으로 보여준 사건은, 연구소와 긴밀한 관계를 맺고 있는 미국의 라이벌 회사이자 현재 서열분석 기계 제조에서 세계 최고인 일루미나의 강력한 반대에도 불구하고, 2013년 초에 BGI가 미국에 진출해 미국 서열분석 회사인 컴플리트지노믹스Complete Genomics를 사들이고 새크라멘토에서 열린 국제유전체학학술회의를 공동 후원했다는 것이다. 2013년 9월에 실린 《포브스Forbes》 기사에서 강조한 것처럼, BGI를 지배적 위치로 올려놓은 요인은 병원 기반의 유전체 진단 검사에 초점을 맞추면서 동시에 이를 유전자 서열분석 기계의 생산과 결합한 데 있다.[19] 미국과 영국의 연구자들이 초기에는 HGP에서 지도적 역할을 수행했음에도 지금은 검체를 BGI로 보내서 서열분석을 의뢰하고 있는 것은 그런 이유 때문이다. (그중에는 런던에서 활동하고 있는 유전심리학자 로버트 플로민도 포함돼 있다. 그는 수십 년간 계속해온 '높은 IQ 유전자'의 탐색에서 새로운 가능성을 보고 있다. 이는 생산적인 연구 방향이 못될 거라는 유전학자들의 견해와 그런 탐색의 사회적 목적에 의문을 제기하는 사회과학자들의 견해가 널리 제기되고 있는데도 말이다.)[20]

이 모든 변화들과 함께 유전체학 분야에서 세계 최고가 되겠다는 영국 정부의 거듭된 주장은 근거가 다소 희박한 것으로 비치게 됐다. 벨이 공개 발언에 나섰고, 영국이 '현재 추세에서 뒤쳐지고 있다'며 대대적인 공공 투자가 새롭게 이뤄져야 한다고 경고했다. 이에 호응해 현재 보건부 장관인 제레미 헌트는 1억 파운드의 재원을 투입해 10만유전체Hundred Thousand Genome 프로그램을 발족할 것이며, 이에 대한 관리는 정부 산하 회사인 제노믹스잉글랜드Genomics England가 맡게 된다고 발표했다.[21] 여기에는 잉글랜드의 NHS를 변화시키겠다는 의도가 담겨 있다(1999년의 권한 이양 이후 보건 의료를 포함한 많은 국내 문제들은 스코틀랜드, 웨일즈, 잉글랜드 정부가 각자 책임지는 사안이 되었다). 잉글랜드는 세계 최초의 유전체 기반 보건의료 체계를 갖추게 될 것이다. 환자에 대한 치료를 향상시킴과 동시에 강력한 유전체학 의료 산업을 건설하겠다는 취지다. 첫 5개년 계획에서는 암 진단 명부에서 뽑은 환자나 희귀 유전병을 가진 환자 중 유전체 전체의 서열분석을 받을 사람들을 모집할 것이다. 서열분석은 영국 회사들과 계약을 맺고 수행할 것이며, 서열분석기들은 일단 일루미나에서 공급받을 것이다.

제노믹스잉글랜드가 영국 바이오뱅크와 어떤 연관을 맺을 것인지에 대해서는 별다른 언급이 없었다. 제노믹스잉글랜드는 흔하면서도 복합적인 질병인 암에 초점을 맞췄다는 점에서 영국 바이오뱅크와 공통점이 있었지만, 이 회사의 두 번째 초점은 그와는 정반대처럼 보였다. 주로 유전적 원인을 갖는 7000개의 희귀 질환을 다루기로 한 것이다. 이들 각각은 적은 수의 환자들에게만 영향을 주지만, 모두 합치면 영국 인구 17명 중 1명에 해당하는 규모다. 유전체 정보는 이미 암에 대한 이해를 진전시켰고, 특히 일련의 새롭고 효과적인 약들이 개발되고 있는 희귀한 형태의 암에 대해 더 잘 알게 되었다. 이에 따라 희귀 질환이나 이를 치료하는 '희귀 의약품orphan drug'에 관한 연구가 점차 제약회사의 중요한 목표가 되었고, 다수의 환자들이 앓고 있는 흔한 증상들에 초점을 맞추는 종래의 사업 전략에 수정을 가져왔다. 소수의 환자들에게 혜택을 주는 약은 연구에 들어간 비용을 회수하기 위해 거의 아무도 감당할 수 없는 엄청나게 높은 가격을 요구한다고 생각되었다. 이 문제를 해결하기 위해 미국은 1983년에 희귀의약품법Orphan Drug Act을 통과시켰다. 회사들이 희귀 질환 치료법 개발에 투자하도록 장려할 필요성을 깨닫고, 법률적 보호와 특허 보호를 강화함과 동시에 FDA 승인을 좀더 신속하게 제공하겠다는 것이었다. 신약 혁신이 용이한 경로를 제공할 유연한 규제 틀, 목소리를 높이는 환자 옹호 단체, 민간 부문에서 이를 지원하는 환급 모델 등이 한데 합쳐져 제약회사의 연구 진전에 도움을 주었다.

지역의 제한된 일차 보건의료 예산에서 비용을 충당하는 NHS 같은 보편 의료 체계에서는 상황이 다르다. 2004년에 NICE는 이처럼 매우 희귀한 질환들을 NHS가 어떻게 관리할 것인가를 놓고 시민위원회Citizens' Council에서 논의하는 절차를 새로 마련했다. 27명의 시민위원들 가운데 4명은 NHS가 어떤 추가 비용이라도 부담해야 한다고 했고, 16명은 그러한 비용 부담을 적어도 고려는 해봐야 한다고 했으며, 나머지 위원들은 NHS가 그 대신 NICE의 표준 지침을 활용해 결정을 내려야 한다고 생각했다.[22] 결국 NHS 예산에 대한 압박이 지금보다 덜했던 10년 전에도 손쉬운 합의는 가능하지 않았던 셈이다.

NHS 예산이 형편없이 깎여나간 지금은 상황이 더 어둡다. 희귀의약품인 솔리리스Soliris의 사례는 이를 잘 보여준다. 환자의 신장을 파괴하는 희귀 혈액질환 — 영국에는 70여 명의 환자가 있다 — 에 대한 치료제인 솔리리스는 환자의 몸이 이식된 신장을 관용할 수 있도록 한다. 이는 미국에서 FDA 승인을 받았지만, 연간 30만 파운드에 달하는 비용은 NICE에서 통상적으로 허용되는 가격(현재 3만 파운드)을 훨씬 웃돈다. NICE가 숙의를 진행하는 과정에 있었음에도 정부 부처 장관이 개입했다. 하우 경은 솔리리스가 너무 비싸기 때문에 NHS를 통해서는 처방될 수 없다고 했다.[23]

NHS가 대단히 희귀한 질환을 치료하는 희귀 의약품을 처방할 수 없게 한 결정이 어떤 이점을 갖는가와 별개로, 이는 제노믹스잉글랜드에 당황스러운 메시지를 던져 주고 있다.

좀더 낙관적인 측면을 보자면, 2013년은 1951년에 암으로 사망한 젊은 흑인 여성 헨리에타 랙스(152쪽을 보라)의 가족에게 작지만 널리 알려진 유전체 프라이버시의 승리를 안겨준 해이기도 했다. 이 해 초에 독일의 연구팀은 헬라 세포의 전장 유전체 서열을 발표했다. 헬라 세포는 랙스의 암을 치료한 임상의가 그녀의 동의 없이 떼어낸 검체에서 유도한 세포로, 그간 수천 명의 연구자들에 의해 사용되어왔다. 랙스의 사연과 이것이 그녀의 가족에게 미친 영향이 저술가 레베카 스클루트의 베스트셀러 《헨리에타 랙스의 불멸의 삶》(2010)을 통해 널리 알려졌는데도, 연구자들은 자신들의 기술적 성공이 어떤 윤리적 함의를 갖는지 생각해보지 않았다. 스클루트는 가족을 대신해 랙스 가족의 프라이버시를 이처럼 유린한 것을 비판하는 글을 《뉴욕 타임스》에 실었다. 이에 대해 연구자들은 즉각 가족에게 사과하고 인터넷에서 서열 데이터를 삭제했으며, 가족의 이익을 보호하고 헨리에타 랙스의 결정적인 역할에 감사를 표하면서 동시에 잠재적으로 가치 있는 과학 정보를 계속 이용할 수 있도록 가족들과 협력해나가기로 했다. 이 해 8월에 NIH는 가족들이 앞으로 세포주의 활용에 직접 관여하는 방향으로 가족들과 합의에 도달했다고 발표했다. 생명윤리학자 헨리 그릴리와 밀드레드 조는 이렇게 결론내렸다. "이 놀라운 사례에서 모든 당사자들이 공통의 기반을 찾을 수 있었다는 것은 아마도 이 논쟁에서 얻은 최고의 결과이자 교훈일 것이다."[24]

그러나 이러한 '최고의 결과이자 교훈'이 현실 속에서 얼마나 학습되어 제도화될 수 있을까? 혹은 이러한 사례 하나만 가지고는 역부족인 것일까? 유전체가 추동하는 보편적 무료 보건의료 서비스와 잉글랜드의 약동하는 유전체 산업에 대한 헌트의 약속은 아마 실현되지 못할 가능성이 높을 것이다. 랙스 가족이 뒤늦게 얻은 유전체 프라이버시는 영국에서 여전히 위협받고 있다. 중앙집중화되고 국유화된 NHS 환자들의 전자의료기록Electronic Medical Records이 가동되고 있고, 새로운 데이터베이스인 임상실천연구데이터링크Clinical Practice Research Data Link(CPRDL)가 단 한 가지 목표를 위해 구축되었다. '자격을 갖춘 모든 연구자'들이 상업적으로 이용할 수 있는 기록을 갖춘 연구 기반을 마련하겠다는 것이다. 대중은 신원 확인이 가능한 기록에 고용주나 보험회사들이 접근할 수 없게 할 거라는 확언을 듣고 있지만, 다른 상업적 이해집단이 이에 접근할 가능성은 얼마든지 존재한다.

CPRDL 연구 기반은 신자유주의 연립 정부가 NHS를 사유화해 파괴하려는 시도를 하며 중앙 정치 무대를 점령했던 1년 사이에 시작되었다. 이러한 움직임은 임상의와 일반 대중의 거센 항의에 직면했다. 그러나 모든 NHS 환자 기록의 국가 소유를 가능케 해서 연립 정부가 손쉽게 통과할 수 있도록 사유화로 가는 문을 체계적으로 열어준 것은 다름 아닌 노동당 정부였다. 결국 아이슬란드의 사회민주당이 중도 우파 정부와 싸우며 전문직 및 대중과 연대했던 바로 그 지점에서, 영국의 노동당은 이미 백기 투항을 하고 말았던 셈이다. 흥미로운 점은 디코드가 아이슬란드의 기록을 비윤리적으로 전용하는 데 큰 소리로 항의했던 과학 학술지, 세계의사협회, 그리고 전 세계의 수많은 지도적 유전학자들이 15년 후 거의 똑같은 프로젝트가 잉글랜드에서 제안됐을 때는 비슷한 항의에 나서지 않았다는 사실이다.

물론 맥락은 크게 다르다. 1998년에는 생명공학이 나스닥에서 잘 나가고 있었고, 아이슬란드는 세계에서 1인당 국민소득이 가장 높고 사망률이 가장 낮은 국가였다. 아이슬란드 사람들은 강제적 DNA 바이오뱅크가 제기하는 문제에 대해 생각해볼 여유가 있었다. 반면 금융위기를 겪은 오늘날의 세계는 매우 다르다. 일자리, 살 집, 무료 보건의료의 침식에 대해 걱정하는 것이 최우선 과제로 떠올랐고, "멍청아, 문제는 경제야"라는 표어가 잘 어울리는 세계가 되었다. 그래서 NHS를 지키려는 노력이 맹렬하게 경주되는 와중에도 DNA 바이오뱅크는 선거 의제 목록에서 한참 아래쪽으로 처졌다. 그러나 미국 국가안보국National Security Agency과 영국 전자감시센터Government Communications Headquarters(GCHQ)의 전자 감시가 전 지구적 추문으로 번지면서 프라이버시 문제가 극적으로 제기되었고, 개인적·집단적 저항의 징후가 커지고 있다.

이 책이 처음 출간된 후 개정판이 새로 나오기까지 18개월이 흘렀다. 그동안 전 지구적 자본주의의 지배적 가치들이 우리가 논의했던 인간 생명의 기술과학 — 유전체학, 줄기세포 연구, 신경과학 — 의 틈 속으로 얼마나 더 많이 스며들었는지는 이 짧은 후기만 보더라도 알 수 있다. 그러나 영국이 교묘하게도 신자유주의 시대의 새로운 생명윤리를 개척하는 작업에

서서히 나서고 있는 것을 보면, 요 몇 달간 일어난 사건들은 과학의 민주적 책무에서 필수적인 요소로 아이슬란드 사람들의 성공적인 저항을 모방할 필요성을 강조하고 있기도 하다.

감사의 글

먼저 우리가 그들의 저술에 의지했으면서도 정작 인용하지는 않은 수많은 동료와 친구에 대한 사과의 말로 시작해야겠다. 이 자리를 빌려 우리가 그들 모두에게 진 빚을 마음 깊이 의식하고 있음을 밝혀두고 싶다. 버소 출판사의 편집인 세바스티안 버젠의 제안에 따라, 우리는 이 책이 좀 더 넓은 독자층에게 받아들여질 수 있도록 참고문헌 표시를 최소한으로 하기로 했다. 이는 우리가 1969년에 처음 공동으로 작업한 책《과학과 사회》를 쓸 때 염두에 두었던 목표이기도 하다. 당시에는 이것이 상대적으로 쉬운 일이었다. 문헌 자체가 그리 많지 않았고, 저술 활동을 하는 사람들 대부분은 우리가 개인적으로 아는 이들이었다. 하지만 오늘날에는 문헌 규모가 방대하며, 이에 따라 작업도 더 어려워졌다. 우리가 활용한 자료들은 과거에 나온 팸플릿(지금은 거의 한물간 기술)에서 오늘날 널리 쓰이는 웹사이트, 팟캐스트, 블로그, 그리고 일련의 보고서, 책, 학술지, 그리고 과학기술학 학술대회 발표문에 이르기까지 다양하다. 이러한 학술 및 운동 문헌 모두를 제대로 인용하려 했다면 책의 내용이 참고문헌에 파묻히고 말았을 것이다.

그래서 여기서는 특정한 장들을 읽고 논평을 해준 패트릭 베이트슨, 잭 프라이스, 제리 라베츠, 사이먼 로즈, 헬렌 월리스에 대해 직접 고마움을 전하면서, 꼼꼼한 교열 작업을 해준 팀 클라크에게 특히 감사의 뜻을 전하는 것으로 가름하고자 한다. 물론 남아 있는 부정확하거나 부적절한 표현들은 우리의 책임이다. 몇몇 장은 다른 곳에 실린 적이 있는 글을 수정한 것이다. 2장은 우리 두 사람이 같이 쓴 두 편의 논문 'The Changing Face of Human Nature', Daedalus, Summer 2009, pp. 7-10과 'Darwin and After', New Left Review 63, May-June 2010, pp. 91-114[전대호 옮김, 〈다윈 그리고 그 후〉, 《뉴레프트리뷰 4》(길, 2013), 428-457쪽]에서 가져왔다. 5장에 나오는 디코드의 역사는 힐러리가 웰컴재단의 지원을 받아 수행한 민속지 연구 〈생명정보의 상품화: 아이슬란드 보건부문데이터베이스The Commodification of Bioinformation: The Icelandic Health Sector Database〉를 고쳐 실은 것이다. 6장에 나오는 힐러리의 우만게노믹스 연구는 그레샴 칼리지의 지원을 받았다. 8장에 나오는 신경기술에 대한 논의는 2006년 바버라 니콜라스의 초청을 받아 뉴질랜드 왕립학회의 내비게이터네트워크Navigator Network를 위해 시작한 스티븐의 연구에 기반한 것이다. 이 연구는 이후 영국 왕립학회의 과학정책부에서 계속됐고—왕립학회의 브레인웨이브Brainwaves 프로젝트도 그중 일부였다—2012년에 결실을 맺었다. 이 책의 주제들은 우리가 그레샴 칼리지에서 '사회 속의 유전학'을 담당하는 자연학 교수에 공동으로 임명된 3년 동안 발전되기 시작했고, 런던정경대학에서 '생명공학, 세계화, 민주주의'라는 제목으로 진행한 랠프 밀리번드 강좌에서 더욱 확고하게 다져졌다. 아울러 힐러리는 2008년부터 2012년까지 런던정경대학의 바이오스센터Bios Centre에서 사회학 방문교수로 있을 때 소장 니콜라스 로즈와 부소장 새러 프랭클린이 보여준 환대에 감사의 뜻을 전하고자 한다.

옮긴이의 글

현대 생명과학의 '불편한 진실'

흔히 20세기가 물리학의 시대였다면, 21세기는 생물학의 시대가 될 것이라고들 한다. 언론을 통해 연일 보도되는 획기적인 연구 성과들과 거기 퍼부어지는 요란한 갈채들을 보면 그런 말을 실감하고도 남는다. 지난 한 세기를 거치면서 현대 생물학은 이미 유전자의 작동 기제와 유전체의 염기서열을 낱낱이 밝혀냈고, 이를 이용해 인간에게 필요한 기능을 가진 '맞춤형' 생명체들을 만들어내고 있다. 더 나아가 신경과학은 인간의 몸에서 가장 정교하고 복잡한 기관인 뇌를 '정복'해 인간의 정신에 대한 완전히 새로운 이해와 개입을 시도하는 중이다.

현대 생물학의 주류를 이루는 이 모든 작업을 관통하는 것은 강력한 환원주의 프로그램이다. 생명과학자들은 인간을 비롯한 생명체들을 그것을 구성하는 더 단순한 단위, 조직, 원리 들로 환원해 설명하려 시도해왔고, 이러한 프로그램은 유전공학과 유전체학, 신경과학 분야에서 실제로 엄청난 성과를 거뒀다. 그리고 이 모든 과정은 생명의 '비밀'을 밝혀냈을 때 연구자들과 바이오 기업들이 얻게 될 엄청난 이윤—황금알을 낳는 거위—에 대한 욕망으로 추동되고 있다.

그러나 이러한 성공의 이면에는 '불편한 진실'이 도사리고 있다. 생명 현상의 복잡성을 무시하고 여전히 남아 있는 미지의 영역을 간과한 성급한 이론화와 상업화는 생명에 대한 왜곡된 이해를 낳을 뿐 아니라 자칫 공중보건과 환경에 심대한 피해를 야기할 수 있다. 아울러 인간의 '본질'을 혈통, 유전자, DNA, 뇌 신경전달물질로 환원하려는 시도가 사회 정책에 악용될 경우 이는 20세기 전반기의 우생학 열풍이나 최근의 유전자 차별 등에서 보듯 파국적인 결과를 초래할 수도 있다. 이 책《급진과학으로 본 유전자, 세포, 뇌》는 바로 이러한 문제점을 통렬하게 지적하고 있다.

이 책의 장점은 저자들이 멀리는 다윈의 진화론과 현대적 종합에서부터 인간유전체계획(HGP)을 거쳐 최근의 신경과학 열광주의에 이르는 일련의 과정을 비판적으로 재구성하려고 시도했다는 점이다. 요즘에는 학자들이 이런 거시적인 작업에 잘 나서지 않고 있다. 학문적 접근이 지나치게 세분화되어 나무만 보고 숲을 보지 못하는 오늘날의 상황에서, 이런 노력은 우리에게 중요한 시야를 제공해준다. 우리는 흔히 DNA 이중나선 구조에서 유전체학과 신경과학으로 이어지는 흐름을 과학의 '자연스러운 발전'에 따른 결과로 무비판적으로 받아들이는 경향이 있다. 현대 과학은 그 권위가 과도하게 높아지는 바람에 "과학이 이야기하는데 어디 딴소리냐"는 식의 권위주의를 스스로 내화시키는 경향이 있다. 그렇지만 다윈에서 인간유전체계획, 그리고 최근 신경과학에까지 이어지는 과정에는 당시 사회의 숱한 이해관계와 갈망, 그리고 그로 인해 '이득을 보는' 세력들의 영향력이 존재해왔다. 저자들은 '결국 누가 이득을 보는가'라는 관점에 따라 국가, 계급, 자본의 영향이 인간과 생명에 대한 이해에 개입하는 방식을 분석하고 있다.

이 책의 문제의식과 출발점을 이해하려면 먼저 저자인 힐러리 로즈와 스티븐 로즈 부부의 이력에 대해 조금 자세히 살펴볼 필요가 있다. 이 책의 서문에서 잘 보여주듯이, 두 사람이 급진과학운동radical science movement에 투신한 1960년대 말은 영국에서 이른바 구舊 좌파의 문제의식을 비판하며 신新 좌파가 부상하던 시점이었다. 1930년대 이후 소련의 영향을 받은 구좌파는 과학을 생산력이자 사회변혁의 원동력으로, 과학자는 그러한 변화를 이끄는 주도 세력으로 이해했다. 반면 전후 군산복합체의 등장과 첨단과학의 군사적 응용을 목도한 신좌파 세력은 과학에 대해 좀더 회의적인 태도를 취하게 되었다. 신좌파에 뿌리를 둔 급진과학운동은 과학의 제도 자체가 국가와 자본에 포섭되어 변혁의 힘을 잃었고, 더 나아가 과학이 지배 이데올로기의 담지자가 되었다고 믿었다. 1970년대를 거치며 급진과학운동은 여러 갈래로 나뉘어졌지만, 구좌파가 견지했던 과학의 선용-오용 모델(과학 지식이나 활동 그 자체는 가치 중립적이며 이를 좋게도 나쁘게도 쓸 수 있다는 사고방식)을 넘어서 체제 내에 포섭된 기성 과학 전반을 근본적으로 비판하는 다양한 운동을 전개했다는 점에서는 공통점이 있었다.

로즈 부부는 이러한 시대적 상황 속에서 활동을 시작했다. 그들은 1969년에 만들어진 새로운 과학자 단체인 BSSRS에서 활동하면서 첫 저서인 《과학과 사회》를 함께 집필했고, 이어 1976년에는 급진과학운동의 다양한 문제의식을 담은 두 권의 논문집 《과학의 급진화The Radicalisation of Science》와 《과학의 정치경제학The Political Economy of Science》을 엮어냈다. (두 사람의 초기 문제의식은 조홍섭이 엮은 《현대의 과학기술과 인간해방》에 수록된 논문 〈과학의 중립성에 대한 신화〉에 잘 나와 있다. 두 사람은 과학, 특히 생물학의 이데올로기 비판에 치중하면서 동시대 영국 급진과학운동의 또 다른 갈래였던 《급진과학저널》 그룹과 날카롭게 대립했다. 과학사가 밥 영Bob Young이 이끌었던 후자는 해리 브레이버맨Harry Braverman의 영향을 받아 과학을 노동 과정으로 보는 독특한 관점을 발전시켰는데, 이에 대해서는 국내에 번역 출간된 게리 워스키Gary Werskey의 《과학……좌파》를 참조하기 바란다.)

이후 두 사람의 행보는 갈라졌다. 생물학자인 남편 스티븐 로즈는 자신의 전문 분야인 생물학의 환원주의 이데올로기를 비판하는 작업을 이어갔다. 1984년에 리처드 르원틴, 레온 카민과 함께 써낸 《우리 유전자 안에 없다Not in Our Genes》는 이 분야의 고전으로 손꼽힌다. 이후 그는 신경과학의 환원주의적 경향에 대한 비판으로 논의를 확장했고, 2000년 들어 엮어낸 《새로운 뇌과학 The New Brain Sciences》과 직접 쓴 《뇌의 미래The Future of the Brain》 속에 이를 담아냈다. 반면 사회학자인 부인 힐러리 로즈는 1980년대 이후 샌드라 하딩과 함께 페미니즘의 입장이론을 대표하는 학자로 자리를 잡았고, 1994년 발표한 《사랑, 권력, 지식Love, Power and Knowledge》에서는 페미니즘이 과학을 어떻게 바꿔놓을 수 있는가 하는 실천적 논제를 파고들었다.

두 사람의 행보가 다시금 합쳐진 것은 2000년에 진화심리학의 환원주의적 경향을 비판하는 책 《아, 불쌍한 다윈Alas, Poor Darwin》을 공동으로 엮으면서부터였다. 2012년에 출간된 《급진과학으로 본 유전자, 세포, 뇌》는 두 사람이 함께 한 40여 년의 이론과 실천 활동을 총 결산하는 의미를 담고 있다. 이 책은 지난 100여년에 걸친 생물학의 역사를 약술하고 있는 역사서이자 같은 기간 동안 생물학과 사회의 접점에서 환원주의적 경향이 어떤 문제들을 빚어냈는지 고발하는 비판서이며, 아울러 — 책 곳곳에 포진한 흥미로운 각주들에서 엿볼 수 있듯이 — 1970년대 이후 저자들이 기성 과학계의 흐름과 싸워 온 여정을 담담하게 기술하는 자서전적 성격의 저서이기도 하다.

이 책을 번역하게 된 출발점은 2009년 열린 다윈 탄생 200주년 학술대회로 거슬러 올라간다. 당시 역자들이 속해 있는 시민과학센터에서 학술대회 발표를 맡은 몇몇 사람들이 관련된 비판적 논의를 함께 공부하자는 취지에서 독회를 시작했는데, 그때 읽은 책 중 하나가 로즈 부부가 편집한 《아, 불쌍한 다윈》이었다. 학술대회가 견해 차이만 확인한 채 별다른 성과 없이 끝난 후, 역자들을 포함한 몇몇은 이 주제와 관련해 국내 저술 및 출판계의 편향된 지형도를 바로잡아줄 수 있는 비판적 논의를 소개할 필요를 느꼈고, 때마침 이 책이 출간된 것을 보고 번역을 결심하게 되었다. 번역은 김명진이 서론, 1-4장, 후기를, 김동광이 5-9장을 각각 맡았다.

지금도 서점가에는 리처드 도킨스나 (최근에는 입장을 바꿨지만) 에드워드 윌슨 등의 극단적 환원주의에 근거한 사회생물학, 진화심리학, 뇌과학 대중서가 즐비하며 그 수는 빠른 속도로 늘어나고 있다. 비록 미약하지만 이 책의 출간이 그러한 흐름에 작은 균열을 일으켜 대안적 논의를 촉발하는 데 일조할 수 있기를 바란다.

2015년 8월
옮긴이 김명진, 김동광

주석

서문: 굴레에서 벗어난 프로메테우스?

1 Rose, H. and Rose, S., *Science and Society*, Allen Lane, 1969.

2 Hessen, B., in Bukharin, N., *Science at the Crossroads* (1931), Cass reprint, 1971.

3 Bernal, J.D., *The Social Functions of Science*, Routledge, 1939.

4 Lewontin, R. and Levins, R., 'The Problem of Lysenkoism', in H. Rose and S. Rose (eds.), *The Radicalisation of Science*, Macmillan, 1976, pp. 32-64.

5 Bernal, J.D., *Marx and Science*, Lawrence and Wishart, 1952.

6 Rose, S. (ed.), *Chemical and Biological Warfare*, Harrap, 1968.

7 Ciccotti, G., Cini, M., and de Maria, M., 'The Production of Science in Advanced Capitalist Society', in Rose, H. and Rose, S. (eds.), *The Political Economy of Science*, Macmillan, 1976, pp. 32-58.

8 Lévy-Leblond, J-M, 'Ideology of/in Contemporary Physics', in Rose and Rose, *The Radicalisation of Science*, pp. 136-75.

9 Couture-Cherki, M., 'Women in Physics', in ibid., pp. 65-75; Stéhelin, L., 'Sciences, Women and Ideology', in ibid., pp. 76-89.

10 Ann Arbor Science for the People Editorial Collective, *Biology as a Social Weapon*, Burgess, 1977.

11 Tobach, E. and Rosoff, B., *Genes and Gender I*, Gordian, 1978 (and later volumes); Arditti, R. (ed.), *Science and Liberation*, South End Press, 1980; Hubbard, R. and Henifin, M.S. (eds.), *Women Look at Biology Looking at Women*, Schenkman, 1979; Bleier, R. (ed.), *Feminist Approaches to Science*, Pergamon, 1986.

12 Shapiro, J., Machattie, L., Eron, L., Ihler, G., Ippen, K., and Beckwith, J., 'Isolation of Pure *lac* Operon DNA', *Nature* 224, 768-74, 1969.

13 Rose, H. and Rose, S., 'Chemical Spraying as Reported by Refugees from South Vietnam', *Science* 117, 710-12, 1972.

14 Brighton Women and Science Group, *Alice Through the Microscope*, Virago, 1980.

15 Rose, H., 'The Social Determinants of Reproductive Science and Technology', in Knorr, K. and Strasser, H. (eds.), *The Social Determinants of Science*, *Year-*

book of the Sociology of Science, Reidel, 1975를 보라.

16 Anderson, P., 'Components of the National Culture', *New Left Review* 50, 1-37, 1968.

17 Rose, H. and Rose, S., 'Radical Science and its Enemies', *Socialist Register*, 317-35, 1979.

18 Carson, R., *Silent Spring*, Houghton Mifflin, 1962. [김은령 · 홍욱희 옮김, 《침묵의 봄》(에코리브르, 2002)]

19 Beck, U., *Risk Society: Towards a New Modernity*, Sage, 1992. [홍성태 옮김, 《위험사회: 새로운 근대(성)를 향하여》(새물결, 1997)]

20 Hartsock, N., Money, *Sex and Power*, Boston University Press, 1984; Harding, S., *The Science Question in Feminism*, Cornell University Press, 1986 [이재경 · 박혜경 옮김, 《페미니즘과 과학》(이화여자대학교출판부, 2002)]; Rose, H., 'Hand, Brain and Heart: A Feminist Epistemology for the Natural Sciences', *Signs: Journal of Women in Culture and Society* 9 (3), 73-98, 1983.

21 Shapin, S, *The Scientific Life: A Moral History of a Late Modern Vocation*, Chicago UP, 2008.

22 Irwin, A., and Wynne, B., *Misunderstanding Science: The Public Reconstruction of Science and Technology*, Cambridge University Press, 1996.

23 Wilsden, J. (ed.), *See-through Science*, Demos, 2004.

24 Graham, S., *Cities Under Siege: The New Military Urbanism*, Verso, 2010.

25 Ledoux, J., *The Synaptic Self: How Our Brains Become Who We Are*, Viking, 2002 [강봉균 옮김, 《시냅스와 자아》(소소, 2005)]; Damasio, A., *Descartes' Error: Emotion, Reason and the Human Brain*, GP Putnam and Sons, 1994. [김린 옮김, 《데카르트의 오류》(중앙문화사, 1999)]

26 Zeki, S., *Splendours and Miseries of the Brain: Love, Creativity and the Quest for Human Happiness*, Wiley-Blackwell, 2009; Crick, F.H.C., *The Astonishing Hypothesis: The Scientific Search for the Soul*, Simon and Schuster, 1994. [김동광 옮김, 《놀라운 가설》(궁리, 2015)]

27 Changeaux, J-P., *Neuronal Man: The Biology of Mind*, Princeton University Press, 1997.

28 Baron-Cohen, S., *The Essential Difference: The Truth About the Male and Female Brain*, Basic Books, 2003. [김혜리 · 이승복 옮김, 《그 남자의 뇌 그 여자의 뇌》(바다출판사, 2007)]

29 Fine, C., *Delusions of Gender: The Real Science Behind Sex Differences*, Icon, 2010 [이지윤 옮김, 《젠더, 만들어진 성》(휴먼사이언스, 2014)]; Jordan-Young, R., *Brainstorm: The Flaws in the Science of Sex Differences*, Harvard University Press, 2010.

제1장 소규모 유전학에서 거대 유전체학으로

1 Gilbert, W.A., 'Vision of the Grail', in Kevles, D.J. and Hood, L. (eds.), *The Code of Codes: Scientific and Social Issues in the Human Genome Project*, Harvard, 1990, p. 96.

2 Watson, J.D. and Crick, F.H.C. 'Molecular Structure of Nucleic Acids: A Structure for Deoxyribose Nucleic Acid', *Nature* 171, 737-8, 1953.

3 Wilkins, M.H.F., *Maurice Wilkins: The Third Man of the Double Helix*, Oxford, 2005.

4 Sayre, A., *Rosalind Franklin and DNA*, Norton, 1975.

5 Maddox, B., *Rosalind Franklin: The Dark Lady of DNA*, HarperCollins, 2002. [진우기 · 나도선 옮김, 《로잘린드 프랭클린과 DNA》(양문, 2004)]

6 De Solla Price, D.J., *Little Science, Big Science*, Columbia, 1963. [남태우 · 정준민 옮김, 《과학커뮤니케이션론》(민음사, 1994)]

7 Brown, A. *In the Beginning Was the Worm: Finding the Secrets of Life in a Tiny Hermaphrodite*, Simon and Schuster, 2003.

8 Koshland, D., 'Sequences and Consequences of the Human Genome', *Science* 246, 189, 1989.

9 Cook-Deegan, R., *The Gene Wars: Science, Politics, and the Human Genome*, Norton, 1995. [황현숙 · 과학세대 옮김, 《인간게놈 프로젝트》(민음사, 1994)]

10 Collins, F., *The Language of God: A Scientist Presents Evidence for Belief*, Free Press, 2006. [이창신 옮김, 《신의 언어》(김영사, 2009)]

11 International Human Genome Sequencing Consortium, 'Initial Sequencing and Analysis of the Human Genome', *Nature* 409, 860-921, 2001.

12 Venter, J.C., *A Life Decoded: My Genome, My Life*, Penguin, 2008. [노승영 옮김, 《게놈의 기적》(추수밭, 2009)]

13 Collins, F.S., *The Language of Life: DNA and the Revolution in Personalised Medicine*, Harper, 2009. [이정호 옮김, 《생명의 언어》(해나무, 2012)]

14 Sulston, J. and Ferry, F., *The Common Thread*, Bantam 2002. [유은실 옮김, 《유전자 시대의 적들》(사이언스북스, 2004)]

15 Cavalli-Sforza, L.L., 'The Human Genome Diversity Project: Past, Present and Future', *Nature Reviews Genetics* 6, 333-40, 2005.

16 Marks, J., *What it Means to be 98% Chimpanzee: Apes, People and Their Genes*, University of California Press, 2002.

17 아파자의 말을 *Science*, 332, 773, 2011에서 재인용.

18 Reardon, J., *Race to the Finish: Identity and Governance in an Age of Genomics*, Princeton, 2005.

19 International HapMap Consortium, 'Integrating Ethics and Science in the International HapMap Project', *Nature Reviews Genetics* 5, 467-75, 2004.
20 Battelle Institute, *Economic Impact of the Human Genome Project*, Battelle Technology Partnership Project, May 2011.
21 J. 왁스만과의 개인적인 대화.
22 Marshall, E., 'Waiting for the Revolution', *Science* 331, 526-9, 2011에서 재인용.
23 Lander, E.S., 'Initial Impact of the Sequencing of the Human Genome', *Nature* 470, 187-203, 2010.
24 Dawkins, R., *The Blind Watchmaker*, Norton, 1986. [이용철 옮김, 《눈먼 시계공》(사이언스북스, 2004)]

제2장 포스트-유전체 시대의 진화 이론

1 Carroll, S., *Endless Forms Most Beautiful*, Weidenfeld, 2006. [김명남 옮김, 《이보디보, 생명의 블랙박스를 열다》(지호, 2007)]
2 몰레스호트의 1852년 저작 《생명의 순환*Das Kreislauf des Lebens*》을 Jacques Loeb, *The Mechanistic Conception of Life* (1912), Bellknap Press, 1964에 수록된 도널드 플레밍의 서문에서 재인용.
3 Darwin, F. (ed.), *The Autobiography of Charles Darwin*, Dover, 1958, pp. 43. [이한중 옮김, 《나의 삶은 서서히 진화해왔다》(갈라파고스, 2003)]
4 Wallace, A.R., *Social Environment and Moral Progress*, Cassell, 1913, pp. 147-8을 Benton, T., 'Social Causes and Natural Relations', in Rose, H. and Rose, S. (eds.), *Alas Poor Darwin*, Cape, 2000, pp. 249-71에서 재인용.
5 Marx, K. and Engels, F., *Collected Works*, Vol. 41, Moscow, 1985, p. 280.
6 다윈의 말을 Hubbard, R., 'Have Only Men Evolved?', in Hubbard, R. and Henifin, M.S. (eds.), *Women Look at Biology Looking at Women*, Schenkman, 1979, pp. 19-20에서 재인용.
7 Blackwell, A.B., *The Sexes Through Nature*, G.P. Putnam and Son, 1875.
8 Bateson, P.P.G. and Gluckman, P., *Plasticity, Robustness, Development and Evolution*, Cambridge University Press, 2011.
9 Needham, J., *Time the Refreshing River*, Macmillan, 1943.
10 Haraway, D., *Crystals, Fabrics and Fields*, Yale, 1976.
11 Dobzhansky, T., 'Nothing in Biology Makes Sense Except in the Light of Evolution', *American Biology Teacher* 35, 125-9, 1973.
12 Dawkins, R., *The Selfish Gene*, Oxford University Press, 1976. [홍영남·이상임 옮김, 《이기적 유전자》(을유문화사, 2010)]
13 Wilson, E.O., *Sociobiology: The New Synthesis*, Harvard University Press, 1975.

[이병훈 · 박시룡 옮김, 《사회생물학 1, 2》(민음사, 1992)]
14 Ann Arbor Science for the People Editorial Collective, *Biology as a Social Weapon*, Burgess, 1977.
15 Lee, R. and DeVore, I., *Man the Hunter*, Aldine, 1968.
16 Zihlman, A.L., 'Women as Shapers of the Human Adaptation', in Dahlberg, F. (ed.), *Woman the Gatherer*, Yale University Press, 1981, pp. 75-120.
17 Haraway, D., *Primate Visions: Gender, Race and Nature in the World of Modern Science*, Routledge, 1989.
18 Jolly, A. and Jolly, M., 'A View From the Other End of the Telescope', *New Scientist*, 21 April 1990, p. 58.
19 Keller, E.F., *The Century of the Gene*, Harvard University Press, 2002. [이한음 옮김, 《유전자의 세기는 끝났다》(지호, 2002)]
20 Oyama, S., *The Ontogeny of Information: Developmental Systems and Evolution*, Cambridge University Press, 1985.
21 Maturana H.R. and Varela F.J., *The Tree of Knowledge: The Biological Roots of Human Understanding*, Shambhala, 1998.
22 A. 매클래런과의 개인적인 대화.
23 Rose, S., Lewontin, R. and Kamin, L., *Not in Our Genes*, Allen Lane, 1984. [이상원 옮김, 《우리 유전자 안에 없다》(한울, 1997)]
24 Jablonka, E. and Lamb, M., *Evolution in Four Dimensions*, MIT Press, 2005.
25 Miller, G., 'The Seductive Allure of Behavioural Epigenetics', *Science* 329, 24-7, 2010.
26 Bell, A.M. and Robinson, G.E., 'Behavior and the Dynamic Genome', *Science* 332, 1161-2, 2011.
27 Gould, S.J. and Lewontin, R.C., 'The Spandrels of San Marco and the Panglossian Paradigm: A Critique of the Adaptationist Programme', *Proc. Roy. Soc. B* 205, 581-98, 1979.
28 Gould, S.J., *Wonderful Life: The Burgess Shale and the Nature of History*, Penguin, 1989. [김동광 옮김, 《생명, 그 경이로움에 대하여》(경문사, 2004)]
29 Conway Morris, S., *Life's Solution: Inevitable Humans in a Lonely Universe*, Cambridge University Press, 2003.
30 Astrobiology, *Philosophical Transactions of the Royal Society, A*, 369, 2011.
31 Dunbar, R., *How Many Friends Does One Person Need?*, Faber, 2010. [김정희 옮김, 《발칙한 진화론》(21세기북스, 2011)]
32 Dennett, D., *Darwin's Dangerous Idea*, Allen Lane, 1995.
33 Richerson, P. and Boyd, R., *Not by Genes Alone: How Culture Transformed Human Evolution*, Chicago University Press, 2005. [김준홍 옮김, 《유전자만이 아니

다》(이음, 2009)]

34 Sober, E. and Sloan Wilson, D., *Unto Others: The Evolution and Psychology of Unselfish Behavior*, Harvard University Press, 1998.

35 Nowak, M. with Highfield, R., *SuperCooperators: Altruism, Evolution and Why we Need Each Other to Succeed*, Free Press, 2011. [허준석 옮김, 《초협력자: 세상을 지배하는 다섯 가지 협력의 법칙》(사이언스북스, 2012)]

36 Wilson, E.O., *The Social Conquest of Earth*, Norton, 2012 [이한음 옮김, 《지구의 정복자》(사이언스북스, 2013)]; Dawkins, R, 'The Descent of Edward Wilson', *Prospect*, May 2012.

37 Shippey, T., 'Widowers on the Prowl', *London Review of Books* 33:6, 33-5, 17 March 2011.

38 Hauser, M.D., *Moral Minds*, HarperCollins, 2006.

39 Editorial, *Nature*, 466, 1023, 2010.

40 Wilson, E.O., *On Human Nature*, Harvard University Press, 1979. [이한음 옮김, 《인간 본성에 대하여》(사이언스북스, 2011)]

41 Pinker, S., *How the Mind Works*, Allen Lane, 1998. [김한영 옮김, 《마음은 어떻게 작동하는가》(동녘사이언스, 2007)]

42 Judith Masters, *The Women's Review of Books* 7:4, 19, 1990에서 재인용.

제3장 동물 먼저: 윤리가 실험실에 들어오다

1 Cobbe, F.P., *Life of Frances Power Cobbe: As Told by Herself*, posthumous edition, London, 1904.

2 Bernard, C., *Introduction a l'étude de la Médicine Expérimentale*, 1865.

3 Moreno, J.D., *Undue Risk: Secret State Experiments on Humans*, Routledge, 2001.

4 Muller Hill, B., *Murderous Science: Elimination by Scientific Selection of Jews, Gypsies, and Others - Germany, 1933-45*, Oxford, 1988.

5 Excerpts From Trial of War Criminals Before the Nuremberg Military Tribunals Under Control Council Law. No/10. October 1946-April 1949. Washington DC: US, GPO, 1949-53.

6 Evelyne Shuster, 'Fifty Years Later: The Significance of the Nuremberg Code', *New England Journal of Medicine* 337, 1436-40, 1997에서 재인용.

7 Ibid.

8 Holland, J.F., 'The Krebiozen Story', Quackwatch; www.quackwatch.com에서 접속 가능.

9 Moreno, *Undue Risk*.

10 104th Congress, 2nd session, resolution 69. 'Expressing the sense of the Congress that the German Government should investigate and prosecute Dr Hans Joachim Sewering for his war crimes of euthanasia committed during World War II', 2 August 1996.

11 Watson, P., *War on the Mind*, Hutchinson, 1978.

12 *Final Report of the Advisory Committee on Human Radiation Experiments*, Oxford University Press, 1996.

13 Davison, N., *'Non-lethal' Weapons*, Palgrave Macmillan, 2009.

14 Evans, R. and Bowcott, O., 'Veterans Close to MOD Deal', *Guardian*, 18 January 2008.

15 Webb, H.E., Wetherley-Mein, G., Smith, C.E., and McMahon, D., 'Leukaemia and Neoplastic Processes Treated with Langat and Kyasanur Forest Disease Viruses: A Clinical and Laboratory Study of 28 patients', *British Medical Journal* 1, 258-66, 1966.

16 Jones, J., *Bad Blood: The Tuskegee Syphilis Experiment*, Free Press, 1993, p. 179.

17 Skloot, R., *The Immortal Life of Henrietta Lacks*, Macmillan, 2010, p. 135. [김정한 · 김정부 옮김, 《헨리에타 랙스의 불멸의 삶》(문학동네, 2012)]

18 Barber, B., Lally, J., Makaruschka, J.L., and Sullivan, D., *Research on Human Subjects: Problems of Social Control in Medical Experimentation*, Sage, 1973.

19 Mark, V.H. and Ervin, F.R., *Violence and the Brain*, Harper and Row, 1970.

20 Duster, T. *Backdoor to Eugenics*, Routledge, 1990.

21 Interview with Susan Reverby, *Nature* 467, 645, 2010.

22 Fox, R.C. and Swazey, J.P., *Observing Bioethics*, Oxford, 2008.

23 *The Belmont Report: Ethical Guidelines for the Protection of Human Subjects of Research*, DHEW Publication (OS) 78-0014, Washington, 1978.

24 Beauchamp, T.L. and Childress, J.F., *Principles of Biomedical Ethics*, Oxford, 1994. [박찬구 외 옮김, 《생명의료윤리의 원칙들》(이화여자대학교 생명의료법연구소, 2014)]

25 Annas, G.J., *Standard of Care: The Law of American Bioethics*, Oxford, 1993.

26 Pilcher, H., 'Dial E for Ethics', *Nature* 440, 1104-5, 2006.

27 DeVries, R. and Subedi, J. (eds.), *Bioethics and Society: Constructing the Ethical Enterprise*, Prentice Hall, 1998.

28 Rosenberg, C.E., 'Meanings, Policies, and Medicine: On the Bioethical Enterprise and History', *Daedalus* 128, 27-46, 1999.

29 Tong, R., *Feminist Approaches to Bioethics: Theoretical Reflections and Practical Applications*, Westview, 1997.

30 Donchin, A., 'Autonomy and Interdependence', in Mackenzie, C. and Stoljar, N. (eds.), *Relational Autonomy: Feminist Perspectives on Autonomy, Agency and the Social Self*, Oxford University Press, 2000, pp. 236-58.
31 Ruddick, S., *Maternal Thinking: Towards a Politics of Peace*, Beacon, 1989.
32 Gilligan, C., *In a Different Voice*, Harvard, 1982. [허란주 옮김, 《다른 목소리로: 심리 이론과 여성의 발달》(동녘, 1997)]
33 Knoppers, B.M. and Chadwick, R., 'Human Genetic Research: Emerging Trends in Ethics', *Nature Reviews Genetics* 6, 75-9, 2005.
34 Dickenson, D., *Property in the Body: Feminist perspectives*, Cambridge University Press, 2007
35 Kaiser, J., 'Gene Therapists Celebrate a Decade of Progress', *Science* 334, 29-30, 2011.
36 Abadie, R., *The Professional Guinea Pig: Big Pharma and the Risky World of Human Subjects*, Duke University, 2010.
37 BBC news channel, 'Six Taken Ill After Drug Trial', 15 March 2006.
38 Petryna, A., *When Experiments Travel: Clinical Trials and the Global Search for Human Subjects*, Princeton University, 2009.
39 Annas, G.J., 'Globalised Clinical Trials and Informed Consent', *New England Journal of Medicine* 360, 2050-3, 2009.
40 Fuller, W. (ed.), *The Social Impact of Modern Biology*, Routledge, 1970.
41 Warnock Report: *Report of the Committee of Inquiry Into Human Fertilisation and Embryology*, Cmd 9314, HMSO, 1984.
42 Wilmut, I., Campbell, K., and Tudge, C., *The Second Creation: The Age of Biological Control by the Scientists Who Cloned Dolly*, Headline, 2000.

제4장 국가 우생학에서 소비자 우생학으로

1 Keller, E.F., *The Century of the Gene*, Harvard University Press, 2002. [이한음 옮김, 《유전자의 세기는 끝났다》(지호, 2002)]
2 홈즈의 말을 Kevles D.J., *In the Name of Eugenics*, Penguin, 1985에서 재인용.
3 Gordon, L., *Woman's Body, Woman's Right: A Social History of Birth Control in America*, Viking, 1976.
4 Pichot, A., *The Pure Society From Darwin to Hitler*, Verso, 2009.
5 Baur, E., Fischer, E., and Lenz, F., *Human Heredity*, Allen and Unwin, 1931.
6 Broberg, G. and Rolls-Hansen, N. (eds.), *Eugenics and the Welfare State: Sterilisation Policy in Denmark, Sweden, Norway and Finland*, p. 138, Michigan State University Press, 1996.

7 Muller, H., *Out of the Night: A Biologist's View at the Future*, Vanguard, 1935.
8 Broberg and Rolls-Hansen, *Eugenics and the Welfare State*.
9 Angastiniotis, M., Kyriakidou, S., and Hadjiminas, M., 'How Thalassaemia Was Controlled in Cyprus', *World Health Forum* 7, 291-7, 1986.
10 Pettit, B, *Invisible Men: Mass Incarceration and the Myth of Black Progress*, Russell Sage, 2012
11 Titmuss, R.M. and Abel-Smith, B., *Social Policies and Population Growth in Mauritius*, Cass, 1968.
12 Kay, L., *Who Wrote the Book of Life?: A History of the Genetic Code*, Stanford University Press, 2000, p. 276에서 재인용.
13 험프리의 발언을 Fuller, W. (ed.), *The Social Impact of Modern Biology*, Routledge Kegan Paul, 1971, p. 106에서 인용.
14 Jones, S., *In the Blood: God, Genes and Destiny*, Houghton Mifflin, 1997.
15 Katz Rothman, B., *The Tentative Pregnancy*, Norton, 1993.
16 Rapp, R., *Testing Women, Testing the Fetus: The Social Impact of Amniocentesis in America*, Routledge, 2000.
17 Kitcher, P., *The Lives to Come*, Penguin, 1997.
18 Shakespeare, T., *Disability Rights and Wrongs*, Routledge, 2006. [이지수 옮김, 《장애학의 쟁점: 영국 사회모델의 의미와 한계》(학지사, 2013)]
19 Duster, T., *Backdoor to Eugenics*, Routledge, 1990, p. 92.
20 Ehrlich, P.R., *The Population Bomb*, Ballantine, 1968.
21 Ehrlich, P.R., Ehrlich, A.H., and Holdren, J.P., *Ecoscience: Population, Resources, Environment*, Freeman, 1977.
22 Fausto Sterling, A., 'The Five Sexes: Why Male and Female Are Not Enough', *The Science*, March-April 1993, pp. 20-4.
23 Jordan-Young, R., *Brainstorm: The Flaws in the Science of Sex Differences*, Harvard University Press, 2010.
24 Kevles, *In the Name of Eugenics*, pp. 267-8.
25 Silver, L.M., *Remaking Eden: Cloning and Beyond in a Brave New World*, Weidenfeld and Nicolson, 1998. [하영미 · 이동희 옮김, 《리메이킹 에덴》(한승, 1999)]
26 Thorndike, E.L., *Educational Psychology*, Columbia University Teachers College, 1903, p. 140.
27 Harris, J., *Clones, Genes and Immortality*, Oxford, 1998.
28 Sandel, M.J., *The Case Against Perfection: Ethics in the Age of Genetic Engineering*, Belknap, Harvard University Press, 2007. [강명신 옮김, 《생명의 윤리를 말하다》(동녘, 2010)]
29 Baylis, F. and Robert, J.S., 'The Inevitability of Genetic Enhancement Tech-

nologies', *Bioethics* 18, 1-26, 2004.
30 Buchanan, A., *Beyond Humanity*, Oxford University Press, 2011.
31 Kurzweil, R., *The Singularity is Near*, Penguin, 2005. [김명남·장시형 옮김, 《특이점이 온다》(김영사, 2007)]

제5장 아이슬란드 데이터베이스의 거품

1 Rose, H., *The Commodification of Bioinformation: The Icelandic Health Sector Database*, Wellcome Trust, www.wellcome.ac.uk/stellant/groups/, Public Interest, 2001.
2 Palsson, G., 'The Rise and Fall of a Biobank: The Case of Iceland', in Gottweis, H. and Petersen, A. (eds.), *Biobanks: Governance in Comparative Perspective*, Routledge, 2008, pp. 41-55.
3 Arnason E., 'Personal Identifiability in the Icelandic Health Sector Database', *Journal of Information, Law and Technology* 2, 2002.
4 Indridason, A., *Jar City*, Harvill Press, 2004.[전주현 옮김, 《저주받은 피》(영림카디널, 2007)]
5 Gottweis, H., 'Biobanks in Action: New Strategies in the Governance of Life', in Gottweis and Petersen (eds.), *Biobanks*, pp. 22.38.
6 Leigh, D., *Guardian*, 3 November 2006, p. 15.
7 Kaiser, J., 'deCODE Genetics Rises From the Ashes', *ScienceInsider*, AAAS online journal, 21 January 2010.
8 Winickoff, D.E., 'Genome and Nation: Iceland's health Sector Database and its Legacy', *Innovations: Technology, Governance, Globalisation* 1, 80-105, 2006.

제6장 생물정보의 세계적 상업화

1 Fears, R. and Poste, G., 'Building Population Genetics Resources Using the UK NHS', *Science* 284, 267-8, 1999.
2 Tasmuth, T., 'The Estonian Gene Bank Project: An Overt Business Plan', *Open Democracy*, 28 may 2003.
3 Rose, H.A., 'The Rise and Fall of Umangenomics: The Model Biotech Company?' *Nature* 425, 123-4, 2003.
4 Nilson, A. and Rose, J., 'Sweden Takes Steps to Protect Tissue Banks', *Science* 286, 894, 1999.
5 Laage-hellman, J., 'Clinical Genomics Companies and Biobanks: The Use of

Biosamples in Commercial Research on the Genetics of Common Diseases', in Hansson, M.G. and Levin, M. (eds.), *Biobanks as Resources for Health*, Uppsala University, 2003, p.71.

6 Hansson, M.G., *The Human Use of Biobanks*, Uppsala University, 2001.

7 Paulsson, U. and Friske, R., 'Agreeements Concerning Biological Material', in Hansson and Levin (eds.), *Biobanks as Resources for Health*, pp. 257-67.

8 Bibeau, G., *Le Québec Transgénique*, Editions du Boréal, 2004.

9 Rustin, M., 'The New Labour Project', *Soundings* 8, 7-14, 1998.

10 Wallace, H., *Bioscience for Life? The History of UK Biobank, Electronic Medical Records in the NHS, and the Proposal for Data-sharing Without Consent*, GeneWatch, 2009.

11 Irwin, A. and Wynne, B. (eds.), *Misunderstanding Science? The Public Reconstruction of Science and Technology*, Cambridge University Press, 1996.

12 Clayton, D. and McKeigue, P.M., 'Epidemiological Methods for Studying Genes and Environmental Factors in Complex Disease', *The Lancet* 368, 1356-60, 2001.

13 Radda, G., Dexter, T.M., and Meade, T., 'The Need for Independent Scientific Peer Review of Biobank UK', *The Lancet* 359, 2282, 2002.

14 Jha, A., *Guardian*, 18 April 2006.

15 Stratton, A., 'Cameron Tries to Trigger a Big Bang', *Guardian*, 8 December 2011.

16 Bustamante, C.D., Burchard, E.G., and de la Vega, F.M., 'Genomics for the World', *Nature* 475, 163-5, 2011.

17 Weiss, L.A. et al., 'A Genome-wide Linkage and Association Scan Reveals Novel Loci for Autism', *Nature* 461, 801-8, 2009.

18 Teslovich, T.M. et al., 'Biological, Clinical and Population Relevance of 95 Loci for Blood Lipids', *Nature* 466, 709-13, 2010.

19 Couzin-Frankel, J., 'Major Heart Disease Genes Prove Elusive', *Science* 238, 1220-1, 2010.

20 Greenwood, T.A. et al., 'Analysis of 94 Candidate Genes and 12 Endophenotypes. Schizophrenia from the Consortium on the Genetics of Schizophrenia', *American Journal of Psychiatry* 168, 930-46, 2011.

21 Van Aken, J., Schmedders, M., Feuerstein, G., and Kollek, R., 'Prospects and Limits of Pharmacogenetics', *Amer. J. Pharmacogenomics* 3, 149-55, 2003.

22 Goldstein, D.B., 'Common Genetic Variation and Human Traits', *New England Journal of Medicine* 360, 1696-8, 2009.

23 Manolio, T.A. et al., 'Finding the Missing Heritability of Complex Diseases',

Nature 461, 747-53, 2009.

24 Zuk, O., Hechter, E., Sunyaev, S.R., and Lander, E.S., 'The Mystery of Missing Heritability: Genetic Interactions Create Phantom Heritability', *Proceedings of the National Academy of Sciences* (US) 109, 1193-8, 2012.

25 Ibid.

26 Evans, J.P., Meslin, E.M., Marteau, T.M., and Caulfield, T., 'Deflating the Genomic Bubble', *Science* 331, 861.2, 2011.

제7장 재생의학의 성장통

1 Wadman, M., 'Stem Cells Ready for Prime Time', *Nature* 457, 516, 2009.

2 Editorial, *Guardian*, 2 February 2009.

3 Kite, M., 'Disabled People Plead for Stem Cell Research', *The Times*, 16 December 2000, 다음 문헌에서 인용 Scolding, N., 'Stem-cell Therapy: Hope and Hype', *The Lancet on line*, 20 May 2005.

4 Smith, A. et al., '"No" to Ban on Stem Cell Patents', *Nature* 472, 418, 2011.

5 Habermas, J., *The Future of Human Nature*, Polity, 2003.

6 Prainsack, B., Geesink, I., and Franklin, S., 'Stem Cell Technologies 1998-2008: Controversies and Silences', *Science as Culture* 17, 351-2, 2008.

7 International Stem Cell Forum Ethics Wrking Party, *Science* 312, 366-7, 2006.

8 Needham, J., *A History of Embryology*, Cambridge University Press, 1934.

9 Wolpert, L., *The Triumph of the Embryo*, Oxford University Press, 1991.[최돈찬 옮김,《하나의 세포가 어떻게 인간이 되는가》(궁리, 2001)]

10 Takashi, K., Tanabe, K., Ohnuki, M., Narita, M., Ichisaka, T., Tomoda, K. and Yamanaka, S., 'Induction of Pluripotent Stem Cells from Adult Human Fibroblasts by Defined factors', *Cell* 131, 1-12, 2007.

11 Gage, F.H., Dunnett, S.B., Stenevi, U., and Bjorklund, A., 'Aged Rats: Recovery of Motor Impairments by Intrastriatal Nigral Grafts', *Science* 221, 966-9, 1983.

12 Stein, D.G. and Glasier, M.M., 'Fetal Brain Tissue Grafts as Therapy for Brain Dysfunctions: Some Practical and Theoretical Issues', *Behavioral and Brain Sciences* 18, 36-45, 1995.

13 Kolata, G., 'Brain Grafting Work Shows Promise', *Science* 221, 1277, 1983.

14 Madrazo, I., Drucker-Colin, v., Diaz, V., Martinez-Mata, J., Torres, C., and Becerril, J.J., 'Open Microsurgical Autograft of Adrenal Medulla to the Right Caudate Nucleus in Two Patients With Intractable Parkinson's Disease', *New England Journal of Medicine* 316, 831.4, 1987.

15 다음 문헌에서 인용. Lewin, R, 'Brain Grafts Benefit Parkinson's Patients', *Sci-*

ence 236, 149, 1987.

16 Sladek, J. and Shoulson, I., 'Neural Transplantation: A Call for Patience Rather Than Patients', *Science* 240, 1386-8, 1988.

17 Thomson, J., Itskovitz-Eldor, J., Shapiro, S.S., Waknitz, M.A., Swiergiel, J.J., Marshall, V.S., and Jones, J.M., 'Embryonic Stem Cell Lines Derived From Human Blastocysts', *Science* 282, 1145-7, 1998.

18 Gearhart, J., 'New Potential for Human Embryonic Stem Cells', *Science* 282, 1061-2, 1998.

19 Hwang, W.S. et al., 'Evidence of a Pluripotent Human Embryonic Stem Cell Line Derived from a Cloned Blastocyst', *Science* 303, 1669-74, 2004.

20 Vogel, G., 'Scientists Take Step Towards Therapeutic Cloning', *Science* 303, 937, 2004.

21 Kennedy, D., 'Stem Cells Redux', *Science*, 303, 1581, 2004.

22 Hwang, W.S., et al., 'Patient-specific Embryonic Stem Cells Derived From Human SCNT Blastocysts', *Science* 308, 1777-83, 2004.

23 *HFEA Welcomes Korean Scientists' Stem Cell Breakthrough*. HFEA press release, 12 February 2004.

24 Sciencemediacentre.org/press_releases/04-02-12_stemcells.htm 조회일 09/05/08.

25 Vogel, 'Scientists Take Step Towards Therapeutic Cloning'.

26 Cyranoski, D., 'Crunch Time for Korea's Cloning', *Nature* 429, 12.14, 2004.

27 Cyranoski, D., 'Korean Stem-cell Crisis Deepens', *Nature* 438, 405, 2005.

28 Human Embryology and Fertilisation Authority, *Hybrids and Chimeras*, 2007.

29 Academy of Medical Sciences, *Animals Containing Human Material*, 2011.

30 Dolgin, E., 'Flaw in Induced Stem Cell model', *Nature* 470, 13, 2011; Apostolou, E. and Hochedlinger, K., 'iPS Cells Under Attack', *Nature* 474, 165-6, 2011.

31 Kiatpongsan, S. and Sipp, D., 'Monitoring and Regulating Offshore Stem Cell Clinics', *Science* 323, 1564-5, 2009.

32 Murdoch, C.E. and Scott, C.T., 'Stem Cell Tourism and the Power of Hope', *American Journal of Bioethics* 10, 16.23, 2010.

제8장 신경기술과학의 필연적 등장

1 Lynch, Z., Videoconference, March 2012.

2 Crick, F., *The Astonishing Hypothesis*, Simon and Schuster, 1994. [김동광 옮김, 《놀라운 가설》(궁리, 2015)]

3 Kandel, E.R., *In Search of Memory: The Emergence of a New Science of Mind*, Norton, 2007. [전대호 옮김, 《기억을 찾아서- 뇌과학의 살아있는 역사 에릭 캔델 자서전》(알에이치코리아(RHK), 2014)]

4 Churchland, P., *Neurophilosophy: Towards a Unified Science of the Mind-Brain*, Bradford Books, 1986.

5 Solms, M. and Turnbull, O., *The Brain and the Inner World: An Introduction to the Neuroscience of Subjective Experience*, Other Press, 2002.

6 Edelman, G.M., *Wider Than the Sky: The Phenomenal Gift of Consciousness*, Allen Lane, 2004.

7 Libet, B., *Mind-Time: The Temporal Factor in Consciousness*, Harvard University Press, 2004.

8 Wittchen, H.U. et al., 'The Size and Burden of Mental Disorders and Other Disorders of the Brain in Europe 2010', *European Journal of Neuropsychopharmacology* 21, 665-79, 2011.

9 Rose, S., *The Making of Memory*, Vintage, 1993.

10 Vul, E., Harris, C., Winkielman, P., and Pashler, H., 'Puzzlingly High Correlations in fMRI Studies of Emotion, Personality and Social Cognition', *Perspectives on Psychological Science* 4, 274-90, 2009.

11 Bennett, C.M., Baird, A.A., Miller, M.B., and Wolford, G.L., 'Neural Correlates of Interspecies Perspective Taking in the Post-mortem Atlantic Salmon: An Argument for Multiple Comparisons Correction', *Society for Neuroscience Abstracts*, 2009.

12 Hsu, M., Anen, C., and Quartz, S.R., 'The Right and the Good: Distributive Justice and the Neural Encoding of Equity and Efficiency', *Science* 320, 1092-5, 2008.

13 미국 밖의 경우, 정신병과 신경계 질병은 세계보건기구(WHO)의 국제질병분류(International Classification of Diseases, ICD)에 포함된다.

14 Kramer, P.D., *Listening to Prozac*, Penguin, 1993.

15 Whittaker, R., *Anatomy of an Epidemic: Could Psychiatric Drugs be Fueling a Mental Illness Epidemic?*, Random House, 2010.

16 Healy, D., 'Psychopharmacology at the Interface Between the Market and the New Biology', in Rees, D. and Rose, S. (eds.), *The New Brain Sciences: Perils and Prospects*, Cambridge University Press, 2004, pp. 232-48. [김재영 · 박재형 옮김, 《새로운 뇌과학: 위험성과 전망》 (한울아카데미, 2010)]

17 Smith, R., 연설문 EMBO Conference on Understanding Mental Disorder, November 2011.

18 Healy, D., *Let Them Eat Prozac*, Lorimer, 2003.

19 Cornwell, J., 'The Prozac Story', in Rees and Rose (eds.), *The New Brain Sciences*, pp. 223-31. [김재영·박재형 옮김, 《새로운 뇌과학: 위험성과 전망》(한울아카데미, 2010)]

20 Editorial, 'Depressing Research', *The Lancet* 363, 1335, 2004.

21 Maher, B. 'The Case of the Missing Heritability', *Nature* 456, 21, 2008.

22 National Research Council of the National Academies, *Emerging Cognitive Neuroscience and Related Technologies*, 2010.

23 Glueck, S. and Glueck, E., *Unraveling Juvenile Delinquency*, The Commonwealth Fund, 1950.

24 Brennan, P.A., Mednick, S.A., and Jacobsen, B., 'Assessing the Role of Genetics in Crime Using Adoption Cohorts', in Bock, G.R. and Goode, J.A. (eds.), *Genetics of Criminal and Anti-social Behaviour*, Ciba Foundation Symposium 194, Wiley, 1996, pp. 115-22.

25 Brunner, H.G., Nelen, M., Breakfield, X.O., Ropers, H.H., and Van Oost, B.A., 'Abnormal Behavior Associated with a Point Mutation in the Structural Gene for Monoamine Oxidase A', *Science* 262, 578-80, 1993.

26 Kelso, J.R., 'Behavioural Neuroscience: A Gene for Impulsivity', *Nature* 468, 1049-50, 2010.

27 Caspi, A. et al., 'Role of Genotype in the Cycle of Violence in Maltreated Children', *Science* 297, 851-4, 2002.

28 Caspi, A. et al., 'Influence of Life Stress on Depression: Moderation by a Polymorphism in the 5-HTT Gene', *Science* 301, 386-9, 2003.

29 Cooper, P., 'Education in the Age of Ritalin', in Rees and Rose (eds.), *The New Brain Sciences*, pp. 249-62. [김재영·박재형 옮김, 《새로운 뇌과학: 위험성과 전망》(한울아카데미, 2010)]

30 어쩌면, 미국의 일부 주에서 일상사가 되고 있는 것처럼, 교실을 순찰하는 무장 경관에 의해 체포되는 것보다는 나을지 모른다.(*Guardian*, 10 January 2012).

31 Motzkin, J.C., Newman, J.P., Kiehl, K.A., and Koenigs, M., 'Reduced Prefrontal Connectivity in Psychopathy', *Journal of Neuroscience* 31, 17348-57, 2011.

32 University of Southern California, 'USC Study Finds Faulty Wiring in Psychopaths', *ScienceDaily*, 11 March 2004.

33 Editorial, 'Deceiving the Law', *Nature Neuroscience*, 11, 1231, 2008.

34 National Research Council of the National Academies, Emerging Cognitive Neuroscience and Related Technologies, 2010.

35 Sedley, S., 'Responsibility and the Law', in Rees and Rose (eds.), *The New Brain Sciences*, pp. 123-30. [김재영·박재형 옮김, 《새로운 뇌과학: 위험성과 전망》(한울아카데미, 2010)]

36 Royal Society, *Neuroscience and the Law, Brain Waves Module 4*, 2012.
37 Wilson, E.O., *On Human Nature*, Harvard University Press, 2004. [이한음 옮김, 《인간 본성에 대하여》(사이언스북스, 2011)]
38 Jencks, C., 'EP Phone Home', in Rose, H. and Rose, S. (eds.), *Alas Poor Darwin: Arguments Against Evolutionary Psychology*, Cape, pp. 33-54, 2000.

제9장 프로메테우스의 약속, 누가 혜택을 받는가?

1 Sinden, J., 2004년에 Science Media Center에서 황우석의 주장을 환영했던 발언.
2 Braude, P., 다음 문헌에서 인용. *Mail Online*, 7 December 2011.
3 Furcht, L. and Hoffman, L., *The Stem Cell Dilemma: The Scientific Breakthroughs, Ethical Concerns, Political Tensions, and Hope Surrounding Stem Cell Research*, Arcade, 2011.
4 Ascoli, G., 다음 문헌에서 인용 'Searching for the "holy Grail" of Neuroscience: Mason Scientist Aims to Construct a Virtual Brain', *The Mason Gazette*, 5 February 2007.
5 Chain, D., 'Intellect Neurosciences Chases Holy Grail of Alzheimer's: A Preventive Vaccine', *Fierce Vaccines*, 10 April 2012.
6 Liberles, S., 다음 블로그에서 인용, 'Harvard Discovers the holy Grail of Neuroscience', 27 June 2011, blogs.nature.com/boston
7 다음에서 인용 BookRags.com, Summary of the human Genome Project.
8 Marks, J., *What it Means to be 98% Chimpanzee*, University of Chicago Press.
9 Evans J.P., Meslin, E.M., Marteau, T.M., and Caulfield, T., 'Deflating the Genomic Bubble', *Science* 331, 861-2, 2011.
10 Collins, F.S., *The Language of Life: DNA and the Revolution in Personalised Medicine*, Harper, 2010.
11 Novas, C. and Rose, N., 'Genetic Risk and the Birth of the Somatic Individual', *Economy and Society* 29:4, 485-513, 2000.
12 Cholesterol Treatment Trialists' (CTT) Collaborators. 'The Effects of Lowering LDL Cholesterol with Statin Therapy in People at Low Risk of Vascular Disease: Meta-analysis of Individual Data From 27 Randomised Trials', *The Lancet*, Early Online Publication, 17 May 2012; DoI:10.1016/S0140-6736(12)60367-5.
13 Healy, D., 'Psychopharmacology at the Interface Between the Market and the New Biology', in Rees, D. and Rose, S. (eds.), *The New Brain Sciences: Prospects and Perils*, Cambridge University Press, 2004, pp. 234-49. [김재영 · 박재형 옮김, 《새로운 뇌과학: 위험성과 전망》(한울아카데미, 2010)]

14 Kahn, J., 'Race in a Bottle', *Scientific American* 297:2, 40-5, 2007.
15 Breggin, P. and Cohen, D., *Your Drug May Be Your Problem: How and Why to Stop Taking Psychiatric Medications*, Perseus, 2007.
16 *Guardian*, 27 April 2012.
17 Monbiot, G., 'Britain's Shadow Government: Unelected, Unbalanced and Unaccountable', *Guardian*, 12 March 2012.
18 Abate, T., *San Francisco Chronicle*, 13 August 2001.
19 Vines, G., *Raging Hormones: Do They Rule Our Lives?*, Virago, 1993.
20 Oudshoorn, N. *Beyond the Natural Body. An Archeology of Sex Hormones*, Routledge, 1994
21 Baron-Cohen, S., *The Essential Difference: The Truth About the Male and Female Brain*, Basic Books, 2003. [이승복 · 김혜리 옮김, 《그 남자의 뇌, 그 여자의 뇌》(바다출판사, 2007)]
22 Jordan-Young, R., *Brainstorm: The Flaws in the Science of Sex Differences*, Harvard University Press, 2010.
23 Fine, C., *Delusions of Gender: The Real Science Behind Sex Differences*, Icon, 2010. [이지윤 옮김, 《젠더, 만들어진 성》(휴먼사이언스, 2014)]
24 Caplan, A., 'If It's Broken, Shouldn't It Be Fixed? Informed Consent and Initial Clinical Trials of Gene Therapy', *Human Gene Therapy* 19, 5-6, 2008.
25 Conrad, E. and de Vries, R., 'Field of Dreams: A Social history of Neuroethics', *Sociological Reflections on the Neurosciences*, Advances in Medical Sociology, Emerald Publishing, 13, 299-324, 2011.
26 Pilcher, H., 'Dial E for Ethics', *Nature* 440, 1104-5, 2006.
27 Bauman, Z., *Post-Modern Ethics*, Blackwell, 1993.
28 Rapp, R., *Testing Women, Testing the Fetus*, Routledge, 2000.
29 Latour, B. and Woolgar, S., *Laboratory Life: The Social Construction of Scientific Facts*, Sage, 1979.
30 Gross, P. and Levitt, N., *The Higher Superstition: The Academic Left and its Quarrels With Science*, Johns Hopkins University Press, 1994.
31 Palsson, G., 'The Rise and fall of a Biobank: The Case of Iceland', in Gottweis, H. and Petersen, A. (eds.), *Biobanks: Governance in Comparative Perspective*, Routledge, 2008, pp. 41-55.
32 Titmuss, R., *The Gift Relationship: From Human Blood to Social Policy*, 1970, 1997년에 The New Press에서 재출간
33 Leach, E., Review of the Gift Relationship, *New Society*, 12 January 1971.
34 Nuffield Council on Bioethics, *Human Bodies: Donation for Medicine and Research*, 2011.

35 Murdoch, A, 다음 보도자료에서 인용 *Techniques to prevent transmission of mitochondrial diseases to be assessed in new £5.8 million Wellcome Trust centre*, Wellcome Trust, 19 January 2012
36 Nuffield Council on Bioethics, *Solidarity: Reflections on an Emerging Concept in Bioethics*, 2012.

후기

1 Greenberg, G., *The Book of Woe: The DSM and the Unmaking of Psychiatry*, Blue Rider Press, 2013.
2 British Psychological Society, 'Response to the American Psychiatric Association: DSM-5 Development', http://apps.bps.org.uk/_publicationfiles/consultation-responses/DSM-5%202011%20-%20BPS%20response.pdf (2013년 10월 30일 다운로드).
3 Hyman, S.E., 'Revolution stalled', *Science Translational Medicine*, 4, 155, at stm.sciencemag.org.
4 Abbott, A., 'Solving the Brain', *Nature*, 499, 272-4, 2013.
5 HBP 웹사이트 (2013년 10월 22일 접속).
6 Honigsbaum, M., 'Human Brain Project: Henry Markram Plans to Spend €1bn Building a Perfect Model of the Human Brain', *Observer*, 12 October 2013.
7 Alivisatos, A.P. et al., 'The Brain Activity Map', *Science*, 339, 1284-6, 2013.
8 Mason, J., and Steenhuysen, J., 'Obama Launches Research Initiative to Study Human Brain', *Economist*, 2 April 2013.
9 Insel, T.R., Landis, S.C., and Collins, F.S., 'The NIH BRAIN Initiative', *Science*, 340, 687-8, 2013.
10 Underwood, E., 'Brain Project Draws Presidential Interest but Mixed Reactions', *Science*, 339, 1022-3, 2013.
11 Mazzucato, M., and Lazonick, W., 'The Risk-Reward Nexus in the Innovation-Inequality Relationship: Who Takes the Risks? Who Gets the Rewards?', *Industrial and Corporate Change*, 22, 1093-1128, 2013.
12 Dickensen, D. *Property in the Body: Feminist Perspectives*, Cambridge University Press, 2007.
13 Rose, H., *The Commodification of Bioinformation: The Icelandic Health Sector Database*, Wellcome Trust, Biomedical Ethics Programme, www.Wellcome.ac.uk, Public ethics programme.
14 Ledford, H., 'Biotech Boom Prompts Fears of Bust', *Nature*, 500, 313, 2013.
15 Kaiser, J., 'Supreme Court Rules Out Patents on "Natural" Genes', *Science*,

340, 1387-9, 2013.

16 Wolinsky, H., 'Gene Patents and Capital Investment', *EMBO Reports*, 14, 871-3, 2013.

17 Bell, J., quoted in Walker, P., 'DNA of 100,000 People to Be Mapped for NHS', *Guardian*, 10 December 2012.

18 Larson, C., 'Inside China's Genome Factory', *MIT Technology Review*, 11 February 2013.

19 Shu-Ching, J.C., 'Genomic Dreams Coming True in China', *Forbes Asia*, 2 September, 2013.

20 Joseph, J., 'The Crumbling Pillars of Behavioral Genetics', *Genewatch*, councilforresponsiblegenetics.org 웹페이지 (2013년 10월 20일 접속).

21 Ramesh, R., 'Jeremy Hunt Launches Genomics Body to Oversee Health Care Revolution', *Guardian*, 5 July 2013.

22 'Citizens' Council Report: Ultra Orphan Drugs', www.nice.org.uk, 14 February 2005.

23 Laurance, J., 'At What Cost? Life-saving Drug Withheld', *Independent*, 26 May 2013.

24 Greely, H.T., and Cho, M.K., 'The Henrietta Lacks Legacy Grows', *EMBO Reports*, 14, 849, 2013.

찾아보기

A ~ Z

ㄱ

ㄴ

ㄷ

ㄹ

ㅁ

ㅂ

ㅅ

ㅇ

ㅈ

ㅎ

옮긴이 **김명진**

서울대학교 대학원 과학사 및 과학철학 협동과정에서 미국 기술사를 공부했고, 현재는 경희대, 서울대, 한국예술종합학교에서 강의하면서 시민과학센터 운영위원으로도 활동하고 있다. 원래 전공인 과학기술사 외에 과학논쟁, 대중의 과학이해, 과학자들의 사회운동 등에 관심이 많으며, 최근에는 냉전 시기의 과학기술 체제에 관심을 가지고 공부하고 있다. 지은 책으로 《야누스의 과학》, 《할리우드 사이언스》, 옮긴 책으로 《과학과 사회운동 사이에서》(공역), 《과학의 민중사》(공역), 《과학......좌파》 등이 있다.

옮긴이 **김동광**

고려대학교 독문학과를 졸업하고, 늦게 고려대학교 대학원 과학기술학협동과정에 들어가 과학기술사회학을 공부하기 시작했다. 생명공학과 시민참여를 주제로 박사학위를 받았다. 과학기술 민주화를 위해 노력하는 시민단체인 시민과학센터에서 활동하고 있으며, 과학기술과 사회와 관련된 여러 가지 주제로 연구하고 글을 쓰며 번역하고 있다. 한국과학기술학회 회장을 지냈고, 현재 고려대학교 BK21플러스 휴먼웨어 정보기술 사업단 연구교수이다. 지은 책으로 《사회생물학 대논쟁》(공저)이, 옮긴 책으로 《힘내라 브론토사우루스》, 《DNA 독트린》, 《인간에 대한 오해》 등이 있다.

급진과학으로 본 유전자, 세포, 뇌
: 누가 통제하고 누가 이득을 보는가

초판 1쇄 발행 | 2015년 9월 15일

지은이 힐러리 로즈 · 스티븐 로즈
옮긴이 김명진 · 김동광
편집 정일웅 · 김은수
디자인 김수정 · 정진혁

펴낸곳 바다출판사
발행인 김인호
주소 서울시 마포구 어울마당로5길 17(서교동, 5층)
전화 322-3885(편집), 322-3575(마케팅)
팩스 322-3858
E-mail badabooks@daum.net
홈페이지 www.badabooks.co.kr
출판등록일 1996년 5월 8일
등록번호 제10-1288호

ISBN 978-89-5561-795-5 93400